昆虫记

〔法〕让·亨利·法布尔 ◎ 著

卫　华◎主编

青岛出版集团 ｜ 青岛出版社

图书在版编目（CIP）数据

昆虫记/卫华主编 . — 青岛 : 青岛出版社 , 2016.5
（名著点读）
ISBN 978-7-5552-3951-2

Ⅰ . ①昆… Ⅱ . ①卫… Ⅲ . ①昆虫学 – 普及读物 Ⅳ . ① Q96–49

中国版本图书馆 CIP 数据核字（2016）第 103864 号

MINGZHU DIANDU · KUNCHONG JI

书　　名	**名著点读·昆虫记**
著　　者	〔法〕让·亨利·法布尔
主　　编	卫　华
评　　注	李　玲
出版发行	青岛出版社（青岛市崂山区海尔路182号，266061）
本社网址	http://www.qdpub.com
邮购电话	0532–68068091
责任编辑	刘　坤
封面设计	戊戌同文
排　　版	青岛乐喜力科技发展有限公司
印　　刷	青岛国彩印刷股份有限公司
出版日期	2016年5月第1版　2023年8月第14版第35次印刷
开　　本	16开（889mm×1194mm）
印　　张	23.5
字　　数	470千
书　　号	ISBN 978-7-5552-3951-2
定　　价	49.80元

编校印装质量、盗版监督服务电话　4006532017　0532–68068050

目录

荒石园

那儿是我所情有独钟的地方，不算太大，是我的 Roc erat in vofis①，周围有围墙围着，与公路上的熙来攘往、喧闹沸扬相隔绝，虽说是偏僻荒芜的不毛之地，无人问津，又遭日头的曝晒，却是刺茎菊科植物和膜翅目昆虫们所喜爱的地方。因无人问津，我便可以在那里不受过往行人的打扰，专心致志地对沙泥蜂和石泥蜂等进行艰难的探索。这种探索难度极大，只有通过实验才能完成。我无须在那里耗费时间，伤心劳神地跑来跑去，东寻西觅，无须慌忙地赶来赶去，我只是安排好自己的周密计划，细心地设置下陷阱，然后，每天不断地观察记录所获得的效果[1]。是的，"钟情宝地"，那就是我的夙愿，我的梦想，那就是我一直苦苦追求但每每总难以实现的一个梦想。

一个每天都在为每日的生计操劳的人，想要在旷野之中为自己准备一个实验室，实属不易。我四十年如一日，凭借自己顽强的意志力，与贫困潦倒的生活苦苦斗着，终于，有一天，我的心愿得到了满足。这是我孜孜不倦、顽强奋斗的结果，其中的艰苦繁难我在此就不赘述了，反正，我的实验室算是有了，尽管它的条件并不十分理想，但是，有了它，我就必须拿出点时间来侍弄它。其实，我如同一个苦役犯，身上锁着沉重的锁链，闲暇时间并不太多。但是，愿望实现了，总是好事，只是稍嫌迟了一些，我可爱的小虫子们！我真害怕，到了采摘梨桃瓜果之时，我的牙却啃不动它们了。是的，确实是来得晚了点儿：当初的那广阔的旷野，而今已变成了低矮的穷庐，令人窒息憋闷，而且还在日益地变低、变矮、变窄、变小。对于往事，除了我已失去的东西之外，我并无丝毫的遗憾，没有任何的愧疚，包括我那消逝而去的光阴，而且，我对一切都已不再抱有希望了[2]。世态炎凉我已遍尝，体味甚深，我已心力交瘁，心灰意冷。我每每会禁不住要问问自己，为了活

①拉丁文，意为"钟情宝地"。

[1]"无须……无须……只是……"形成对比，突出荒石园是我"情有独钟"的地方，也是"昆虫们所喜爱的地方"，为我的观察研究提供了便利。

[2]一个人经历了生活的艰辛后，往往对生活会有更深刻的感触。

命，吃尽苦头，是否值得？我此时此刻的心情就是这样。

我放眼四周，只见一片废墟，唯有一堵断墙残垣危立其间。这个断墙残垣因为石灰沙泥浇灌凝固，所以仍然兀立在废墟的中央。它就是我对科学真理的执着追求与热爱的真实写照。啊，我的心灵手巧的膜翅目昆虫们啊，我的这份热爱能否让我有资格给你们的故事追加一些描述呀？我会不会心有余而力不足啊？我既然心存这份担忧，为何又把你们抛弃了这么长的时间呢？有一些朋友已经因此而责备我了。啊，请你们去告诉他们，告诉那些既是你们的也是我的朋友们，告诉他们我并不是因为懒惰和健忘才抛弃了你们；告诉他们我一直在惦记着你们；告诉他们我始终深信节腹泥蜂的秘密洞穴中还有许多尚待探索的有趣的秘密；告诉他们飞蝗泥蜂的猎食活动还会向我们提供许多有趣的故事[3]。然而，我缺少时间，又是单枪匹马，孤立无援，无人理睬，何况，我在高谈阔论、纵横捭阖之前，必须先考虑生计的问题。我请你们就这么如实地告诉他们吧，他们是会原谅我的。

还有一些人在指责我，说我用词欠妥、不够严谨，说穿了就是缺少书卷气、没有学究味儿。他们担心，一部作品让读者谈起来容易，不费脑子，那么，该作品就没能表达出真理来。照他们的说法，只有写得晦涩难懂，让人摸不着头脑，那作品就是思想深刻的了。你们这些身上或长着螫针或披着鞘翅的朋友们，你们全都过来吧，来替我辩白，替我作证。请你们站出来说一说，我与你们的关系是多么亲密，我是多么耐心细致地观察你们，多么认真严肃地记录下你们的活动。我相信，你们会异口同声地说："是的，他写的东西没有丝毫的言之无物的空洞乏味的套话，没有丝毫不懂装懂、不求甚解的胡诌瞎扯，有的却是准确无误地记录下来的观察到的真情实况，既未胡乱添加，也未挂一漏万[4]。"今后，但凡有人问到你们，请你们就这么回答他们吧。

另外，我亲爱的昆虫朋友们，如果因为我对你们的描述没能让人生厌，因而说服不了那帮嗓门儿很大的人的话，那我就会挺身而出，郑重地告诉他们："你们对昆虫是开肠破肚，而我却是让它们活蹦乱跳地生活着，对它们进行观察研究；你们把它们变成了又可怕又可怜的东西，而我则是让人们更加地喜爱它们；你们是在酷刑室和碎尸间里干活，而我却是在蔚蓝色的天空下，边听

[3]第二人称和第三人称交互使用，拟人和排比手法相结合，深情地表达了自己对昆虫们的热爱，对科学真理的执着追求。

[4]请昆虫们回答作证，用拟人化的手法生动形象地写出自己的观察符合真实情况，自己做的科学研究严谨，不空洞、没胡诌。

着蝉儿欢快地鸣唱边仔细地观察着；你们是使用试剂测试蜂房和原生质，而我则是在它们各种本能得以充分表现时探究它们的本能；你们探索的是死，而我探究的则是生[5]。因此，我完全有资格进一步地表明我的思想：野猪把清泉的水给搅浑了，原本是青年人的一种非常好的专业——博物史，因越分越细，相互隔绝，互不关联，竟至成了一种令人心生厌恶、不愿涉猎的东西。"诚然，我是在为学者们而写，是在为将来有一天或多或少地为解决"本能"这一难题做点贡献的哲学家们而写，但是，我也是在，而且尤其是在为青年人而写，我真切地希望他们能热爱这门被你们弄得让人恶心的博物史专业。这就是我为什么在竭力地坚持真实第一，一丝不苟，绝不采用你们的那种科学性的文字的缘故。你们的那种科学性的文字，说实在的，好像是从休伦人②所使用的土语中借来的。这种情况并不鲜见[6]。

　　然而，此时此刻，我并不想做这些事。我想说的是我长期以来一直魂牵梦绕着的那块计划之中的土地，我一心想着把它变成一座活的昆虫实验室。这块地，我终于在一个荒僻的小村子里寻觅到了。这块地被当地人称为"阿尔玛"，意为"一块除了百里香恣意生长，几乎没有其他植物的荒芜之地"。这块地极其贫瘠，满地乱石，即使辛勤耕耘也难见成效。春季来临，偶尔带来点雨水，乱石堆中也会长出一点草来，随即引来羊群的光顾。不过，我的阿尔玛，由于乱石之间仍夹杂着一点红土，所以还是长过一些作物的。据说，从前，那儿就长着一些葡萄。的确，为了种上几棵树，我就在地上挖来刨去，偶尔会挖到一些因时间太久而已部分炭化了的实属珍稀的乔本植物的根茎来。于是，我便用唯一可以刨得动这种荒地的农用三齿长柄叉又刨又挖。然而，每每都会感到十分地遗憾，最早种植的葡萄树没有了，而百里香、薰衣草也没有了。一簇簇的胭脂虫栎也见不着了。这种矮小的胭脂虫栎本可以长成一片矮树林的，它们确实长不高，只要稍微抬高点腿，就可以从它们上面迈过去。这些植物，尤其是百里香和薰衣草，能够为膜翅目昆虫提供它们所需要采集的东西，所以对我十分有用，我不得不把偶尔被我的农用三齿长柄叉刨出来的又给栽了

[5]对比之下，体现作者独特的研究方式，不同于一般科学家的解剖形式的研究，作者更关注昆虫生命本身。

[6]"让人恶心"和"从休伦人所使用的土语中借来的"，反语讽刺"那帮嗓门儿很大的人"只会写所谓的不受欢迎的"那种科学性的文字"。

---

　　②休伦人：17世纪时的北美洲印第安人中的一支。

3

进去。

在这儿大量存在着的，而又无需我去亲手侍弄的是那些开始时随着风吹的土粒而来的，尔后又长年积存起来的植物。最主要的是犬齿草，那是令人十分讨厌的禾本植物，三年的炮火连天、硝烟弥漫的战争都没能让它们灭绝，真是野火烧不尽，春风吹又生[7]。数量上占第二位的是矢车菊，全都是一副桀骜不驯的样子，浑身长满了刺，或者长满了棘，其中又可分为两年生矢车菊、蒺藜矢车菊、丘陵矢车菊、苦涩矢车菊，而尤以两年生矢车菊数量最多。各种各样的矢车菊相互交织，彼此纠缠，乱糟糟地簇拥在一起，其中可见一种菊科植物，形同枝形大烛台似的支棱着，凶相毕露，被称为西班牙刺柊，其枝杈末梢长着很大的橘红色花朵，似同火焰一般，而其刺茎则是硬如铁钉[8]。长得比西班牙刺柊要高的是伊利大刺蓟，它的茎"独立寒秋"，笔直硬挺，高达一两米，梢头长着一个硕大的紫红色绒球，它身上所佩带的利器，与西班牙刺柊相比毫不逊色。也别忘了，还有刺茎菊科类植物。首先必须提到的是恶蓟，浑身带刺，致使采集者无从下手；第二种是披针蓟，阔叶，叶脉顶端是梭镖状硬尖；最后是越长颜色越黑的染黑蓟，这种植物集缩成一个团，状如插满针刺的玫瑰花结。这些蓟类植物之间的空地上，爬着荆棘的新枝丫，结着淡蓝色的果实，枝条长长的，像是长着刺的绳条。如果想要在这杂乱丛生的荆棘中观察膜翅目昆虫采蜜，就得穿上半高筒长靴，否则腿肚子就会被拉得满是血丝，又痒又疼。当土壤尚留下春雨所能给予的水分，墒情尚可时，角锥般的刺柊和大翅蓟细长的新枝丫便会从由两年生矢车菊的黄色头状花序铺就的整块地毯上生长出来。这时候，在这片荒凉贫瘠的艰苦环境下，这种极具顽强生命力的荆棘必定会展现出它们的某些娇媚来的。四下里矗立着一座座狼牙棒似的金字塔，伊利里亚矢车菊投出它那横七竖八的标枪来。但是，等到干旱的夏日来临时，这儿呈现的是一片枯枝败叶，划根火柴就会将整块土地点燃。这就是我意欲从此永远与我的昆虫们亲密无间地生活的美丽迷人的伊甸园，或者，更确切地说，我一开始拥有这片园子时，它就是这么一座荒石园。我经过了四十年的艰苦努力，顽强奋斗，最终才获得了这块宝地[9]。

我称它为美丽迷人的伊甸园，这么说还是恰如其分的。这块

[7] 恶劣的生存条件都没有让犬齿草灭绝，并运用诗句形容犬齿草生命力之顽强。

[8] "桀骜不驯""凶相毕露"等词语让人体会到矢车菊在荒石园中的生长特点。

[9] 在别人眼里，这里是一片荒石园，但在我眼里却是"美丽迷人的伊甸园"，因为这里有能够与自己亲密无间生活的昆虫们，自己四十年如一日，致力把它打造成"宝地"，可见我对荒石园的喜爱，对昆虫们的热爱。

没人看得上眼的荒地,可能没有一个人会往上面撒一把萝卜籽,但是,对于膜翅目昆虫来说,它可是个天堂。荒地上那苗壮成长的荆棘蓟类植物和矢车菊,把周围的膜翅目昆虫全都吸引了过来。我以前在野外捕捉昆虫时,从未遇到过任何一个地方,像这个荒石园那样聚集着如此之多的昆虫,可以说,各行各业的所有的膜翅目昆虫全都聚集到这里来了。它们当中,有专以捕食活物为生的"捕猎者",有以湿土"造房筑窝者",有梳理绒絮的"整理工",有在花叶和花蕾中修剪材料备用的"备料工",有以碎纸片建造纸板屋的"建筑师",有搅拌泥土的"泥瓦工",有为木头钻眼的"木工",有在地下挖掘坑道的"矿工",有加工羊肠薄膜的"技……工"[10]还有不少干什么什么的,我也记不清了。

[10]这一连串比喻,将昆虫们比作各种特殊的工人,富有生趣。

这是个干什么的呀?它是一只黄斑蜂。它在两年生矢车菊那蛛网般的茎上刮来刮去,刮出一个小绒球来,然后,它便得意洋洋地把这个小绒球衔在大颚间,弄到地下,制造一个棉絮袋子来装它的蛋和卵。那些你争我斗、互不相让的家伙是干什么的呀?那是一些切叶蜂,腹部下方有一个花粉刷,刷子颜色各异,有的呈黑色,有的呈白色,有的则是火红火红的颜色。它们还要飞离蓟类植物丛,跑到附近的灌木丛中,从灌木的叶子上剪下一些椭圆形的小叶片,把它们组装成容器,来装它们的收获物——花粉。你再看,那些一身黑绒衣服的,都是干什么的呀?它们是石泥蜂,专门加工水泥和卵石的。我们可以在荒石园中的石头上,很容易地看到它们所建造起来的房屋。还有那些突然飞起,左冲右突,大声嗡鸣的,是干什么的呀?它们是沙泥蜂,它们把自己的家安在破旧墙壁和附近向阳物体的斜面上[11]。

现在,我们看到的是壁蜂。有的在蜗牛空壳的螺旋壁上建造自己的窝;有的在忙着啄一段荆条,吸去其汁液,以便为自己的幼虫做成一个圆柱形的房屋,而且,房屋中用隔板隔开,隔成一层一层的,俨然一幢楼房;有的还在设法将一个折断了的芦苇那天然通道派上用场;还有的,干脆就乐享其成地免费使用高墙石蜂空闲着的走廊。让我们再来看看:那是大头蜂和长须蜂,其雄蜂都长着高高翘起的长触角;那是毛斑蜂,它的后爪上长着一个粗大的毛钳,是它的采蜜器官;那些是种类繁多的土蜂;此外,还有一些隧蜂,腰腹纤细。我就先这么简要地提上一句,不一一赘述,否

[11]连用四处"干什么的呀?",发出疑问,随后逐一回答,设问手法的运用生动地描绘出黄斑蜂、切叶蜂、石泥蜂、沙泥蜂的活动,写得轻巧灵动、充满趣味。

则我得把采花蜜的昆虫全都记录下来了。我曾经把我新发现的昆虫呈送给波尔多③的昆虫学家佩雷教授,他问我是否有什么特别的捕捉方法,怎么会捕捉到这么多既稀罕鲜见而又全新的昆虫品种?我并不是什么捕捉昆虫的专家学者,更不是一心一意地在寻找昆虫、捕捉昆虫、制作标本的专家学者,我只是对研究昆虫的生活习性颇感兴趣的昆虫学爱好者。我所有的昆虫全都是我在长着茂密的蓟类植物和矢车菊的草地上捉到的,并喂养着它们。

[12]拟人手法,把采集花蜜的蜂群拟作一个"大家庭",形容荒石园里的热闹、蜂群种类之多;"猎食者"指蜂群的天敌,可见荒石园的物种多样。

真是机缘巧合,与这个采集花蜜的大家庭在一起的还有一群群的捕食采蜜者的猎食者[12]。泥瓦匠们曾在我的荒石园中垒造园子围墙时,遗留下来不少的沙子和石头,这儿那儿地随意堆放着。由于工程进展缓慢,拖了又拖,一开始就运到荒石园来的这些建筑材料便这么遗弃着。渐渐地,石蜂们选中石头之间的空隙投宿过夜,一堆一堆地挤在一起。粗壮的斑纹蜂遇到袭击时,会向你迎面扑来,不管侵袭者是人还是狗,它们往往选择洞穴较深的地方过夜,以防金龟子的侵袭。白袍黑翅的脊令鸟,宛如身着多明我会④服装的修士,栖息在最高的石头上,唱着它那并不动听的小曲短调[13]。离它所栖息的石头不远,必定有它的窝巢,大概就在某个石头堆中,窝巢内藏着它的那些天蓝色的小蛋蛋。不一会儿,这位"多明我会修士"便不见了踪影,消失在石头堆中了。我对这个脊令鸟却是颇有点怀念,而对于那长耳斑纹蜂,我却并不因它的消失而感到遗憾。

[13]将脊令鸟比作修士,可见作者对它们的喜爱。

沙堆却是另一类昆虫的幽居之所。泥蜂在那儿清扫门庭,用后腿把细沙往后蹬踢,形成一道道抛物线;朗格多克飞蝗泥蜂用触角把无翅螽斯咬住并拖入洞中;大唇泥蜂正在把它的储备食物——叶蝉藏入窖中。让我心疼不已的是,泥瓦匠终于把那儿的猎手们全都给撵走了,不过,一旦有这么一天,我想让它们回来的话,我只需再堆起一些沙堆来,它们很快也就归了。

居无定所的各种沙泥蜂倒是没有消失。我在春季里可看见某些品种的沙泥蜂,在秋季里又可看见另一些品种的沙泥蜂,飞到荒石园的小径草地上,跳来飞去,寻找毛虫。各种蛛蜂也留在

③波尔多:法国西南部的一个中心城市。
④多明我会:又称布道兄弟会。俗称黑衣兄弟会,是天主教四大托钵修会之一。

了园中,它们正拍打着翅膀,警惕地飞向隐蔽的角落去捕捉蜘蛛。个头儿大的蛛蜂则窥伺着狼蛛⑤,而狼蛛的洞穴在荒石园中则有的是。这种蜘蛛的洞穴呈竖井状,井口由禾本植物的茎秆中间夹着蛛丝做成的护栏保护着。往洞穴底部看去,大多数的狼蛛个头儿很大,眼睛闪烁发亮,让人看了直起鸡皮疙瘩。对于蛛蜂来说,捕捉这种猎物可是非同小可的事啊!好吧,让我们观观战吧。在这盛夏午后的酷热之中,蚂蚁大队爬出了"兵营",排成一个长蛇阵,到远处去捕捉奴隶。让我们不妨忙里偷闲,随着这蚂蚁大军前行,看看它们是如何围捕猎物的吧。那儿,在一堆已经变成了腐殖质的杂草周围,只见一群长约一点五法寸⑥的土蜂正没精打采、懒洋洋地飞动着,它们被金龟子、蛀犀金龟子和金匠花金龟子的幼虫吸引住了,那可是它们的丰盛的美餐啊,所以便一头钻进那堆杂草中去了[14]。

值得观察研究的对象简直是太多太多了,而且,光是这里,也只是提到了一部分而已!这座荒石园,人去楼空,房屋闲置,地也撂荒了。没有人住的这座荒石园,成了动物的天堂,没有人会伤害它们了,它们也就占据了这儿的角角落落。黄莺在丁香树丛中筑巢搭窝;翠鸟在柏树那繁茂的枝叶间落户安家;麻雀把碎皮头和稻草麦秆衔到屋瓦下;南方的金丝雀在它们那建在梧桐树梢的没有半个黄杏大的小安乐窝里鸣叫;红角鸮习惯了这儿的环境,晚间飞来唱它那单调歌曲,声似笛音;被人称为雅典娜鸟的猫头鹰也飞临此地,发出它那刺耳的咕咕声响[15]。这座废弃屋前有一个大池塘。向村子里输送泉水的渡槽顺带着也把清清的流水送到这个大池塘中。动物发情的季节,两栖动物便从方圆一公里处往池塘边爬来。灯芯草蟾蜍——有的个头儿大如盘子——背上披着窄小细长的黄绶带,在池塘里幽会、沐浴;日暮黄昏时,"助产士"雄蟾蜍的后腿上挂着一串似胡椒粒似的雌蟾蜍的卵;这位宽厚温情的父亲,带着它的珍贵的卵袋从远方蹦跳而来,要把这卵袋没入池塘中,然后再躲到一块石板下面,发出铃铛般的声响。成群的雨蛙躲在树丛间,不想在此时此刻哇哇乱叫,而是以优美

[14]种种昆虫的描写体现出作者观察昆虫的快乐。

[15]黄莺、翠鸟、麻雀、金丝雀、红角鸮和猫头鹰都来这里或筑巢搭窝,或飞临此地,突出这里的活跃气氛。荒石园"成了动物的天堂",热闹非凡。

⑤狼蛛:又称纳尔仓那蛛;纳尔仓那是法国南部海岸一城市名。
⑥法寸:法国长度单位,1法寸约为27.07毫米。

动人的姿势在跳水嬉戏。五月里，夜幕降临之后，这个大池塘就变成了一个大乐池，各种鸣声交织，震耳欲聋，以致你若是在吃饭，就甭想在饭桌上交谈，即使躺在床上，也难以成眠。为了让园内保持安静，必须采取严厉的措施。不然又怎么办？想睡而又被吵得无法入睡的人，当然心就会变硬的。

膜翅目昆虫简直无法无天，竟然把我的隐居之所也给侵占了[16]。白边飞蝗泥蜂在我屋门槛前的瓦砾堆里做窝；为了踏进家门，我不得不倍加小心，否则，一不留神就会把它的窝给踩坏，正在忙活的"矿工们"将会遭灭顶之灾。我已经有整整二十五年没有看到过这种捕捉蝗虫的高手了。记得我第一次看见它时，是我走了好几里地去寻找的；其后，每次去寻访它时，都是顶着那八月的火热的骄阳前去的，忍受着那艰难的长途跋涉。可是，今天，我却在自家门前见到了它们，它们竟然成了我的好芳邻了。关闭的窗户框为长腹蜂提供了温度适宜的套房；它那泥筑的蜂巢，建在了规整石材砌成的内墙壁上；这些捕食蜘蛛的好猎手归来时，穿过窗框上本来就有的一个现成的小洞孔，钻入房内。百叶窗的线脚上，几只孤身的石蜂建起了它们的蜂房群落；略微开启着的防风窗板内侧，一只黑胡蜂为自己建造了一个小土圆顶，圆顶上面有一个大口短细颈脖。胡蜂和马蜂经常光顾我家；它们飞到饭桌上，尝尝桌上放着的葡萄是否熟透了。

这儿的昆虫确实是又多又全，而我所见到的只不过是其中的一小部分。如果能与它们交谈的话，那么，我就会忘掉孤苦寂寥，情趣盎然。这些昆虫，有些是我的新朋友，有些则是我的旧友，它们全都在我这里，挤在这方小天地之中，忙着捕食、采蜜、筑窝搭巢。另外，若是想要改变一下观察环境，这也不难，因为几百步开外便是一座山，山上满是野草莓丛、岩蔷薇丛、欧石南树丛；山上有泥蜂们所偏爱的沙质土层，有各种膜翅目昆虫喜欢开发利用的泥灰质坡面。我正是因为早已认准了这块风水宝地，这笔宝贵财富，才逃避开城市，躲到这乡间里来的，来到塞里尼昂这儿，给萝卜地锄草，给莴苣地浇水[17]。

人们花费大量资金，在大西洋沿岸和地中海边建起许许多多的实验室，以便解剖对我们来说并无多大意义的海洋中的小动物；人们耗费大量钱财，购置显微镜、精密的解剖器械、捕捞设备、

[16]"无法无天"一词，将膜翅目昆虫拟人化，形容它们自由自在地在荒石园里安家落户了。

[17]把荒石园比作"风水宝地""宝贵财富"，并运用对比手法写自己逃离城市躲到乡间，突出了荒石园是自己的"隐居之所"，表明自己对荒石园的真心喜爱。

船只,雇用捕捞人员,建造水族馆,为的是了解某些环节运动的卵黄是如何分裂的。我直到如今都没弄明白,这些人搞这些有什么用处?为什么他们偏偏就对陆地上的小昆虫瞧不上眼、不屑一顾?这些小昆虫可是与我们息息相关的,它们向普通生理学提供着难能可贵的资料。它们中有一些在疯狂地吞食我们的农作物,肆无忌惮地在破坏着公共利益。我们迫切地需要一座昆虫学实验室,一座不是研究三六酒⑦里的死昆虫,而是研究活蹦乱跳的活昆虫的实验室,一座以研究这个小小的昆虫世界的动物之本能、习性、生活方式、劳作、争斗和生息繁衍为目的的昆虫实验室,而我们的农业和哲学又必须对之予以高度的重视。彻底掌握对我的葡萄树进行吞食、踩躏的那些昆虫,可能要比了解一种蔓足纲动物的某一根神经末梢结尾是个什么状态更加重要[18]。通过实验来划分清楚智力与本能的界线,通过比较动物系列的各种事实,以揭示人的理性是不是一种可以改变的特性等这一切,应该比了解一个甲壳动物的触须有多少要重要得多。为了解决这些大的问题,必须动用大批的工作人员,可是,就目前来说,我只是孤军一人在奋战。当下,人们的注意力放在了软体动物和植虫动物的身上了。人们花费大量的资金购置许许多多的拖网去探索海底世界,可是,对自己脚下的土地却漠然处之,不甚了了。我在等待着人们改变态度的同时,开辟了我的荒石园这座昆虫实验室,而这座实验室却用不着花纳税人的一分钱。

[18]通过对比,作者意在强调在实验室里解剖昆虫的方法远没有像自己这样在荒石园里进行实地观察更加重要。

---

⑦三六酒:旧时一种85度以上的烧酒,取三份烧酒,兑三份水,即成六份普通烧酒。

红蚂蚁

[1]开篇讲述鸽子和燕子从遥远的地方"回家"的神秘现象,并提出疑问,引起读者的好奇心和阅读兴趣。

把鸽子带到几百里远的地方,它依然能回到自己的鸽巢;燕子在非洲度过整个冬天后,能穿越千山万水重返旧巢。在这漫长的归途中,它们是凭借什么来找到方向的呢?是视觉吗[1]?《动物的才智》的作者图塞内尔认为,鸽子找到方向凭借的是视力和气象。这位聪明的观察家对玻璃罩内动物标本的了解恐怕不如他人,但对于活跃在自然界中的各种动物却了如指掌⑧。他说:"在法国,鸽子根据经验,知道北方是寒冷的,南方是炎热的;干燥来自东面,潮湿来自西面。这些气象知识足以帮助它们认定方向,并指引它们飞行。把一只鸽子装在篮子里,盖上盖子,从布鲁塞尔运到图卢兹⑨,途中它自然无法看到途经的地貌,但却没有人能阻止它感受大气的热度,并就此推断出它是在前往南部。等它在图卢兹被释放的时候,早已知道要回巢就得往北飞,直到周围环境的平均温度与它居住地的温度相似时才停下来。就算它没能一下子找到旧居,那也只是因为飞得稍稍偏左或偏右了一点。但不管怎样,要不了几个小时由东向西的搜寻,它就能纠正这个小小的偏差。"

[2]这句话既肯定了图塞内尔解释的科学性,又指出了他的解释有一定的局限性,引发读者去探索思考。

图塞内尔的解释非常有道理,但是只能说明南北向移动的原因,对于等温线上的东西向移动,它就行不通了[2]。并且,这个道理不适用于其他动物。看到猫儿穿过初次见到的迷宫般的大街小巷,从城市的一端回到另一端的家,我们决不能说这是视觉在指引,更不能归之于气候的影响。同样,指引我那些石蜂回家的也绝非它们的视觉,尤其是当它们在密林深处被释放的时候。石蜂飞得并不高,离地面才两三米,根本无法俯视地形的全貌从而绘制地图。再说,它们干吗要俯视地形呢?它们只不过犹豫了一小会儿,在实验者身边转了几个圈,就立刻朝蜂窝的方向飞去。尽管有树枝遮挡,

⑧了如指掌:形容对事物了解得非常清楚,像把东西放在手掌里给人家看一样。

⑨布鲁塞尔:比利时首都。图卢兹:法国南部的工业城市。

尽管有丘陵和山峰阻拦,它们还是能沿着离地面不高的斜坡飞越过去。视觉使它们避开了各种障碍,但并没有告诉它们应该往哪个方向飞。至于气象,就更没有起到什么作用:才几千米的距离,气候根本就没怎么变化。对冷、热、干、湿的感觉,并没有给我的石蜂什么启示,因为它们才出生几个星期,是不可能从中得到启示的。即使它们很有方向感,可由于放飞地的气候和蜂窝的气候是一样的,因此它们也不会知道该往哪儿飞。对于所有这些神秘的现象,我们只能给出一种同样神秘的解释,那就是:石蜂具有某种人类所不具备的特殊感觉[3]。谁都不会否认达尔文那毋庸置疑的权威,他也得出了和我一样的结论。想了解动物对大地电流是否有感应,想知道它们在磁针附近是否会受到影响,这难道不是承认动物对磁性有某种感觉吗?而我们是不是也有类似的官能?当然,我说的是物理上的磁,而不是梅斯梅尔[⑩]和卡格里奥斯特罗所说的磁。我们肯定没有类似的官能,要是水手们自己个个都是指南针,还要罗盘干什么?

因此,达尔文大师认为:有一种人类机体所没有的,甚至根本无法想象的官能,指引着身处他乡的鸽子、燕子、猫、石蜂及其他许多动物。至于这官能是不是对磁的感觉,我不敢妄下定论,但能为揭示这种官能的存在尽一分绵薄之力,我也就心满意足了。除了人类所具备的各种官能之外,自然界另外还存在着一种官能,这是多么了不起的研究成果,又是多么伟大的进步动力啊!可是,人类为什么不具备这种官能呢?对于"物竞天择,适者生存"[⑪]来说,这可是一个非常有用的武器啊。如果真像人们所说的那样,所有的动物,包括人类在内,都诞生于原细胞这个统一的模子,并随着时间不断进化、优胜劣汰,那为什么一些微不足道的低等生物能具备这奇妙的官能,而万物灵长的人类却丝毫不能拥有它呢?我们的祖先居然听任这样一份神奇的宝贵遗产丢失,实在是太不英明了,这要比一截尾骨或者一缕胡子更值得保留。

这份遗产之所以没能保留下来,是不是因为人类和动物之间的血缘关系还不够近呢?我向进化论者提出这个小小的问题,非常想知道对此原生素和细胞核是怎么说的[4]。

[3]作者无法解读动物们千里迢迢"回家"的"神秘"所在,启发读者去探寻各种动物"具有某种人类所不具有的特殊感觉"。

[4]人类为什么不具备动物具备的各种奇妙官能呢?作者对此产生了一种急于得到科学解释的愿望,也引发了读者的求知欲望。

---

⑩梅斯梅尔:维也纳医生,他提出了"人体磁场学说",并将催眠暗示作为其"磁疗"方法的核心手段。

⑪物竞天择,适者生存:在自然界,物种之间及生物内部相互竞争,物种与自然之间抗争,适应自然者被选择存留下来的丛林法则。

这种未知的官能是否也为膜翅目⑫昆虫身体的某一个部分所拥有,并通过某个特殊的器官发挥着作用呢?大家立刻会想到触须。每当我们对昆虫的行为无法做出合理解释时,总是把触须搬出来草草了事,我们心甘情愿地认为触须蕴含着所有谜团的答案。可是这次,我有足够的理由怀疑触须是否有感觉并指引方向的能力。毛刺砂泥蜂寻找灰毛虫时,会用触须像手指般地不断敲打地面,它似乎就是这样发现藏在地下的猎物的。这些探测丝也许能帮助毛刺砂泥蜂捕猎,却未必能在旅途中为它们指引方向。这一点有待探究,而对此我已经探究明白了[5]。

我把几只高墙石蜂的触须尽可能地齐根剪去,然后把它们带到陌生的地方放掉,结果它们和其他石蜂一样轻而易举地回到了窝里。我曾经对我们地区最大的节腹泥蜂(栎棘节腹泥蜂)做过同样的实验,这些捕猎象虫的高手也都安然地回到了它们的蜂窝。于是我们否定了刚才的假设,得出结论:触须不具有指向感。那么哪个器官具有这种感觉呢?我不知道。

我所知道的是:如果石蜂被剪掉了触须,它们回到蜂窝后就不再继续工作了。头一天,它们固执地在未完工的蜂窝前飞舞,时而在石子上小憩(qì),时而在蜂房的井栏边驻足,它们长久地停留在那里,满腹悲伤、思绪万千地凝望着那永远不会竣工的建筑物。它们走开,又回来,赶走周围所有的不速之客,但再也不运回花蜜和泥灰。第二天,它们干脆不再出现。没有了工具,工人们自然也无心工作。当石蜂砌窝的时候,触须不断拍打、试探、勘察,似乎在负责把工作完成得尽善尽美。触须就是石蜂的精密仪器,就像是建筑工人的圆规、角尺、水准仪、铅绳[6]。

迄今为止,我的实验对象都是雌蜂,出于母性的职责,它们对蜂窝忠诚得多。可如果被弄到陌生地方的是雄蜂,它们会怎么样呢?对这些情郎们我可不太有信心,它们可以乱哄哄地在蜂房前挤上几天,等候雌蜂出来,为了抢夺情人彼此没完没了地争风吃醋,而当建筑蜂巢的工程如火如荼⑬(tú)时,它们却消失得无影无

[5]由思考膜翅目昆虫是否具有其他动物身上所具有的未知的官能,引起下文的进一步探究。

[6]运用拟人、比喻等修辞手法,说明触须之于石蜂的重要。"满腹悲伤""思绪万千""走开,又回来,赶走周围所有的不速之客"等词句以拟人手法形象地写出了石蜂在被剪掉触须后的悲伤、无奈;以"精密仪器""圆规、角尺、水准仪、铅绳"比喻"触须",通俗易懂,形象生动。

⑫膜翅目:昆虫纲中的一个大目。体微小至中型。翅两对,膜质。如蜜蜂、熊蜂、蚂蚁等。
⑬如火如荼:荼,茅草的白花。像火一样红,像荼一样白。形容旺盛、热烈。

踪[7]。我想,对于它们来说,重返故居有什么重要?只要能找到倾诉炙热爱情的情人,安居他乡又有何妨!然而我错了,雄蜂们也回来了!的确,由于它们相对较弱,我并没有安排长途旅行,只是一千米左右。但这对它们来说已经是一场远征、一个陌生的国度了,因为我实在想象不出它们能出门远行。白天,它们顶多看看蜂房或去花园里赏赏花;晚上,它们便藏身在荒石园的旧洞或石堆缝里。

[7] 以让人忍俊不禁的幽默语言描述了雄石蜂的特性。

有两种壁蜂(三叉壁蜂和拉特雷依壁蜂)经常光顾石蜂的蜂窝,它们在石蜂丢弃的蜂窝里建造自己的蜂房。特别是三叉壁蜂。这是一个极好的机会,能让我了解一下有关方向的感觉究竟在多大程度上适用于膜翅目昆虫,我充分利用了这个机会。结果呢,壁蜂(三叉壁蜂),无论是雌是雄,都回窝了。虽说我的实验速度快、次数少、距离短,但其结果与其他实验的结果是如此吻合,使我不得不完全信服。总之,算上以前做过的实验,我发现有四种昆虫能够返回窝巢:棚檐石蜂、高墙石蜂、三叉壁蜂和节腹泥蜂。我是否可以就此毫无顾忌地推而广之,认为所有的膜翅目昆虫都有这种从陌生地方返回故居的能力呢?对此我非常谨慎,因为据我所知,眼下就有一个十分能说明问题的反例[8]。

[8] 以一个反例引起读者的好奇,自然过渡到红蚂蚁。

我的荒石园实验室有丰富的实验品,著名的红蚂蚁位居榜首,它就像捕捉奴隶的亚马逊人⑭。这种蚂蚁不会哺育儿女,也不善于寻找食物,哪怕食物伸手可及也不会去拿,所以必须有用人伺候它们吃饭,帮它们料理家务。红蚂蚁偷别人的孩子,让它们为自己的部族服务。遭到劫掠的是其他种类的蚂蚁邻居,红蚂蚁把它们的蛹偷回来,蛹孵化后,就成了陌生人家中干活卖力的用人了[9]。

[9] 作者基于大量的实验、观察、比较,生动地描述了红蚂蚁的生活习性。

六七月炎热的午后,我经常看到这些"亚马逊人"走出兵营,出发远征。它们的队伍可达五六米长。如果一路上没有什么值得注意的东西,队形便一直保持原样。可一旦发现有蚁窝的迹象,领头的蚂蚁便立刻停下散开,后面的蚂蚁大步赶上,大家便乱哄哄地挤成一堆。一批侦察兵被派了出去,原来是弄错了,于是队伍继续前进。大队人马穿过花园的小径,消失在草坪里,在稍

⑭亚马逊人:希腊神话中一个居住在黑海之滨的族群,全部由女人组成,境内禁男子居留,骁勇好战,善骑射。

远一点的地方又冒出来,再钻进一堆枯叶,然后又钻出来,一路盲目地寻找着。终于,它们发现了一个黑蚁窝!红蚂蚁们立刻下到黑蚂蚁的蛹房,不一会儿就带着战利品上来了。于是,在地下城堡的门口,黑蚂蚁红蚂蚁混战在一起,一方要保卫自己的财产,另一方则竭力要把它夺走,真是触目惊心。不过交战双方的力量过于悬殊,结果毫无悬念。红蚂蚁大获全胜,它们带着战利品,颚间衔着襁褓⑮(qiǎngbǎo)中的蛹,匆忙打道回府。对于不了解奴隶制习俗的读者来说,这"亚马逊人"的故事也许很有趣,但很遗憾,我不能再讲下去了,因为这离我们要谈论的主题——昆虫回窝——相去太远了。

强盗红蚂蚁队伍的远征路线长短不一,取决于附近黑蚂蚁窝的数量。有时候只要走十几步、二十步的距离就够了,可有时候却要走五十步、一百步,甚至更远的距离。我只看到过一次红蚂蚁到花园以外远征。这些"亚马逊人"爬上四米高的围墙,翻越过去,一直走到稍远处的麦田里。至于远征的路途如何,行进中的红蚂蚁毫不关心。无论是不毛之地还是浓密的草坪,是枯叶堆还是乱石堆,是泥石群还是杂草丛,它们一样走,并不对哪一种路特别偏爱。

回来的路线却是铁定不变的。红蚂蚁们去时走哪条路,回来时就走哪条路,不管这条路有多么蜿蜒曲折,也不管它经过哪些地方,又是如何艰难困苦。红蚂蚁带着战利品回窝时,所走的原路是根据捕猎时出现的意外情况决定的,而且往往十分复杂。它们走的就是去时的那条路,这对于它们来说绝对必要,即使这样会加倍辛劳,甚至会冒生命危险,它们也不会更改。

我猜想,红蚂蚁们刚刚穿过厚厚的枯叶堆,这对它们而言是一条危机四伏的道路,随时都有失足坠落的危险;为了从洼地里钻上来,爬上摇摇晃晃的枯枝桥,走出迷宫般的小路,许多红蚂蚁累得筋疲力尽。但不管怎样,哪怕背负的战利品使它们步履维艰,回来的时候,它们还是会选择穿越那个困难重重的迷宫。要想减轻疲劳的话该怎么办呢?只需稍稍偏离先前的路线就可以了,在不到一步开外的地方,就有一条平坦的好路。可红蚂蚁们对这条近在咫尺的归途却视而不见。

---

⑮襁褓:襁指包婴儿的带子,褓指包婴儿的被子。文中以此借指未满周岁的婴儿。

有一天,我发现它们又出去抢劫了,它们排着队,沿着池塘砌砖的内侧行进。池塘里的两栖动物前一天已被我换成了金鱼。呼啸的北风从侧面横扫队伍,把整排整排的蚂蚁都刮到了水里。金鱼们蜂拥而至,张开大口,吞噬⑯(shì)着落水者。雄关漫道,天堑还没越过,队伍就惨遭涂炭⑰。我以为它们回来时一定会改走另一条路,绕过这致命的危险。可根本没有。衔着蚁蛹的队伍依然沿原来的险途返回,于是金鱼们吃到了从天上掉下的双份馅饼:不仅是红蚂蚁,还有它们的猎物。红蚂蚁宁愿再一次被屠杀,也不愿换一条路线[10]。

如果这些"亚马逊人"在远征途中随意兜圈,经常走不同的路,那么它们回家识途的困难就会陡增。一定是因为这个原因,它们养成了原路返回的习惯。如果不想迷路,红蚂蚁就别无选择,它们必须走自己认得、并且刚刚走过的那条路。爬行毛虫从窝里出来,到另一棵树或另一根树枝上去寻找可口的树叶时,会沿途织一条丝线,回家时它就循着这条丝线走。这是远行时可能迷路的昆虫所使用的最基本的方法。相对于爬行毛虫和它们幼稚的丝路,石蜂和其他昆虫的方法大不一样,后者依靠某种特殊的感觉来指引方向。

虽然红蚂蚁和石蜂一样,也属于膜翅目昆虫,但它回家的办法却没那么高明,这一点可以通过它只能顺着原路返回的事实得到证明。那么,它会不会在某种程度上效仿爬行毛虫的办法呢?也就是说,它不一定在途中留下指路的丝线,因为它不具备这样的工具;但它可以留下某种气味,比如某种甲酸味,然后靠嗅觉来给自己指路。很多人就是这样认为的[11]。

那些人说:蚂蚁是靠嗅觉来指路的,而嗅觉器官似乎就是那动个不停的触须。对于这个看法我不敢苟同。首先,我不相信嗅觉器官会是触须,理由前面已经说过了;其次,我希望通过实验,证明红蚂蚁不是靠嗅觉来指引方向的。

花了整整几个下午等候我的"亚马逊人"出窝,而且常常无功而返,这实在太浪费时间了。于是我找了一个帮手,她可没有我那么忙。她就是我的孙女露丝,这个小调皮鬼对于我跟她讲的有

⑯吞噬:吞食。
⑰涂炭:陷入泥沼,坠入炭火。比喻极其艰难困苦。

[10]作者细致详实、活灵活现地描写了红蚂蚁出发远征的曲折过程、获取猎物的惊心动魄、回家归途的危险艰辛。这也启示读者,揭秘动物世界需要长期艰苦的观察实验、认真严谨的科学研究和丰富的想象力。

[11]作者通过观察,一方面大胆设想红蚂蚁靠嗅觉给自己指路;另一方面又不是贸然下结论,希望通过实验来证明。作者严谨求实的科学态度可见一斑。

关蚂蚁的故事很感兴趣。她曾经目睹了红蚂蚁和黑蚂蚁的大战，对于抢夺襁褓中的孩子的事情一直若有所思。她脑子里充满着崇高的职责，对自己小小年纪就能为科学这位贵妇效力感到万分自豪。天气好的时候，她便满花园地跑，监视红蚂蚁，她的任务是仔细辨认红蚂蚁所走的路线，一直跟踪到被它们洗劫的蚁窝。她的热情已经经受过了考验，所以我很放心[12]。那天，我正在书房写每天例行的笔记，她突然来敲门了。

"是我，露丝。快来，红蚂蚁进黑蚂蚁的窝了，快来！"

"你看清它们走的路了吗？"

"是的，我做了记号。"

"什么？做了记号？怎么做的？"

"就像小拇指⑱那样，把白色的小石子撒在路上。"

我赶紧跑过去。情况就像我六岁的合作者露丝刚才所说的那样。她事先准备了小石子，一看到红蚂蚁的队伍出动，就一直跟着，每隔一段距离，便在它们走过的路上撒下几颗石子。现在，"亚马逊人"已经抢劫完毕，开始沿着用石子标出的路线回家了。这段距离大约有一百米，我有足够的时间进行我事先策划好的实验。

我用一把大扫帚，在蚂蚁经过的路上扫出一米左右的宽度，把路面上的粉末物质全部扫掉，代之以别的东西。尽管路上还留有这些粉末物质的气味，但蚂蚁找不到这些粉末，就会晕头转向。就这样，我在这条路的四个不同地方用扫帚扫过，每个地方相隔几步远的距离。

队伍来到了第一个被扫帚截断的地方。蚂蚁们明显犹豫了起来。有的掉头走开，然后回来，再掉头走开；有的在截断处徘徊不前，还有的则朝两侧散开，似乎想绕过这块陌生的地方。领头的蚂蚁们先是聚成几分米宽的一团，接着分散到宽度约三四米的空间。但是，越来越多的蚂蚁来到了障碍前，它们聚集起来，乱哄哄的，不知所措。终于，有几只蚂蚁冒险走上了扫过的那段路，其他的跟着它们。与此同时，另一些蚂蚁从侧面绕了过去，也走上

[12] 从小培养孩子的好奇心、观察力和对科学的热爱非常重要。在爷爷的熏陶下，孙女成了实验的好帮手。

⑱ 小拇指：法国诗人、童话作家佩罗（1628—1703）的童话《小拇指》的主人公。他几次被抛弃在森林里，但都依靠智慧回到了家中。他使用的认路方法之一，就是沿途用白色的小石子做记号。

了原先的那条路。在其他截断处，蚂蚁们又同样犹豫不决，不过最终还是或直接或间接地走到了原路上。尽管我设置了圈套，红蚂蚁还是顺着小石子标出的路线，回到了窝里[13]。

实验似乎肯定了嗅觉的作用。红蚂蚁在道路被截断的四个地方都表现出了明显的犹豫。它们最后之所以仍然能从原路回来，可能是因为扫帚扫得还不够彻底，使一些有气味的粉末仍然留在了原地。而另一些蚂蚁绕过扫过的部分再走回原路，则可能是受到了扫到一旁的残余物的指引。在下结论肯定或否定嗅觉的作用之前，最好是在更好的条件下再进行一次实验，将所有有气味的物质彻底扫除干净。

几天后，我制订了新的计划，露丝重新开始观察，并很快就向我报告蚂蚁又出动了。这在我的意料之中，因为在六七月闷热的午后，尤其是在暴风雨来临之前，"亚马逊人"很少错过这远征的最佳时机。"小拇指"的石子仍然被撒在蚂蚁走过的地方，我从中选取了一个最有利于我实验的地点。

我把一条用来给园子浇水的帆布管接到池塘的水龙头上，打开阀门，蚂蚁的归途顿时被一条绵延的激流冲断了，这激流约有一步宽，长得没有尽头。水很多，也很急，把地面冲洗得很彻底，带走了所有可能留下的气味。大水这样冲洗了约一刻钟。接着，当抢劫回来的蚂蚁队伍走近时，我放慢了水流的速度，减小了水帘的厚度，以免虫子们过分费力。如果"亚马逊人"必须走原路回家，那么它们就非得逾越这道障碍。

这一次，蚂蚁们犹豫了很长时间，连拖在最后的蚂蚁也赶上了队伍的排头。这时，它们踩着几颗露出水面的卵石走进了激流，脚下一个不稳，水流就卷走了那些最鲁莽的蚂蚁，可它们仍然固执地衔着猎物，随波逐流，搁浅在凸出的地方，再回到岸边，重新寻找可以涉水渡河的地方。几根麦秆被水冲到这里或那里，成了摇摇晃晃的浮桥，蚂蚁们走了上去。而橄榄树的枯叶则成了木筏，载着蚂蚁乘客们。那些最勇敢的蚂蚁不借助任何渡河工具，一半靠自己、一半靠好运，结果到达了对岸。我看到一些蚂蚁被水冲到了离两岸两三步远的地方，似乎非常着急，不知如何是好。但不管这溃散的队伍多么混乱，即使遭受了灭顶的水灾，也没有一只蚂蚁丢弃它们的战利品。蚂蚁们非常小心，宁死也不会丢弃

[13] 这段文字以细节描写见长。红蚂蚁发现自己走过的路被破坏后，先是不知所措，然后尝试着冒险走上扫过的那段路，直到后来沿着原路返回。描写细腻逼真。

这些战利品。总之，它们好歹渡过了激流，而且是沿着既定路线渡过的。

我觉得，激流实验之后，路上气味的解释就行不通了，因为地面事先早就被冲洗干净，而且在蚂蚁渡河的过程中水流一直在不断更新。如果蚂蚁走过的路上真的有丁酸⑲的气味，只是我们的嗅觉闻不到，或至少在我所讨论的条件下闻不到，那么就让我们看看，用另一种我们嗅得出来的、强烈得多的气味来盖住它，情况会怎样。

我等来了蚂蚁的第三次出动。在它们走过的路上，我用刚从花坛里摘下的几把薄荷擦了擦地面，然后把薄荷叶盖在稍远处的路上。归来的蚂蚁经过被擦过的区域时，似乎一点都不担心；在盖着叶子的地方，它们犹豫了一下，然后还是走了过去[14]。

经过这两次实验——一次是激流冲洗路面，另一次是薄荷掩盖气味——我认为，再也不能把嗅觉说成是指引蚂蚁沿出发时的路线回窝的原因了。其他实验能让我们弄清楚真正的原因[15]。

这一次，我对地面不作任何改变，只是在路中央铺了一些大大的纸张和报纸，用小石块压住。这块地毯彻底改变了道路的外貌，但却不会去掉任何可能留下的气味。可是在它面前，蚂蚁们却表现出了前所未有的犹豫，而此前我设下的任何圈套，包括汹涌的激流，都不曾使它们如此迟疑。它们反复尝试，四处侦查，试探着前进和后退，然后才冒险进入这个陌生的区域。终于，它们穿过了这块铺纸的地带，队伍又像往常一样，恢复前进了。

在前面不远处，还有我设计的另外一个圈套在等着它们。我在它们的路线上铺了一层薄薄的黄沙，而地面本来是浅灰色的。单是这样的颜色变化，就足以使蚂蚁们迷惑好一阵子，它们就像刚才面对纸地毯一样地犹豫了起来，不过时间不长。最后，这个障碍也同样被逾越了。

我铺的黄沙和纸张并不能使路上可能留有的气味消失，而蚂蚁们却每次都表现出同样的迟疑，并且都停了下来。很显然，指引它们按原路回家的不是嗅觉，而是视觉，因为每当我以某种方式——比如用扫帚扫、用流水冲、盖上薄荷叶、铺上纸地毯或跟地

[14] 以上六段写作者为证明红蚂蚁是否靠嗅觉辨认路，进行了一次又一次的实验。可见作者对追求科学真相的严谨态度。

[15] 作者通过两次实验，否定了嗅觉指引蚂蚁回窝的结论，开始转换思维路径，从其他角度设计实验，探索蚂蚁认路的真正奥秘。

---

⑲丁酸：又称酪酸。气味难闻，味先辣后甜，与乙醚类似。

面颜色不同的黄沙——改变沿途的景观时,回家的蚂蚁队伍都会停顿、犹疑,并试图了解究竟发生了什么变故。没错,就是视觉,不过红蚂蚁的视觉很短浅,哪怕移动几颗小卵石,都会让它们觉得景物全非。正是由于这短浅的视力,哪怕是放一条纸带、放一层薄荷叶、铺一层黄沙、挥一下扫帚,甚至是做更微小的改动,都足以改变路上的景色,使带着战利品归心似箭的蚂蚁队伍在这块陌生的地方焦虑不安地停顿下来。最后,蚂蚁们之所以都穿越了这可疑的地带,是因为在反复尝试穿越不同的地带之后,有几只蚂蚁终于认出,在另一端有它们熟悉的地方。其他的蚂蚁出于对它们的信任,就跟着它们走了[16]。

可是,光靠视力是不够的,"亚马逊人"还具备对地点的准确记忆力。蚂蚁的记忆力! 它会是怎样的呢? 它跟我们的记忆力有什么相似之处吗? 这些问题,我回答不上来。但我可以用寥寥(liáoliáo)几句话告诉大家,这种虫子一旦到过某个地方,就能把这个地方准确无误地记在脑子里。这情况我曾看到过多次。有时候,遭到"亚马逊人"洗劫的蚁窝有太多的战利品,远征队伍一次搬运不完。或者,红蚂蚁的所到之处有太多的蚁窝,需要再实施一次掠夺,才能将这个地方的财富彻底开发完。于是,第二天,或者两三天以后,红蚂蚁们再次出征。这一次,它们不再沿途搜索,而是直奔有许多蚁蛹的蚂蚁窝,走的就是原来的那条路线。我曾经在红蚂蚁远征的路上用小石子设置过路标,那条路大约有二十多米。两天后,我突然发现,"亚马逊人"正沿着一颗又一颗石子路标,走在同一条路上去远征。我根据这些石子路标,在心里说:它们要从这里经过、从那里经过。果然,蚂蚁们沿着石子路桩,经过了这里,也经过了那里,并没有明显的偏差。

两次远征隔了几天,难道我们还能说红蚂蚁走过的路上留有原先散发出的气味吗? 没有人敢这么说。所以,为"亚马逊人"指路的肯定是视觉,外加对地点的记忆力。这记忆力很强,甚至可以把对路途的印象保留到第二天乃至更久,而且这记忆力不打一点折扣,可以指引蚂蚁队伍穿过各式各样的地面,不偏不差地走前一天走过的路线[17]。

[16]作者通过新的实验发现,"视觉"与蚂蚁认路有密切的联系。

[17]法布尔没有停止探索,第三次实验通过改变沿途的景观,证明红蚂蚁能按原路返回靠的还有听觉和记忆力。

但是,如果在一个陌生的地方,"亚马逊人"会怎么样呢?在一个它们事先可能未曾勘探过的地方,对地形的记忆力就于事无补了,而除了这种对地形的记忆力之外,红蚂蚁是否拥有像石蜂那样辨别方向的能力,至少是在小范围内辨别方向的能力呢?它们能不能返回蚁窝,或者跟正在行进的队伍会合呢?

这支惯于抢劫的蚂蚁军团并非对花园的每个角落都了如指掌,它们更喜欢去北边的那部分,可能是因为那里能掠夺到更多的猎物。因此,"亚马逊人"通常都把队伍带到兵营的北面去,我很少在南面看到它们。所以,对于它们来说,南边的园子即使不陌生,至少绝不会比北边的园子更熟悉。说完了这些,就让我们看看身处陌生地方的红蚂蚁是如何行事的吧。

我守在红蚂蚁的窝边。当队伍捕捉奴隶归来时,我把一片枯叶伸到其中一只蚂蚁的面前,让它爬上去。我没有碰它,只是把它运到队伍南边两三步远的地方。但这足以使它离开熟悉的环境,彻底晕头转向了。我看见这个"亚马逊人"回到地面后,像无头苍蝇似的到处乱闯,口中依然牢牢地衔着战利品。我见它匆匆忙忙地想去和战友会合,实际上却越走越远。我见它先往回走,然后又远去,左面试试、右面试试,四处摸索,却始终无法找对方向。这个长着强健大颚的好战的奴隶贩子只离开自己的队伍两步远,就迷了路。我记得有好几个这样的迷路者,找了半个多小时都没能回到原路,反而越走越远,可嘴里却始终衔着蚁蛹。它们的结果会怎么样呢?它们又会把战利品怎么样呢?我可没有耐心对这些愚蠢的强盗跟踪到底了。

我们再进行一次同样的实验,但这次把"亚马逊人"放到了北边。红蚂蚁虽然多少有一点犹豫,也朝各个方向做过试探,但最终还是归队了。因为那片地方它熟悉[18]。

[18]法布尔锲而不舍,进一步通过实验探索了红蚂蚁记忆力的范围。

作为膜翅目昆虫,红蚂蚁肯定根本不具备其他膜翅目昆虫所拥有的方向感。它只能记住到过的地方,仅此而已。哪怕是两三步远的偏离,就足以使它迷路,无法与家人团聚。而石蜂则不然,它穿越几千米的陌生地区都不会有问题。刚才我还很惊讶:这种奇妙的官能连一些动物都具备,而人类却没有。人和动物这两个比较物之间的差别太大,难免会引起争论,而如今,这种差别不复存在了,被比较的是两种非常接近的昆虫——膜翅目昆虫。虽然它们都是从一个模子里出来的,为什么一个有辨别方向的官能,而另一个却没有呢?昆虫这种多出的官能,是它除器官的细节之外另一个具有决定意义的特征。对此,我期待着进化论者给出一个合理的解释[19]。

　　我刚才已经认识了红蚂蚁对于地点的超强的、不折不扣的记忆力,那么这种记忆力到底灵活到什么程度,能将印象铭记在心呢?"亚马逊人"是否需要反复走几次,才能记住沿途的地理特征?还是走一次就够了?它是否能一下子就把走过的路线和到过的地方刻在脑海里?红蚂蚁不可能接受实验,给我们答案了,因为实验者无法知道远征队伍的路线是不是第一次走。此外,他也没有能力让红蚂蚁军团走这一条或那一条路。"亚马逊人"外出抢劫蚁窝的时候,总是随心所欲地选择路线,根本不受实验者的干预的影响。我们还是求助于其他的膜翅目昆虫吧。

　　我选择了蛛蜂,关于它的习性,我将在其他章节中做详细介绍。蛛蜂是捕捉蜘蛛和挖掘地洞的高手。它先将猎物捉住,使其瘫痪,给未来的幼虫做食物,然后再挖掘住所。由于带着沉重的猎物去寻找合适的住宅地很不方便,所以蛛蜂把捕来的蜘蛛放在草丛或灌木的高处,以防偷吃者——特别是蚂蚁——趁这珍贵美食的合法主人不在,把它给糟蹋了。蛛蜂将战利品安置在绿色植物的高处之后,便去找合适的地方挖地洞了。在挖掘期间,它会时不时地回去看看它的蜘蛛。它轻轻地咬一咬、拍一拍,仿佛在庆幸自己得到了这丰盛的美餐。如果有什么事情令它不安,它就不仅仅是去看一看,而是会把蜘蛛搬到离工地近一点的地方,不过总是放在植物丛的上面。蛛蜂的这一行为使我有了可乘之机,来了解一下它的记忆力到底有多灵活[20]。

　　当这膜翅目昆虫挖掘地洞的时候,我把它的猎物拿走,放在离原先的存放地半米之外的空旷处。不久,蛛蜂离开地洞,去看它的猎物了,它径直朝原来存放蜘蛛的地方走去。它找方向非常有一套,对找地点也非常拿手,这可能是因为它前面已经多次去看过它的猎物。之前发生的事我无法得知。我们不去管那第一次远征,其他的几次会更有说服力。眼下,蛛蜂准确无误地来到了之前摆放猎物的草丛。它在上面走来走去,仔细搜寻,不时回到原来存放蜘蛛的位置。最后,这位聪明的昆虫发现猎物已经不

[19]官能的有无,不仅人和动物有别,连非常接近的昆虫尚有区别。原因究竟是什么?作者提出了新的研究课题。

[20]为了进一步研究昆虫的记忆力,作者选择了蜘蛛做实验。

在那里，便在四周慢步徘徊，并用触须拍打着地面。终于，它在空旷处看见了我放的猎物，十分惊讶，赶紧上前，突然一抖，猛地往后退去，仿佛在问：这蜘蛛是活的还是死的？这是我之前的猎物吗？还是谨慎一点好。

聪明的蛛蜂犹豫了一小会儿，还是咬住了蜘蛛，一边拉一边倒退，把它放到另一丛植物上，仍然是在高处，离第一个存放地两三步远。然后，它又回到地洞边，继续挖土。我再次移动了蜘蛛的位置，把它放在稍远一点的一块光秃秃的地上。这一次，我们可以充分看得出蛛蜂的聪明才智了。有两处草丛曾经存放过它的猎物。第一个，蛛蜂曾经准确无误地回去过，它之所以能认得出，可能是因为此前它去过多次，做过较为深入的勘察，对此我不很清楚；而第二个草丛，在它的记忆中肯定只留下了肤浅的印象。它接受了那个地方，但事先并不曾仔细挑选。它在那里停留的时间很短，只够把蜘蛛抬到高处，这处草丛是它第一次看到，而且是匆匆地看了一眼。这样短暂的一瞥，能让它准确地记住吗？何况，在这虫子的记忆里，两个存放地很有可能会混淆。蛛蜂究竟会去哪个地方呢？

我们很快就看到了答案：蛛蜂又离开地洞去看蜘蛛了。它径直跑向第二个草丛，在那里找了很久，但猎物不见了。蛛蜂记得很清楚猎物最后是放在那儿，而不是其他地方。它在那里不停地寻找，根本没有想到去第一个存放地。对它来说，第一个草丛已经不重要了，它关心的只是第二个草丛。接着，它开始在附近寻找。

这膜翅目昆虫在那块光秃秃的地方找到了我放的猎物，便迅速将它放到了第三个草丛上，这样我又开始了我的实验。这一次，蛛蜂毫不犹豫地直奔第三个草丛，丝毫没有和前两个混淆起来，它记得很清楚，对前两个存放地根本不屑一顾。我又做了两次实验，每次这位猎人都是去最后一个存放地，对其他草丛漠不关心。这个小家伙的记忆力真是不可思议。尽管这个勤劳的猎人还得忙于地下的挖掘工作，但它只要匆匆瞥一眼，就能把一个与别处没有丝毫不同的地方记得清清楚楚[21]。我们人类的记忆力能和它相提并论吗？我可不敢做肯定的回答。如果我们假设红蚂蚁也有同样非凡的记忆力，那么它们长途跋涉、按原路回窝

[21]作者通过精心设计、反复试验，证明蛛蜂有着非凡的记忆力。

也就顺理成章了。

我的实验还得出其他一些结果，也值得引起大家的思考。当蛛蜂经过不懈的艰难探索，确认蜘蛛不在它原先放置的草丛上后，便会到附近去寻找，而且可以说比较容易就找到了，这当然是我把猎物放在了比较显眼的地方的缘故。后来，我又增加了一点难度。我用手指在泥土里按了一个印，把蜘蛛放在这个小小的坑里，再盖上一片薄薄的叶子。寻找遗失猎物的蛛蜂有时会从叶子上经过，走过来又走过去，可就是没有怀疑过它的脚下正是藏猎物的地方。可见，指引蛛蜂的不是嗅觉，而是视觉。不过，它的触须一直在不断地拍打着地面。这触须有什么用？我不知道，但我能断定它不是嗅觉器官。通过泥蜂寻找灰毛虫的例子，我也得出了同样的结论，而这结论现在得到了实验的证实，在我看来它是决定性的。我还要补充一点：蛛蜂的视力很差，所以它经常会在离蜘蛛两寸远的地方走过，却看不见蜘蛛[22]。

[22]补充说明蛛蜂的视力很差，意在暗示读者视觉也不是指引蛛蜂的主要因素。科学的奥秘是无穷的，有待于我们更好地探求！

蝉和蚂蚁的寓言

各种各样的传说造就了各种各样的名声。无论是在人类还是在动物的历史上，传说故事都留下了它的足迹。特别是昆虫，我们从各种传说中了解到它们的故事，虽然并没有考证过这些故事真实与否[1]。

比如，蝉的名字大家都应该听说过吧！在昆虫世界里，还能有谁比它更出名？它是热情似火的歌手，却不知道储备过冬的粮食，这样的名声早在我们童年时代就已是记忆训练的主题。大人们用几句浅显易学的诗句告诉我们，当凛冽的寒风吹起时，蝉一无所有，便去它勤劳的邻居蚂蚁那里想蹭一部分粮食。可是这个借粮人不受欢迎，得到的是一个一针见血的回答，这也是那虫子出名的主要原因。这短短的两句诗带着粗俗的嘲弄：

> 你那么热衷于唱歌，这真令我高兴。
>
> 那么，你现在该去跳舞了。

与蝉精湛的演奏技巧相比，这两句诗给它带来了更大的名声[2]。它们和其他童话故事一样，已经深深地刻进了孩子们的心里。

大多数人都没听到过蝉唱歌，因为蝉生长在橄榄树茂盛的地区。但是无论大人还是孩子，都对蝉这个狼狈的名声印象深刻。就是这样，它凭借这个传说"声名远播"了！一个违背道德和自然历史、价值遭到非议的故事，一个除了简短以外一无是处、只适合奶妈讲述的故事，居然造就了蝉的名声，而这名声竟和"小拇指"的长靴、小红帽的煎饼一样，陪伴着无数孩子长大。

孩子是杰出的保存者。习俗、传统一旦印入他们的记忆，就变得坚不可摧。蝉的出名，应该归功于孩子们，他们刚开始尝试背诵的时候，就已经在结结巴巴地述说蝉的不幸遭遇了。通过孩子，一些粗鲁无聊的奇谈被保存了下来，成了寓言的素材：蝉在寒冷到来时,总是要经受饥饿之苦,尽管事实上冬天并没有蝉;蝉总是要请求别人施舍几颗麦粒,尽管事实上这种食物并不适合它们精致的吸食管;蝉总是一边乞讨,一边搜寻苍蝇和小蚯蚓,尽管事实上它们从来不吃这些食物[3]。

这么多荒唐的错误究竟该由谁来负责呢?拉封丹①的大多数寓言都以细致入微的观察使我们着迷,但在蝉的问题上他却考虑欠周。他对寓言中的前几个主角,如狐狸、狼、猫、山羊、乌鸦、老鼠、鼬等动物,都十分了解,描写它们的情况和动作时准确生动、细致入微。这些动物都是拉封丹的同乡、邻居、常客,它们的集体生活和私生活都发生在他的眼皮底下。但是,在兔子雅诺蹦跶的地方没有蝉,拉封丹从来不曾听过它歌唱,也没有见过这种动物。对他来说,著名的歌唱家毫无疑问是蚱蜢。

画家格兰维尔机智狡黠的画笔堪称和拉封丹配有插图的寓言相得益彰,但他也犯了同样的错误。在他的画中,蚂蚁被打扮成勤劳的主妇。她在自己的家门口,在大袋的麦子旁边,鄙夷地转过身去,背对着借粮人伸出她的爪子,哦,对不起,是伸出她的手。寓言的另一位主角戴着宽边帽子,胳膊下夹着吉他,裙子被寒风吹得紧贴在腿肚子上,完全是一副蚱蜢的形象。格兰维尔和拉封丹一样,也没有想过真正的蝉是什么样的,他出色地反映了这个普遍的错误[4]。

此外,拉封丹在这个浅薄的小故事中,只是拾了另一位寓言作家的牙慧②而已。描写蝉受到蚂蚁冷遇的传说和自私自利,也就是说和这个世界一样历史悠久。在雅典,幼儿们背着塞满无花果和橄榄的草编包,走在上学的路上,他们已经能把这个故事当作要背诵的课文喃喃叙说了:"冬天,蚂蚁们把储备的受潮食物放在太阳下晒。一只饥饿的蝉突然来乞讨,它恳求得到几粒谷子。那些吝啬的储藏者回答:'你曾在夏天唱歌,那就在冬天跳舞吧。'"这个故事或许稍微枯燥了一点,但却正是拉封丹那篇有违常理的寓言的主题。

然而,这个寓言来自希腊——盛产橄榄树和蝉的国家。伊索

[3]用排比句强调蝉在童话中的坏名声是没有根据的,自然引出下文为蝉"正名"。

[4]通过考察寓言作者拉封丹和插图画家格兰维尔的创作背景,指出他们错误地把蚱蜢误认为蝉。

①拉封丹:法国著名的寓言诗人,其作品经后人整理为《拉封丹寓言》。
②牙慧:牙缝里的一点小聪明。

真的像传说的那样，是这寓言的作者吗？我有点怀疑。但这并不重要，反正讲这故事的人是个希腊人，是蝉的同乡，对蝉应该有足够的认知。在我的村庄中，知识再狭隘的农民也知道冬天是绝对没有蝉的。同样，任何一个翻土的人都认识蝉最初的形态，因为当寒冬临近，必须为橄榄树培土时，他们的铁锹经常会挖出一些蝉的幼虫。他们无数次在路边看到这种幼虫，慢慢也就知道了它们是如何通过自己挖掘的井钻出地洞，如何爬上某一根树枝，壳是如何从背上裂开，它们又是如何蜕去比生了茧的羊皮还要坚硬的旧壳，最后变成一只蝉，并迅速从嫩绿色变成棕色的[5]。

阿提喀半岛③上的农民也不傻他们同样注意到了这个连最没有观察力的人都能发现的事实。他们也知道我的农民邻居们所了解的情况。写出这则寓言的文人，不管他是谁，都有得天独厚的优势，可以了解这些情况。那么，他故事里的这些谬误是怎么产生的呢？

这位希腊寓言家比拉封丹更不可原谅，他在讲述书本上的蝉，而不是去了解在他身边敲锣打鼓的真正的蝉。他对现实毫不关心，只是因循传统。其实他也只是在抄袭另一位更古老的寓言家，他重复的是某一个来自可敬的文明之母——印度的传说。印度人用芦苇写下这个故事，是为了告诫人们：生活缺乏远见，必将后患无穷。如果不知道这一主题，就会误以为蝉和蚂蚁之间发生的小故事，比这两只虫子的密谈更加接近现实。印度人是昆虫的伟大朋友，不可能犯下这样的错误。看来只有一种可能：故事最初的主角并不是我们的蝉，而是其他某种动物，或者说某种昆虫，它的生活习性同故事情节所描述的相似[6]。

这个古老的故事来自希腊，在漫长的几个世纪中，它曾使印度河畔的智者深思、使那里的孩子愉悦。它也许和某一位一家之主第一次提出勤俭节约的年代一样久远。它被从一代人的记忆传到另一代人的记忆，或多或少地保留着原来的风貌，就像所有的传说一样，它有很多细节都被改动了，因为岁月的长河要求这些细节适应各个时期、各个地点的特殊情况。

希腊乡间没有印度人讲述的那种昆虫，于是希腊人就把蝉引

[5]作者考察了寓言创作地——希腊的生产经验、生活常识，向人们证实伊索寓言中冬天蝉向蚂蚁乞讨是不可能的，因为蝉在冬天是没法活动的。

[6]追溯了寓言家的错误根源在于对现实毫不关心，因循守旧，断章取义地抄袭别国的传说。

③阿提喀半岛：希腊的一个半岛，雅典即位于该半岛上。

入了故事。就如同在号称现代雅典的巴黎，蝉又被蚱蜢取代一样。大错已经铸成，而且被孩子们记住，从此不可磨灭，甚至胜过了显而易见的事实。

让我们设法为这位遭到寓言诬蔑的歌手平反吧。我首先承认，蝉是一个讨厌的邻居。每年夏天，它们被我门前两棵粗大的梧桐的绿阴所吸引，成百地前来安家。在那里，从日出到日落，它们不断用嘶哑的交响乐侵扰我。在这震耳欲聋的乐声中，我根本不可能思考。我的思想回旋飞舞，晕头转向，无法集中。如果我没有抓紧利用早晨的时间，这一天就算完了。

啊，这中邪的虫子，你是我家的祸害！我原本希望这个家能安安静静。听说，雅典人特意把你们养在笼子里，以便享受你们的歌唱。在饭后昏睡的时候，有一只蝉叫还可以接受。可当一个人在聚精会神地思考问题时，上百只蝉同时叫响，震得耳膜发胀，那真是一种折磨！可你们这些蝉儿却振振有词，说这是你们作为先到者的权利。在我来之前，这两棵梧桐树是完全属于你们的，反倒是我擅自闯入了你们的绿荫。好吧，为了让我写好你们自己的故事，就请在铙钹（náobó）上装一个弱音器，降低一点音量吧[7]。

事实否定了寓言家的无稽之谈④。尽管蝉和蚂蚁之间有时有一些关系，但究竟是什么样的关系我们却并不肯定。我们只知道，这关系与寓言家告诉我们的恰恰相反。蝉从来不需要依靠别人的帮助生活，这种关系的发起者不是它，而是蚂蚁，那个贪婪的剥削者，它把一切可以食用的东西都囤积在谷仓里。在任何时候，蝉都不会到蚂蚁窝前乞讨粮食，并信誓旦旦地保证还本付息。相反，倒是蚂蚁有时会饿得饥肠辘辘，去向歌手哀求。我说的是哀求！因为有借有还不是蚂蚁强盗的习惯。它剥削蝉，厚颜无耻地将它洗劫一空。就让我来解释一下这洗劫的过程吧，它是一个奇特的历史问题，到目前为止，还很少有人知道[8]。

七月的午后热得令人窒息，蚂蚁这昆虫的贱民渴得筋疲力尽，它四处游荡，徒劳地想从干枯的花朵上取水解渴。而这时，蝉

[7]欲扬先抑，作者想为蝉平反，客观地先写了蝉让人讨厌的一面——制造噪音。

[8]作者不仅要为蝉平反，而且道出了一个鲜为人知的事实：蚂蚁偷窃蝉的劳动成果。设置悬念，引起下文。

④无稽之谈：稽，查考。毫无根据的说法。

- 昆 虫 记 -

却对这水荒一笑了之。它用小钻头一样的喙⑤（huì），刺进取之不尽的酒窖。它停在小灌木的枝丫上，一边不停地唱歌，一边在坚硬光滑的树皮上钻孔，被太阳晒得热烘烘的树汁，使这些树皮鼓了起来。蝉把吸管插入洞孔，尽情畅饮。它纹丝不动，若有所思，完全沉浸在琼浆和歌曲的魅力之中。

我们继续观察一会儿，也许就能看到一些不幸的意外事件。事实上，有许多口干舌燥的昆虫在附近游荡，从井栏上渗出的树汁，使它们发现了那口井。它们迅速赶来，起初还是小心翼翼，仅仅舔一舔溢出的液体。我看到，在甘琼吸管的周围，聚集着匆忙赶来的胡蜂、苍蝇、球螋、天蛾、蛛蜂、金匠花金龟子，特别是蚂蚁。

体型较小的昆虫，为了靠近泉源，钻到了蝉的肚子底下。温厚老实的蝉用腿脚撑起身子，让这些讨厌鬼通过。体型较大的昆虫则不耐烦地跺着脚，飞快地喝一口，然后撤退，到邻近的枝丫上逛一圈，再更加胆大妄为地回来。贪欲在膨胀，刚才还谨慎克制的虫子们转眼变成了好动的侵略者，一心想把开源引水的凿井人从泉水边赶走。

在这伙强盗中，最不肯罢休的就是蚂蚁。我看见它们咬蝉的腿脚，拉蝉的翅端，爬上它的背，挠它的触须。还有一个胆大妄为的家伙，竟然在我的眼皮底下，抓住蝉的吸管，想把它拔出来。

就这样，庞然大物蝉被这些侏儒们搅得失去了耐心，终于放弃了这口井。它向这些拦路抢劫者撒了泡尿，逃走了。然而对蚂蚁来说，这种极端的蔑视根本不算什么！它们的目的已经达到，现在它们成了泉水的主人，尽管这泉水失去了转动的水泵，过早地干涸了。泉水尽管很少，却很甘美。等以后新的机会出现，蚂蚁们又会故伎重演，再去喝上一大口[9]。

我们看到，事实和寓言里虚构的角色恰恰相反。在抢夺时肆无忌惮、毫不退缩的求食者是蚂蚁，甘愿与受难者分享泉水的能工巧匠则是蝉。下面一个细节更能说明这角色的颠倒。五六个星期过去了，在度过了这一大段快乐的时光之后，歌手耗尽了生命，从树梢上落了下来。它的尸体被阳光晒干，被路人践踏，最后被总在四处掠夺的强盗蚂蚁碰上了。它们将这丰盛的食物撕开、

[9]细致生动、形象逼真地记录了蚂蚁如何侵占并夺取了蝉的劳动果实。

⑤喙：鸟兽的嘴。

肢解、剪断、弄碎，以充实它们的食物储备。经常能看到垂死的蝉，翅膀还在尘土中抖动，可它们同样遭到这群分尸者的拉扯、肢解。这时的蝉真是悲惨无比。蚂蚁这个食肉者的习性，体现了两种昆虫之间真正的关系。

　　古代的经典文化对蝉极其尊重。被誉为"希腊的贝朗杰⑥"的抒情诗人阿那克里翁⑦为它写了一首颂歌，极尽赞美之能事。他说："你几乎就像神。"诗人将蝉尊奉为神，但理由却不尽完善，它们可以归纳为三大优势：生于泥土，不知痛苦，有肉无血。我们不要责怪诗人犯下的这些错误，这种想法在当时非常普遍，而且在人们开始用探索的眼光进行观察之前，还延续了很长一段时间。再说，对于那些以格律和音韵见长的小诗，我们也没有必要斤斤计较[10]。

　　即便是在今天，像阿那克里翁一样对蝉十分熟悉的普罗旺斯⑧诗人，在赞美被他们视为标志的蝉时，也不太在意事实。不过我有一个朋友却不在批评之列，他热爱观察，又是一个细心的现实主义者。在他的允许下，我从他的作品中选取了以下这首普罗旺斯诗歌，它科学而严谨地刻画了蝉和蚂蚁的关系。我把这首诗歌的美学形象和道德观点交给这位诗人去负责，这些精致而美丽的花朵和我博物学家的领域无关。不过我可以断言诗歌内容的真实性，它与我每年夏天在自家花园的丁香上所看到的情况是相符的。我在他的作品后面附上了翻译，但由于普罗旺斯语的词汇在法语中不一定有对应词，所以许多地方只是意思相近。

[10]对蝉的名声进一步作了历史的考证，既有尊奉为神的赞美，也有认识上的局限性。

蝉和蚂蚁

一

　　上帝啊，天真热！这正是蝉的好时光，

　　它乐得发狂，尽情享受着，

　　似火的骄阳，这也是收割的时节，

　　在金黄的麦浪里，收割者

---

　　⑥贝朗杰(1807—1857)：法国诗人、歌词作者，他的情歌和爱国歌曲深受民众喜爱。

　　⑦阿那克里翁：古希腊最后一个伟大的抒情诗人。

　　⑧普罗旺斯：原为罗马帝国的一个行省，现为法国东南部的一个地区。是世界闻名的薰衣草故乡，并出产优质葡萄酒。

弯腰迎风，辛苦劳作，不再歌唱：
干渴把歌声压抑在胸膛。

这是你的好时光。所以，勇敢些，可爱的蝉，
敲响你的小锣，
扭起你的肚子，再把你的镜子擦亮。
这时候收割者挥舞着镰刀，
刀刃不停地摇晃，
刀光在金黄的麦穗中闪亮。

装满了浇石水的水罐，罐口塞着草，
挂在收割者的腰间。
磨刀石躲在木盒里纳凉，
还能不停地饮水，
可收割者在烈日下喘气，
有时连骨髓都快被煮沸。

蝉儿啊，你自有解渴的妙计：
你用尖嘴戳进细嫩多汁的树皮，
钻一口井。
蜜汁从细管中涌出。
你将嘴巴凑近汩汩流淌的甘泉。
美美地把玉液琼浆吮吸。

可太平日子好景不长，噢，不！这些强盗！
邻居和浪子在附近游荡，
看到你在凿井，便匆匆赶来，干渴难当，
只为与你分一滴蜜浆。
当心，我的美人，这些家伙囊中空空，
原先卑谦，然后就会变得疯狂。

开始只求饮一口，继而就要残羹剩饭；
它们不再满足，把头抬起，

想霸占全部。它们将会得逞。
似耙的利爪搔弄着你的翅尖，
在你宽大的脊背上，它们上上下下，
它们抓住你的嘴、你的须、你的脚。

它们将你四处乱拽，让你心烦意乱。
嘘！嘘！撒一泡尿，
喷向这群强盗，然后离开树枝。
离这群抢夺水井的败类越远越好，
它们正笑着作乐，
舔着沾满蜜浆的嘴唇。

在这些不知疲倦拼命喝水的流浪汉中，
最过分的便就是蚂蚁。
苍蝇、大胡蜂、胡蜂、金龟子，
还有各种骗子和懒鬼，
被烈日引到你的井边，
它们不像蚂蚁，一心要把你赶走。

踩你的脚趾，挠你的脸，
夹你的鼻子，钻到你的肚子下，
干这些事，蚂蚁无人能比。
这无赖把你的爪子当作阶梯，
胆大包天，爬上你的翅膀，
还在上面蛮横散步，下下上上。

二

现在我发现
老人们的故事都不可靠，
他们说：冬日的一天，你饥肠辘辘，低着头，
悄悄来到
蚂蚁贮粮的巨大地窖。
麦粒还未藏进地窖，

却已沾上夜晚的露霜，
富裕的蚂蚁正在太阳下翻晒，
等到晒干装进粮袋。
这时你突然出现，泪眼汪汪。

你对它说："寒冷的冬天北风直响，
我被吹到东吹到西，
饥饿难当。让我在你小山似的粮堆中
拿一袋麦子吧，
当然，我会归还，在甜瓜成熟的时光。"

"借我一点麦粒？"你还是走吧，
要是你以为蚂蚁会听你讲，
那就错了。粮袋再大，你也得不到一颗麦粒。
"滚远些，去刮桶底；
你夏天只管歌唱，冬天活该以饿死收场！"

这就是古老的寓言，
它教会我们学吝啬鬼
幸灾乐祸地收紧钱袋……
要让这些笨蛋
也尝尝饿痛肚子的苦难！

这位寓言家让我愤愤不满，
说什么你在大冬天去寻找
苍蝇、小虫和麦粒，可这些东西你从来不吃。
麦粒！说真的，你要它何用！
有了自己的甘泉，你已不再别有他求。

冬天对你又有何妨？你的孩子
躲在地下睡得正香，
你也长眠不再醒来，
尸体掉下，化为碎片。

一天，四处猎食的蚂蚁撞见了它。

干瘦的皮囊并没有让恶棍止步
反而是拼命争抢，
掏出它的胸膛，又把它撕成碎片，
然后当作腌肉储藏，
这是冬季雪天它们最好的食粮。

三

这就是故事的真相，
与寓言说的完全两样。
该死的蚂蚁，你们听了作何感想？
噢，专捡便宜的家伙，
手指如钩，大腹便便，
还想用保险箱来统治世界。
你们这些恶棍还放出流言，
说什么艺术家从来不把活儿干，
还说它是傻瓜，活该遭殃。
闭上嘴巴：当蝉儿钻透
葡萄树的树皮，
你就来抢夺它的琼浆，而它死后，你还要把它啃得精光[11]。

就这样，我的朋友用生动的语言，为一直受到寓言家诋毁的蝉儿重新找回了名誉。

[11] 以诗歌来展现蝉和蚂蚁的真实生活状态，富有艺术性和感染力。

蝉出地洞

　　除非学生比老师懂得更多，否则听过雷奥米尔①关于蝉的故事再听其他版本的就没什么意义了。那位故事高手是在我生活的地区收集他的研究素材的，他观察的都是标本，由马车运去，浸泡在三六烧酒②里。而我的做法却完全不同，我就和蝉生活在一起。七月来临，它们就是我花园中的主角儿，有时还会来到我家门口。于是我的隐庐有了两个主人。在屋内，我是主人；在屋外，它们是主人，至高无上、气焰嚣张、吵吵嚷嚷。这么近的邻里关系，这么便利的观察条件，使我有机会观察到一些细节，而这些是雷奥米尔以前没有想到的[1]。

　　将近夏至的时候，第一批蝉出现了。在一些阳光曝晒、人来人往、被踩得很结实的小径地面上，出现了一个个手指般粗的小圆孔。那是地洞的出口，蝉的幼虫就是沿着它爬上地面，长大成蝉的。除了有庄稼生长的地方外，这些孔几乎到处可见。它们一般是在最干燥和最炎热的地方。蝉的幼虫有非常锐利的工具，可以按需要穿透泥沙和干土，它尤其喜欢从最坚硬的地方钻出地面[2]。

　　花园里有一条小路，小路边有一面朝南的墙，那里酷热无比，就像小塞内加尔一样，洞口便布满在这条小路上了。六月的最后几天，我开始勘探那些被废弃不久的深井。地面很硬，我不得不用镐（gǎo）挖。

　　洞口是圆的，直径差不多有 2.5 厘米。洞的周围没有一点杂物，也没有被推出来的小土丘。很明显：蝉和另一位号称挖掘高手的屎壳郎是完全不一样的，在洞口放一堆土。它俩的工作程序不同，所以呈现的结果也是完全不一样的。屎壳郎是从地面挖到地下，它一开始挖的是洞口，因此它可以回到地面，把挖出的泥土

[1]作者开篇交代他的研究素材源于他和蝉的真实生活，下文所写都是亲自观察的结果，使本文真实可信。

[2]从细致观察蝉出洞的时间、地洞出口的特点，开始蝉出地洞的研究。

---

①雷奥米尔：法国化学家、物理学家、博物学家，对昆虫颇有研究。
②三六烧酒：旧时一种 85 度以上的烧酒，取三份此酒，兑水三份，即成六份普通烧酒。

堆在那里。而蝉的幼虫则恰恰相反,它是从地下往地面挖,最后才打开出口。只有到了最后一刻,洞口才能使用,此前是无法通过它把泥土堆放到外面的。屎壳郎是进洞,因此它在家门前堆一堆土。蝉是出洞,不可能把土堆到门前,因为这门还没有造好[3]。

蝉的地洞深约四十厘米,呈圆柱形,根据土质不同而略有弯曲,但基本上是垂直的,这样最节省路程。整条地洞畅通无阻。我们试图寻找挖掘工程所产生的泥土,但这是徒劳。任何地方都看不到一点土堆。洞底是个死胡同,形成一个略微宽敞的小穴,四壁平坦,没有一点迹象表明它和从地洞延伸出去的坑道连通。

从地洞的深度和直径来看,挖出的土方应该有两百立方厘米左右。这些土方都到哪里去了呢?另外,地洞和小穴是在干燥易碎的泥土中挖成的,如果在施工过程中除了打洞没有任何其他工序,那么它们的墙壁应该满是粉尘,极易坍塌。可事实恰恰相反,我发现洞壁被粉刷过了,上面涂了一层黏稠的泥浆,这使我很惊讶。当然,洞壁还谈不上非常光滑,还差得很远,但至少在这涂层的掩盖下,它不再显得粗糙;而且,原本极易坍塌(tāntā)的泥土受到黏稠泥浆的浸渍,被牢牢地固定在了原地。

蝉的幼虫在这地道里来来去去,上到靠近地面的地方,再下到地底的住所。它那带爪的腿却没有引起塌方、堵塞通道,使它上不能、下不得。矿工用支架和横梁支撑矿井的四壁,地下铁路的建设者用砖石砌层支撑地下隧道,蝉的幼虫是位聪明的工程师,它毫不逊色,给地洞涂上泥浆,使它在反复使用之后仍然保持通畅[4]。

如果蝉的幼虫在爬上地面、准备攀到附近的树枝上完成蜕变的时候,被我正巧撞见,那它会立刻谨慎地退回去,重新下到洞底,毫无任何困难。这也证明,即使地洞即将被永久废弃,也仍然没有杂物堵塞。

那条通往地面的通道,并不是蝉的幼虫因为急于见到阳光,而在仓促间随意完成的;它是一座名副其实的城堡,是幼虫长期居住的场所。这一点,只要看一下那粉刷过的洞壁,你就清楚了。如果仅仅是一个一经开挖就马上抛弃的简单出口,就没有必要这样仔细。显然,它像是一个气象站,在那里蝉可以了解外面的天气情况。蝉的幼虫在地面下一胳膊多深的地方,尽管它已经成

[3] 比较是科学研究的方法,把蝉和屎壳郎挖洞的方式进行对比,突出蝉独特的挖洞方式。

[4] 与矿工和地下铁路建设者相比较,蝉的挖洞技巧毫不逊色。

熟,可以出洞,却无法判断地面上的气候条件是否合适。地底的温度变化过于缓慢,不可能准确指出地面上的气候变化,而作为生命中最重要的行为,蝉在蜕变时需要阳光,因此它必须知道地面的天气情况。

所以,在几个星期,也许是几个月的时间里,它耐心地挖掘清扫,加固垂直通道。但它在地面上却留了一层一指来深的土层,以便把自己和外界隔开。在地下,它精心修筑了一个比其他部分更加细致的小窝。那里就是它的避难所、等候室,只要得到的消息建议它推迟乔迁,它就在那里休息。一旦预感到好天气来临,它就爬到高处,隔着那层薄土聆听外面的情况,了解空气的温度和湿度。

如果情况不理想,有刮风、下雨的危险,就会对蜕壳的纤弱幼虫造成严重而致命的威胁,这时幼虫会谨慎地回到洞底,继续等待。相反,如果天气条件有利,它就会用爪子打穿那层泥土,走出地洞。

所有迹象似乎都在表明:蝉的地洞是一间等候室、一个气象站,幼虫长期居住在那里,时而爬到地面附近了解外面的天气,时而又回到洞底躲藏起来。这就是为什么洞底要有一个供休息的小穴,洞壁要涂上固定涂层,以防止幼虫的频繁上下造成塌方[5]。

但是令人费解的是,那些挖出来的土完全消失了。挖一个地洞平均要产生二百立方厘米的土,这些土到哪里去了呢?无论是洞里还是洞外,都没有见到这些土。其次,在这泥土干燥如灰的地洞里,幼虫又是从哪儿弄来泥浆涂在洞壁上的呢[6]?

一些蛀蚀木头的昆虫,比如天牛和吉丁③,它们的幼虫似乎可以帮助我们解答第一个问题。它们在树干里前进,一边挖掘坑道,一边把挖出的东西吃下去。这些东西被大颚一片一片地扯下,然后再被消化吸收。它们从头至尾穿过被挖掘者的身体,在这个过程中滤出微薄的营养成分,余下的被排出体外,堆积在幼虫的身后,彻底堵住了通道;反正那条通道幼虫再也不会回去了。这种由大颚或者胃进行的最后分解,可以把经过消化的排泄物压

[5]蝉的地洞简直是一个"多功能厅"。

[6]作者的质疑,引发了对蝉的地洞的继续探索。

③吉丁:俗称爆皮虫、锈皮虫,属鞘翅目。成虫咬食叶片造成缺刻,幼虫蛀食枝干皮层,被害处有流胶,危害严重时树皮爆裂,故名"爆皮虫"。

缩得比原木更紧,这样一来,通道前方就能腾出一块空间,供幼虫工作;这空间的长度十分有限,刚好够关在里面的囚犯活动。

蝉的幼虫是不是也采用类似的办法来挖掘地道呢?诚然,挖出的土不可能被它吞食再排出。因为,即使是最柔软、最湿润的土,幼虫也绝对不会吃。但是,这些挖出来的土是否会随着工程的进展,被直接抛到身后呢[7]?

蝉的幼虫要在地下待四年。这段漫长的时间当然不可能全部都在我们前面描述过的那个洞底度过,因为地洞只是它准备爬上地面的住所。幼虫是从别处来到这里的,或许还是很远的地方。它是个流浪儿,把吸管从一个树根插到另一个树根。当它为了逃避冬天过于寒冷的上层泥土,或是为了安身于一个更加舒适的饮料供应点而搬家时,它就会挖一条地道,把它用镐尖撬动过的泥土抛在身后。这已经是毫无疑问的了。

和天牛、吉丁的幼虫一样,蝉的幼虫只需在周围有一块很小的空间供它施展身手就行了。对它来说,柔软、潮湿、易于压缩的泥土,就像是其他昆虫消化过的木屑糊,可以毫无困难地压紧、夯实,留出空间。

困难来自别处:蝉是在非常干燥的环境下挖洞的,泥土实在太干,很难压缩。幼虫刚开始挖地洞的时候,把一部分挖出的泥土堆到身后的坑道里——这坑道原先存在,但现在已经没有了——这是完全可能的,尽管目前还没有任何证据能证明这一点。但如果考虑一下地洞的体积,以及为如此大量的泥土寻找堆放地的难度,我们就会产生怀疑,就会想:"这些泥土需要一个相当宽敞的空间来堆放,而要获得这个空间,同样也要搬走其他的废土,这些废土同样也难以搁置。要腾出一块空地,事先需要有另一块空地来堆放挖掘这块空地时产生的泥土。"我们就这样在一个怪圈里打转,仅仅依靠将粉末状泥土抛到身后压实,不足以解释为什么会出现如此巨大的空间。蝉要清理掉如此占地方的土方,一定有某种特殊的方法。让我们试着揭开这个秘密。

让我们观察刚刚钻出地洞的幼虫。它们几乎总是或多或少地沾着泥浆,有时干一点,有时湿一点。那一对用于挖掘的前爪尖上也沾着一颗颗小泥球,其余的爪子则像是戴着泥手套,背上也满是黏土。它就像一个通阴沟的人,刚刚搅完泥浆。最令人惊

[7]作者排除了蝉边挖洞边"先把挖出的东西吃下去"的可能性,进而探索挖洞产生的土到底去了哪里。

讶的是,沾了这么多泥土的蝉,居然是从非常干燥的土里钻出来的。我们原先以为它会满身尘土,可它却是满身污泥。

只要顺着这条线索再进一步,我们就能找到问题的答案了。我把一只正在建造上升通道的幼虫挖了出来。当地面上已经没有什么能指引我研究时,再去一味追求是没有意义的。然而,偶然的挖掘却能给我带来好运。这只被发现的幸运虫刚开始它的挖掘工作。一条拇指长的地洞,里面空无一物,洞底有一个休息室,这就是整个工程目前的状况。那么工人的状况又如何呢?

幼虫的体色比我在它们出洞时看到的要白得多。它的眼睛很大,特别白,浑浊不清,而且斜视,似乎看不见东西。在地下视力有什么用?而那些出洞的幼虫则相反,眼睛乌黑发亮,说明视力不错。来到阳光下之后,未来的蝉必须尽快找到一根树枝爬上去,完成蜕变,有时这树枝会离出土的洞口很远,所以,视力对它来说就很重要了。只要看一下幼虫在准备"解放"期间视力成熟的过程,我们就能知道,幼虫不是在仓促间即兴挖掘那个上升通道的,而是为此工作了很长时间。

此外,这只苍白、盲眼的幼虫比成熟时大。它的身体胀满了液体,就像得了水肿病一样。只要用手指抓住它,它的尾部就立刻渗出一种透明的液体,将整个身体浸湿。这种由肠子排出的液体,会不会是分泌出的尿液?或者仅仅是只吸收树汁的胃消化后的一种残汁?我不敢肯定,为了说起来方便,我就权且称之为尿液。

这尿液泉就是谜底。蝉的幼虫在前进和挖掘过程中,把尿液洒在粉状的泥土上,将它变成泥浆,然后立刻用肚子把泥浆压在洞壁上粘牢。在最初干燥的泥土上,贴了一层富有弹性的黏土。泥浆渗进粗糙地面的缝隙里,调得最稀的泥浆渗得最快,余下的泥浆被压紧、夯实,填进空余的空间。一条宽敞的通道就这样挖成了,没有产生一点土渣,因为挖出的粉状泥土已经被转化成泥浆就地利用了,这泥浆比幼虫穿过的土层更加紧密、更加均匀[8]。

幼虫就是在这样一种黏糊糊的泥浆中工作,这也就是为什么它从极端干燥的土里钻出来时,会令人惊讶地浑身沾满泥巴。即使以后蝉的成虫彻底摆脱了矿工的苦役,也不会完全丢弃它的尿袋。剩下的尿液会被当成防御武器保留下来。要是有谁观察它

[8]作者的探索实践终于使真相大白。作者细致周到的科学观察和生动活泼的语言略见一斑。

时凑得太近,它就会向那个不知趣的人射出一泡尿,并趁机逃跑。尽管蝉性喜干燥,但无论是它的幼虫还是成虫,都是灌溉能手。

即使幼虫全身蓄满了水,也不够把地道里长长一整条泥柱全都弄湿、拌成易于压缩的泥浆。它蓄的水会用尽,需要补充。到哪儿去补充?又怎么补充呢?我很想知道[9]。

我像挖掘地洞的蝉一样,小心谨慎地把几个地洞从上到下整个儿打开,发现在洞底小穴的墙壁上,嵌着一些活树根,它们有时粗得像铅笔,有时细得像麦秆。暴露在外的树根很短,只有几毫米长。余下的部分都深深扎入附近的土里。这口树汁的源泉是幼虫偶然碰见的呢,还是它特意寻找到的?我倾向于后一种猜想,因为小树根一再出现,至少在我正确挖掘地洞的时候是这样。

确实是这样的:挖洞的蝉在刚开始工作的时候,就有意寻找附近有新鲜树根的地方开工。它让树根露出一小段,其余部分则刚好嵌在壁上,不至于突出得太多。我相信,墙壁上这个有生命的地方就是水源,只要需要,幼虫的尿袋就能在这里得到补充和更新。在干土被和成泥浆后,挖洞工的蓄水池便没水了,它便下到洞底的小穴,把吸管插进树根,然后开始饱饱地吸食一顿。水壶装满后,它再上去,继续工作。它把硬土弄湿,以便爪子更好地搅拌,将泥土变成泥浆,再压紧在周围的洞壁上,造出一条畅通无阻的通道。情况大概就是如此。这不是我直接观察到的结果,而是通过逻辑推理和周围条件推出的结论,因为我无法到树根中去亲自观察。

如果没有水桶般的根须,而幼虫体内的蓄水池又干了,那么该怎么办呢?我想还得通过实验来证实。我抓住一只刚出洞的幼虫,把它装到试管底部,盖上干燥的泥土,略微压实。这一试管泥土大约有十五厘米深。幼虫刚刚爬出的那个地洞比它深三倍,土质与它一样,但要紧得多。现在,这只幼虫被囚禁在浅浅的粉状土里,它能钻出地面吗?只要它有足够的力气,应该没问题。对于一只擅长钻洞的昆虫来讲,这个并不算坚固的障碍物,应该是小菜一碟[10]。

不过,我还是心存疑虑。为了推倒当时将它与外界隔开的屏障,幼虫已经耗尽了它储备的液体。尿袋干了,而且没有了活树根,幼虫没办法将水装满。我怀疑它钻不上来是有根据的。果

[9]把土搅拌成泥浆的水到哪儿去补充?又怎么补充?质疑、提问牵引着作者不懈地探索,体现了他对科学的好奇、热爱和追求,也激发读者强烈的求知欲望。

[10]作者不满足于逻辑推理得出的结论,决心通过实验来证实。可见作者严谨的科学求知态度。

39

然，三天来，我看见虽然那只被埋在土里的幼虫在竭尽全力地努力，可始终没能爬上去一寸。泥土虽然被松动了，但因缺乏黏合剂而无法固定住，又掉了下来，落在幼虫的脚下。工作没有明显的进展，需要不停地从头开始。第四天，我不想看到的结果出现了，那只幼虫死了。

当然，如果幼虫的水壶是满的，那结果就完全不同了。我抓了另一只刚出洞的幼虫，用于同样的实验。它浑身胀满了尿液，尿液渗出，弄湿了身体。对它来说，这工作轻而易举。我提供的泥土几乎没有阻力。矿工的尿袋只需提供一丁点水，就能把土变成泥浆，黏合起来，固定在远处。地道打好了，只是形状确实很不规则，而且随着幼虫往上爬，它身后的地道几乎被堵住。那虫子似乎也知道无法补给储备的液体，所以它十分节俭地使用它的水资源，只在必要的时候才消耗一点，以便尽早摆脱这个陌生的地方。它精打细算，十几天之后，终于钻了出来[11]。

[11]作者通过两次小实验终于找到了幼虫打通地道所需水资源来源的答案。科学研究需要这种求真务实的精神。

蝉 的 蜕 变

幼虫一旦跨过出口的大门,地洞就彻底变成历史了,它张着大口,就像是一个黑洞洞的井口。幼虫会在四周游荡一会儿,寻找一个可以当作支点的目标:一棵小荆棘、一丛百里香、一根禾本植物或者一棵灌木。找到后,它立刻爬上去,用两只前爪的钩子牢牢抓住,头朝上,再也不松手。如果枝杈的形状允许,其他爪子也会悬在上面;反之,它用两只前爪钩住也足够了。接下来,它要休息一会儿,让悬着的爪臂伸直,变成固定的支点。

幼虫的中胸首先沿背部的中线开裂。从边缘处开始,裂缝慢慢被撕开,露出浅绿色的昆虫身体。几乎就在同一个时刻,前胸也开裂了。纵向的裂纹一直向上延伸到头的后面,向下则抵达后胸,但不再向更远处扩张。接着,头罩横着在眼睛前面开裂,露出红色的眼睛。开裂后露出的那部分绿色身体膨胀起来,尤其在中胸的部位形成一个突出物。它缓缓抖动着,随着血液的涌入和回流而一胀一缩。一开始,我们并不明白这个突出物的作用。可现在,它就像一个楔子,使幼虫的胸甲沿着阻力最小的两条十字形直线裂开。

幼虫蜕壳的速度比你想象得还要快。现在,头已经解放出来了,喙和前爪也正在慢慢地从套子里脱出。蝉的身体水平悬挂着,腹部朝上。然后,在敞开的旧壳下面,后爪是最后伸出来的。蝉翼湿漉漉、皱巴巴的,蜷成弓状,像是发育不全的残肢。这是蝉蜕变的第一阶段,只要十分钟就够了。

接下来是第二阶段,时间要长一些。这时候,蝉除了尾部还留在壳内,其余部分已经全部自由了。那个曾经包裹它们的旧壳现在依然牢牢挂在树枝上,在干燥的环境中迅速变硬,却仍然保持着原先的姿势,一点都没有变化。这是下面一个蜕变阶段的支撑点。

由于尾部还未完全抽出,蝉还是离不开那个壳子,它垂直翻了个身,让头部朝下。它的身体呈淡绿色,略带些黄。原先紧贴在一起、像厚厚的残肢的蝉翼,此刻已经伸直、舒展,并随着体内血液的注入而张开。这个缓慢而细致的过程结束之后,蝉用一个不易察觉的动作,依靠腰的力量重新翻了个身,恢复了头朝上的正常姿势。它用前爪抓住空壳,终于把尾部抽出了套子。蜕壳结束了。这个过程总共用了半个小时[1]。

现在,蝉完全摘下了面罩,可它和不久之后将要拥有的模样有着天壤之别。它的翅膀沉重、湿润,像玻璃一样透明,上面有着嫩绿色的脉络。前胸和中胸勉强带一点棕色。身体的其他部分呈淡绿色,时而有些地方微微发白。这个孱弱的小生命需要洗一个长长的日光浴、泡一个长长的热气澡,以使自己更加强壮。两个小时过去了,蝉似乎并没有发生什么明显的变化。它只靠前爪钩住旧壳,只要稍有风吹,便摇摆得厉害。它仍然孱弱,身体还是绿色。终于,它的颜色开始变了,不断变深,而且很快就完成了。这个过程只需半个小时就够了。我看到一只蝉上午九点悬到树枝上,中午十二点半才飞走[2]。

那张空壳仍然留在那里,除了有一条裂缝,其余均完好无损,并且一直牢牢地挂在树上,即使是秋末的风雨,都未必能把它打落。在此后的几个月里,甚至在冬天,都可以经常看到一些蝉壳挂在荆棘上,保持着幼虫蜕变时的姿势。这些壳质地坚硬,使人想到干羊皮,可以作为纪念品保留很长时间。

我们暂时再来看看蝉蜕壳时做的体操吧。尾部是蝉最后一个留在套子里的部分,它首先以尾部为支点,垂直翻一个跟斗,让脑袋朝下。当头和胸在突出物的推动下把胸甲胀裂,完全露出之后,这样的一个跟斗使蝉的翅膀和爪子也获得了自由。接下来该解放跟斗的支点——尾部了。为此,蝉的脊背用尽全力,再次直起身子,把头掉向上方,并用前爪钩住旧壳。这样,它又获得了一个新的支点,可以把尾部从鞘壳中拉出来了[3]。

整个过程中,有两个支撑点:先是尾部,再是前爪尖。有两个主要动作:第一是往下翻跟斗,第二是翻回去,恢复到正常的姿势。这样的运动需要幼虫固定在一根树枝上,头朝上,并且下方有足够的运动空间。如果,我人为地取消这些条件,情况会怎样呢?我们瞧瞧吧。

我用线系住蝉的一条后腿,把它悬在没有气流的试管里。这是一根重垂线,没有什么能改变它的垂直状态。蝉的蜕变需要它

[1]作者细致入微地观察、生动详实地介绍了蝉完整的蜕变过程,呈现出一个奇妙而神圣的生命过程。

[2]刚蜕出的蝉接受了阳光的照射,使自己强壮起来,从出生到成熟,强壮的生命过程,令人赞叹!

[3]作者单独详细描绘了蝉的蜕壳过程,展示了生命是一个充满艰难和挑战的奋斗过程。

处于头朝上的姿势,可现在它却处于头朝下的非常状态,可怜的虫子不停地翻动,竭力挣扎,试图翻过身来,用前爪抓住垂线或者那条被线系住的后腿。有几只蝉做到了,好歹竖起了身子,虽然保持平衡还有点困难,但它们还是自如地在线上固定住,毫无障碍地完成了蜕变。

而其他的则白费力气。线没能抓住,头没有竖起来,蜕变也就无法进行。有几只蝉背上的壳还是裂开了,露出了胀大突起的中胸,但蜕壳却无法再继续下去,于是它们很快就死去了。更为常见的是幼虫的壳还没有出现裂缝,就完好无损地死了。

我又着手进行另一项实验。我把幼虫装进一个广口瓶①,在瓶底铺上一层薄沙,使幼虫可以爬行。它爬着,却没法在任何地方直立起来:玻璃瓶壁太滑,使它做不到这一点。在这种情况下,关在瓶里的幼虫没有蜕变就死了。这样悲惨的结局也有例外:有时,我看到幼虫依靠它难以捉摸的平衡性,就像平常一样,在沙地上蜕变成功。但总的来说,如果不能达到正常或类似正常的姿势,蜕变就不会开始,蝉就会夭折。这是一般的规律。

这个结果似乎告诉我们,蝉有能力对影响它蜕变程序的外力做出反应。一棵蔬菜或一粒豌豆的果实,一旦成熟,就会无一例外地爆开,撒出里面的种子。蝉的幼虫就像包含着种子的果实,而种子就是成虫;幼虫可以控制外壳的开裂,将其推迟到合适的时间,如果外部条件不利,它甚至可以取消蜕变。尽管蜕变前体内的激变一再发出强烈的信号,但只要本能告诉它条件不佳,幼虫就会拼死抵抗,宁死也不裂开[4]。

除了这些在好奇心驱使下所做的悲惨实验,我还从未见过蝉的幼虫这样死去。地洞的周围总能找到一丛荆棘。出土的幼虫爬上去后,只要几分钟,背上的壳就会裂开。如此迅速的破壳过程却给我的研究带来了麻烦。我在附近的小山上发现了一只幼虫,它正要把自己固定在树枝上,却被我逮了个正着。这在我家将是一个非常有意思的观察对象。于是,我把它连同小树枝一起装进锥形纸袋,赶紧回到家里。我只用了一刻钟就到家了。可我的力气白费了:到家时,绿色的蝉儿几乎已经破壳而出。我没有

[4]好奇心驱使作者做了两次取消外部自然条件蝉能否蜕变的实验,实验证明了蝉的蜕变是需要借助外部自然的力量才能顺利完成的。但如果受到人为因素的干涉,它宁死也不蜕变。蝉蜕变的过程必须由蝉自己独立承受、独立完成。人和大自然要和谐相处,顺其自然。

①广口瓶:用于盛放固体试剂的玻璃容器,有透明和棕色两种。

看到想要看的情景。我不得不放弃这种观察方法,转而寄希望于能在家门口几步远的地方侥幸有所发现。

教育家雅克多在他那个时代说过,"万物均有联系"。蝉的迅速蜕变使我们联想到一个烹饪的问题。亚里士多德认为,蝉是希腊人高度赞誉的一道佳肴。我没有拜读过这位伟大的博物学家的著作,我这个村夫的书架上没有如此丰富的书籍。不过一个偶然的机会,我在另一本权威著作上看到了这件事情。那是马蒂约写的关于迪约斯科里德的评论。马蒂约是一个优秀的博学者,他应该很了解他所研究的亚里士多德。我对他深信不疑。

他说:"亚里士多德称赞说,蝉在蛴螬②(qícáo)挣脱外壳之前食用,鲜美无比。"要知道"蛴螬",或者说蝉儿之母,是古时候用来指幼虫的表达方式。我们看到,在亚里士多德眼里,蝉儿在挣脱外壳之前味道最为鲜美[5]。

[5]用亚里士多德的话引出下面对用蝉的幼虫制作美味佳肴的描述。

外壳开裂之前这个细节告诉我们,想要得到这份美味,应该在什么时候前去捕捉。不能是在冬天对农作物进行深耕的时候,因为那时候根本不用担心幼虫会破壳。我们所提醒的注意事项并非毫无用处。捕捉应当在夏天,也就是幼虫出洞的时候进行,那时候,只要认真寻找,就能在地面上见到一只又一只蝉的幼虫。那是注意不让幼虫外壳开裂的真正的、也是唯一的时机,也是赶紧捕捉、准备烹调的时刻:只要再晚几分钟,壳就裂开了。

这道在古代享有盛誉的佳肴,还有那勾人食欲的形容词"美味无比",它们是否真的名副其实呢?机不可失,我们不妨利用这个机会,在可能的情况下,重新将荣誉赋予这道受亚里士多德盛赞的菜肴。拉伯雷的朋友、知识渊博的隆德勒因发明了鱼酱——用烂鱼内脏制成的著名的调料——而声名远扬。如果我们把幼虫外壳这道美餐还给美食家们,岂不也是一件值得夸奖的功劳?

七月的一个早晨,当已经灼人的太阳把蝉的幼虫逼出地洞时,我们全家老幼都开始寻找起来。我们总共五个人,把院子搜了个遍,尤其是小径两边,那里幼虫最多。为了防止外壳开裂,一旦找到幼虫,我就马上把它浸到水里。幼虫窒息后就会停止蜕变。经过了两个小时的仔细搜寻,我们累得满头大汗,可总共只

---

②蛴螬:金龟子的幼虫,白色,圆柱状,向腹面弯曲。种类很多,生活在土里,吃农作物的地下部分,是害虫。

找到四只幼虫，没有更多。它们都被浸在水里，要么死了，要么奄奄一息。管它呢，它们命中注定要被油炸。

烹饪的方法相当简单，目的在于尽量减少这传说中的美味丧失：几滴油、一撮盐、一点洋葱，仅此而已。即使是《乡村厨娘》③里也不会有比这更简单的菜谱了。吃晚饭的时候，所有的猎手都分享到了这道油炸幼虫。

大家一致认为，这道菜还是可以吃的。我们的确都有好胃口，而且胃也没有任何偏见。炸幼虫甚至还有一点虾的味道，这种味道在烤蚂蚱串里更加明显。不过，它实在太硬，汁水也太少，吃的时候简直就像在啃干羊皮。这道亚里士多德极力推崇的菜，我是不会向任何人推荐了。

诚然，这位伟大的动物历史学家的消息通常都是准确可靠的。它那身为国王的学生从印度——当时这还是一个神秘的国度——为他弄来了令马其顿人的眼睛啧啧称奇的珍禽异兽。马队给他载来了大象、豹子、老虎、犀牛、孔雀，他对它们作了忠实的描述。但是，即便是在马其顿当地，他也只是通过农民才了解了蝉。那些辛勤耕耘的农民在犁地的时候见过蝉的外壳，并且比任何人都早知道日后从这外壳里出来的是蝉。亚里士多德在他浩瀚的工作中，做了一些后来普林尼④将要做的事，但他比后者更加天真轻信。他听到了乡村的传言，就把它们当作真实的资料记录了下来。

农民们都很狡黠⑤（xiá）。他们故意把我们口中的科学讥笑为琐事。他们会嘲笑任何在一只微不足道的昆虫前驻足的人。如果我们捡起一块石头，仔细观察，并把它放进口袋，他们就更会放肆地哈哈大笑。希腊的农民更是脾气古怪。他们对城里人说：蝉的幼虫是神的美食，是无与伦比的佳肴，"美味无比"。但是，当他们用夸张的赞美诱惑幼稚的人的时候，却又让他们的贪欲无法得到满足，因为要做到这一点，首要条件就是：必须在幼虫破壳之前收集到这些美味[6]。

如果你想尝尝这道美味佳肴，那就去搜集出土的幼虫吧。我们五个人，在一块多蝉的地上，花了两个小时，总共才找到四只幼虫。

[6]法布尔非常清楚科学研究既要搜集民间传言，又不能天真地轻信。

---

③《乡村厨娘》：法国著名菜谱手册，写于1746年。
④普林尼：古罗马著名的博物学家，著有巨著《自然史》。
⑤狡黠：狡诈。

此外，搜寻时要特别小心，不能让幼虫的壳开裂。搜寻的工作可能要花上几天几夜，而蝉的蜕壳却只要几分钟就行了。我敢肯定，对于油炸蝉幼虫这种美食亚里士多德肯定没有尝过，我的烹饪结果就是证明。亚里士多德本是出于善意，可能没想到的是他传播的只是一个农民的玩笑话。他那神的美食是一场噩梦。

啊，对于农民邻居们所说的一切，如果我也坚信不疑的话，就也能收集到好多关于蝉的故事。我就讲一个农民们关于蝉的故事吧，就一个。

如果您有肾衰或因水肿而走路摇摇晃晃的症状，那您可以尝试一帖有效的净化药——蝉。夏天，人们把蝉的成虫收集起来，串成一串，在太阳下晒干，小心翼翼地藏在衣橱的一角。如果哪位主妇没有在夏天收藏起一串串的蝉，那她就会觉得自己过得太粗心了。

您突然觉得肾有一点轻微发炎吗？或者尿路稍有不畅？赶快服用蝉熬成的汤药。据说，没有什么比这更有效了。曾经有位好心人——我也是后来听人说，才知道此事——在我不知道的情况下，给我喝了这样一剂泻药，说是为了治疗哪里不舒服，我要向这位好心人道谢。让我想不到的是，这样的药方在阿那扎巴的老医师们那里，也被推崇。迪约斯科里德告诉我们，"蝉，干嚼，对膀胱疼痛有疗效"。自这位药材鼻祖所生活的遥远年代起，普罗旺斯的农民就对蝉的疗效深信不疑。是来自佛塞的希腊人，把蝉和橄榄树、无花果、葡萄一起展示给他们的。只有一件事发生了变化：迪约斯科里德主张把蝉烤着吃。而现在，人们把它煮烂，熬成药汤喝[7]。

关于蝉有利尿作用的解释听起来有点儿可笑。众所周知，蝉会对前来抓它的人猛撒一泡尿，然后逃走。因此，它应该可以把它的排泄功能传给人吧。迪约斯科里德以及他的同代人可能就是这样想的，而普罗旺斯的农民至今还是这样想的。

哦，善良的人啊！蝉的幼虫为了建气象站，使用尿液来搅拌泥浆，如果你们知道了幼虫的这些特长，又会产生什么想法呢？也许你们会和拉伯雷一样夸张吧？拉伯雷为我们描写了巨人高康大⑥，他坐在巴黎圣母院的钟楼上，从巨大的膀胱里射出洪水般的尿来，淹没了那么多闲逛的巴黎人，其中还不包括妇女和孩子[8]。

[7]蝉不仅是美味佳肴，更有药用价值，可谓"全身都是宝"。

[8]作者用幽默的口吻告诉读者，对蝉的价值要实事求是地评价，不能随意夸大。

---

⑥高康大：拉伯雷的小说《巨人传》的主人公。

蝉的歌唱

雷奥米尔承认：蝉的歌唱自己是从未听过的，活的蝉也没有见到过。他所见到的蝉都来自阿维尼翁附近，都是浸在各种甜烧酒中的标本。对于解剖学家来说，这些条件已经足够让他描述蝉的发音器官了。我们的大师显然做到了这一点，他以锐利的目光出色地弄清了这只八音盒的奇特结构，以至于后人在讲述蝉的原理时，都会以他的论著为依据。

大师已经把麦子全都收割掉了，弟子们能做的只有捡他遗漏的麦穗，希望能把它们捆成一束。

我有幸捡到了很多大师遗漏下的麦穗：蝉儿们那震耳欲聋的演奏，我听的远比我希望听到的多。所以，对于这个看似已经得出固定结论的话题，我恐怕还有一些新的见解。让我们再来谈谈蝉的歌唱这个问题吧，我将不再重复那些已经妇孺皆知的情况了，除非它们对我的陈述是必不可少的[1]。

在我家附近，可以找到五种蝉：南欧熊蝉、山蝉、红蝉、黑蝉和矮蝉。前两种蝉极为常见，后三种则很难见到，连农民们都知之甚少。其中，南欧熊蝉最常见，个头也最大，我们平时所说的蝉的发音器官就是指南欧熊蝉的发音器官[2]。

在雄蝉的胸前，紧靠后腿的下方，有两块宽大的半圆形盖片，右边的微微叠在左边的上面。这是发音器的气门、顶盖、制音器，也就是音盖。如果把它们掀起，就能看到两个宽敞的空腔，一左一右，在普罗旺斯，人们称它们为小教堂。两个小教堂合起来叫大教堂。它们的前端是一块柔软细腻的乳黄色膜片，后端是一层干燥的薄膜，像肥皂泡一样呈彩虹的颜色，这在普罗旺斯语中被称为镜子。

一般情况下，人们认为蝉的发音器官是大教堂、镜子和音盖。普罗旺斯人说"镜子裂了"，用来指歌唱家底气不足，这形象的语言也用来形容诗人缺乏灵感。但是，人们的这种观点从声学原理角度看是不科学的。我们可以打碎镜子，用剪刀剪去音盖，把前

[1]雷奥米尔是根据标本对蝉的发音原理作出解释，而作者是以自己的亲身实验进行研究。实践、实证是作者一贯秉持的严谨科学态度。

[2]作者尽可能地收集研究素材，以便全面准确地研究。

端的乳黄色薄膜撕碎，但这并不能使蝉停止歌唱。它只是使歌声弱了一点，音质差了一点而已。两个小教堂是共鸣器，它们并不发声，而是通过前后两片薄膜的振动使声音加强，并通过音盖的开合改变音色。

真正的发音器官在别处，新手一般难以找到。在两个小教堂的外侧，腹部和背部的交接线上，开着一个扣眼大小的孔，孔的周围是角质的外壳，上面遮掩着音盖。我们把这个孔叫作"音窗"，它通向一个空腔，或者称之为"音室"；音室比邻近的小教堂更深，但也更窄。紧接着后翼根部的下方，轻微地隆起一个小包，椭圆形，呈没有光泽的黑色，在周围长着银色绒毛的表皮中很是显眼。这个隆起物就是音室的外壁。

我们在音室的外壁上开了一个很大的洞。于是，发音器——钹——便露了出来。那是一小片干燥的薄膜，白色，椭圆形，向外凸起，三四根褐色的脉络纵贯薄膜，使它富有弹性，音钹整个儿固定在四周坚硬的框架上。试想一下，如果把这块凸起的薄片往里拉，使它变形、凹陷，然后让它在脉络弹性的作用下迅速恢复原来突出的状态。这样的一凹一凸就会产生清脆的振响[3]。

二十多年前，有一种可笑的玩具在巴黎非常风靡，如果我没有记错的话，它叫"蝈蝈"或者"蟋蟀"。那是一小块钢片，一头固定在金属支座上。用手指按住钢片的另一头，让它变形，然后放手，让它弹回去。就这样，钢片发出一声声烦人的振响，除此之外没有其他任何价值：要获得大众喜爱的选票，有时并不需要太多的优点。"蝈蝈"曾经有过一段非常风光的日子，不过它理所当然地被人们遗忘了，而且遗忘得如此彻底，以至于当我大谈这个著名玩具的时候，非常担心我的听众们会一头雾水[4]。

蝉的薄膜音钹和钢片"蝈蝈"是两种相似的乐器，它们都是通过使一块弹性簧片变形、然后恢复原状来发声的。"蝈蝈"变形是靠拇指的压力。那么，蝉的音钹是靠什么改变它突起的状态的呢？我们回到大教堂来，把挡在两个小教堂前端的黄色薄膜撕开，露出两根粗大的肌肉柱子，它们呈淡黄色，相交成 V 字形，V 字形的尖顶立在蝉腹部的中线上。柱子的顶端像是被截过似的，突然中断，从截断处延伸出一根又短又细的弦，分别连着对应一侧的音钹。

[3]作者细致透彻地介绍了蝉的发音器官构造。

[4]由玩具"蝈蝈"的发声原理，引出蝉的发音原理，易于为读者接受。

这就是蝉所有的发音器官,和那个金属"蝈蝈"一样简单。那两根肌肉柱子一张一弛、一伸一缩,靠顶部的弦牵动相应的音钹,让它们变形;然后放开,让它们依靠自身弹簧的作用迅速复位。于是,两块发声片就这样产生了振动[5]。

您想证实这个发音机关的效果吗?您想让一只刚刚死去的蝉重新歌唱吗?这再简单不过了。用镊子夹出一根肌肉柱,小心地拉动,蝉就复活了。每拉一下,它的音钹就会发出一声清脆的鸣叫。当然,这声音很轻,没有灵巧的歌唱家在世时依靠共鸣器发出的声音那么宽广。但是,通过这样的解剖手法,基本的发声要素全都齐备了。

相反,您想把一只活蝉弄哑吗?这个固执的爱乐者被人抓住,在手指间备受折磨,喋喋不休地哀叹着它的霉运,就像它刚才在树上聒噪①(guōzào),歌唱它的快乐一样。砸烂它的小教堂、打碎它的镜子,这些都没用:残忍的截肢并不能减弱它的歌声。但是,只要用一根大头针从被我们称作音窗的侧孔中插入,碰到音室底部的音钹。只要轻轻一刺,那音钹就失声了。对另一侧的音钹重复同样的手段,那虫子就完全成了哑巴,尽管它没有明显的伤口,仍然像过去一样充满活力。不知内情的人对我大头针的手术效果惊叹不已。即使砸碎镜子和大教堂的其他附属器官,也不能使蝉噤声;而我这么轻轻一刺,根本没有什么危险,却达到了把蝉开膛破肚所达不到的目的。

蝉的音盖是两块坚硬的盖片,嵌得很牢,本身不会动,是靠腹部的鼓起和收缩才使大教堂打开和关闭的。腹部收缩的时候,盖片正好堵住小教堂和音室的音窗,于是声音就变得微弱、嘶哑、沉闷。而当腹部鼓起时,小教堂就被打开,音窗也畅通无阻,这样,发出的声音就嘹亮高亢。因此,腹部的急速晃动,伴随牵引音钹的肌肉的收缩,控制着音域的变化,而这声音似乎就是急速拉动弓弦发出的[6]。

在无风的炎热天气,中午时分,蝉的歌声会被分成一段一段,每段长约几秒钟,中间有短暂的停顿。每一段都是突然响起。随着声音迅速升高,腹部的振动越来越快,直到发出的声音达到最

①聒噪:声音杂乱;吵闹。

[5]作者从物理学的角度介绍了蝉的发音器官和发音原理。为了更好地向读者普及科学知识,作者运用了形象的比喻,如大小教堂、大镜子、音盖等,通俗易懂,深入浅出。

[6]作者的探索永远不会浅尝辄止,他通过实验进一步找到了蝉发音的关键部位是音钹,控制音域变化的是腹部收缩。

强，这样高亢的旋律保持了几秒钟之后，开始逐渐减弱，并且随着腹部恢复休息状态，转为越来越低沉的呻吟。它最后又微微振动了几下，接着便是一片宁静，宁静的时间根据天气状况有长有短。然后，新的歌声又突然重新响起，单调地重复着先前的过程。如此周而复始，无休无止。

有时候，特别是在闷热的傍晚，蝉沉醉在阳光中，往往会缩短甚至取消歌声之间的停顿。于是，那歌声便连绵不断地一直响着，不过总是伴随着强弱交替。弓弦拉出第一个音符的时间大约是早上七八点钟，此后乐队就一直要到夕阳的余晖散尽，也就是晚上八点钟，才停止演奏。音乐会总共持续的时间，和时针在表面上转一圈所需的时间一样！不过，如果是阴天或者刮着冷风，蝉就不唱了[7]。

第二种蝉的个头比南欧熊蝉小一半，我们这儿的人叫它"喀喀蝉"，这名字传神地模拟了它的叫声。博物学家称它为山蝉，它比南欧熊蝉更机警、更多疑。它的歌声沙哑有力，是一连串的"喀，喀，喀，喀"声，中间没有任何停顿。这声音单调、刺耳，是最令人讨厌的蝉鸣之一，尤其是当几百只山蝉齐声合唱的时候；而在酷热的夏天，我家的两棵梧桐树上就上演着这样的合唱。这歌声，就好像一大堆干核桃被放在口袋里摇来晃去，直至核桃壳被撞碎。歌声烦人，简直就是酷刑[8]！唯一可以稍稍减轻一下烦恼的，就是山蝉开唱得不如南欧熊蝉那么早，晚上收工也不很迟。

尽管山蝉发音器官的基本原理和南欧熊蝉一样，但它还是有许多独到之处，使它的歌声别具一格。它没有音室，因此也没有音室的入口——音窗。音钹露在外面，直接长在后翼与身体连接处的后方。它同样是一块白色干燥的鳞片，向外凸起，上面贯穿着五根红褐色的脉络。

从腹部的第一节向前伸出一块又短又宽的簧片，簧片很硬，可以活动的一端靠在音钹上。这簧片就像木铃的簧片，不过它不是贴在旋转槽轮的齿上，而是或多或少地抵着振动着的音钹的脉络。在我看来，可能就是部分地因为这个原因，山蝉的鸣声才会那么沙哑刺耳。我无法把这虫子抓在手里来验证这个事实，因为喀喀蝉一旦受惊，就不能发出平时那样的叫声了。

它的音盖也不是相互交叠，而是分开的，相互之间隔得较远。

[7]作者通过观察发现，蝉的歌声与天气状况相关。

[8]运用比喻、夸张的手法，将山蝉的叫声写得生动有趣，感同身受。

音盖和腹部的坚硬簧片一起，将音钹遮住一半，而音钹的另一半则完全裸露在外。在手指的按压下，山蝉的前胸和腹部关节会微微张开。此外，山蝉唱歌的时候一动不动，南欧熊蝉唱歌时依靠腹部的急速振动来调节音域，但山蝉却不会这样做。它的小教堂很小，几乎不能用作共鸣器。但它也有镜子，不过很小，才一毫米。总之，南欧熊蝉的共鸣器非常发达，而山蝉的却十分简陋。那么，小小音钹发出的清脆歌声，是如何变得如此洪亮，甚至让人受不了的呢[9]？

山蝉会腹语②！如果我们对着光线观察它的腹部，就会发现腹部前面三分之二的部分是半透明的。我们用剪刀把后面三分之一不透明的部分剪掉，这里有着所有用来繁衍后代、维持生存的器官，它们被挤压在一个小得不能再小的空间里。被剪去三分之一的腹部敞开着，露出一个很大的空腔，空腔里只剩下一层皮，除了背部，那里有一层薄薄的肌肉，里面埋着几乎如线一样细的消化道。这个巨大的空腔，几乎占了蝉整个身体的一半，却是空的，至少几乎是空的。在它的尽头，可以看到两根牵动音钹的肌肉柱，相交呈 V 字形。在这 V 字形尖端的左右两边，闪耀着两片极小的镜子。而在这两根肌肉柱之间，胸腔的深处，则是空洞的空间。

这个空洞的腹部，以及胸腔的补充部分，就是一个巨大的共鸣器，我们这个地区的任何一个歌唱能手都没有这样的共鸣器。如果我用手指堵住腹部刚才被我剪开的那道口子，蝉鸣声立刻就变得低沉下来，这完全符合声管的发声规律；如果我在它敞开的腹腔上接一个圆柱，或是一个圆锥形的纸袋，声音就马上变得又尖又响。如果我把锥形纸袋调节得恰到好处，再把它宽大的一端接到一根加长的试管的口上，那么我得到的就不再是蝉鸣，而是公牛的叫声了。我在做这个声学实验时，我年幼的孩子们碰巧也在那里，他们全被这声音吓跑了。他们竟然对平时如此熟悉的昆虫感到害怕[10]。

山蝉声音嘶哑的原因，可能是木铃的簧片触到了振动中的音

[9]作者详细地描述了山蝉的发音器官，与南欧熊蝉的不同，并提出新的问题。

[10]实验发现山蝉有共鸣器，回答了前面提出的问题。

②腹语：并不是真的在用肚子说话，而是经过了一定的专业训练之后，形成的一种特殊的发音技巧。嘴唇纹丝不动，甚至是在嘴唇闭合的状态之下，肚子用力，将气息在腹腔调和，打在声带的特殊部位而发出声音。

铙的脉络,而声音响亮的原因,显然是腹部这个巨大的音箱。我们必须承认,只有对歌唱无比热爱的动物,才会像这样为了一个音箱,空出整个腹部和胸部。生命中至关重要的器官被竭力压缩,挤到了一个狭窄的角落,为的是给音箱腾出更大的地方。歌唱是首要的,其他一切都退而次之。

真该庆幸山蝉没有听从进化论者们的建议。如果它们对歌唱一代比一代热爱,那么随着它们的进化,腹部的音箱可能就会达到我把锥形纸袋接到它肚子上的效果,真要是这样的话,住着"喀喀蝉"的普罗旺斯就再也不会有人居住了。

在讲了南欧熊蝉的细节之后,还有必要介绍让喋喋不休、令人难以忍受的山蝉安静下来的办法吗?山蝉的音铙在外面就能看到。只要用针尖将它刺穿,就立刻能让它噤声。在我家门前的梧桐树上,生活着一些长着螯针的昆虫,它们中有一部分也爱好宁静。要是它们能承担刺穿蝉儿音铙的工作,那该有多好啊!不过,这是我在痴心妄想:要真的是这样,那么收割季节庄严的交响乐就会缺少一个音符[11]。

红蝉的个头比南欧熊蝉略小。叫它红蝉,是因为它的翅膀脉络以及身体其他部分的一些线条都是血红色的,而不像南欧熊蝉那样是褐色的。红蝉很罕见,我在山楂树林里要隔很远一段距离才能碰上一只。它的发音器官介于南欧熊蝉和山蝉之间。它和南欧熊蝉的相似之处,在于它也是通过腹部的晃动,使大教堂打开或关闭,进而调节声音的强弱,而它和山蝉的相似之处,则在于音铙外露,没有音室和音窗。

红蝉的音铙裸露在外,紧靠着后翅和身体连接点的后面。它呈白色,规则地向外凸起,上面有八条巨大的红色脉络,另外还有七条短得多的,每一条都分别夹在长脉络中间。音盖不大,内侧凹陷,只能盖住半个与其对应的小教堂。音盖凹陷处留出的小孔上有一块小小的叶片,充当气门;这块叶片就被固定在红蝉后腿的根部,蝉可以将后腿紧贴身体或略微抬高,将小孔关闭或打开。其他蝉也有类似的器官,不过更窄,也更尖。

此外,红蝉的腹部和南欧熊蝉一样,可以从下到上、从上到下地大幅度运动。通过这种腹部的振动,配合腿部的叶片开合,红蝉就可以随心所欲地把小教堂开到任何程度[12]。

[11]每一种生命都有存在的理由。山蝉对歌唱无比热爱,是收割季节庄严的交响乐中不可缺少的音符。

[12]红蝉也是蝉的歌唱团的一员,它有自己独特的发音器官。

山蝉的镜子也和南欧熊蝉一样，只是没它的大。朝向胸部一侧的膜是白色的，呈椭圆形，非常细腻，腹部抬起的时候绷得很紧，而腹部放下时则变得松弛褶皱。薄膜绷紧时，它就能震颤，从而加强音量。

红蝉的歌唱也是抑扬顿挫、分成段落的，这使我们联想到南欧熊蝉；不过，它不像南欧熊蝉那么聒噪。它的声音之所以不够响，可能是因为没有音室的缘故。在同样的力量下，裸露在外的音钹振动发出的声音，当然没有藏在共鸣器深处的音钹振动发出的声音响亮。当然，吵闹的山蝉也没有这种共鸣器，但它腹部有巨大的音箱，在很大程度上弥补了这一不足。

我从未见过另外一种蝉，这种蝉曾经被雷奥米尔画过，也被奥利维埃描述过，他们称它为毛蝉。据他们说，这种蝉在普罗旺斯很出名，被叫作小蝉，可我们这儿的人都没听说过这种叫法。

我这儿倒是有另外两种蝉，也许雷奥米尔把它们和他所画的那种蝉混淆了。这两种蝉一种叫黑蝉，我只见到过一次；另一种叫矮蝉，我捉了很多。就让我来说说后一种蝉吧。

这是我们地区体形最小的一种蝉，它和普通的虻差不多大，只有约两厘米长。它的音钹是透明的，上面有三根不透明的白色脉络；音钹被皮肤的褶皱勉强遮住，但还能完全看得见。矮蝉没有音室。只要回过头来想一想，我们就会发现，只有南欧熊蝉有音室，其他蝉都没有。

矮蝉的两块音盖相隔很远，使得小教堂门户大开。两面镜子相对较大，外形好像四季豆。矮蝉唱歌的时候腹部不震颤，像山蝉那样一动不动。正因如此，这两种蝉唱歌的旋律都缺乏变化。

矮蝉的歌声单调、尖锐，但很轻，在七月午后那撩人的寂静中，只要离开它几步远，就几乎听不见了。如果有一天它们突发奇想，离开被太阳烤焦的灌木丛，成群结队地跑到我家梧桐树的绿荫里定居——我希望它们会这样做，因为我想对它们作进一步的研究——这些可爱的蝉儿肯定不会像中邪的"喀喀蝉"那样，打扰我的清静[13]。

繁琐的描述到此为止：我们已经了解了蝉的发音器官的结构。在结束之前，我们要问一问这些聒噪音乐家们的目的何在。发出这么大的声音究竟是为什么呢？有一种回答似乎无法避免：

[13]对蝉的介绍，如数家珍。

53

[14]作者提出了"蝉为什么要歌唱"的新的问题。

[15]作者敢于质疑,敢于向权威挑战的精神可见一斑。

那是雄蝉在召唤伴侣,是情人们的大合唱[14]。

对于这个自然合理的答案,我却心存疑虑[15]。南欧熊蝉和它刺耳的伙伴"喀喀蝉"强迫我接受它们的社团,这种情形已经持续十五年了。每年夏天,在长达两个月的时间里,我对它们耳闻目睹。虽然我听它们唱歌是迫于无奈,但我却满怀热忱地观察它们。我看到它们在梧桐树光滑的树皮上排成行,全都是头朝上,雌雄混杂,彼此近在咫尺。

一旦它们把吸管插入树皮,就开始开怀畅饮,一动不动。随着太阳的偏移和树荫的移动,它们会朝侧旁缓缓地挪一下脚步,绕着树枝转动,以便到阳光最好、气温最高的地方去。无论是在喝水时还是在移动时,它们的歌声始终不断。

我们可以把这没完没了的歌唱看成是爱情的召唤吗?我很怀疑。在队列中,雌蝉和雄蝉近在咫尺;谁都不会为了呼唤一个就在身边的异性,而叫上好几个月的。再说,我也从未见过有哪只雌蝉跑到歌声最为嘹亮的乐队里去。作为婚礼的序曲,视觉已经绰绰有余了,蝉的视力很好:求婚者完全没有必要做没完没了的表白,因为意中人就在近旁。

那么,这会不会是雄蝉的一种手段,用来诱惑或打动无动于衷的雌蝉呢?我仍然持怀疑态度。当情人们大肆奏起最为嘹亮的音钹时,我从没见过雌蝉有任何满意的表示,也不曾看见它们有丝毫的扭动或是摇摆[16]。

[16]作者大胆否定了蝉为了爱情歌唱的观点。但是,事实证明雄蝉的歌唱确实是为了召唤雌蝉来交配的,对此我们也不能盲从法布尔先生。

我的农民邻居说,在收割季节,蝉对他们唱:"收割,收割,收割③!"是在给他们加油。无论是收获思想还是收割稻穗的人,大家都一样在工作,后者是为了获得填饱肚子的面包,而前者则是为了获得智慧的面包。所以,我可以理解农民们的解释,把它当作一种幼稚却美好的想法加以接受。

科学总是希望更好,但就昆虫而言,科学所发现的却是一个我们无法进入的世界。我们猜不着,也摸不透这些音钹发出的嘹亮歌声,会在雌蝉身上产生什么效果。我所能说的只是,根据它们不动声色的外表来看,雌蝉对这歌声根本就无动于衷。不要再固执了:昆虫的内心世界是一个深不可测的谜。

③收割:普罗旺斯语是"Sego,Sego,Sego!",意思是"用镰刀割"。

我的怀疑还有另外一个原因。凡是对歌声敏感的动物,听觉一定灵敏。听觉是警惕的哨兵,只要一有风吹草动,它就会发现危险。作为杰出的歌唱家,鸟儿就有敏锐的听觉。枝上树叶的一阵轻颤,路上行人的一声轻语,就能让它立刻噤声④,不安地提防着。而蝉却远远没有类似的不安表示。

蝉具有相当灵敏的视觉,它依靠大大的复眼能看清左右两边发生的事情;而它的三只单眼就像是红宝石做成的望远镜,探测着额头上方的空间。只要看见有人走近,它就会立刻噤声,随即飞走。可是,如果我们避开它的五个视觉器官,就可以说话、吹哨、鼓掌,甚至拿两块石头相互撞击。要是换作了小鸟,根本不用这么大的声音,它还没看见人影,早就已停止歌唱、逃之夭夭了。可是蝉却无动于衷,若无其事地继续唱歌。

关于这点,我做过大量实验,这里只举其中的一个例子,也是最难忘的例子。

我借用了小镇的炮,就是那种在主保瞻礼节上鸣放礼炮用的盒子。炮手得知是为了蝉,就非常乐意地把炮装上火药,到我家来射击。一共有两门炮,都像在最盛大的节日狂欢时那样,装满了火药。从来没有哪个政治家在巡回竞选的时候,有幸受到这么多火药的致敬。为了避免震碎玻璃,家里的窗户全被打开了。两门发出巨响的炮就架在我家门前的梧桐树下,也不用小心地把它遮起来,因为在枝上唱歌的蝉是看不到底下发生的事情的。

那天,一共有六个人在场。大家一致认为这么巨大的炮声响过后蝉儿们会安静下来。每个人都仔细观察了蝉的数量,以及歌声的音域、节奏。一切都准备好了,大家的耳朵等着听自己的推断是否正确。炮响了,真是如雷贯耳……

可是树上的蝉没有受到任何惊扰。这支空中乐队的数量没有变,节奏没有变,音域也没有变。我们六人一致得出结论:爆炸的巨响对蝉的歌唱毫无影响。为了证实这个结论,第二门炮也点响了,结果依然如此[17]。

乐队坚持演奏,一点没有受到炮声的惊吓和干扰,从中我们可以得出什么结论呢?是不是可以凭借这个推断蝉儿们的耳朵

[17] 为了探究蝉是否有听力,作者做了大量的实验,甚至鸣放礼炮做实验,足见作者对昆虫研究的热爱与执着。

---

④噤声:闭口不作声。

根本听不到东西？我不敢轻易下结论。但是，如果哪位更加大胆的人下了这样的结论，我也真找不出什么理由反驳他[18]。我只能保守地认为，蝉的听觉很不发达，那句著名的俗语用在它的身上十分合适："像聋子那样大喊大叫。"

在路边的碎石堆上，那些蓝翅蝗虫们甜蜜地陶醉在阳光里，用强壮的后腿擦着鞘翅粗糙的边缘。在暴雨来临前，绿蛙、雨蛙和"喀喀蝉"一样，在灌木丛的绿叶中发狂似的扯开嗓子，鼓起音囊。它们是在用这些响亮的声音来召唤自己的情侣吗？绝对不是。蝗虫琴弓的摩擦声太轻，几乎听不见；绿蛙和雨蛙的嗓音太大，却是白费辛劳：它们期待的情侣都没有来。

那么，昆虫是不是一定要以这种响亮的倾诉和喋喋不休的表白来吐露它们的爱情呢？通过大量的考察可以知道，两性之间的靠近会让彼此沉默。所以，我认为，蝈蝈的小提琴、雨蛙的风笛管、山蝉的音钹，都只是自娱自乐的一种手段，这种乐趣任何动物都有，任何动物都会用别人不理解的方式来表达自己的快乐。

如果有一天，人们向我证明蝉振动音钹不是为了传宗接代，而只是为了感觉生命的乐趣，就像人类高兴时会拍拍手一样，我会很乐意接受这种说法的。如果说，它们的合唱还有什么次要目的同默不作声的雌蝉有关，那也是很可能、很正常的，只是到目前为止，这一点还没有得到证明[19]。

[18]真理有相对性，虽然经过了实验，但"蝉听不到声音"的结论，并不是绝对的。

[19]作者并没有完全否定蝉的歌唱是为了召唤雌蝉的观点，寄望于未来实践的证明。科学探索永无止境。

蝉的产卵及孵化

南欧熊蝉喜欢把卵产在干燥纤细的树枝上。雷奥米尔经过仔细检查，确认所有蝉都是在桑树枝上繁殖后代的：这说明他只在阿维尼翁附近采集蝉卵，而且没有进行综合性的研究。因为除了桑树以外，我还在桃树、樱桃树、柳树以及其他许多树的树枝上发现过产卵的蝉[1]。不过，在这些树上产卵的蝉是很少见的。蝉注重的是别的东西。最细小的树枝是它的首选，从麦秸到铅笔粗细的树枝都可以，枝上要有一层薄薄的木质，还必须含有丰富的木髓。只要这些条件能够得到满足，它是不会在乎植物的种类的。如果要把支撑蝉产卵的各种树木都一一列举的话，恐怕我要把我们地区所有的半木本植物全都得列举出来。所以，我仅仅在注释中列举其中的几种，以显示蝉产卵地点的多样性[2]。

蝉绝不会选择横卧在地上的小树枝。那些被它相中的用来产卵的树枝基本上是垂直的，大多数都处于自然的状态，有时也会有断枝，但都必须碰巧是竖着的。这些小精灵们对纤长、规则而且光滑的树枝情有独钟，因为这样的树枝能容纳它产下的全部的卵。我收集蝉卵最多的地方，是金雀花的枝条，这些枝条就像禾本科植物一样，髓质非常丰富。特别是樱桃阿福花那高高的枝条，这种植物要长到一米多高才会分叉。

蝉选中的枝条不管是哪种植物的，都必须是枯死的，而且必须完全干枯。但有时，我还是会发现有些蝉把卵产在了长着绿叶、开着鲜花的活树枝上。不过，在这些特例中，那些活树枝往往都比较干枯[3]。

选中枝条后，它们会在树枝上刺上一排小孔，好像是用针从上往下斜刺下去，把木质纤维撕裂，将其挑出，形成微微的突起。不知道真相的人看到这些小孔，有可能会以为是植物得了真菌病，真菌的胞子囊半露在外，胀破了枝条的表皮，形成球状的突起。

如果树枝形状不规则，或者好几只蝉在同一个地方相继产卵,那么刺孔的分布就会杂乱无章,人们会因而看花了眼,分辨不出刺孔的先后顺序,也不知道它们是哪一只蝉刺出的。只有个别特征保持不变:被挑起的木质纤维总是斜向排列的,这表明蝉是保持着直立的姿势,将自己的工具自上而下,纵向刺进树皮的。

如果树枝形状规则、光滑,而且长度适中,那么各刺孔之间的距离基本上相等,几乎呈一条直线。刺孔的数量有多有少:如果蝉妈妈在干活儿时受到干扰,就会另觅他处产卵,那么树枝上的小孔数量就比较少;如果所有的卵都产在同一排刺孔里,那么刺孔的数量大约在三十到四十个之间。即使两排刺孔数量相等,每一排的长度也会不同。这一点我们可以通过几个例子看出来:同样是一排三十个刺孔,在亚麻枝上长度为 28 厘米,在粉苞苣的枝条上为 30 厘米,而在阿福花枝上则只有 12 厘米[4]。

不要以为这些长度的不同是由树枝的种类所决定的,相反的例子有很多。例如,刚才说阿福花枝条上的刺孔间距最小,但在某些情况下,在它的枝条上的刺孔间距也有可能最大。刺孔间距的大小取决于一些难以查明的因素,特别是蝉妈妈的心血来潮,它在这里多产几颗卵,在那里则少产几颗,完全由它任意决定。根据我的测量,一个刺孔至另一个刺孔间的平均距离是八到十毫米。

每个刺孔都是一个斜向卵穴的入口,通常都一直深入到树枝的木髓部分。这个入口没有遮掩物,除非雌蝉产卵时挑开的木质纤维,在产卵管的两把锯子移开后又重新合拢,盖在刺孔处。人们至多有时——但并不总是这样——会在突起的纤维中看到很薄的一层闪闪发光的东西,好像干了的蛋白清漆。这可能只是雌蝉留下的一点微不足道的蛋白液体痕迹,也许是随着卵一起排出的,也有可能是为了方便它的两把锯子刺孔。

刺孔下方紧接着的就是卵穴,它是一条极小的通道,差不多占据了这个刺孔口到前一个刺孔口之间的所有空间。有时,穴与穴之间甚至没有阻隔,上下两层连在了一起。这样,虽然蝉卵是从不同的刺孔被排入的,但最后还是排成了连续的一行。不过,最常见的情况还是各个卵穴相互隔开。

卵穴里卵的数量差别很大。据我统计,每个穴有六到十五个不等,平均是十个。雌蝉一次彻底的产卵总共要钻三十到四十个

[4]通过艰苦细致的考察发现蝉刺孔产卵与树枝种类、形状、光滑度、长度之间的相关规律。

穴,因此,它的产卵总数在三百到四百颗之间。雷奥米尔通过对雌蝉卵巢的观察,也得到了相同的数据[5]。

[5]对卵穴、产卵做深入的数量考察、统计。定量研究是科学研究所必需的方法。

这真是一个多子多孙的家庭,完全可以依靠其庞大的成员数量来应付各种毁灭的严峻危险。我不认为成年蝉遇到的危险比其他昆虫更多:它目光敏锐,起飞迅速,飞得又快;而且它居住在高处,不必担心草丛里的杀手。的确,它是麻雀非常喜欢吃的猎物。有时,后者会在反复酝酿后,从邻近的屋顶猛扑到梧桐树上,一把逮住这位正在狂热鸣叫的歌唱家,然后左一口、右一口,用不了几下就把蝉撕成碎片,将它变成雏鸟们的美食。但麻雀经常也会空手而归。因为蝉预料到麻雀会发起攻击,就把尿液射进它的眼睛,然后逃走。因此,麻雀并不是促使蝉产下那么多卵的原因。蝉的危险来自别处。这一危险,无论是在产卵期还是孵化期都同样可怕。

蝉从洞里出来两到三周以后,也就是七月中旬,就开始产卵。为了避免仅仅依靠过于偶然的运气来观察雌蝉产卵的过程,我做了一番精心的准备,以确保实验成功。我从以前的观察中得知,蝉偏爱阿福花干枯的树枝。由于这种树枝长而光滑,所以也是我最容易画的植物。而且,我刚住到这里的最初几年,曾把院子里的菊科植物换成了另一些比较容易养活的当地植物,其中就有阿福花。如今,它正好派上用场。于是我把去年的干枯树枝放在原地,等到合适的季节来临,我便每天监视着它们。

我并没有等待很长时间。从 7 月 15 日开始,我就如愿地发现一些蝉在阿福花的枝上产卵。产卵的蝉总是独来独往。每只蝉占据一根树枝,不用担心彼此之间会有竞争,从而影响细致的产卵工作。第一只蝉产完卵离开后,才会有第二只来,其他的蝉也是如此。其实枝条上有的是地方,足够容纳所有产卵的蝉。但是每只蝉都希望轮到自己产卵的时候,能独自待在枝头。此外,它们之间没有争斗,产卵在一片和平的气氛中进行。如果某只雌蝉抵达的时候,位置已经被占了,只要这只蝉一发现自己的错误,就会立刻飞走,去别处寻找枝条[6]。

[6]运用拟人手法,生动形象地描述蝉与蝉之间遵循规则、配合默契、互相礼让的美好行为。

产卵的蝉始终头朝上,它在其他情况下也是采取这个姿势。它非常专注于自己的工作,因此我观察时可以靠得很近,甚至可以用放大镜来看。它把长约一厘米的产卵管整个儿斜插入树枝。

这钻孔的活儿看来并没有什么难度,因为蝉的工具非常精良。我看到蝉稍稍扭动身体,腹部顶端一胀一缩,频频颤动。它就是这样产卵的。它用钻头上的两把锉刀交替钻入树枝,动作轻柔,几乎察觉不到。产卵时没有任何特殊情况发生,蝉一动不动。从第一针刺下去到卵穴里装满卵,大约需要十分钟。

接着,蝉有条不紊①(wěn)地把产卵管慢慢抽出,以防止它变形。刺孔随即随着合拢的木质纤维而自动关闭;蝉则沿着直线方向接着往上爬,爬的距离与它产卵管的长度差不多。它在那里又刺一个孔,在新的卵穴里再产下十几颗卵。它就是这样从下往上阶梯状产卵的。

知道了上述情况以后,我们就能够解释蝉产卵的刺孔为什么会以如此令人赞叹的方式排列了。那些刺孔都是卵穴的入口,彼此间距几乎相等,这是因为蝉每一次都往上爬相同的距离,也就是大约一根产卵管的长度。蝉擅长飞行,但懒于爬行。当它在活树枝上吮吸树汁的时候,会迈着庄重,甚至几乎是庄严的脚步,到邻近一个阳光更加充沛的地方,这也是人们可以看到的它所做的一切。在它产卵的干树枝上,蝉保持着审慎的习惯,甚至审慎得过分,因为它所做的事情实在是太重要了。它尽量少动,移动的距离刚好使相邻的卵穴不发生重叠。蝉向上爬行的距离,由其产卵管的长度决定[7]。

此外,如果枝条上的刺孔不多,那么这些刺孔就会排成一条直线。的确,既然同一根树枝的每个部分都是一样的,那么雌蝉产卵时有什么必要向左偏或向右偏呢?它热爱阳光,产卵前已经选好了朝向最佳的地方。它最大的乐趣是让脊背沐浴在温暖的太阳光里,只要它还在享受这种乐趣,就会非常小心地避免自己偏离给它带来快乐的方向,而去另一个太阳光不能直射的地方。

但是,蝉在同一根树枝上产下它全部的卵需要很长时间。如果往一个卵穴内产卵需要十分钟,那么我有时会见到四十个卵穴排成一排,这就要六到七个小时的产卵时间。因此,在雌蝉结束产卵之前,太阳的位置会有很大的变化。在这种情况下,原先的爬行直线就会弯曲,变成螺旋状的弧线。雌蝉会跟着太阳的移动而

[7]作者近距离地观察蝉产卵的过程,发现蝉对产卵有极高要求,态度十分严谨和专注,叹为观止。

①有条不紊:有条理,有次序,一点不乱。

转动,它刺孔的线路就有点像日晷的指针落在晷盘上的影子[8]。

有很多次,当蝉沉醉在母亲的工作中、将卵一一安放到位时,会有那么一只同样长有刺孔针的不起眼的小飞蝇跑来屠杀这些刚产下的卵。雷奥米尔也知道这种虫子。在所有被观察的树枝上,他都发现了这种飞蝇的幼虫,因此在研究之初,他对它们并不在意。但他不曾看到、也看不到这些胆大包天的掠夺者是如何行动的。这是一种小蜂科昆虫,四到五毫米长,全身乌黑,触须多节,顶端略微变粗。出鞘的刺针位于腹部下方近中央的地方,方向和身体的轴线垂直;这和某几种蜜蜂的天敌——斑腹蝇②是一样的。也许这种蝉的侏儒杀手已经被编入了昆虫的分类目录,但由于我疏忽了,没有抓到它们,所以也不知道分类学家们赏赐了它们什么名字。

我只知道它既安静,又鲁莽;既大胆,又不谨慎。它就在蝉的身边,而对它来说,蝉可是个庞然大物,只要它抬腿一踩,就可以把飞蝇踩扁。我曾见过三只小飞蝇同时盘剥一只倒霉的雌蝉。它们跟在蝉的身后,待在蝉的脚下,用刺针插进蝉卵,或者等待有利的时机。

蝉刚在一个卵穴里产完卵,爬到稍微高一点的地方钻下一个洞。一个强盗立刻赶到蝉刚离开的地方,它几乎就在庞然大物蝉的爪子底下,可它却毫无惧色,好像是在自己家里完成一项值得称道的任务。它伸出刺针,刺进排成一行的蝉卵。它不是从布满碎木纤维的孔往里刺,而是通过侧面一些裂缝刺进蝉卵。由于这一部分木质几乎没有受到破坏,比较坚硬,所以飞蝇的工具运转得很缓慢。

蝉有时在上面一层卵穴里。只要蝉一产完卵,就会有一只跟在它身后忙活的小飞蝇前来取而代之,将自己致命的种子注进蝉卵。当雌蝉清空了卵巢飞走之后,它的大多数卵穴就这样接纳了外族的卵,而这些卵将把蝉自己的卵毁掉。飞蝇的卵会抢先孵化成幼虫,取代蝉的后代,每一条幼虫占据一个卵穴,穴里的大约十二颗蝉卵就成了它的食物,把它喂得饱饱的[9]。

哦,可怜的雌蝉,几个世纪的经历仍然没有让你吸取教训!

---

②斑腹蝇:双翅目,是蚜虫和蚧虫的重要天敌。

[8]作者细心的观察揭秘了蝉产卵的"向光性"。

[9]作为一名科普作家,作者并没有板着面孔说教,相反始终保持诙谐幽默的语言风格。在他眼里,破坏别的生命的动物也有可爱的地方,也应友好相处。

你锐利的眼睛，应该看得见这些可怕的钻探者，它们在你身边飞舞，准备干坏事；你看见它们了，也知道它们就在你脚后，可你却无动于衷，听之任之。转过身去吧，善良憨厚的巨人，把这些微不足道的侏儒碾碎！可你永远也不会对它们做什么，你改不了自己的本能，哪怕是为了减轻一点你作为母亲所受的悲惨痛苦[10]。

南欧熊蝉的卵呈白色，闪着象牙般的光泽，形状略长，两头尖尖，像纺纱用的梭子。卵长 2.5 毫米，宽 0.5 毫米，在穴内排成一行，彼此略有重叠。山蝉的卵要小一些，整齐地聚集在一起，形似微小的雪茄烟盒。我们主要讲一下南欧熊蝉，通过它的故事，我们可以知道其他蝉的情况。

九月还没有结束，原先闪着象牙白色光泽的蝉卵就变成了小麦的金黄色。十月初，卵的前端出现了两个明显的栗褐色小圆点，这是这小虫子正在发育的眼睛。这双几乎就可以看东西的明亮眼睛，以及圆锥形的前端，使卵看起来就像是一条没有鳍的鱼，这条鱼很小，只要有半个核桃壳大小的水池，就能在里面畅游。

差不多在同一个时候，我也经常在我家院子和附近山丘的阿福花枝上，发现蝉卵新近孵化的痕迹。它们都是忙着迁往别处的新生蝉儿搬家时留在门口的破衣烂衫。我们很快就会看到这些破衣烂衫意味着什么。

尽管我的探访勤勉而频繁，理应得到更好的结果，但我却始终没有见到蝉的幼虫从卵穴里爬出。在室内的研究也同样没有进展。两年来，我及时收集了一百多根带有蝉卵的不同植物的枝条，将它们保存在盒子、试管或瓶子里，可是没有一根树枝让我如愿以偿——看到蝉卵孵化。

雷奥米尔也曾经历过同样的失望。他说过，他用朋友们送来的蝉卵做孵化实验是如何失败的，即使他把蝉卵装进玻璃试管、再把试管放进裤兜保暖也没用。哦，可敬的大师！蝉需要的不是我们工作室温暖的庇护，也不是裤兜里那一点微不足道的热量，而是至高无上的兴奋剂——阳光的亲吻。在经历了一个已经让人瑟瑟发抖的清凉早晨之后，蝉需要秋日晴天里骤然如火一般照射的太阳，这太阳是对美好季节最后的告别[11]。

白天强烈的阳光和夜间的寒冷形成了巨大的反差，正是在这样的环境下，我发现了蝉卵孵化的迹象。可我总是晚一步：蝉的幼虫已经离开了，最多让我偶尔碰上一只幼虫被丝线挂在它出生的树枝上，悬在空中挣扎。我还以为它被蜘蛛网缠住了呢。

最后，到了 10 月 27 日，我对成功已经绝望，于是把院子里的阿福花枝条统统收了起来。这些蝉产过卵的枯枝被放进了我的工作室。在彻底放弃之前，我打算再观察一次卵穴和里面的卵。那天早晨很冷，我生起了冬天里的第一把火。我把干枝条放在壁炉前的一把椅子上，根本没有想过试一试炉火的热量会对蝉卵产生什么样的效果。这些将要被我一根一根劈开的枝条就这么被随意地放在我伸手可及的地方，我把它们放在这里也没有什么其他动机。

然而，当我用放大镜观察其中一根被劈开的枝条时，原本我已不抱希望看到的孵化过程突然呈现在了我的眼前。我的这根树枝上有居民了。幼虫们十几个十几个地从卵穴里冒出来。它们的数量是如此之多，足以使我这个观察者的欲望得到满足。蝉卵刚好成熟，而壁炉中熊熊燃烧、热力逼人的火焰，则充当了野外阳光的角色。让我们赶紧抓住这意外的机遇[12]。

在卵穴洞口被撕裂的木质纤维中间，冒出一个圆锥形的小东西，上面嵌着两颗又大又圆的黑点。从外观来看，这一定是卵的前部，它就像我刚才所说的那样，如同一条小鱼身体的前面部分。蝉卵从坑道的深处移到洞口，似乎会行走。一颗卵居然会在狭窄的通道里移动！一粒种子居然会爬行[13]！这是不可能的，这种事从来没人见过。这是我的幻觉。我把树枝劈开，真相大白了。真正的卵混乱地搅在一起，它们并没有移动。但它们已经空了，变成了半透明的袋子，袋子的前端被撕破一个大口子。从袋子里钻出一种奇特的生物，以下就是这种生物最明显的特征。

从这个小家伙的体形、头形以及又大又黑的眼睛来看，它比卵更像是一条微型的鱼。它的腹部还有一个像鳍一样的东西，更加突出了这种相似。这类似桨的鳍状物从前肢延伸出来，而前肢则被套在一个特殊的鞘壳里，放在身后，伸直并拢。鳍状物能微微摆动，使它得以先从卵袋里出来，然后更加困难地从木质通道里出来。小家伙依靠已经相当有力的尾钩前进，而那鳍状物则略微张开，然后缩回，像杠杆一样支撑着身体前进。其余四条腿共同裹在一个外套里，完全不能行动。只有在放大镜下才能勉强看

[12] 执着的探索终于得到回报，作者如愿以偿，看到了蝉卵的孵化过程。

[13] 连用两个"居然"表达了作者惊喜的心情。

到的触须也是如此。总之,这个从蝉卵中出来的小家伙就像一只小船,并拢的两条前肢构成一个单桨,在腹部向后伸去。它的体节非常清楚,尤其是在腹部。此外,它通体光滑,没有一丝绒毛[14]。

蝉最初的形态是如此奇特、如此出人意料,迄今为止还没有人能猜透。我该给它取个什么名字呢?是不是应该把希腊字母混合一下,拼出一个令人憎恶的名字来?我才不会这样做,因为我坚信对于科学来说,那些野蛮的术语只是讨厌的杂草荆棘。我就简单地把它称为"原始幼虫"吧,就像我对待芜菁③(yuánjīng)、斑腹蝇和卵蜂那样。

蝉原始幼虫的形态非常适合出洞。孵化的坑道很狭窄,勉强只够一只幼虫钻出。而且,产下的卵虽然排列成行,但并非头尾相接,而是部分地重叠在一起。所以,排在最后几行的卵所孵出的幼虫,必须穿过前面已经孵化的卵蜕下后留在原地的破衣烂衫。因此,除了狭窄的坑道之外,还要考虑塞满坑道的空卵壳。

在这样的情况下,如果原始幼虫撕裂临时外皮,变成它以后的模样,那么它是不可能穿过这困难重重的行列的。它的触须碍手碍脚,长腿摊得离身体轴线很远,弯弯的钩尖也会勾住沿途的东西,这一切都不利于它迅速摆脱卵穴。而且,同一个卵穴里的卵差不多同时孵化,这要求前面的新生儿尽快离开,给后来者留出通道。所以,原始幼虫必须有一个像船一样的形态,并且很光滑,没有任何突出的东西,能够像楔子一样钻到外面。原始幼虫身体的各个部件都裹在同一个鞘壳里,紧贴着躯干,外形犹如纺织的梭子,并且还有一个可以微微摆动的单桨,这使得它担当起穿越障碍重重的通道,来到洞外的任务[15]。

这个任务持续的时间很短。这里就有一只迁居的幼虫,露出了长着一对大眼睛的脑袋,正把洞口断裂的木纤维顶开。它前进的动作非常缓慢,即使用放大镜也很难看出。至少过了半个小时,这只小船才完全钻出,但尾部还和洞口连着。

一出洞口,原始幼虫越狱时穿的外套就马上裂开,小虫子从前到后把外壳蜕去,就变成了普通的幼虫,也就是雷奥米尔所知道的形态。幼虫脱下的破衣烂衫像丝线一样挂着,丝线悬空的一

[14]对蝉卵奇特形态的描写活灵活现。

[15]蝉的幼虫要穿越重重障碍才能顺利出洞。

③芜菁:鞘翅目甲虫。对人类既有益又有害,幼虫食蝗卵,而如果数量很多,成虫就会危害作物。

端散开成斗状。而幼虫的腹尾就埋在这斗里，在落地之前，它还要沐浴一下阳光，使自己更加结实，蹬蹬双腿，试试力气，在安全绳的一端懒洋洋地晃上一会儿。

这只被雷奥米尔称作小跳蚤的虫子，起初是白色的，接着就慢慢变成琥珀色，它就是以后要挖地洞的蝉的幼虫。它的触须很长，灵活地摆动着；腿爪的关节活动自如；前爪的弯钩一张一合，显得相对粗壮。我从未见过这样奇特的表演：这个小体操家靠尾部悬挂着整个身体，一有微风就轻轻晃动，在空中准备翻一个筋斗来到世上[16]。这样悬挂的时间有长有短，有的幼虫大约半小时后落到地面，有的要挂上好几个小时，还有的甚至要等到第二天。

不过，不管落地是早还是迟，这小虫子都会把悬挂的绳索也就是原始幼虫的外衣——留在原地。所以，当一个卵穴里所有的蝉卵都孵化之后，卵穴的洞口就会长出一束又短又细的丝线，弯弯曲曲、皱皱巴巴，像干了的蛋清。每根丝线悬空的一端都散开呈斗状。这些原始幼虫的遗留物非常脆弱，转瞬即逝，轻轻一碰就会弄坏。微风吹过，它们就散开不见了。

我们还是回到幼虫身上来吧。无论早晚，它们都会落到地上，有时是不小心掉下来，有时则是自己跳下来。这只微不足道的小虫子，比一只跳蚤大不了多少，可它在掉落到坚硬的地面上时，依靠悬挂绳索，保护了自己新生儿娇嫩的肌肤。空气如同软绵绵的被絮，在里面的幼虫变得更加结实。现在，它就要投入到严酷的生活中去了。

我隐约看到了它将要面对的无数危险。哪怕是一阵轻风，也可以让这个小东西撞到坚硬无比的石头上，或掉进车辙水洼的汪洋里，或飘到寸草不生、饥馑④(jījǐn)弥漫的沙地中，或落到硬得根本无法开垦的黏土地上。这样致命的地方俯拾即是，而在十月末这样一个多风和阴雨寒冷的季节里，能吹散一切的狂风也很常见[17]。

这个脆弱的生命需要一块相当松软、便于钻入的土地，以便立刻躲入其中。冬天正在逼近，霜冻很快就会来临。再在地面上游荡会招致丧命的危险。幼虫必须马上钻到地下，越深越好。这

[16]"小体操家""翻一个筋斗来到世上"，多么形象风趣的语言，表达了作者对这些小虫子的喜爱之情。

[17]介绍了幼虫们落地时会存在的无数危险，引起读者对任何一种生命生存艰难的理解与同情。

④饥馑：饥荒。

是它唯一的、迫切的自救办法，但却常常无法做到。在石块、沙子或坚硬的黏土地上，这"跳蚤"的小爪子又能有什么样的作为呢？如果不能及时找到地下居所，小虫子很快就会死去。

因此，所有人都承认，幼虫出生后寻找第一个住所时面临着太多的厄运，这是蝉的后代死亡率居高不下的重要原因。那些洗劫蝉卵的黑色小寄生虫已经向我们揭示了蝉多产的必要性。现在，寻找第一个住所的困难又向我们证明了为什么蝉妈妈每次都得产三四百颗卵，才能保证种族以一个恰当的比例延续下去。正是因为蝉会遭到大量的屠杀，所以它才大量地产卵。它通过多产的卵巢，对付了各种各样的灾难[18]。

在下面的实验中，我至少会让蝉的幼虫不再为寻找第一个住所而困扰[19]。我选择了灌木叶的腐蚀土，这种土非常柔软，颜色很黑，而且被我用细筛子筛过。由于泥土是深色的，因此当我想知道幼虫发生什么事的时候，可以轻而易举地找到那些金黄色的小虫子；此外，泥土柔软，完全适合幼虫柔弱的钩爪。我把泥土放进玻璃花瓶，轻轻夯实，在上面种了一小丛百里香，又撒了几颗麦粒。瓶底没有孔，虽然那样更适合百里香和麦子的生长，但我的囚徒们发现小孔后就会趁机溜走。植物们将要忍受排水系统的缺陷，但我至少可以放心，依靠放大镜和耐心，我可以找到我的虫子。再说，我会少浇一点水，只要不让它们干死就行了。

等一切安排妥当，麦粒展开它的第一片叶子的时候，我在瓶子里的泥土上放了六只蝉的幼虫。这些孱弱的小虫子来回走动，迅速勘探了土层的情况。有几只想顺着瓶壁往上爬，但没有成功。它们中没有一个显出要钻到地底下的样子，以至于我都着急起来，问自己它们如此活跃、如此长久地寻找，究竟是为了什么。两个小时过去了，幼虫们依然还在游荡。

它们想要什么？是食物吗？我给了它们一些刚长出根须的小鳞茎、几片叶片、一些嫩草梗。可它们不屑一顾，继续游荡。它们似乎在寻找一个合适的地方，准备钻入。可事实上，在这块我为它们精心准备的地上，进行这样细致的勘探是没有必要的：在我眼里，整块地面都非常适合它们从事我所期待的工作。看来，这对于幼虫还不够。

在自然条件下，幼虫在附近巡视一圈是很有必要的。因为我提供的灌木叶腐蚀土非常柔软,而且经过了仔细筛滤,又被剔除了所有的硬物,在自然条件下,很难找到像这样的地方;相反,通常能找到的,都是一些粗糙坚硬的土地,幼虫细小的爪子很难凿进去。所以,它们不得不随意地四处游荡,进行一番或长或短的跋涉,才能找到合适的地点。不用说,很多幼虫在这种徒劳的寻找过程中累得筋疲力尽,一命呜呼。因而,在一块只有几寸大的地方来回探索,就成了幼虫们训练课程的一部分。虽然在我这个装备豪华的玻璃瓶里,这样的跋涉没有必要,可幼虫们却不管这些,照样按照它们约定俗成的习惯行事。

最后,这些游荡者终于安静了下来。我看见它们用前爪的弯钩凿地、挖土,掘出一个像是用粗针尖钻出的洞。借助放大镜,我看见它们挥动着小小的爪子,就像挥动着锄头,把一小撮土耙到地面。才几分钟,一口井就挖好了。幼虫钻了进去,埋入土中,再也看不见了。

第二天,我把玻璃瓶里的泥土倒了出来,由于百里香和麦子根系的固定作用,泥土并没有被弄碎。我看见所有的幼虫都到了瓶底,被玻璃挡住了去路。才二十四个小时,它们就钻透了深约一分米的土地。要不是有瓶底的玻璃挡着,幼虫说不定还能钻得更深呢。

在钻土的过程中,它们肯定都碰到了那些植物的根须。它们有没有停下,在根须上插入吸管,吃一点东西呢?似乎不大可能。在花瓶底部,也有一些根须,可是那六只被关着的幼虫没有一只趴在上面。不过,也有可能是我刚才翻转瓶子的时候,把它们弄分开了。

很显然,在地底下,幼虫除了植物根系的汁液,没有其他食物。无论在成年时期还是在幼虫时期,蝉都是以植物为食。成年的蝉喝树枝的汁液,幼虫的蝉则吮吸根须的汁液。不过,它是从什么时候开始喝第一口的呢?我还不太清楚。前面的实验似乎告诉我们,蝉刚孵化出来的幼虫更急于钻到地下,以躲避即将到来的严寒,而不是在半路遇到的甘甜汁水边驻足不前。

我把那块灌木叶腐蚀土重新装到瓶里,把六个挖掘者再次放在泥土的表面。幼虫们立刻就开始挖洞,然后消失在里面。最后,我把瓶子放到工作室的窗台上,让它接受室外天气的各种影响,不管是好天气还是坏天气。

一个月后,也就是十一月底,我又去看了一次。幼虫们一个个蜷缩在土块的底部,彼此分开。它们没有附在植物的根上,外观和大小也都没有变化,和实验开始之初我看到的样子一模一样,只是不如那时活跃了。十一月是整个严冬中最温暖的时候,可幼虫们一点儿也没长个头,这是不是意味着整个冬天,它们会一点食物都不吃呢?

另一种活泼的小昆虫——西塔尔芫菁,它们的幼虫一从卵中孵出,就在条蜂地道的洞口堆积起来,一动不动,完全不吃不喝地度过整个冬季。蝉的幼虫看来也是如此。一旦它们抵达霜冻侵袭不到的地下深处,便在自己的冬营里孤单地昏昏睡去,等到春天来临之后,才把吸管插入近旁的树根,汲取第一口甘露。

我曾经试图通过观察到的事实,来证明从前面的实验结果中做出的推断,可没有成功。四月,春回大地,我第三次把百里香翻过来,把土块捣碎,拿着放大镜细细查找。这简直是大海捞针。不过幼虫终于被找到了。但它们已经死了,可能是被冻死的,尽管我在玻璃瓶上扣了一个钟形罩;也有可能是饿死的,也许百里香不合它们的胃口。要回答这个问题困难太大,我不得不放弃了[20]。

[20]实验失败了,没有找到答案,作者直言不讳,实事求是。科学研究的道路不会一帆风顺。

要想把蝉的幼虫成功地养大,需要一层又宽又厚、足以抵挡严寒的泥土。此外,由于我没有弄清楚幼虫们钟爱什么样的根系,还必须提供各种各样的植物,好让它们根据喜好自由选择。这些条件我很容易就做到了,但是,仅仅是那一小撮黑色的腐蚀土,已经让我费了很大工夫才找到这些幼虫,如果换成至少有一立方米的土堆,我恐怕是找不到那些小虫子了。况且,就算找到了,如此勤勉的挖掘也一定已经使它们从树根上掉下来了。

蝉在地下的初期生活我们是没有办法观察到的,也不了解发育完善的幼虫的生活情况。在田里干活的时候,铲子时不时地会碰到这勤劳的挖掘者,但要想确确实实地看到它趴在树根上吮吸汁液,就是另外一码事了。翻地时泥土的抖动可能会让它意识到危险来了。它会抽出吸管,到某一条坑道里躲起来,等到被挖出来时,它早已停止工作了。

但是,虽然说农民们翻地时会不可避免地打扰蝉的幼虫,不便于我们了解它们在地下的生活习性,但这至少可以让我们了解幼虫状态所持续的时间。有几位好心的农民，会将在三月春耕的时候被他们无意挖到的大小幼虫，全都拿过来送给我。这样我就收集到了几百只幼虫。根据体形大小的明显差异，我把它们分为三类：大的，长着翅膀的雏形，就和出洞的幼虫一样；中等的和最小的。根据身体的大小来分类的每一类幼虫都有自己对应的年龄。再加上刚刚孵化出的幼虫——这些微小的虫子，我的那些农民朋友肯定发现不了——我们可以推算出蝉的幼虫在地下可能度过了四年的时间[21]。

蝉在空中的生活时间则很容易估算。我听到第一声蝉鸣是在夏至快要到来的时候。一个月后，音乐会达到高潮。到了九月中旬，只有很少几只晚到的蝉还在有气无力地独唱。至此，音乐会已接近尾声。由于幼虫出洞的时间有先有后，所以可以肯定，九月中旬还在歌唱的那些蝉不是和夏至时就开始歌唱的那些同时出洞的。可以取首尾两个日子之间的平均数，那么蝉在空中的寿命是五个星期左右[22]。

四年的暗无天日的努力，换来一个月在阳光下的欢乐，这就是蝉的生活[23]。我们不要再嫌那些蝉儿们的鸣叫烦人。整整四年，它在黑暗中，穿着像羊皮般坚硬的肮脏外套；整整四年，它用镐尖挖掘着泥土。终于有一天，这位满身泥浆的挖土工突然穿上了高贵的礼服，插上了能与鸟儿媲美的翅膀，陶醉在温暖中，沐浴在阳光里，享受着自己生命中的欢乐。无论它的音钹有多响，也永远不足以歌颂得之不易且如此短暂的幸福[24]。

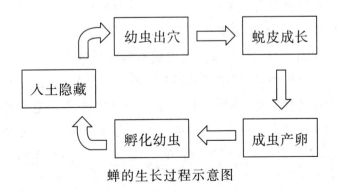

蝉的生长过程示意图

[21]受条件限制作者不能通过实验观察到幼虫的地下生活情况，但是他没有放弃，依靠农民的帮助继续研究。

[22]蝉在空中的寿命只有五个星期。生命何其短暂，何其珍贵。

[23]这句话是对蝉的一生的总结。生命来之不易，生命当珍惜！

[24]蝉从产卵到成虫历经艰难，揭示了生命短暂而幸福来之不易的哲理。

螳螂的捕食

再来看另外一种南方的昆虫，它和蝉儿在某些方面是可以相提并论的，但名声却远不如蝉，因为它从不发出一点声音。如果上天也能赐给它一副音钹，使它也能像蝉一样高歌，再加上它独特的体形和习俗，那么它一定会把蝉这位著名的歌手比下去的。这种昆虫在这一带被叫作"祈祷上帝之虫"，它的学名则是"螳螂"。

科学术语和农民们给它们起的名字竟然不谋而合，它们都把这奇特的生命看作是一个占卜神谕的巫婆，一个出神入化的修女①。这样的说法已经大有年头。早在古希腊，螳螂就被叫作"占卜师""先知"。乡间的农民也不难做出这样的类比，他们用形象的外表大大补充了模糊的概念。他们看见在被太阳光芒烘烤着的草地上，停着一只仪表堂堂的昆虫，神情肃穆地半立着。他们还看见它那宽大的绿色薄翼如亚麻长裙般拖在地上；它向着天空举着前肢，就像人举着手臂一样，摆出一副祷告的姿势。这些已经足够了，剩下的事情会由老百姓的想象力去完成。于是，自古以来，荆棘丛里就住着这么一位占卜神谕的先知、一位诚心祷告的修女[1]。

哦，善良幼稚的人们，你们被表象蒙蔽了自己的眼睛！螳螂虔诚的神情掩藏着残酷的习性。它那祈祷的双臂其实是可怕的掠夺凶器：它们不是用来拨动念珠，而是屠杀经过它身边的其他小生命的凶器。人们恐怕怎么也想不到，螳螂是直翅目②食草昆虫中的一个例外，它只吃活的猎物。在和平的昆虫居民中，它是一个凶恶的食肉者、一个巨妖，埋伏着等候猎物，吞噬它们鲜嫩的肉。如果它的力气再大一些，那么加上它嗜肉的胃口、完美可怕的凶器，它一定会是田野里的霸王。"祈祷上帝之虫"实际上就是一个不折不扣的吸血鬼了[2]。

[1]作者用拟人的手法将螳螂描写成一位"出神入化的修女"，令人忍俊不已。

[2]告诉人们在螳螂虔诚的外表下却掩藏着"残酷的习性"，使人们从总体上对螳螂有一个辩证的认识。

①修女：天主教或东正教中出家修道的女子。
②直翅目：动物界中的昆虫纲中的一目。本目动物多为中、大型较壮实的昆虫。如：蝗虫、蝼蛄等。

如果撇开致命的凶器不看，螳螂没有任何令人害怕之处。他甚至还不乏高雅：轻盈的体态、优雅的上衣、淡绿的体色、罗纱般的长翼。它没有张开像剪刀一样凶狠的大颚；相反，它只有一张尖尖的小嘴，似乎是啄食用的。脖子柔韧灵活，露出于前胸之上；头可以旋转，左右灵活，上下自如。所有的昆虫中，只有螳螂能控制自己的视线，随意打量、观察；它几乎还有面部表情。

螳螂的整个身体透着安静和祥和，这与它的杀人凶器——被恰如其分地形容为"残忍锋利"的前肢——形成了强烈的反差。螳螂的髋长而有力，可以帮助它向前抛出捕兽器，变守株待兔为主动出击。捕兽器上有一些装饰，使它显得很美。在里面的一侧，髋的根部饰有一个漂亮的黑色圆点，圆点上有白色斑块，还点缀着几行精致的小珍珠[3]。

螳螂的大腿更长，像扁平的纺锤，前半部分的内侧长着两排尖锐的锯齿。里面的一排锯齿共有十二个，长短相间，长的呈黑色，短的呈绿色。锯齿这么长短交错，增加了它的咬合程度，使武器更加有效。外面一排更简单，只有四个锯齿。最后，在两排锯齿的后面，还有三根刺，在所有的锯齿中是最长的。总之，螳螂的大腿是一把长着两排平行锯齿的锯子，两排锯齿之间有一个空槽，可以让小腿折叠放入。

小腿和大腿的连接处非常灵活，它也是一把双排锯，锯齿比大腿上的略小，但却更多、更密。小腿末端长着一个强壮的弯钩，钩尖的锋利程度和最好的钢针不相上下，钩下还有一道细槽，槽上有两把刀片，像修树枝的剪子。

这弯钩是一件高度完美的刺割工具，曾给我留下过火辣的回忆。捕捉螳螂时，有多少次，我被刚抓住的小虫子钩住，双手挣脱不得，只好求别人帮忙，以便从这个顽固的俘虏的爪子下摆脱出来。如果在强行挣脱之前不把刺到肉里的弯钩拔出，就会被划得一道一道的，如同被玫瑰花的刺划过一样。没有比螳螂更难对付的昆虫了。如果你想活捉它，手指就不能太用力，否则那虫子虽然不再挣扎，可也就被掐死了；但要是不用力，螳螂就会用修枝剪的尖端抓你，用针刺你，用钳子夹你，让你几乎招架不住[4]。

休息的时候，螳螂会把捕兽器折起来，举在胸前，看上去不会伤人。于是，这虫子又成了一副祷告的模样。可一旦有猎物经

[3] 对螳螂体形体态的观察细致入微。

[4] 以上三段对螳螂的"掠夺凶器"进行了详细而又生动的介绍。

过，祈祷的姿势立刻就不见了。捕兽器三个长长的部分会一下子全部张开，向远处抛出末端的弯钩，钩住猎物，然后收回，把猎物拉到两排锯齿之间。这时，钳子合拢，就像手臂弯向前臂一样；于是一切就都结束了：无论是蝗虫、蚱蜢还是更强壮的昆虫，一旦被那四排锯齿夹住，便无计可施了。绝望的扭动和挣扎都不能使可怕的凶器松开[5]。

想要在野外跟踪研究螳螂的习性是不可能的，必须把它养在家里观察。这项工作一点都不难：只要有吃的，螳螂并不在乎自己被囚禁在钟形罩下。我给它吃上好的食物，每天更换，于是，这家伙有点乐不思蜀了[6]。

我为我的俘虏们准备了十几个宽大的钟形金属纱网罩，就和我们饭桌上用来遮挡苍蝇的罩子一样。这些罩子被分别放在一个装满沙土的瓦罐上。瓦罐里的家当是一丛干枯的百里香和一块扁平的石块，供以后螳螂产卵之用。这些居室都被排列在我工作室的大桌子上，在一天的大部分时间里都可以被阳光晒到。我把抓来的螳螂安顿在里边，有的是独居，有的则是群居。

八月份的下半个月，我开始在干枯的草地里、荆棘丛中、小路边上看到成年螳螂。大腹便便的雌螳螂越来越多，而它们纤小的伴侣却很少见。有时，我要费好大的劲儿才能给雌螳螂配对，因为罩子里常常发生吞食侏儒雄螳螂的悲剧。这种残忍的事情我们等会儿再讲，先来讲一讲雌螳螂。

雌螳螂的胃口很大，喂养时间又长达几个月，所以喂养并不容易。我几乎每天都要给它们更新食物，可大多数都被它们不屑一顾、浅尝辄止地浪费了。我觉得，螳螂们在它们出生的荆棘丛中可要节俭得多。那里的猎物较少，它们把抓住的食物都吃个精光；而在我的网罩中，它们却挥霍无度。肥美的嫩肉经常才咬了几口，就被丢在地上，再也无人光顾。看来，它们是在借此排遣被囚的烦闷。

要应付这样的奢侈浪费，必须请求援助。我用几片面包和西瓜收买了两三个无所事事的邻居孩子，请他们早晚到附近的草地上，在他们用芦苇秸编成的小笼子里装满活蹦乱跳的蝗虫和蚱蜢。我每天也手持网兜，在花园里巡视一圈，希望能给我的"囚犯们"弄一点上好的野味来。

这些上好的野味,是我用来实验螳螂的胆识和力量的。它们中有灰蝗虫,它的个头儿比要吃它的雌螳螂大得多;有白额螽(zhōng)斯③,它长着强壮的大颚,我们的手指尤其要提防被它咬上;有奇怪的蚱蜢,戴着尖顶帽子;有葡萄藤距螽,它的音钹吵闹不休,肥大的肚子下暗藏大刀。除了这一群不好惹的野味拼盘,还有两个可怕的恶魔,它们是这一带体型最大的两种蜘蛛:一个是圆网丝蛛,它的肚子像一个装饰着彩花的圆盘,有一枚二十苏的硬币那么大;另一个是冠蛛,它相貌粗野,大腹便便,令人害怕。

当看到螳螂在金属罩内向所有被放到它面前的昆虫勇敢地发起进攻时,我确信,它在野外也会攻击这样的对手。在野外,它躲在草丛中,享用意外送上门来的肥美猎物;正如它在金属罩内,享用我送上的美食一样。这样危机四伏的大规模捕猎绝不是心血来潮,它已经成了螳螂的日常习惯。但这样的捕猎在罩子里不多见,因为机会很少,可能这也是件令螳螂遗憾的事。

各种各样的蝗虫、蝴蝶、蜻蜓、大苍蝇、蜜蜂以及其他一些中等个头儿的昆虫,都是螳螂锐利前爪下的猎物。总之,在我的金属罩里,勇敢的猎手从来都不会在任何对手面前退缩。灰蝗虫也好、螽斯也好、圆网蛛也好、蚱蜢也好,迟早都会被它抓住,固定在锯齿之间,继而津津有味地吃掉[7]。这样的捕猎过程值得一讲。

螳螂看到肥大的蝗虫在金属罩的纱网上冒冒失失地靠近,痉挛般地惊跳起来,突然摆出骇人的架势。即使是电击也不会产生这么快的效果。螳螂的转变是如此之迅速,架势是如此之骇人,如果是一个缺乏经验的观察者,一定会立刻犹豫起来,将手缩回,生怕会有意外的危险。就连我这样经验丰富的观察者,若是心不在焉,也会大吃一惊。就好比在你毫无准备时,面前的盒子里突然弹出一个可怕的魔鬼或者一个吓人的东西一样[8]。

螳螂张开鞘翅,斜着甩到两边;它的翅膀完全展开,高高竖起,像两片平行的船帆,又如同耸在背上的鸡冠。它的腹部末端卷成曲棍状,先提起,再放下,猛然抖动着放松,同时还发出"扑扑"的喘气声,让人想到火鸡开屏时的声音,又像是受惊的游蛇在吐气[9]。

[7]精彩的实验描述告诉我们,螳螂是捕猎高手,它勇猛、善斗。

[8]面对猎物时,螳螂动作迅猛,让猎物措手不及。

[9]螳螂捕食之前,先摆出阵势,从气势上压倒对方。

---

③螽斯:中国北方称为"蝈蝈",是鸣虫中体型较大的一种。

螳螂骄傲地用四条后腿支撑着身体,长长的前胸几乎直起。原先折叠在胸前的锐利前爪完全张开,交叉成十字,露出腋下的那串珍珠和中心有白斑的黑圆点。这两个圆斑有点像孔雀尾巴上的图案,还带着细腻的凸纹,它们是螳螂打仗的宝物,平时都收藏着,只有在战斗中为了威慑对方、显示自己的时候,才会从宝盒中拿出来炫耀。

螳螂一动不动地保持着这个奇怪的姿势,监视着蝗虫,它的目光盯着对方,脑袋跟着对方的移动而转动。这副架势的目的很明显:螳螂要把这强大的猎物威慑住,把它吓得不敢动弹;否则,如果对手的锐气不被挫败,它就会很危险[10]。

螳螂的目的达到了吗?在螽斯光光的脑袋下,在蝗虫长长的面孔后,谁都不知道发生了什么。在它毫无表情的面具后面,我们看不出任何焦躁不安的迹象。

不过,有一点可以肯定,这受到威胁的虫子意识到了危险。它看到自己面前出现了一个幽灵,高举着弯钩,准备扑来;它觉得碰到了死神,尽管现在逃跑还来得及,可它却没有这样做。它擅长跳跃,可以轻而易举地跳到螳螂钩爪的远处;它有着粗壮的后腿,是跳跃的健将;可此刻,它却仍傻乎乎地待在原地,甚至还慢慢地向对手靠近。

据说,小鸟看到蛇张开嘴巴,会吓得不敢动弹;它会为蛇的眼光所迷惑,忘记飞走,束手就擒。很多时候,蝗虫也是这样。现在,它已经处在摄其心魄者的控制范围内了。螳螂的两只弯钩猛砸下来,爪子抓住它,两把锯子收拢起来,紧紧将它夹住。可怜的蝗虫徒劳地挣扎着:它的大颚空咬着,绝望地向空中踢着腿。它活该倒霉。螳螂收起翅膀,这是它的战旗;它恢复到正常的姿势,开始用餐[11]。

在进攻蚱蜢、距螽之类不如灰蝗虫或螽斯这么危险的昆虫时,螳螂摆出的幽灵般的姿势就没有那么吓人,持续时间也没那么长。它只要抛出弯钩就足够了。至于蜘蛛,只要把它们横过来抓起,就不用担心会被毒针刺到。那些普通的蝗虫,不管是在我的罩子里还是在野外,都是螳螂的家常菜,螳螂很少会对它们使用威吓手段,它只要将走进其控制范围内的冒失鬼抓住就可以了。

如果要捕捉的对手有能力进行激烈的反抗,那么螳螂就会摆出这种吓人的姿势,把对手镇住,以确保弯钩能万无一失地将其抓住。接着,它用捕兽器将士气低落、无力反抗的猎物夹住。螳螂就这样突然摆出幽灵般的可怕架势,把对手吓呆[12]。

在这个奇特的姿势中,翅膀有着非常重要的作用。螳螂的翅膀很宽大,外侧边缘呈绿色,其他部分则无色透明。翅膀上有许多纵向的脉络,呈扇形辐射开来。另外还有很多纤细的横向脉络,与纵向脉络相交成直角,组成许多网格。当螳螂摆出幽灵般的姿势时,翅膀就张开,平行竖起,几乎相互碰到,就像白天活动的蝴蝶休息时翅膀的姿势一样。螳螂的腹部卷在两翼之间,腹尾剧烈地动着,摩擦着翅膀上的脉络网,发出类似喘息的声音,就是此前被我比作自卫的游蛇吐气的声音。我们只要用指尖迅速擦过张开的翅膀正面,就能模仿出这种奇怪的声音。

翅膀对于雄螳螂来说是必不可少的,为了交配,矮小瘦弱的它必须在荆棘丛中流浪。它的翅膀相当发达,足以帮助它飞翔;它飞翔的最远距离,大约是四五步远。这个没用的家伙吃得很少。在我的金属罩里,我很少会看到雄螳螂正在吃某一只瘦弱的蝗虫,这是最不起眼、最不会伤人的猎物。也就是说,雄螳螂不会摆出那个威慑的姿势,这姿势对于没有野心的猎手来说毫无用处[13]。

相反,对于怀揣成熟的卵而胖得出奇的雌螳螂来说,翅膀的作用就让人费解了。由于发胖增加了体重,雌螳螂只能爬或者跑,而不能飞。那它还留着翅膀干什么呢?更何况这翅膀这么宽大,很少有哪类昆虫能与之媲美。

再看一看普通螳螂的近邻灰螳螂,这个问题就显得更为迫切了。雄性灰螳螂长着翅膀,能迅速飞跃。而拖着满肚子卵的雌性灰螳螂,它的翅膀却如同发育不全的残肢,好似穿着一件奥弗涅和萨瓦地区的奶酪工的短燕尾服[14]。对于从不离开干草地和碎石堆的螳螂来说,这短上衣比拖地的绮罗盛装更加合适。那碍事的翅膀,雌性灰螳螂只留下了一点,它这样做是对的。

尽管雌性的普通螳螂不飞翔,却也保留着翅膀,甚至对此还竭力夸张,这是不是显得不明智?根本不是:因为它们要捕食体形庞大的猎物。有时,它们会在潜伏的地方等来一只难以驯服的

[12]作者细心地观察到,螳螂面对不同的对手,会采用不同的手腕。

[13]作者对螳螂的翅膀的形态功能作了细致的观察描绘。

[14]作者把雌性灰螳螂的翅膀比喻成"奶酪工的短燕尾服",与开头部分把普通雌螳螂的翅膀比作"亚麻长裙"形成对比,以此表现二者外表上的不同,给读者留下深刻印象。

猎物。直接进攻弄不好会送了性命。必先把这不速之客吓住，让它恐惧得不敢抵抗。出于这个目的，它便突然张开翅膀，这翅膀可怕得如同幽灵的裹尸布。因此，那宽大的翅膀虽然不能飞翔，却是捕猎的工具。但这样的计谋对于个头较小的灰螳螂来说就没有必要了，因为它们捕捉的都是一些弱小的虫子，像飞蝇、幼蝗虫等。虽然两位猎手习性相同，而且都因为体形太胖而不能飞翔，但它们的外套却是根据捕猎时埋伏的难度而量身定做的。雌性普通螳螂是强悍的女将，它会把翅膀张开成威风凛凛的战旗；雌性灰螳螂则是微不足道的猎鸟者，它把翅膀变作了一件小小的燕尾服[15]。

如果一只螳螂几天没吃东西，处于极度饥饿的状态，那么它可以把个头和自己相当，甚至比自己大得多的灰蝗虫吃得干干净净，除了过于干硬的翅膀外。要把这样一个巨大的猎物吃下去，只需两个小时。这样的食肉巨妖可真是罕见。我曾看到过一两次这样的情景，我总是想：这么多食物，贪吃的螳螂哪里有这么大的肚子装得下它呢？它又是怎样将容量必须小于容器的公理颠倒过来的？我对螳螂的胃的高超特性赞不绝口：食物只是穿胃而过，立刻就消化、溶解、消失了。

在我的金属罩里，螳螂的日常食物是大小不一、种类各异的蝗虫。看螳螂用它锋利的前爪像钳子一样夹住蝗虫、放进嘴里细嚼慢咽，也是一件非常有趣的事情。螳螂的嘴巴又小又尖，似乎不适合大吃大喝，然而它却把整个猎物都吃了下去，只剩下翅膀，连稍微有一点肉的翅根，也被吃得干干净净。无论是蝗虫的爪子还是它坚硬的外壳，螳螂都吃。有时，螳螂会抓住蝗虫肥大的后腿根，送到嘴边，津津有味地咀嚼，露出一脸满意的神情。对它来说，也许蝗虫鼓鼓的大腿是一块上好的肉，就好像我们眼中的羊后腿一样吧。

螳螂吃猎物的时候，是从颈部下口的。它用一只锋利的前爪把猎物拦腰抓住，用另一只按住它的头，露出头下面的颈部。它用嘴在这块没有护甲的地方搜寻，然后就一口一口地轻轻咬着，持续不断。颈部裂开了一个大口子。蝗虫渐渐不再踢腿，猎物成了一具没有知觉的尸体；这时，食肉虫子的行动便更加自由了，可以随心所欲地选择想吃的部位[16]。

[15]翅膀是雌螳螂捕获猎物的得力工具，可怕得如同"幽灵的裹尸布"，而雌性灰螳螂的翅膀像"一件小小的燕尾服"。作者用优美生动的语言描写了二者的区别。

[16]作者用轻松诙谐的语调、充满盎然情趣的语言，描绘了螳螂吃猎物的过程。

第一口先咬猎物的颈部，这种做法如此普遍，其中不可能没有原因。现在，就让我们稍稍离题片刻，探究一下个中的缘由吧[17]。六月，我常常能在围墙内的薰衣草上看到两种蟹蛛。一种身体的颜色像白缎子，腿上有着一圈圈绿色和粉红色的环，那是金钱蟹蛛；还有一种身体乌黑发亮，腹部有红圈，中间是叶形斑点，那是圆蟹蛛。这两种优雅的蜘蛛走起路来像螃蟹一样横行。它们不会织网打猎，它们那仅有的一点蛛丝是用来做茧袋、存放卵的。它们的捕猎战术，就是埋伏在花朵上，向前来采蜜的猎物发动突然袭击。

蜜蜂是它们最喜爱的美食。有好多次，我看见蟹蛛咬着战利品，要么咬住脖子，要么咬住其他随便什么部位，甚至是翅尖。反正，那只蜜蜂已经死了，垂着爪子，吐着舌头。

插入颈部的毒钩引起了我的深思：这和螳螂捕捉蝗虫的方式惊人地相似。我不禁要问：蟹蛛这么弱小，娇嫩的身上到处都是致命的弱点，它是如何抓住像蜜蜂这样的猎物的呢？蜜蜂比它大，比它敏捷，而且还有致命的毒针做武器！

攻击者和被攻击者无论在体力上还是在武器配备上都存在极大的差距，如果攻击者不用蛛网和丝线缠绕并缚住这可怕的对手，这样的搏斗是不可能的。这种反差之大，无异于绵羊冲向恶狼。然而，勇敢的进攻居然发生了，而且胜利站到了弱者这一边，无数的死蜜蜂就是证明，我看见在好几个小时的时间里，蟹蛛一直在吸它们的血。相对弱小的一方可以通过自己的独门秘笈来补偿不足。蟹蛛可能拥有某种办法，帮助它战胜看似无法战胜的困难[18]。

如果站在薰衣草旁等待，可能会很长时间徒劳无功。我还是主动为决斗做一些准备工作为好。于是，我把一只蟹蛛和一束薰衣草花放进网罩，并在薰衣草上洒了几滴蜜，然后又放进去三四只活蜜蜂。

这些蜜蜂丝毫没有把可怕的邻居放在心上。它们在网罩内飞来飞去，时不时地到花上去吸两口蜜，有时离蟹蛛很近，就在不到半厘米的地方。它们似乎完全不知道危险的存在。多年的经验丝毫没有教会它们防范这个可怕的屠杀者。至于蟹蛛，它一动不动地待在蜂蜜边的花序上，张开四条长长的前爪，稍稍抬高，准备出击。

[17]动物袭击猎物，第一口先咬颈部，这应是人所共知。但究竟为什么要这样做呢？过渡自然巧妙，吸引读者。

[18]弱小的蟹蛛竟然能将蜜蜂置于死地，这种不可思议的事情居然真的发生了，而作者充满哲理的解释更引人深思。

一只蜜蜂过来喝蜜了。时机来了,蟹蛛猛扑上去,用毒钩抓住这冒失鬼的翅尖,而长长的爪子则笨拙地将其勒住。几秒钟过去了,蜜蜂尽力反抗,可是攻击者在它的背上,它的针刺不到。这样的肉搏不能持续很久,否则蜜蜂会逃脱。于是,蟹蛛松开了蜜蜂的翅膀,迅猛而准确地咬住它的颈部。毒钩一旦刺入,战斗也就结束了:死亡随之而来。蜜蜂就像是被雷突然击中一样,它原来还在猛烈地扑腾,可现在只剩下跗骨还在微微颤抖,这是最后的抽搐,接着它便不动了[19]。

[19]蟹蛛在捕杀蜜蜂时,也能"知己知彼",免受其害,其聪明可见一斑。

蟹蛛依然咬着猎物的颈部,它要饱餐一顿,不是吃猎物完好无损的尸体,而是慢慢吮吸猎物的鲜血。颈部的血吸干后,它就随意换一个地方,或是腹部,或是前胸。这样就可以解释我在野外观察到的蟹蛛,为什么有时是咬着猎物的脖子,有时却咬着其他的部位。在前一种情况下,猎物刚被俘获,凶手还保持着最初的姿势;在后一种情况下,猎物已不再新鲜,蟹蛛放弃了血已被吸干的颈部伤口,转而去咬随便哪一个多汁的部位了。

随着猎物的鲜血慢慢地流干,这群吸血的小鬼在不停地移动着它们的凶器——毒钩,一会儿移到这里,一会儿移到那里,有滋有味地享受着吮吸受害者的鲜血所带来的快感。我曾见过,而且还是因为我的打扰,蟹蛛才受到惊吓,放弃了猎物。被抛弃的尸体对蟹蛛来说已没有任何价值,但它依然完好如初。从表面上,这只蜜蜂看不出任何受伤的痕迹,也没有明显的伤痕。蜜蜂的血被吸干了,仅此而已[20]。

[20]通过蟹蛛捕食的实验,作者解释了动物袭击猎物时先咬猎物颈部的原因。

我的朋友猎狗布尔在世的时候,对于猎物,它也是直接咬住对方的脖子,因为它必须迅速控制对手的獠牙。布尔的方法在狗类中是十分普遍的。它张开大嘴吠叫着,吐着白沫,随时准备撕咬;要想一下子控制对方,最谨慎的办法就是抓住它的颈部,使它动弹不得。在与蜜蜂的战斗中,蟹蛛的目的和布尔不一样。对它而言,猎物有什么可怕的呢?它的武器蜇针,只要被这可怕的短剑刺中一点,就会痛苦难当。

可是蟹蛛毫不畏惧。它要进攻的只是猎物的颈背,只要猎物还没死,它就只攻其一点,而不会去咬其他部位。不过,猎狗的战术是它不想采纳的,使对手的头动弹不得,这种战术的危险性相对较小。蟹蛛的抱负更为高远,蜜蜂闪电般的死亡就告诉了我们这一点。一旦颈部被咬,猎物就会很快死去。中枢神经遭到毒液的侵害而被破坏,最为重要的是生命也就因此宣告结束了。这样,一场战斗得到了避免,因为战斗拖得越久,对进攻者就越不利。蜜蜂虽然有毒刺和蛮力,弱小的蟹蛛则是老谋深算的杀手[21]。

再回到我们的主人公螳螂身上。螳螂对蟹蛛熟练地制服蜜蜂并迅速置敌于死地的技巧也颇有心得。它抓住一只身强力壮的蝗虫,有时是一只活蹦乱跳的蚱蜢。最好是能和和美美地品尝这些食物,不用顾虑这些不甘任人宰割的猎物会突然惊跳挣扎。美餐一旦受到干扰,就会失去乐趣。这些昆虫反抗的主要武器是它们的后腿,这些后腿非常有力气,蹬踢起来不亚于棍棒,何况那上面还长着锯齿,如果一不小心让它擦到了螳螂那硕大的肚子,螳螂就会被开膛破肚。其他的反抗虽然危险较小,但虫子们绝望地挣扎还是一件比较可怕的事,有什么好办法能让这些反抗统统失效呢?

把猎物一块一块地肢解,在紧要关头不失为一个可行的办法。但这方法费时太长,而且危险。这些杀手们找到了更为简易的办法。它深知颈部的构造特点。它选择从裸露的颈后发起进攻,撕咬颈部的淋巴结,这样就从源头消灭了猎物的活力,猎物便回天无术。但它并没有立刻、彻底地瘫痪,因为强壮的蝗虫不像蜜蜂那样纤细脆弱。但是,螳螂最初几口撕咬造成的瘫痪已经足够了。不一会儿,踢腿和挣扎渐渐平息了下来,所有反抗都宣告失败。猎物再大,螳螂也可以安安静静地享用[22]。

以前,我把狩猎的昆虫分为麻醉猎物的和杀害猎物的两种,这两种昆虫都是解剖专业毕业的,让对手生畏。如今,在杀害猎物的昆虫里,我们还要再加上两位:一位是蟹蛛,它是攻击对手颈部的专家;另一位是螳螂,为了能自由自在地吞食强大的猎物,它先撕咬对手的颈部淋巴结,使其动弹不得。

[21]攻其一点不计其余、速战速决和善于保护自己是蟹蛛的"老谋深算"所在,也是它能轻易捕食蜜蜂的秘诀。

[22]猎杀猎物的方法有很多,但是动物们为尽快达到目的都是采用最简捷有效的方法,立刻置敌于死地,减少自己面临的危险。

绿蝈蝈儿

七月中旬,酷热的夏季才刚刚到来。而事实上,烈日比时间更急不可耐,高温天气已经持续几周之久了。

村子里今夜庆祝国庆。孩子们围绕跳动的篝火欢呼雀跃,火光映照着教堂的钟楼。几束烟花冲上夜空,在"咚咚"的鼓声伴奏下,为节日增添了一些热闹气氛。此刻,我孤身一人,在一个昏暗的角落里,乘着夏夜九点的夜凉,静听起田野间另一番节庆的音乐会来。比起这时在村中广场上的欢庆,比起那灿烂的烟花、跃动的篝火、明亮的纸灯笼、醉人的美酒,这里的音乐会更让我心醉。简单、宁静中别有一种美丽与坚强的韵味[1]。

天色已晚,蝉声停止了。一整个白天,它们都浸泡在烈日和热浪之中,拼命地嘶叫。夜幕降临,它们该歇息了,可噩梦也就在此时突然到来。从梧桐树深浓的枝叶中,突然传出一声可怕的嘶鸣,尖利而短促,这是蝉发出的绝望哀号。它在睡梦中遭到了狂热的夜间猎手——绿蝈蝈儿的袭击[2]。绿蝈蝈儿猛扑上前,将蝉拦腰抱定,开膛剖腹,一掏而空。

我未曾见过欢庆国庆的最高形式——隆重的阅兵仪式,但报纸会让我了解到足够的消息,会为我指出阅兵仪式的所在地。

从这些信息中我仿佛看到,树林中贴满了阴森森的红十字,旁边写着"军用救护车""民用救护车"。这意味着将有各种凶险的伤残需要处理,或许还有死亡要哀悼。这都是意料中的事。

这些,就在我们这个平时宁静和平的小村庄里也是一般无二的。我可以把手举在篝火上打赌,假如没有几场打斗——这是欢庆日子必不可少的助兴活动,节日便了无生趣。大概要想尽兴,就非得加上一点痛苦的辛辣调剂才过瘾。

让我们摒除喧扰,仔细聆听、冥想吧。当被挖开腹部的蝉痛苦嘶号时,梧桐树上的庆典仍在继续,只不过换了乐队。现在演奏的是夜间音乐家。就在杀戮现场附近,绿荫丛中,敏锐的耳朵

[1]拿现实中村庄广场上的节日与田野的节日音乐会相比,使田野节日音乐会独具特色,生机盎然。

[2]绿蝈蝈儿被称为"狂热的夜间猎手"以及"蝉发出的绝望哀号",预示着蝉与蝈蝈的战争。

总能够察觉到蝈蝈儿们的窃窃私语。这声音类似于滑轮的声响，不引人注意，又好像干燥的薄膜摩擦发出的隐约沙沙声。在这暗哑而持续的低音伴奏下，不时响起一声极其急促而尖厉、近似于金属撞击的清脆声响。这就是绿蝈蝈儿们的歌唱与朗诵，各段间夹着寂静。余下的便都是伴唱了。

尽管音乐会得到了低音的伴奏，而且我家附近就有十来位演奏者，但它仍然很细微，相当细微。乐声不够强烈。我的老鼓膜并不总能捕捉到这细微的乐声。不过，我所能听到的零星片段极其柔和，与这苍茫夜色的静谧实在是再协调不过了。我的绿蝈蝈儿宝贝，要是你的琴拉得再嘹亮些，你就能成为比嘶哑的蝉更加受人欢迎的演奏高手了，而在北方，人们却让你占用了蝉的名字和声誉[3]。

不过，你却永远也比不上你的邻居铃蟾，那和蔼地敲着铃铛的蟾蜍。当你在梧桐树上叮当作响时，它则在树底向四周发出丁零零的叫声。它是我家两栖类居民中最小的成员，却也是最敢于远行冒险的。

当我借着傍晚最后一缕苍茫的日光，在花园里徘徊沉思时，有多少次和它不期而遇呀！有一样东西翻着筋斗从我脚边逃走了。是被风吹动的一片枯叶吗？不，那是在朝圣路上被我打扰的可爱的铃蟾。它匆忙地躲在一块石头下、一堆泥土后或是一丛青草中，待惊魂稍定，便又赶紧重新奏起那清亮的铃音来。

在这举国欢庆的日子里，大约有十多只铃蟾在我四周竞相欢唱。我家门前有一些花盆，紧密地排成几行，形成了一个门厅。大部分铃蟾就蜷缩在这些花盆之间[4]。每一只都有它自己的调儿，一成不变，有的略微低沉，有的更加尖锐，但都非常短促、清晰，声声入耳，纯净美妙[5]。

铃蟾们的节奏既缓慢，又富有韵律，它们似乎反复吟唱着同样的经文。这只叫了一声"克鲁克"；那只嗓子细，回应了一声"克里克"；第三只是乐队的男高音，它补上一声"克洛克"。如此这般，周而复始，永不停歇，好似节日村庄里的排钟，"克鲁克，克里克，克洛克"——"克鲁克，克里克，克洛克"。

这支两栖类动物的合唱团让我想起了一种琴。那时我六岁，

[3]作者对蝈蝈做了细致的观察和描绘，字里行间都充满了欢喜、喜爱与赞美之情。

[4]与铃蟾友好相处，表现了作者对动物的喜爱与爱护。

[5]那些让常人无法忍受的噪音，作者却认为"声声入耳、纯净美妙"，足见他有多么喜爱动物。

耳朵刚开始对神奇的声响有反应,这琴便是我的向往之物。拿一组长短不一的玻璃片,固定在两条绷紧的布带上便成了琴。把一个软木塞扎在铁丝末端,就成了打击棒。只要想象一下,一个新手随意地敲击着琴键,乱七八糟地奏出八度音、不和谐音、反和弦音,您就会对铃蟾们反复诵祷的经文有一个清晰的概念了。

作为歌曲,这经文没头没尾;但作为纯净的声音,它实在是动听极了。大自然音乐会上的所有音乐都莫不如此。在那里,我们的耳朵能听到超凡脱俗的声音,变得更加细腻,从而获得声音现实之外的次序感,这是美的第一要素。

然而,这些从一个隐秘角落传向另一个隐秘角落的柔和铃声,其实是求爱的清唱剧,是雄铃蟾对雌铃蟾的隐秘召唤。音乐会之后发生了什么,我们即使得不到其他信息,也能猜得出来;但我们却无法预见这婚礼奇特的结尾。事实上,有一天,铃蟾父亲——在这里,它可是真正崇高意义上的"一家之父"——离开了自己的藏身之处,而且变得面目全非了。

它把自己的孩子裹在后腿四周,就这样带着一串胡椒籽大小的蛙卵搬家了。这鼓鼓囊囊的包袱围着腿肚,裹着大腿,像褡裢①(dālian)一样压在背上,使它完全变了模样[6]。

[6]雄铃蟾承担孵化后代的任务,这一习性让读者颇感新奇。

不堪重负的铃蟾步履艰难,连跳都跳不起来,它要去哪里呢?它,满腔柔情,要去孩子们的母亲不愿意去的地方。它要去附近的沼泽地,那里的水很温暖,是蝌蚪孵化和成活必不可少的。在石头下的阴湿处,围绕在雄铃蟾腿脚周围的蛙卵成熟了,而喜欢阴暗干燥的雄铃蟾,此时却不得不面对潮湿和阳光。它一小段一小段地前进着,劳累使它的肺都充血了。沼泽也许还很远,那又有什么关系:意志坚定的朝圣者会找到它的。

它来到了沼泽边。虽然它不喜欢洗澡,可毫不迟疑地纵身跳进水里,刹那间,那串蛙卵随着它双腿的摩擦而散开[7]。就这样,蛙卵处在了适合孵化的环境当中。接下来的事就会自然而然地完成了。铃蟾爸爸的潜水任务一完成,就迫不及待地往家里赶,回到干燥的环境中去。它刚转身,黑色的小蝌蚪就孵化出来了,活蹦乱跳着。

[7]雄铃蟾为了迅速为蛙卵找到孵化场所,它意志坚定,不辞艰辛,奋不顾身。

①褡裢:一种中间开口而两端装东西的口袋。

它们就等着进入水中的这一刻,好让自己冲破卵壁。

在七月暮色里歌唱的音乐家中,只有一位能与铃蟾的和谐铃声相媲美,只是它的音调会变化。它就是角鸮(xiāo),或者叫小公爵,它是一种优雅的夜间猛禽,长着一对金色的圆眼睛。因为额头上竖着的两条羽毛小角,所以这一带的人都叫它"长角的猫头鹰"。它的歌声嘹亮,仅用这歌声就足以充满寂静的夜空,可是却单调得让人心烦。这鸟可以一连几个小时对着月亮,以雷打不动的节奏有规律地唱出"绰——绰——"的乐曲。

这时,人们的欢庆声把一只角鸮从广场边的梧桐树上赶跑了,它来到我这里请求接待,只听它在近旁的柏树顶上啼叫。从那里,它那整齐划一的乐段显出蝈蝈儿和铃蟾们的演奏零乱模糊,并用自己的歌声压倒了所有的抒情曲。

与角鸮轻柔的乐声形成对比的,是不时从另一处传来的类似猫叫的声响。这是帕拉斯·雅典娜的沉思之鸟——普通猫头鹰的呼唤。它整个白天都蜷缩在橄榄树的空洞里,当夜幕降临时,就出发开始自己的长途旅行。它蜿蜒曲折地飞行着,如同荡秋千一般左右摆动着,从附近的地方来到我家园子的老松树上。在那里,它用类似猫叫的不和谐音加入了音乐会,只是由于相隔较远,它的声音稍显轻柔。

在这些嘈杂的表演者当中,绿蝈蝈儿的叮当声实在是太细微了。我只能在稍稍安静一点的时候,听到它一丝微弱的声响。它的发声器官只是一个带刮板的小小扬琴,而其他家伙们则得天独厚地有肺这个风箱,能吹出一股震荡的气流来。因此,在它们之间就没有什么可比较的了[8]。还是回到昆虫上来吧。

有一种昆虫,虽然体形更小,发声器官也简单得与绿蝈蝈儿不相上下,但它在演唱抒情夜曲方面,却远远胜过了绿蝈蝈儿。它就是苍白细瘦的意大利蟋蟀。它纤弱得让人不敢捉它,生怕把它给捏扁了。当萤火虫亮起蓝色的尾灯来增添节日气氛时,它们就在四面八方的迷迭香上合奏。

这位演奏家纤细的身体主要由一对云母片般细薄而闪亮的大翅膀组成。它用这对干燥的翅膀发出尖厉的鸣叫,嘹亮得足以压倒蟾蜍们单调忧郁的歌曲。这鸣叫听起来就像是普通黑蟋蟀的歌声,

[8]运用形象的比喻,生动地描写出在动物大合唱中各种动物独特的歌声。

只是音色更加响亮，颤音更加丰富。一些人把意大利蟋蟀和普通黑蟋蟀混淆起来，这是免不了的，因为他们不知道真正的蟋蟀只在春天做一回合唱队员，而在这酷暑的日子里，它们其实早就不见了。在普通蟋蟀那优雅的小提琴演奏之后，是另一种更加优雅、值得专门研究的琴声。我们会在适当的时候再来谈论它。

假如我们只谈论那些演唱精英的话，那么今晚音乐晚会上的主要合唱队员都到齐了：角鸮表演着忧伤的独唱，铃蟾用钟声演奏着奏鸣曲，意大利蟋蟀弹拨着小提琴的琴弦，绿蝈蝈儿仿佛在敲击着一个小小的三角铁[9]。

今天，我们用更多的喧闹而不是信仰，来欢庆新的时代，这个新时代在政治上是以攻陷巴士底狱的日子为标志的，然而，这些小生物们却超然于尘世之外，欢庆着太阳的节日。它们歌唱着生命的愉悦，欢呼着酷暑的如火骄阳[10]。

对它们来说，人类和他们反复无常的喜好又有什么重要？几年之后，我们噼里啪啦的爆竹声又会为谁、为什么、为哪种想法而响起？能回答这些问题的人是敏锐的。世道在变化，并给我们带来意外。沾沾自喜的烟火在夜空中绽放着火花，只因为那些昨日受到憎恶的人今天摇身变成了偶像。而明天，它将又会为另一个人升上天。

一两个世纪以后，除了博学者之外，还有谁会谈起攻陷巴士底狱吗？令人怀疑。人们会有其他的喜悦，也会有其他的烦恼。

再看更远的未来。一切迹象似乎都表明，随着自身的日益进步，将来终有一天，人类会灭亡，为过度的所谓"文明"所扼杀。人过分热切地想成为神，却不能像动物一样享有恬静平和的长寿[11]。人类将会消失，而小铃蟾们则将继续和绿蝈蝈儿、角鸮还有其他小动物一起，吟唱它们的经文。在人类出现之前，它们就已经在这星球上歌唱。在人类消失之后，它们仍将继续歌唱，欢庆亘古不变的事物，歌颂太阳炽热的光辉。

我们不要在这节日上再多耽搁了，还是重新做一个博物学家，在动物的秘密中求得知识吧。在我家附近的居民中，绿蝈蝈儿似乎并不多见。去年，我虽然打算研究这种蚱蜢，却捕虫无果，只得求助于一位守林人，托他为我从拉嘉德高原弄来了两对儿。

那里是一个寒冷的地带，万杜山上已经爬满了山毛榉。

幸运之神爱捉弄坚持不懈的人，向他微笑。去年四寻无着的绿蝈蝈儿，今夏却几乎成了唾手可得的东西。我不用走出窄小的花园围墙，几乎要多少就能捉到多少。夜间，我听见它们在四处的矮树丛中低吟。要抓住这意外的良机，也许今后不会再有了[12]。

从六月份起，我捉到了足够数量的成对的绿蝈蝈儿，便把它们安置在一个钟形金属网下，并在瓦钵上铺了细沙做底。说真的，这昆虫可真漂亮，全身呈浅绿色，另有两条白色的带子沿着身体两侧。它的身材得天独厚，修长匀称，大大的双翼薄似轻纱，是蚱蜢类昆虫中最优雅的[13]。我被自己的俘虏给迷住了。它们会告诉我什么呢？让我们拭目以待。当务之急是给它们喂食，这一次我遇到了与喂养螽斯时同样的麻烦。根据直翅科昆虫通常在草地上咀嚼反刍的饮食习惯，我给这些囚徒们喂莴苣叶子。它们吃是吃，但少得可怜，似乎不屑张嘴。很快我就意识到，和我打交道的并不是纯粹的素食主义者。它们还需要其他食物，显然是肉类食物。但又是什么肉类食物呢？一次偶然的机会，我幸运地得到了答案。

黎明时分，我正在家门前徘徊沉思，突然有一样东西从身旁的梧桐树上掉落下来，还伴着尖锐的挣扎声。我疾步上前一看，一只绿蝈蝈儿正在吞吃一只陷入绝境的蝉的肚肠。无论蝉儿怎么呻吟，怎么挣扎，都无济于事，绿蝈蝈儿毫不放松，它将头探入蝉的腹中，一小口一小口地将肚肠拖出来吃掉。

我知道了：攻击是在这棵梧桐树上发生的，当时正是清晨时分，蝉儿还在休息。这倒霉蛋被活生生地剖开了肚皮，在挣扎当中，攻击者与被攻击者抱成一团，一齐掉落在地。此后，我又几次三番地观看了类似的屠杀[14]。

我甚至曾经目睹过绿蝈蝈儿追捕蝉的情景，它勇气百倍，而蝉则惊慌失措，飞行着逃窜。这就好像是雀鹰在高空中追捕云雀一样。不过，这靠掠夺为生的鸟儿却比不上绿蝈蝈儿，它追捕的对象比自己弱小。相反，绿蝈蝈儿攻击的却是一个身材比自己大得多，而且更加强壮有力的巨人。可是，这场力量悬殊的肉搏结果却是毫无疑问的。凭着它强有力的大颚和锋利的钳子，绿蝈蝈

[12]绿蝈蝈儿由"四寻无着"到"唾手可得"，可谓"踏破铁鞋无觅处，得来全不费工夫"。

[13]运用拟人、比喻手法描写绿蝈蝈儿外形，用词形象，描写细致，向读者展示了这种昆虫的优雅外表。

[14]作者近距离观察绿蝈蝈儿抓蝉食蝉的过程，通过细节描写表现了蝈蝈儿捕食时的凶残。

[15]作者采用拟人和比喻手法将蝈蝈捕蝉的情形描绘得生动、形象、活灵活现。

[16]这里描写的是喜欢吃蝉的蝈蝈，通过对"战场"残留物的描写，表明蝈蝈对蝉的肚子"情有独钟"。

[17]作者通过观察推断绿蝈蝈儿的饮食特点，"可能"一词体现了作者治学的严谨性。

儿很少失手，大多数时候能将俘虏开膛破肚，而后者则手无寸铁，只能一边尖叫，一边扭动身体[15]。

捕蝉的关键是要将它制住，这在夜里蝉睡着的时候简直是轻而易举。只要被夜间巡逻的凶残的绿蝈蝈儿遇到，蝉一般都会悲惨地死去。这就是为什么在夜深人静、昆虫的音钹早已停止的时候，树梢上会时而传来惊恐的叫声。那是某只一身淡绿的强盗刚刚逮住了睡梦中的蝉。

就这样，我为那些寄宿在我家的绿蝈蝈儿们找到了菜单：我用蝉来喂养它们。它们实在是太喜欢这食物了，两三个星期后，钟形罩里的沙地变成了一个停尸场，堆满了蝉的脑袋、掏空了的胸腔、拔下的翅膀以及残肢断腿[16]。只有蝉的肚子几乎被全部吃掉。看来，这是最好的部位，虽然肉不多，但味美至极。

事实上，正是在这个部位的嗉囊中，蝉储存着它用尖嘴从嫩树皮中吸取的甜汁糖浆。绿蝈蝈儿是不是因为这种甜食才对蝉的这个部位情有独钟呢？可能就是如此[17]。

我想丰富一下食谱，便给绿蝈蝈儿们喂一些甜甜的水果，几片梨子，几粒葡萄，几块甜瓜。这些它们都吃得津津有味。绿蝈蝈儿就像英国人，酷爱涂着果酱的带血牛排。也许这就是为什么它一捉住蝉，就破开那鼓囊囊的肚子，以获取里面混着甜酱的肉。

并不是在所有地方都能吃得到糖拌蝉肉的。虽然北方地区有很多绿蝈蝈儿，它们却找不到这种酷爱的美食。因此，它们应该还有其他的食物来源。

为了证实这一点，我给绿蝈蝈儿喂食一些绒毛金龟，这种夏季出现的昆虫和春天的鳃角金龟有些相似。绿蝈蝈儿们毫不犹豫地接受了这种鞘翅目昆虫，吃得只剩下鞘翅、头和腿脚。漂亮而丰满的松树鳃角金龟也遭到了同样的下场，第二天我再去看时，这肥美的猎物已经被一群肢解好手吃得肚子里空空如也了。

这些例子告诉了我们足够的信息：蝈蝈儿酷爱吃昆虫，尤其是那些没有坚硬盔甲保护的昆虫。它们偏好肉食，但并不像螳螂那样除了野味之外什么都不接受。蝉的屠夫知道用一些素食来平衡膳食。在吃完血肉之后，它还佐以水果的甜果肉，甚至于实在没有什么东西好吃的时候，也吃一些草叶。

即便如此，绿蝈蝈儿之间仍然存在着同类相残的现象。虽然我的确不曾在我的蝈蝈儿笼里看到它们像螳螂那样频繁地做出捕杀情敌、吞食爱人的野蛮行为，但一旦有几只孱弱的绿蝈蝈儿死去，活着的必然会吞吃它们的尸体，就如同对待普通猎物一般。即使在食物并不短缺的情况下，绿蝈蝈儿们也会吃去世的同伴。此外，所有挎着马刀的昆虫都不同程度地具有拿自己受伤的同伴果腹的习性[18]。

除了这个细节外，绿蝈蝈儿们在我的金属罩下生活得非常平和，它们之间从没有发生过严重的纷争，最多为了食物稍有对立。我刚放下一片梨，一只绿蝈蝈儿立即就跳了上去。它不愿与同伴分享，便对任何靠近想美美咬上一口的绿蝈蝈儿都拳打脚踢，将它们赶得远远的。自私自利四处可见。吃饱喝足之后，它才让位给另一只。这一次轮到后者不能容忍其他绿蝈蝈儿来分享了。就这样一只一只，整个罩子里的绿蝈蝈儿都来轮流就餐。嗉囊盛满之后，绿蝈蝈儿们就用颚尖抓抓脚心，再用脚沾了唾液擦亮额头与眼睛。接着，它们有的抓住纱网，有的卧在沙上，做出沉思的样子，悠然自得地消化着食物[19]。它们一天中的大部分时间都在休息，尤其是最炎热的时节。

夜里，太阳落山之后，才是绿蝈蝈儿们开始兴奋的时刻。大约九点，热闹的气氛达到了高潮。它们会突然纵身一跃，攀上钟形罩的圆顶，再以同样匆忙的方式下来，接着再跳上去。它们吵吵闹闹地来回跳动，在罩子里的环形道上跑呀，跳呀，遇到美味就品尝，但并不逗留[20]。

雄蝈蝈儿们有的在这儿，有的在那儿，在一旁鸣叫着，用触须挑逗路过的雌蝈蝈儿。未来的母亲们半举着马刀，神情庄重地漫步着。对于这些焦躁而狂热的雄蝈蝈儿来说，现在的头等大事就是交尾。只要是内行，是绝对不会看走眼的。

这也是我观察的主要的主题。我之所以让绿蝈蝈儿住进我的罩子，主要目的就是想看一看，白面螽斯向我们展示的奇特婚俗究竟具有多大的普遍性。我的愿望得到了满足，但并不充分，因为这些事情总在深夜进行，使得我无法观察到婚礼的最后一幕。交尾总是发生在深夜或大清早。

[18]蝈蝈的贪婪使它们不会放过品尝同类尸体的机会，这种同类相食的残暴现象在人们看来不可思议。

[19]这里主要描写了蝈蝈的自私和宽容，并用拟人手法把蝈蝈饱食之后的神态表现得活灵活现。

[20]生动描写了绿蝈蝈儿的生活习性，介绍它们活动的时间和活动方式。

我看到的仅仅是没完没了的婚礼前奏。热恋中的绿蝈蝈儿们面对面,甚至额头顶着额头,长时间地用它们柔软的触须相互触碰、探询,就像是两个对手心平气和地拿着花剑交叉来又交叉去一样。雄蝈蝈儿还不时地鸣叫几声,短促地拉几下琴弓,然后就不作声了,也许是因为太激动而无法继续下去了。十一点钟敲响的时候,可爱的表白仍然还没有结束。困意袭来,我只得满心遗憾地撇下了这对绿蝈蝈儿[21]。

第二天早晨,雌蝈蝈儿的产卵管下垂着一个奇特的东西,这东西螽斯也有,并且曾经让我们十分惊讶。这是一个乳白色的卵泡,大概有大豌豆那么大,依稀分成为数不多的蛋形囊。绿蝈蝈儿行走时,那玩意儿轻轻擦着地面,还沾上了一些沙砾。

螽斯妈妈交尾结束后的盛宴此时以最为令人恶心的方式再度上演了。两个小时过后,卵泡空了,这时绿蝈蝈儿就开始一块一块吃起卵泡来。它反复咀嚼那黏稠的块状物,最后全部吞进了肚中。不到半天工夫,这乳白色的重物就不见了,被雌蝈蝈儿津津有味地吃得一点不剩。

继螽斯之后,这种让人难以想象的习俗未经多大改动,又发生在了绿蝈蝈儿的身上,它就像是来自另一个星球,与地球上的习俗大相径庭。作为地球上最古老的物种之一,蚱蜢类昆虫的世界是多么与众不同!我们有理由认为这些奇怪的习俗是整个蚂蚱族群的普遍规律[22]。再看一看另一种佩着马刀的昆虫吧。

我选择了距螽,这种昆虫只要用梨片和生菜叶子就能轻松饲养。它们的交尾在七八月间进行。

雄距螽在一旁鸣叫。它拉琴的动作充满激情,而且节奏鲜明,以至于自己整个身体都震动了起来。接着,它就默不作声了。呼唤情人的雄距螽与被呼唤的雌距螽庄重地迈着缓慢的步子,渐渐地相互靠近。它们面面相对,默默无言,一动不动,触须软软地摇摆着,前腿笨拙地抬起,似乎隔一段时间就相互握握手。它们就这样平静地窃窃私语了几个小时。它们在互相倾诉什么?彼此许下了什么诺言?这互送的秋波又意味着什么[23]?

但时机还没有到。它们分开了,发生了争执,各奔东西。不过赌气的时间并不长,它们又重归于好了。深情款款的表白再度

[21]生动形象地描绘绿蝈蝈交尾的情态,绿蝈蝈耳鬓厮磨的动作、情投意合的表白,让作者留恋,也让读者惊叹。

[22]"普通规律"一词表达对蚱蜢类昆虫食用自己卵泡的行为的不解。

[23]连续发问提出问题,引出下文,给读者留下悬念,更引发读者探究的欲望。

开始,但并不比上一次成功。最终,直到第三天,我才观察到准备工作的尾声。根据蟋蟀的惯例,雄虫审慎地倒退着钻到它女伴的身下,在后面展开身体,朝天躺着,紧紧抓住它的支撑杆——产卵管。交尾就这样完成了。

交尾之后,雌距螽产出一个巨大的卵袋,就像是颗粒很大的乳白色覆盆子,它的颜色和形态让人联想到一包蜗牛卵。这种现象我曾在螽斯身上看到过一次,但没有这么明显,绿蝈蝈儿的玩意儿也是这样子。卵袋中间有一条浅沟,将整个袋子分成对称的两串,每一串有七八个小球。位于产卵管底部左右的两个结节比其他的更加透明,并有一个橘红色的核。整个精子袋由一个大肉茎固定着,肉茎由透明的黏结物构成。

卵袋一就位,身体霎时瘦扁了的雄距螽便溜到一片梨上,恢复体力去了,它的英勇壮举实在是消耗精力。雌距螽则显得没精打采,带着些许尴尬,一边在钟形罩上细步闲荡,一边把那巨大重负——那颗有它肚子一半大小的"覆盆子"微微提起。

两三个小时就这样过去了。接着,雌距螽将身体蜷曲成环形,用大颚的尖端从乳头状的卵袋上撕扯下一小块来,当然,它不会弄破卵袋,使之渗漏。它撕下卵袋表面的细小碎片,长久咀嚼后再吞入腹中。一整个午后,雌距螽都在如此一小块一小块地撕咬咀嚼中度过。次日,卵袋整个不见了,它在夜间吞掉了整个卵袋。

有几次交尾之后的情节发展并没有这么快,尤其不像这样使人感到恶心。我记录过一只距螽,它拖着卵袋在地上爬行,时不时地撕下一块。地面坑坑洼洼,高低不平,新经犁铧犁过。覆盆子状的卵袋上沾着沙土,重量明显增加了不少,可是这只虫子似乎并没有在意这些。

有时,这种行进十分艰难,卵袋沾上大一些的土块,附着难除。虽然距螽努力要把卵袋摘掉,可是它却无法使之与产卵管的联结点分开,这说明卵袋与身体的连接还是十分牢靠的。

一整个晚上,距螽拖着沉重的心事,在铁丝网上和地面上漫无目的地闲逛着。时常,它停下脚步,一动不动。卵袋瘪下去了一些,但瘪得并不十分明显。距螽不再像先前那样大口地吞食卵袋,即使撕咬,它剥去的那一小块也只是卵袋的表皮。

次日，仍是如此。第三天也几乎是同样的状况，只是卵袋较之从前愈见干瘪，而那两个橘红色的结节也几乎还和刚开始时一样鲜艳。最后，经过两个日夜的缠缚，距螽毫不费力，卵袋就自行脱落了。

卵袋里空空如也，变得干瘪皱巴，完全看不出先前的模样，它被遗弃在路旁，等待着蚂蚁们前来拾荒。我曾见过距螽如此享受这块鲜美的食材，然而何以此时又对它弃而不顾了呢？大概是这新婚的鲜肉上沾的沙土太多，吃起来有些硌得慌吧。

还有一种蚱蜢类昆虫——镰刀树螽，带着镰刀状的土耳其短弯刀，使我在枯燥的研究中得到一些轻松的发现。我有几次碰巧看到它那土耳其短弯刀下长着生殖器，但条件简陋，我无法做进一步的观察。这个生殖器就像一个卵状的半透明长颈瓶，三四毫米长的样子，由一条水晶丝吊着，开口的细颈部与鼓起的瓶腹部几乎一样长。这虫子并不碰它，只是让水分在那里自然散失，最终干枯[24]。

就到这里吧。这五种面目不相同的虫子——螽斯、阿尔卑斯距螽、绿蝈蝈儿、距螽和镰刀树螽的例子，说明蚱蜢同蜈蚣、章鱼一样，遗留着一些典型的远古习性，为我们保存了远古时代奇特繁殖行为的珍贵标本。

[24]通过对五种同属于蚱蜢类但是不同名字的昆虫生殖行为持续细致的考察，让读者了解蚱蜢类昆虫在很多习性上的相似之处，为进一步的研究积累了宝贵的原始资料。

蟋蟀的洞穴和卵

在田间草丛中安家的蟋蟀几乎同蝉一样出名。作为少数几种盛名在外的典型昆虫之一,它的名气源自其悠扬的歌唱和精巧的住宅。盛名之下,别有微瑕:善于让动物开口说话的寓言大师拉封丹只让蟋蟀在他的故事里说了两行台词,这个疏忽使人颇觉遗憾[1]。

拉封丹大师在一篇寓言里给我们讲了一只野兔的故事:野兔看到阳光下自己耳朵的影子,想到那些爱搬弄是非的动物可能会把它说成是角,便担心起来,因为那时候被别人说头上长角可能招致不测①。于是这只胆小多虑的兔子打点行囊,准备溜之大吉。它说:

再见,蟋蟀高邻,我将永去此地;
我之两耳也终将被议论为角。

蟋蟀答道:

这岂是角? 你真是睁眼说瞎话!
这是上帝恩赐的耳朵呀!

野兔依旧固执道:

有人总会说它是角的。

这就是蟋蟀仅有的台词。拉封丹没再让它多说几句,真令人遗憾! 然而仅这短短两行已足称精辟,它表现出了蟋蟀的憨厚。显然,蟋蟀不是笨蛋,它的大脑壳完全有取之不尽的妙论可发。

[1]用拉封丹有关蟋蟀的描写的不完善,引出对蟋蟀的介绍。

---

①寓言里,狮子被一只长角的动物撞伤,为了永弭祸患,它打算把所有长角的动物驱逐出境。

尽管如此,野兔急于离开大概并没有错。当毁谤到来时,最好的办法就是回避不谈[2]。

弗罗里安②就另一个主题用更多的笔墨描写了蟋蟀。可在他的笔下,蟋蟀根本没有了老实人的激情!在他的寓言《蟋蟀》中,有遍野鲜花、万里碧空,也有纨绔子弟和自然女士,但最后内容索然无味,空有华丽辞藻,却言而无物。他的寓言缺少真实、淳朴和一点风趣,这可是作品不可或缺的调料。

此外,他把蟋蟀说成是不满现状、心中绝望、整日怨天尤人的家伙,这想法是多么稀奇古怪[3]!经常与蟋蟀打交道的人都知道,事实正好相反,它对自己的天分和洞穴心满意足。就如寓言家让蟋蟀在蝴蝶潦倒不堪之后所说的那样:

我将多么深爱我深居简出的地方!
想过幸福生活,就要把自己隐藏[4]!

相比之下,我觉得那位佚名朋友的作品更有力、更真实。我要把此前那篇用普罗旺斯语写的寓言《蝉与蚂蚁》归功于他。我要请他原谅我再次不经他的许可,便将他的作品在这里变成铅字,去承受名誉的风险。寓言如下:

蟋蟀

从前有只蟋蟀貌似贫民,
一天正在门口晒着太阳,
看见一只蝴蝶相貌娉婷。
那蝴蝶长着长长的尾巴,
打扮得如此美丽和娇艳,
身着成排的蓝色新月牙,
还有黑绶带和金色斑点。
隐士对蝴蝶说:"飞吧飞吧,
你就成天在花丛中翱翔,

②弗罗里安(1755—1794):法国作家,著有作品《寓言集》。

　　但你的那些玫瑰和菊花，

　　哪比得上我朴素的城堡。"

　　蟋蟀的话不由你不信服，

　　雷雨一来蝴蝶跌进水潭。

　　丝绒的翅膀被烂泥玷污，

　　蝴蝶身经磨难疲惫不堪。

　　外面电闪雷鸣震耳欲聋，

　　蟋蟀稳坐家中毫不吃惊。

　　哪管下雨刮风雷声隆隆，

　　它悠然自得照常把曲鸣。

　　"克哩，克哩——"

　　朋友切忌在尘世里徘徊，

　　不要被鲜花快乐迷了眼；

　　只有那幽静深远的陋宅，

　　才让我们永不泪水涟涟[5]。

　　从这篇寓言里，我认出了蟋蟀。我仿佛看到它在地洞门口，卷曲着触须，腹部对着阴凉的土地，脊背朝着阳光。它可不妒忌蝴蝶，相反还有点可怜蝴蝶，就如同拥有临街房屋的小资产者，望见门前经过一个装束华丽招摇却无家可归的路人，习惯性地露出一丝嘲讽的怜悯一样。它并不自怨自艾，相反对自己的住所和小提琴十分满意。它是一个名副其实的哲人，看透了世事的浮华，远离寻欢作乐者的尘世喧嚣，独享朴实隐居住所的好处[6]。

　　是的，蟋蟀大致就是这样，但这些描述远远不够，没能给人留下深刻持久的印象。自拉封丹将它遗忘的那一刻起，蟋蟀就静静等待着，而且还将长时间地等待下去，等着人们必要的只字片语让它的功德得到承认。

　　对于我这个博物学家来说，这两篇寓言的主要特点——要不是我只有搁置在冷杉木板上的那几本零散不全的书籍，这些特点在别处应该也能找到，毫无疑问是地洞，它是所有寓意的源头。弗罗里安谈到了蟋蟀深深的隐居之所，另一位佚名的寓言家则赞扬了那质朴的乡间小城堡。因此，蟋蟀吸引外界注意的地方，就是它的住所，甚至连通常不关心现实的诗人的注意力也被

[5] 引用这首诗歌形式的寓言，赞美了蟋蟀的朴实无华。其实这也是作者自身的品质：淡泊名利，热爱科学，一心为科学献身。

[6] 介绍蟋蟀前先对蟋蟀的特性作评价，以给读者留下正面、积极的印象。

[7]吸引读者关注蟋蟀的洞穴。

[8]通过比较蟋蟀与其他昆虫的住所,突出表现了蟋蟀住所的固定性。

[9]通过蟋蟀和其他昆虫的对比来说明蟋蟀的远见意识。

[10]蟋蟀从不随遇而安,对住所地点的选择和建造高标准要求,并且亲力亲为。

吸引了[7]。

事实上,在这方面,蟋蟀的确超乎寻常。在众多昆虫当中,唯有它在成年之后拥有自己的固定住所,而且是依靠它自己的技能建造的。寒冷季节来临时,其他昆虫大部分都躲入地下,蜷缩在某一个临时的居所里,这个居所得来全不费力,弃之也就毫不可惜。还有许多昆虫为了生儿育女,创造了不少奇观:有棉布袋子、叶子小篮,还有水泥小塔[8]。

一些依靠猎物为生的昆虫长期住在固定的陷阱里,等着猎物上门。比如虎甲虫,它先挖一个垂直的井,再用自己扁平的古铜色头顶将井口盖住。只要有谁敢贸然踏上这危机四伏的天桥,井口的活动踏板就会立即翻转,在路过者的脚下塌陷,而后者便失足落进坑里,不见了。

蚁蛉则在沙土里挖一个漏斗形的陷阱,陷阱的斜坡非常松动,蚂蚁在斜坡上滑下后,躲在漏斗底部的猎手就会用头颈作投石器,投掷大量的飞石将它击毙。但这些避难所、巢穴或捕猎的陷阱都是临时的。

家园经过辛勤劳动建造起来后,蟋蟀便安居其中,无论是在欢乐无边的春季还是艰难严酷的冬季,它都不再搬迁。这是一座真正的乡间小城堡,只为自己的清闲安宁而建造,而不是为了狩猎或育儿,这样的住所只有蟋蟀才拥有。在某个阳光照耀的草坡上,有一处隐修之士的居所,它的主人就是蟋蟀。当其他昆虫流离失所、风餐露宿,只能随便躲在一片干裂的树皮、一张枯叶或是一块顽石底下避风遮雨时,只有蟋蟀依靠它得天独厚的优点,有着固定的居所[9]。

住所是个大问题,它先是由蟋蟀和兔子,最后是由人类解决的。我家附近的那些狐狸洞和獾子洞,大部分由表面坑坑洼洼的岩洞天然形成。只要稍加修整,这陋室就算完工了。兔子比它们聪明,它自己建造家园,假如当地没有天然地道能让它不费力就住下来,它就在自己觉得适当的地方挖掘一条。

相比所有这些动物,蟋蟀更胜一筹。它对随便发现的住处不屑一顾,总是自己选择居所的地点,不但地面清洁,而且朝向良好。它不利用天然洞穴,那既不方便又粗糙,而是亲自挖掘它的山间小屋,从门口一直挖到最里面的房间[10]。

在造房子的技巧方面，能优于蟋蟀的，我看只有人类了，但即使是人类，在懂得拌和砂浆、粘连碎石之前，在知道揉捏黏土、涂抹到树枝搭成的窝棚上之前，难道不也曾与野兽争抢过岩石下的居所和地洞吗？

天赋的本能究竟是怎样分配的呢？眼前这只最不起眼的昆虫，对居住之道却精通无比。它有自己的家，许多比它更加开化的动物都不具备这种长处。它拥有安静的隐居之所，这是舒适生活的首要条件，在它的周围，没有一种动物能定居下来。只有人类才能与它匹敌[11]。

蟋蟀的这种天赋是从何而来的呢？是它的特殊工具所赐的吗？不。蟋蟀并不是超群的挖掘高手，要是看到它的工具是多么软弱，我们甚至会对它的成果感到有点吃惊。

那么，这种天赋是由于它的表皮特别娇嫩、需要保护而产生的吗？不。在与它相近的种类中，一些昆虫的表皮更加娇嫩，却也不惧怕在露天下生活。

难道这是由蟋蟀的身体构造而自发形成的一种倾向、由机体内部的冲动而决定的一种天分吗？不。我家附近有另外三种蟋蟀（双斑蟋蟀、独居蟋蟀、波尔多蟋蟀），它们无论在外观、体色，还是结构上都与田间蟋蟀十分接近，粗看很容易与之混淆。双斑蟋蟀的个头儿和田间蟋蟀一样大，甚至更大，独居蟋蟀大约只有它的一半大，波尔多蟋蟀则更小。但是，不管这些忠实的仿制品和田间蟋蟀有多么像，它们没有一个会挖掘洞穴。双斑蟋蟀居住在潮湿地带腐烂的草堆中；独居蟋蟀流连于园丁铁铲翻起的干燥土块的裂缝中；而波尔多蟋蟀则无所畏惧地钻进我们家中，每到八九月份，便在某个阴暗凉爽的角落里低声吟唱。

我不用再说下去了，我们提出的每一个问题最终得到的答案都是"不"。尽管一些昆虫各方面的构造都极其相近，但建房的本能在这些昆虫身上展现出来，而在另一些身上却不见踪影，我们无法知道个中原因。本能对工具的依赖实在太少，甚至任何通过解剖得到的资料都无法解释，更不用说对它做预测了。刚才提到的四种蟋蟀几乎完全相同，却只有一种通晓挖洞的技能，这个例子进一步肯定了我们已经拥有的众多证据。它们令人震惊地证明，我们对本能的起源是多么无知[12]。

[11]作者再次强调了蟋蟀不为人知的高超的造巢水平，表现出叹服之情。

[12]否定了有关蟋蟀高超的建筑能力的各种猜想后，将这种能力归因于昆虫遗传下来的一种本能。

有谁不认识蟋蟀的住所呢？又有谁孩提时代在草地上嬉戏时，不曾在这独居者的小屋前驻足？无论您的脚步多轻，它都已经听见您在走近，于是猛然一退，钻到隐蔽所的深处去了。当您来到小城堡的门前时，那里已是空空荡荡了。

人人都知道如何让这消失的隐居者重新现身。拿一根稻草秆伸进地洞轻轻拨动。虫儿对上面发生的事感到吃惊，被挠得痒了，便从秘密居所里爬了上来。它在门厅里犹豫片刻，摆动细长的触须打探情况，最后它出现在阳光里，离了洞穴。这一来，捉它简直易如反掌，因为发生的事情已足以把它可怜的脑袋搞糊涂了[13]。假如第一次被它逃脱，它就会变得更加多疑，对稻草秆的逗弄不再理睬，这时用一杯水把地洞淹没，就能把这顽固分子赶出来。

[13]按顺序描写了引诱蟋蟀出洞的方法和经过，生动形象且条理清晰。

啊，将蟋蟀装进笼中，用莴苣叶喂养的美好时代，儿童在草径边天真地围捕蟋蟀的情景，当我搜索洞穴，为我的钟形网罩寻找研究对象时，我仿佛又看到你们，此时，在我眼前你们又是多么的鲜活。我的小伙伴——年幼的小保尔已经是使用稻草秆的能手了，他和执拗的蟋蟀进行了很长时间耐心和机智的对峙之后，突然一跃而起，挥舞着合拢的手掌，激动地叫道："我捉到了！捉到了！"赶快到锥形小纸包里去吧，小蟋蟀。你会受到悉心的疼爱，不过你得告诉我们一些事情，让我们先看看你的家。

蟋蟀的家位于青草丛中的斜坡上，阳光充足，便于雨水快速排泄。这是一条倾斜的坑道，几乎只有手指一般粗，根据地形不同或蜿蜒或笔直，长度最多是一虎口。

按照惯例，洞口有一小撮绿草，虫儿外出四下啃吃草叶时也不会去碰它，因为这撮草半遮住洞口，既当屋檐遮风挡雨，又在入口处投下一道隐秘的阴影。洞穴的入口略微倾斜，被精心耙平和清扫过，略微往里延伸。当四周一片宁静时，蟋蟀就待在这观景台上，拉响它的琴弓。

[14]要把事物写得生动，必须对事物进行细致入微的观察，并把观察和思考结合起来。作者运用这样的方法把一个小小的"乡间小城堡"写得惟妙惟肖，读了之后，读者如身临其境。

屋内并不奢华，泥土墙壁，但不粗糙。蟋蟀有很长的空余时间来平整令它不快的坑洼。走道尽头就是卧室，这是一间凹进墙里的房间，没有其他出口，墙壁比洞穴的其他部分更加光滑，面积也略微大一些。总之，住宅十分简朴，极其整洁，一点也不潮湿，符合公认的卫生标准。此外，鉴于蟋蟀简陋的挖掘工具，这洞穴可称得上工程浩大，简直是名副其实的神话中独眼巨人的坑道[14]。让我们试着观察这个挖掘工程,并想办法知道洞穴动工的时间。为此,我们必须从卵的阶段开始观察。

想观察蟋蟀产卵,不用费力做什么准备工作,只要有一点耐心就足够了[15]。布封③称耐心是一种天赋,我在这点上适可而止,把它称为观察者的特殊美德。四月份,最晚五月份,把蟋蟀成双成对地分别放进垫好土的花盆里。食物是一片时常更新的莴苣叶。盆口盖上玻璃片,以防蟋蟀逃跑。

这种设施非常粗陋,必要时可以用更好的网罩——钟形金属罩,加以辅助,它让我们知道了一些十分有趣的情况。我们过一会儿再详细描述。现在,我们来观察产卵的过程吧,我们必须精神集中,以免错过关键时刻。

六月的第一个星期,我的频频访问开始有了令人满意的结果。我发现雌蟋蟀一动不动,产卵管垂直地插进土里。它对我这个不速之客的来访毫不介意,在原地待了很久。最后,它抽出产卵管,稍稍抹去一点钻孔的痕迹,歇息片刻之后,就闲逛着到别处重新产卵了。它这儿产一点,那儿产一点,足迹遍布它所能到达的整个空间。这重复的动作就如同螽斯向我们展示过的那样,只是更加缓慢而已。二十四小时后,产卵似乎结束了。但保险起见,我又等待了两天。

接着,我开始翻花盆里的土。那些卵呈稻草黄色,是一些两头圆、长约三毫米的圆柱体。它们之间各不相连,垂直排列在土中;所产的卵每次数量不同,有多有少,它们排列得相对较近。我在整个花盆大约两厘米深处的土层中都找到了卵。虽然用放大镜对土块进行观察十分困难,但我还是尽我所能,估计出每一只雌蟋蟀可产五六百只卵。这样庞大的家族不久以后肯定会经历一场严厉的淘汰。

蟋蟀卵是一个奇妙的小机械。孵化之后,卵壳像个白色不透明的套子,顶端有一个规则的圆形小孔,边缘连着一顶小帽作为盖子。它并不是在新生儿的推挤或剪切下随便裂开的,而是沿着预先准备好的一条最不坚固的裂缝自行打开的。最好还是看看这奇妙的孵化过程。

[15]科学观察需要耐心。作者开始耐心地观察蟋蟀产卵的过程。

———————————————

③布封(1707—1788):法国博物学家和作家。

卵产下约两个星期之后,上端颜色变暗,出现了两个黑红色的大圆点。在这两点上方很近的部位,圆柱体的顶端,则出现了一个细微的环形突起。这是孵化时要裂开的缝正在形成。不久,卵开始变得透明,使我们能看到里面的小家伙细微的孵化过程。现在是应该倍加注意、更加频繁地进行观察的时候,尤其是在早晨。

幸运眷顾那些有耐心的人,我的坚持不懈也因此得到了回报。在经过了极其精细的变化之后,一条极易断裂的缝隙沿着那环形突起形成了,顺着这条环状突起,卵的顶端在幼虫额头的推顶下裂开,就像一个可爱的小香水瓶盖一样被掀开,落在一旁。蟋蟀钻了出来,如同从魔法盒子里冒出来的小魔鬼一般[16]。

它走了,可卵壳仍然留在那里,鼓起、光滑、完好无损,呈纯白色,开口处挂着小帽卵盖。新生幼鸟的喙末特意生成一个小硬瘤,能猛烈地撞开鸟蛋壳;蟋蟀的卵则有更高级的机制,会如同小象牙套一般打开。只要小蟋蟀用额头一推,就足以让卵壳的铰链打开了。

在一年中最美好的光景的激化下,蟋蟀卵的孵化速度快得简直可以与食粪虫相媲美,根本不对观察者的耐心构成任何考验。夏至还没到,被我盖在玻璃板下供研究之用的十对蟋蟀都已经儿女成群了。由此可以推测,卵的形态大概可以保持十多天的时间。

我刚才说,小蟋蟀是从小象牙套般打开的盖子中爬出的。其实这种说法并不完全准确[17]。从卵的出口处出来的,是裹在襁褓中的小家伙,它被一片薄鞘裹着,模样还很难辨认。我早就料到会有这个襁褓——这新生儿的小衣服,因为我在研究螽斯时就做出过同样的推测。

我想,蟋蟀出生在地下,它也长着细长的触须和夸张的长腿,这些附属器官对于它脱壳而出是一种障碍。因此,它必须拥有一片为出壳而准备的膜。

从原则上说,我的推测是十分准确的,但只有一半得到了证实。其实,蟋蟀出生时拥有的是一种暂时的形态。它根本不使用这薄膜向上爬出壳外,甚至在卵壳的出口处就将这破衣烂衫脱去了。

这种例外是由于什么情况而产生的呢?理由可能如下:在孵化之前,蟋蟀卵在地下只待了很短的时间,而螽斯却长达八个月。

除了极少数例外,前者的孵化季节都是干旱气候,它们藏身在一层干燥呈粉状、毫无阻力的薄土中;相反,后者所处的土层则经过秋雨和冬雨的长期敲打,变得非常硬实,对脱壳而出的幼虫肯定会造成重重困难。

此外,蟋蟀与螽斯相比,身材更矮小、更粗壮,长腿跷得也没有那么高。这似乎就是二者脱壳方法不同的原因所在。螽斯出生在被雨水打湿的深土之下,因此需要一件帮助它解放自己的外套;而蟋蟀却可以不用这外套,因为它个子较小,出生时离地面更近,孵化时只需穿过一层粉状松散的泥土就可以了。

那么,蟋蟀破壳后就立刻在盖口脱去的襁褓有什么用途呢?对于这个问题,我用另一个问题来回答:蟋蟀鞘翅下有两片发育不全的白色残肢,这两片翅膀的雏形后来变成了巨大的发声器,它们又有什么用处呢?它们既微不足道,又如此脆弱,对蟋蟀肯定一点用处也没有,就像悬在狗脚掌后一动不动的拇指对狗来说也毫无用处一样。

有时候,人们为了保持对称,会在住家的墙上画一些假窗户,与真窗户两两相对。这是秩序对事物的要求,它是构成美的至高无上的条件。同样,生命中也有对称,也有对总体原型的重复[18]。当生命消除一种器官,不再使用它时,仍然会留下它的痕迹,以维持基本的构成。

狗退化的拇指证明它的脚掌有五个趾头,这是高等动物的特征之一;蟋蟀那发育不全的翅膀则证明它原则上应当是善于飞行的,它在卵壳的开口处蜕皮,是所有出生在地下的蝗虫类昆虫对襁褓的模糊回忆,它们要想艰难地脱壳而出,就少不了这襁褓。这些器官都是为了追求对称而保留下来的无用之物,是一条已经毫无用处却仍未被废除的法则的残存痕迹。

小蟋蟀的体色很淡,近乎白色,它一脱去薄膜,就努力与覆盖在头顶上的泥土搏斗。它用上颚拱,用后腿把那些一点都不坚固的粉状障碍物扫开,踢到身后。现在它到达地面了。迎接它的有怡人的阳光,也有各生命体的利害冲突所带来的死亡危机,而它是如此脆弱,几乎只有跳蚤大小。二十四小时之后,它的颜色变深,成了漂亮的小黑皮,那种乌黑的色泽足以与成年蟋蟀相媲美。刚出生时的浅淡体色,如今只留下一个白色的圆环围绕着胸膛,

[18]用人们司空见惯的假窗户说明生命中的对称现象,形象贴切,易于理解。

99

让人想起幼儿学走路时绕在身上的布带。

小蟋蟀很警觉，长长的触须一边抖动一边探测着四周。它小跑着，飞跃着一蹦一跳，等它将来发胖之后可就跃不起来了。这时的小蟋蟀胃也特别娇嫩。该喂它什么食物呢？我不知道。我给它吃成虫酷爱的莴苣嫩叶。它不屑一顾，要不就是它每一口都咬得太小，我没有发现。

短短几天的时间里，这十个蟋蟀家庭让我深感养家之苦。我该拿这五六千只小蟋蟀怎么办呢？它们的确是一群优雅漂亮的昆虫，可是我对它们所需要的照顾一无所知，无法进行喂养。我给你们自由吧，温柔的小动物们，我把你们托付给至高无上的养育者——大自然母亲[19]。

[19]要热爱、敬畏大自然，让小蟋蟀回归自然是最正确的选择。

我就这么做了。我把这群蟋蟀放到院子围墙里的最佳地点，这儿放一些，那儿放一些。如果它们都能茁壮成长，那么明年，我家的门前将会有一场多么盛大的音乐会啊！但事实却不是如此：未来的交响乐很可能只是一片寂静，因为母亲的多产将会导致严酷淘汰的来临。我们唯一能预料到的，就是在这场大屠杀之后，将只有几对蟋蟀能幸存下来。

正如我们在研究螳螂时所看到的那样，第一批赶来争夺这些天赐美食的狂热掠夺者是灰色的小蜥蜴和蚂蚁。我担心有蚂蚁这可耻的窃贼在，我花园里的小蟋蟀最后会被吃得一只不剩。它会抓住那些可怜的小家伙，将它们开膛破肚，发狂地嚼碎[20]。

[20]蟋蟀回归自然将会面临灭顶之灾，但"物竞天择，适者生存"的自然规律是无法违背的。

啊！这魔鬼般的虫子！亏我们还把它当作第一流的昆虫呢！书本对它歌功颂德，从来不吝惜溢美之词；博物学家对它崇敬有加，每天都在扩大它的声望；无论是动物还是人类，在诸多为自己树碑立传的办法中，最有效的莫过于做坏事，可真是这么回事。

没有人会理会食粪虫和埋葬虫这些难能可贵的清洁者，但大家都知道生性嗜血的库蚊，性情暴躁、好斗，还有长着毒针的胡蜂，还有无恶不作的坏蛋蚂蚁；在南方的村庄里，蚂蚁把住宅的房梁逐渐蛀空，使它们岌岌可危，那股疯狂的劲头就像它在啃噬无花果一般。我不用多费唇舌，每个人都可以在人类的史料中，找出相同的例子来：做好事的默默无闻，恶贯满盈的却备受歌颂[21]。

[21]至理名言，人、物皆然。

蚂蚁和其他终结者制造的这场屠杀实在是惨烈,原先在围墙里人丁那样兴旺的蟋蟀,现在已经少得无法让我的研究继续下去了。我只得到院子外面去了解情况。

八月,我在枯叶堆中,或者没有被酷暑完全烤焦的草地的小绿洲里,发现了初步长成的小蟋蟀,它们的身体如成虫一般漆黑,已经没有刚出生时白腰带的痕迹了。它居无定所。一片枯叶、一块扁平的石头就足以遮身,有了这些帐篷,蟋蟀游牧者就不用担心将在哪儿歇息了。

这种东食西宿的日子一直持续到秋天的第二个月。此时,长着一双黄翅膀的飞蝗和泥蜂便开始到处追杀四下游逛而一捉便成功的蟋蟀,并将它们的尸体大量地埋藏在地下。那些刚刚从蚂蚁口中逃脱的蟋蟀又惨遭屠杀。如果它们在通常造窝期的几周前就为自己选定居所,就能逃过这一劫。可这些惨遭杀害的难民们却从未考虑过,它们历经了几百年的洗礼,却毫无长进,从不自省。虽然它们拥有强壮的体格,可以挖出一个安全的巢穴,但它们仍一如既往地被远古的习俗局限着,长期过着流浪的生活,哪怕种族的最后一只蟋蟀被飞蝗和泥蜂猎杀,也在所不惜[22]。

直到十月底,第一批寒潮到来了,蟋蟀开始动手挖掘地洞。就我对金属罩下的蟋蟀的观察来看,这些劳动十分简单。蟋蟀进行这项挖掘工作从来不在露天下进行,总会用一片枯萎的莴苣叶作掩护,那是它们从供应的食物里省下的,用来代替通常掩护地洞的那一丛不可缺少的青草。

蟋蟀用前腿刨着土,用钳子一样的上颚搬出大块的土块石头。我看到它用带有两排锯齿的有力后腿踩实泥土,我还看到它一边向后退,一边耙着地,把多余的泥土扫出来,堆成一个斜坡。这就是它建造住宅的所有的技艺了。

工作起初进展很快。金属罩底下的泥土松软,方便挖掘,只要两个小时,蟋蟀就消失在土层以下了。它不时地返回出口,依例一边倒退、一边扫土。如果它偶尔感到疲乏,便会在未完工的房门前休息片刻,将头露在洞外,触须乏力地抖动几下,然后又回到洞里,继续用钳子和耙子劳作。接下来,休息越来越多,我的观察也因此懈怠了。

[22]"被远古的习俗"本能禁锢着的仅仅是蟋蟀吗?发人深思,令人警醒。

最要紧的部分已经完工了。这房子有两寸深，现在自己住已经完全足够了。剩下的工程要进行相当长一段时日，蟋蟀每天抽空挖一点，随着冬天的来临和蟋蟀身体的长大，洞穴会越挖越深、越挖越大。即使在冬季，只要天气晴暖，当阳光在地洞口跳跃时，经常能看到蟋蟀把废沙土推出洞口，这说明它还在进行着房屋修缮的工程。在明丽喜人的春天里，蟋蟀对居所的保养工作还在继续，房主会一直将这项工作继续下去，直到生命的最后一刻[23]。

四月刚刚过去，蟋蟀的歌声就响起了，开始只是试探性的独唱，很快就成了大型的交响乐，演奏者们几乎遍地都是。我认为蟋蟀是万物复苏的合唱家之首。在我们这里的灌木丛里，在这个正值百里香与薰衣草盛开的时节，蟋蟀的伴唱者是羽冠百灵鸟，它好像一支满含诗意的烟花，冲上夜空，喉咙里装满着音符，高高地藏身云端，将柔和、抒情的旋律撒向田野。蟋蟀则在地上，同百灵鸟彼此应和，一再低吟短唱着。这歌声虽单调，缺乏技巧，但这单调同万物复苏时质朴的快乐是那么和谐！这是对生命的赞歌，是萌芽和新叶都能听懂的圣歌。在这个二重唱组合里，谁吟唱得更动听呢？我认为是蟋蟀。它们数量众多，歌声连贯。百灵鸟的歌唱终要停止，只有海蓝色的薰衣草田，在阳光下悠悠地摇动着，散发出樟脑的芳香，聆听蟋蟀这平凡的歌者庄重的欢庆歌声[24]。

[23]以上四段细致描述了蟋蟀建造住所的全过程，它的建造技艺和认真、不懈怠的工作态度令人叹服。

[24]蟋蟀经过孵化、遭遇屠杀、造房子等一系列考验后，终于迎来了人生的春天，它饱含热情地唱响了生命的赞歌，表达了作者对生命的热爱，对快乐生活的追求。

意大利蟋蟀

我们这儿看不到面包铺和乡间灶屋间常见的那种家蟋蟀。不过,虽然说在我们村子里壁炉石板下面的缝隙里没有蟋蟀的叫声,但是作为补偿,夏夜的田野里却响着北方听不到的美妙歌声。春季里,阳光灿烂的时候,田间地头的蟋蟀便唱起了交响曲;夏日里,在夜阑①(lán)人静时,则有树蟋蟀(或称意大利蟋蟀)在歌唱。一个是昼间蟋蟀,一个是夜间蟋蟀,它们平分那美妙的季节。在前者停止歌唱时,后者便开始唱起小夜曲来[1]。

意大利蟋蟀没有黑色外套,而且体形也没有一般蟋蟀那种粗笨的特点。恰恰相反,它细长、瘦弱、苍白,几乎通体全白,正适合夜间活动的习惯要求,让你捏在手里都生怕把它捏碎。它在各种小灌木上,在高高的草丛中,跳来蹦去,很少待在地上生活。从七月到十月,它们从日落时分开始歌唱,一直唱到大半夜,这是一场悦耳动听的音乐会[2]。

这儿的人们都非常熟悉这种歌声,因为无论多小的荆棘丛中都有这种交响乐的演唱者。它们甚至还在粮仓里歌唱,那是因为运草料时把它们夹带了进来,使它们迷了路,无法回返。这种苍白的蟋蟀习俗神秘,所以谁也不能确切地知晓是什么蟋蟀唱出这么好听的小夜曲,人们误以为是普通的蟋蟀唱的,可是这个季节普通蟋蟀尚小,还不会歌唱。

意大利蟋蟀的歌声是"格里—依—依""格里—依—依"这种缓慢而柔和的声音,唱起来还微微发颤,使歌声更加悦耳。你一听就会猜想到它的振动膜是极其细薄而宽大的。如果它待在叶丛中无人惊扰的话,它的声音就不会变化,但稍有动静,这位歌手便立即改用腹部发声。你刚才听见它一直在你面前歌唱,可突然间,你听见的是它在那边二十步开外的地方继续鸣唱,但音量减弱了,你还以为是它逃远了。

[1]作者用"小夜曲"来形容意大利蟋蟀的声音,让我们感受到意大利蟋蟀叫声的美好,也突出作者对意大利蟋蟀的喜爱之情。

[2]"音乐会"再一次突出作者对意大利蟋蟀的喜爱之情。

你跑过去,但什么也没发现,声音仍旧是从原来的地方发出来的。还不仅仅如此,这一次声音是从左边传来的,也许是从右边或者是从后面传来的。你完全被弄糊涂了,无法凭借自己的听觉去辨别蟋蟀到底在何处鸣叫。你必须提着提灯,而且要极有耐心,还得小心翼翼,不发出任何响动,才能在灯光的帮助下捉到这位歌唱家。我就如此这般地捉到了几只,放进笼中,从而多少了解了一点点迷惑我们听觉的演唱家的情况[3]。

[3]"歌唱家""演唱家",采用拟人化的手法,增强了语言的形象性、趣味性。

两片鞘翅②都是由一片宽大的半透明干膜构成的,薄如一片白色洋葱片,能够整个儿地震颤。鞘翅状如圆的一端,上端略小。圆的这一端按一条粗重纵翅脉折成直角,再以鞘翅凸边沿体侧往下,在蟋蟀休息时,包住其身体。

右鞘翅覆盖在左鞘翅上。右鞘翅内侧靠翅根处有一块胼胝③(piánzhī),辐射出五条翅脉,两条冲上,两条往下,而第五条几乎呈横向,略微泛红,是基本部件,也就是琴弓,这从其上横向的细锯齿一看便知[4]。鞘翅的其他地方还有几条不太粗的翅脉,作用在于绷紧薄膜,但不是摩擦器的组成部件。

[4]"琴弓",这是一种比喻的说法,生动形象地说明了鞘翅的形态,也暗示了它的作用。

左鞘翅,或者说下鞘翅,结构与右鞘翅相同,但区别在于琴弓、胼胝以及由胼胝辐射出去的翅脉位于上部表面。此外,我们还可以看到左右两把琴弓呈斜向交叉。

当蟋蟀放声歌唱时,左右鞘翅高高地竖起,宛如一张薄纱船帆,只是内边缘相互接触。这时候左右两把琴弓是彼此斜着咬合着的,它们之间相互摩擦使绷得紧紧的薄膜产生强烈的震颤。

根据每把琴弓是在另一个鞘翅的胼胝(其本身也是粗糙的)上还是在四条光滑的辐射翅脉中的一条上摩擦,蟋蟀发出的声音则有所不同。这也许部分地解释了为什么胆小的蟋蟀怀疑遇到危险时会用声音迷惑我们,让人觉得声音发自前后左右,难以捉摸。

声音的强弱、响亮、沉闷变化,使人产生距离上的错觉,这是蟋蟀这个腹语者的高超艺术手段,而这种错觉的产生还有另一个原因,通过观察很容易发现。声音响亮时,鞘翅是完全竖起的;声

②鞘翅:瓢虫、金龟子等昆虫的前翅,质地坚硬,静止时,覆盖在膜质的后翅上,好像鞘一样。
③胼胝:茧子。

音沉闷时,鞘翅则多少有点下垂。当鞘翅处于下垂状态时,其外侧边缘不同程度地压在蟋蟀柔软的侧部,从而减小了振动部分的面积,声音也就随之变小。

用手指触摸被敲响的玻璃杯,声音会变得发闷,仿佛是从远处传来。灰白色蟋蟀深谙④(ān)这个声学奥秘。当有人去捉它时,它便把振动片的边缘压在柔软的肚腹上,让人无从判断它身在何处。我们的乐器有制振器、消音器,意大利蟋蟀的制振器、消音器可与之媲美,而且结构简单,功效奇佳,胜我们一筹[5]。

田间地头的蟋蟀及其同类昆虫也使用这种消音办法,把鞘翅边缘压在肚腹或高或低处,以减轻振动,但是它们中没有谁能像意大利蟋蟀的本事这么大,能产生如此神奇的效果。

我们的脚步声一靠近,哪怕是极轻极轻的,蟋蟀就会用这种办法对付我们,使我们产生错觉。除此之外,它的声音还非常纯正,带有柔和的颤音。仲夏夜,万籁俱寂时,还有哪种昆虫的鸣叫胜过意大利蟋蟀的?那么优美,那么清脆。我不知有多少次,席地躺在迷迭香花丛中,偷听那美妙迷人的音乐演唱会啊[6]!

我的花园里夜间歌唱的蟋蟀非常多。每一簇红花岩蔷薇都有其合唱队员;每一束薰衣草中也都有自己的乐队。那枝繁叶茂的野草莓树丛中,那笃耨(dǔnòu)香树丛中,都成了蟋蟀们的演唱场地。这个小天地中的小生物们在以自己那优美清亮的声音彼此探问,相互应答,或者也可能是对别的歌手无动于衷,只是自顾自地在抒发自己的情怀。

高处,我头顶上方,天鹅星座在银河中伸长它那巨大的十字架;下方,就在我的四周,蟋蟀在演唱交响曲,此起彼伏,抑扬顿挫。唱出自己欢乐心声的这些小小的生命使我忘记了群星璀璨[7]。天空中的那些眼睛平静冷漠地眨巴着,在看着我们,可我们对它们却一无所知。

科学告诉我们,它们离我们有多远,它们的速度有多快,它们的体积有多大,它们的质量有多重,还告诉我们,它们不计其数,令我们惊愕⑤(è)不已,但是这并未使我们有一丁点儿的激动。为

[5]用意大利蟋蟀的消音方式和人类的乐器作比较,更加突出意大利蟋蟀发声的神奇。

[6]描写夜间听蟋蟀大合唱时的情景,渲染安静、和谐的气氛,突出合唱给自己带来的愉悦。

[7]作者以群星衬托蟋蟀的演唱会,表达了作者对蟋蟀的喜爱和赞美。

---

④深谙:十分熟悉。
⑤惊愕:吃惊而发愣。

[8]作者通过浩瀚的星空与小小的蟋蟀作对比;突出了他独有的科学精神,在他看来,生命值得尊崇,没有生命的感受,理性的科学研究不值得激动。

[9]这句话的含意是:蟋蟀虽小,但有生命,知道苦与乐,所以比虽然庞大但没有生命的星体更令人关心,表达了作者对生命的尊敬和赞美之情。

什么?因为科学缺少了那个巨大的秘密,即生命的秘密。天上有什么?太阳在温暖着什么?理性告诉我们,有一些类似于我们的世界,有一些生命在其间进行无穷变化。这种宇宙观可谓宏大无比,却是一种观念而已,并没有确凿的根据。确凿的事实才是至高无上的,是看得见摸得着的。所谓"可能",甚至"极其可能",都不是"明显",并不是显而易见,无懈(xiè)可击⑥的[8]。

可我的蟋蟀们却是我的同伴,它们让我感受生命的颤动,而生命正是我们的灵魂。正因为如此,我才身靠着迷迭香树篱,只是心不在焉地随意向天鹅座瞥上一眼,我的全部心思都集中在蟋蟀们那小夜曲上了。

一小块拥有生命的能感受苦与乐的蛋白质,远胜过庞大的无生命的原料[9]。

---

⑥无懈可击:没有漏洞可以被攻击或挑剔,形容十分严密。

蝗虫的角色和发声器

"孩子们，做好准备，明天趁着天气凉爽，我们去捉蝗虫。"我临睡前的这个通知使一家人倍觉兴奋[1]。我的小猴子们，他们在梦中看见了什么呢？蓝色和红色的翅膀突然像扇子一样打开；带有锯齿的天蓝色或粉红色长腿在我们的指缝里挣扎；粗硬的后腿像弹簧一样，蝗虫用它来跳跃，如同躲藏在草丛中的矮人用投射器投出的弹丸一样。

孩子们于睡梦中所看到的，我间或也能梦见。生命以同等的天真安抚着我们的童年与老年。

如果说有那么一种狩猎可以不杀戮，也不涉险，并且老幼皆宜，那便是捕捉蝗虫了。啊！这样的狩猎为我们带来了何等美好的早晨！黑莓变黑成熟之时又是何等令人愉快，我的孩子们能在灌木丛里随手捋上一把！在太阳烘烤下残留些许硬草的山坡上徒步，这又是何等使人难忘！我仍保留着这样一些回忆，我的孩子们也会将它们收入记忆[2]。

小保尔手脚麻利。他在四季常开的花簇中搜寻着，蚱蜢糖块般圆锥形的脑袋就在那儿庄重地沉思着。他在灌木丛查看着，从那里间或会突然跳出一只胖嘟嘟的灰蝗虫，如同因惊吓而突然飞起的小鸟一般。小保尔起初行动敏捷，而此刻却呆住了，眼睁睁地看着那只灰蝗虫像云雀一样逃了开去，他倍觉失望。下一次他一定不再如此迟钝了。倘若不捉住几只蝗虫，我们是决计不会回家的[3]。

玛丽·波利娜比保尔要小，她极有耐心地搜寻着长着粉红色翅膀、胭脂红后腿的意大利蝗虫，但她最喜爱的还是另一种擅长跳跃的小虫儿，它的长相更端庄。这受到小女孩喜爱的蝗虫在脊背底部有四根白色的斜线，形成一个圣安德烈十字架。它的制服上点缀着几块铜绿色的斑点，就像是古钱币上的绿锈。玛丽·波利娜举着小手，轻轻靠近，随时准备将它扑住。啪！抓住了。她赶快用一个圆锥形的纸包迎接这位新俘虏，这小虫头对着纸袋

[1]以召唤孩子们郊游开篇，拉近了与读者的距离，引起读者的兴趣。

[2]作者满怀童真，对于童年那种无拘无束的生活十分怀念。

[3]作者把一幅充满儿童情趣的画面展现在读者面前，使人如在画中，最后两句的心理描写也很有特色。

口，纵身一跳，就跃进了纸漏斗[4]。

就这样，圆锥形纸包一个接一个地鼓了起来，盒子里也住满了蝗虫。在太阳开始发威之前，我们已经收获颇丰，这些品种各异的研究对象将被养在网罩里，如果我们善于询问，它们或许会告诉我们一些什么。回家吧，我们并没有费什么力，却被蝗虫造就成了三个幸福的人。

我对寄宿者们提的第一个问题是："你们在田野里扮演着什么样的角色？"我知道，你们的名声通常很不好，书本把你们当作害虫。你们该不该受这种指责呢？我斗胆提出质疑，当然，这质疑不针对那些在东方和非洲泛滥成灾的可怕毁灭者。

你们都受到了这些饕餮（tāotiè）之徒恶名的连累，可在我看来，你们的功远大于过。据我所知，这一带的农夫可从来没有抱怨过你们。他们能指控你们造成了什么损害呢？

你们吃的是连绵羊都不喜欢的坚硬而难啃的草尖；比起种植的肥美牧草，你们更偏爱稀疏的草地；你们在贫瘠的土地上觅食，在那里，除了你们之外没有其他动物能找到食物；你们赖以存活的食物，唯有借助你们强健的胃才能被消化和利用。

再说，当你们光顾田野时，唯一能吸引你们的东西——麦苗，也早已成熟结实，收割完毕。即便你们偶然闯进园子觅一点食，也不是什么滔天大罪，只不过是咬破几片生菜叶子而已。

以一方萝卜地为标准来衡量事物的重要性，这是一种令人不快的方法，它只注意到毫无意义的细节，而忘了最重要的东西。目光短浅的人为了保住十来个干李子，便能扰乱整个宇宙的秩序。要是让这种人去处理蝗虫，他们只能是采取灭绝的方法[5]。

幸而，这样的事情不是、也永远不会是目光短浅的人有权来管的。大家可以想一想，假如蝗虫仅仅因为被指控窃取了田里的零星作物而消失了，那将会给我们带来什么后果[6]。

九十月份，一个孩子用两根长长的芦苇秆，将一群火鸡赶到山顶草场。这群火鸡在那里缓步游荡，嘴里发出"咕噜——咕噜"的叫声；草场在太阳的烤晒下干燥而光秃，最多有一两根枝叶破烂的矢车菊顶着它们最后几个绒球。这些鸟儿在这片沙漠般的

[4] 在作者的影响下，小孩子学会了专业化地捕捉、收集研究对象，且动作娴熟。

[5] 作者意在告诉人们：对蝗虫应辩证地看待，既要看到其有害的一面，也要看其有益的一面，切不可一棍子打死。

[6] 换位思考，例如蝗虫消失了，会是怎样的后果呢？从而引起下文。

荒地上做什么呢？这里到处弥漫着饥荒的气氛。

它们来这里是为了养肥自己，长出结实美味的肉来，以便为圣诞节的传统餐桌添光加彩。不过请问，它们吃什么呢？吃蝗虫。火鸡们这儿扑几只，那儿捉几只，美滋滋地把嗉囊填得鼓鼓囊囊的。圣诞夜人们吃得那样欢的肥美烤火鸡，有一部分就是靠这秋天里不费分毫而且美味异常的天赐美食喂养、发育而成的。

珠鸡在农场周围游荡，发出拉锯般的吱嘎声，这家禽如此热衷地寻找的是什么呢？当然是谷粒，不过首要的还是蝗虫。蝗虫会为它腋窝下加上一层脂肪，让它的肉更添滋味。

让我们深受其益的母鸡，对蝗虫的偏爱也不浅。它深知这种美食能刺激繁殖能力，让自己更能下蛋。于是，当它被放养在野外时，母鸡便会带着小鸡到山顶的荒草地上去，教它们如何敏捷地一口把蝗虫这种美食吞下肚去。总之，只要是能随意游荡的家禽，就得感谢蝗虫为它们补充了高品质的食品[7]。

除了我们的家禽以外，就完全是另外一回事了。如果您是一个猎人，并且喜欢法国南方山区的名产红胸斑山鹑的美味，那么请您将刚打下来的鸟儿的嗉囊剖开看看。您会发现饱受诬蔑的蝗虫做出贡献的绝好证明。十只山鹑中有九只嗉囊里都或多或少地塞满了蝗虫。山鹑酷爱蝗虫，只要能捕到它们，它宁可不吃种子。假如全年都有这种鲜香、营养、高热量的食物，山鹑几乎会忘记还有谷粒能吃。

现在让我们来看看受到图塞内尔如此热情称颂的候鸟吧。它们中首屈一指的是普罗旺斯白尾鸟——即鸟，到了九月就肥硕无比，串起来烤着吃十分可口。

我猎鸟的时候，总要记录下它们嗉囊和砂囊里的食物，以了解它们的饮食习惯。即鸟的菜单如下：首先是蝗虫；然后是种类繁多的鞘翅科昆虫，如象虫、沙潜、叶甲、龟甲、步甲等；排第三位的是蜘蛛、赤马陆①、鼠妇，最后还有小蜗牛，此外它还极少地吃一点血红色欧亚荼藘和树莓的浆果[8]。

什么小个儿的野味都有一点，看得出，它随便找到什么食物

[7]作者以火鸡、珠鸡、母鸡为例，正面肯定蝗虫的价值——为家禽提供高品质营养的食物。

[8]作者把"猎鸟"也作为科学观察的绝佳机会。

①赤马陆：世界上最大的千足虫，身长可达三十厘米。

都吃。只在食物短缺、实在没有更好的东西可吃时,这种食虫鸟才吃浆果。在我记下的四十八个案例中,只有三例吃植物的情况,而且量都很小。即鸟最常吃而且吃得最多的是蝗虫,它专挑那些个头儿最小的虫子,不至于咽不下去。

其他的一些小型候鸟也是如此,秋天来时,它们在普罗旺斯稍作停留,在尾部储存一些脂肪,为即将进行的长途跋涉作准备。它们都把蝗虫当作绝顶的美食、营养丰富的干粮。所有的小候鸟都在荒地与休闲田里争先恐后地啄食那些欢蹦乱跳的虫儿——这将是它们飞行的力量源泉。蝗虫真是秋季旅行的鸟儿们天赐的佳肴。

至于人类,对这种食物也并非不屑一顾。多玛将军曾在他的《大沙漠》一书中引用了一位阿拉伯作家的一段话:

蝈蝈儿②是人类和骆驼很好的食粮。不管是新鲜蝗虫还是贮存的蝗虫,将它们的腿、翅膀和头摘除后,可以烤或煮,和着古斯古斯③吃。

将蝗虫在太阳下晒干,研磨成粉,加入牛奶或揉入面粉,可以和油脂或黄油、盐一同煮食。

骆驼很爱吃蝗虫。把它们叠放在两层煤炭之间的大洞里,烤干或煮熟后给骆驼吃。黑人也是这样食用蝗虫的。

梅丽昂④请求真主赐予她不带血的肉食,真主便给了她蝗虫。

人们把蝗虫作为礼物送给先知穆罕默德的妻子们,她们就把蝗虫装在篮子里送给其他女人。

一天,有人问欧麦尔⑤哈里发是否允许食用蝗虫,哈里发回答:"我真想有满满一篮子的蝗虫吃。"

从所有这些事例中可以得出这样的结论,毫无疑问,出于真主的恩典,蝗虫被作为食物赐予了人类[9]。

[9]引用古籍,佐证蝗虫是食物中的很重要的一种,是生物链中的一环。

②蝈蝈儿:更准确地说是蝗虫,不要把它与佩刀的真蝈蝈儿混淆起来。——作者原注。
③古斯古斯:北非一种用麦粉团加佐料做的菜。
④梅丽昂:即圣母玛利亚。——作者原注。
⑤欧麦尔(约583—644):伊斯兰第二任哈里发。

我没有那位阿拉伯博物学家走得那么远，吃蝗虫需要有极其强健的胃，这可不是人人都有的。但是我可以说，蝗虫是上天赐予千千万万鸟类的食物。这一点我所观察过的那一长串砂囊可以证明。

其他还有一些动物，尤其是爬行动物，对蝗虫也崇尚有加。普罗旺斯小女孩害怕的拉萨多，即眼状斑蜥蜴，它喜欢躲在被骄阳晒得犹如烘箱的乱石堆里，我在它那圆溜溜的肚子里也发现了蝗虫。我还有很多次在无意中发现，这墙壁上的灰色小蜥蜴用尖尖的嘴巴叼着一只蝗虫的残骸，这是它窥伺良久才捕到的战利品。

只要天赐良机，鱼儿也会好好享用一番蝗虫，这昆虫蹦跳时并没有固定的目标。它就像一块不经计算就被投出的飞石，松开的弹簧随意将它弹到哪里，它就落到哪里。假如降落点恰好在水里，鱼儿就会立即上前将落水者吞进肚子。不过，这样的贪嘴有时却是致命的，因为垂钓的渔夫会在鱼钩上挂上蝗虫，作为特别诱人的鱼饵[10]。

即使不再列举以这种小虫为食的动物的例子，我也已经十分清楚蝗虫具有很高的价值了，它一环接一环地把干瘪的禾本科植物变为美味佳肴，转送给最奢侈的食客——人类享用。为此，我很乐意像那位阿拉伯作家那样说："出于真主的恩典，蝗虫被作为食物赐予了人类[11]。"

只有一点让我感到犹豫：那就是直接吃蝗虫。如果是间接食用蝗虫，比如吃以蝗虫为食的山鹑、小火鸡，还有其他许多动物，那么没有人会不对蝗虫大加赞赏。但如果是直接吃，蝗虫真的那么令人厌恶吗？

欧麦尔这个强大的哈里发、焚毁了亚历山大图书馆的野蛮人可不这样认为。他的胃和脑子一样粗野，他声称能将一篮子蝗虫当作美味吃下去。

早在他之前，还有其他人对吃蝗虫心满意足，但他们是为了过审慎的俭朴生活。身披棕色驼毛粗呢袍的施洗约翰，或称施洗约哈斯，这位希律王时代传播好消息的先驱和民众的伟大鼓动

[10]作者介绍鱼也把蝗虫作为食物，给读者意外的收获，增加阅读兴趣。

[11]由阿拉伯作家的话，引出下文人类应该如何获得食物的思考。

者,在沙漠中就是靠蝗虫和野蜂蜜为生的。"吃的是蝗虫和野蜂蜜",《马太福音》这样告诉我们。

我吃过野蜂蜜,尽管是从石蜂的蜜罐里找来的。它的滋味完全可以接受。接下来就要看沙漠里的蚱蜢类昆虫,也就是蝗虫了。小的时候,我像所有孩子一样,曾经生嚼过蝗虫的大腿。那也挺有滋味的。今天,让我们提高一个档次,来尝尝欧麦尔和施洗约翰吃过的菜肴吧。

我捉来一些肥大的蝗虫,按照那位阿拉伯作家的指点,撒上盐在黄油里十分简单地炸了一下。晚饭时,我们全家老小一同分享了这道奇异的炸制菜肴。大家对哈里发的佳肴评价并不差,比亚里士多德吹嘘的蝉好吃多了。有点螯虾的味道,还带有烤螃蟹的香味,要不是因为壳太硬,而壳里可吃的肉太少,我几乎要说它好吃了,不过我也没有以后再吃的欲望。

就这样,我受博物学家的好奇心的诱使,吃了两次古代菜肴,一次是蝉,一次是蝗虫。不过两种昆虫都没有让我特别喜欢。应该把这些东西留给下颌强壮的黑人,或者像著名的哈里发一样的大胃王。

不过,我们那娇生惯养的胃并没有削弱蝗虫的优点。这些吃草的小虫在制造食物的工厂里扮演着举足轻重的角色。它们成群结队,大量繁殖,在贫瘠的土地上啃噬着,将无法利用的东西转变为可以食用的物质,供给成千上万的消费者食用;其中首先就是鸟儿,而人类则常常以鸟儿为食。

生物世界不可避免地要受到果腹需要的刺激,因此任何事情都比不上获得食物重要。为了能在食堂里占有一席之地,每只动物都要付出最大部分的活力、技巧、辛劳、计谋和争斗;一次普通的宴席本应是一种快乐的享受,可对许多动物来说却是一种折磨。人类远没有摆脱饿汉相争的种种苦难。相反,这些苦难出现得如此频繁。唉,人类尝尽了个中的苦!

人类如此富有创造力,能最终摆脱这种磨难吗?科学对我们说,能。化学向我们承诺,在不久的将来,食物问题将得到解决。它的姐妹学科——物理学为它铺设了前进的道路。目前,物理学已经在考虑如何让太阳更有效地工作了,太阳这个大懒汉自以为让葡萄变甜、让麦穗变黄,就不欠我们什么了。物理学会把太阳的热量储存起来,把太阳光线汇聚起来,然后引向我们需要的地方,为我们所用。

有了这些能量储备,我们能让炉灶生火,让齿轮转动,让捣槌搅拌,让锉板粉碎,让压辊碾磨。受恶劣天气限制而耗费巨大的农业劳动将机械化操作,成本不高,但产量保证。

这时,拥有许多奇妙反应的化学就将参与进来。它会为我们制造出所有类型的食物,将它们浓缩为精华,可以完全被吸收,而且几乎没有污秽的残渣。面包将成为一粒药丸,牛排将化为一滴肉冻。地里的农活——这种蛮荒时代的苦刑——将成为记忆,只有历史学家才会谈起。最后一只羊和最后一头牛将被做成标本,就像从西伯利亚冰川里掘出的猛犸⑥(mǎ)一般,送进博物馆陈列起来。

终将有一天,牲畜、谷子、水果、蔬菜,所有这些老古董都会消失。据说进步就是要这样,化学反应的蒸馏釜⑦(fǔ)也是如此断言的,它不可一世地认为,世上没有什么事情是不可能的。

对于这种食物的黄金时代,我感到深深的怀疑。如果是要获得某种新的毒物,科学在这方面的创造力确实令人畏惧。我们数量众多的实验室就是制造毒药的车间。如果是要发明一种蒸馏器,用土豆来制造大量的烧酒,把我们都变成一群昏头昏脑的白痴,工业的行动手段也是无穷无尽的[12]。

但是,要依靠人工的方法获得一口简简单单却真正富有营养的食物,那却是另外一回事了。无论如何,蒸馏釜也焖不出这样的东西来。毫无疑问,以后也不会有更好的结果。有机物是唯一真正的食品,是实验室无法化合出来的。生命才是造出有机物的化学家。

因此,我们应当明智地将农业和牲畜保留下来。让动物和植物的耐心劳动来为我们准备食物吧。不要轻信粗野的工厂,还是

[12]科学是一把双刃剑,在为人们带来便利的同时,也在破坏着自然,给人类带来新的危机和挑战。

---

⑥猛犸:古代的一种动物,已灭绝。
⑦蒸馏釜:一种化工生产中蒸馏所使用的釜。

要信任那些细致的方法,尤其是蝗虫的肚子,是它齐心协力制造出了圣诞大餐上的小火鸡。蝗虫的肚子里有的是食谱,是蒸馏釜嫉妒一辈子也无法效仿的[13]。

这种集聚细微营养颗粒、养活了一群饥民的小昆虫,会演奏一种音乐来表达心中的快乐。让我们来看一只正在休息的蝗虫,它沉浸在幸福之中,一边消化食物,一边沐浴着阳光。它的琴弓突然发出声响,反复了三四次,中间伴有短暂的停歇,就这样蝗虫唱起了歌曲。它用粗壮的后腿在腹部两侧弹拨,时而用这条,时而用那条,时而两条并用。

不过演奏效果甚微,蝗虫的歌声如此之轻,我必须借助小保尔的耳朵,才能确认它的确发出了声响,就像是针尖在纸上划过发出的声音。这就是蝗虫的歌,几乎是静寂无声。

对蝗虫那简陋的乐器,我们也不能期望过高。它与蚱蜢类昆虫向我们显示的完全不同:没有带锯齿的琴弓,没有如扬琴般紧绷和振动的翅膜[14]。

让我们以意大利蝗虫为例,其他会唱歌的蝗虫的发声器都与它的相同。它的后腿上下都呈流线型。此外,每一面上都有两根竖长粗壮的肋条。在这两根最主要的肋条之间,阶梯状地排列着一系列小肋条,组成了人字形的条纹,无论是从外面看还是从里面看,这些肋条都同样突出,同样清晰明显。除了这两面完全一样之外,更让我惊奇的是,这些肋条都很光滑。最后,鞘翅的下部边缘,也就是后腿作为琴弓弹拨的翅膀边缘,也没有什么特殊之处。那里可以看到和鞘翅膜其他部位同样的粗壮翅脉,但没有任何粗糙的锉板,也没有任何锯齿。

这种简陋的发声器能发出什么样的声音呢?仅仅是轻擦一张干皱的薄膜所发出的声音。而为了发出这微乎其微的声响,蝗虫猛烈地颤抖着,将它的腿抬高、放下,并且对自己的成果心满意足。它就像我们感觉满意时摩擦双手一样,摩擦着自己的腹部两侧,却并不是为了发出声响。这是它表达自己生活快乐的方式[15]。

[13]科学技术的发达可能解决人类果腹的需要,但不可能造出真正富有营养的有机食品。应该保护生态平衡,"让动物和植物的耐心劳动来为我们准备食物吧"。

[14]昆虫发声器官的结构不同,发出的声音也不同。

[15]作者对昆虫充满爱心,在作者心里昆虫发声都是"表达自己快乐生活的方式"。

当天空略有云翳⑧(yì)、太阳时隐时现的时候,让我们来观察蝗虫吧。云间透出一缕阳光。蝗虫立刻开始摩擦后腿,阳光越是温暖,摩擦就越激烈。它的曲子都很简短,但只要太阳照着,新的小曲就不断。阴影回来了,歌声戛(jiá)然而止,直到下一次阳光出现时才再次响起,这歌声仍然伴随着身体的短促颤抖。事情很明白了:这是爱好阳光的蝗虫表示自己安乐惬意的简单方式。饱食一顿之后,再沐浴在阳光之下,这时的蝗虫就会兴高采烈。

但并不是所有的蝗虫都用摩擦来表示快乐的。长鼻蝗虫长着不成比例的细长后腿,即使有最暖和的阳光的轻抚,它仍旧闷闷不乐,一声不响。我从没见过它的后腿像拉琴般地呈摩擦状,虽然它的腿那样长,可除了跳跃之外,就再没有其他用途了。

也许同样由于有一双过长的后腿,胖胖的灰蝗虫也不会发声,不过它有自己独特的方式来表达快乐。这巨人经常到我的院子里来拜访,哪怕是隆冬季节。当天气平静,阳光和煦时,我会发现它在迷迭香丛中,展开翅膀飞快地扑打几十分钟,似乎准备腾空而起。虽然它拍打的速度极快,但翅膀旋转的声音实在太轻,几乎无法察觉。

还有一些蝗虫在这方面更加不及,步行蝗虫就是如此,它是生活在万杜山顶的阿尔卑斯距螽的伙伴。阿尔卑斯地区的帕罗草就像给大地铺上了一张张银色的地毯,而这位步行者就漫步其间。此外,这位身穿短礼服的跳跃者还是安德罗萨思花的常客,这种小花像周围的雪一般洁白,粉红色的芽微笑着。步行蝗虫的颜色也如同这花圃中的植物一样清新。

在高山地区,阳光较少被浓雾遮挡,这使步行蝗虫有了一件既优雅又简洁的礼服。它的背光滑如缎,呈浅棕色;腹部呈黄色;粗壮的大腿下部呈珊瑚红色;后腿则呈极为美丽的天蓝色,前端还佩戴着一枚象牙镯子。不过,由于这优雅的昆虫无法摆脱幼虫的形态,所以它仍然穿着短装[16]。

它的鞘翅像两片粗糙西服下摆,相距很远,长度几乎不超过腹部的第一节;两片翅膀更加短小,似乎尚未发育齐全。所有这

[16]通过外貌描写,突出色彩描绘,作者将蝗虫的优雅绅士形象展现在读者面前。作者优美的文笔令人享受。

⑧云翳:阴暗的云。

些只能勉强遮住腰以上裸露的地方。第一次见到它的人一定会把它当作幼虫,他搞错了,这已经是一只成年蝗虫,完全成熟,可以交尾了。这昆虫直到生命的尽头,都一直穿着这身轻薄的小衣。

是不是因为这身剪裁得如此精打细算的短小上衣,步行蝗虫才不会唱歌的呢?它的后腿非常粗壮,可以当琴弓,但它没有凸出的鞘翅边缘,作为摩擦时的发音空间。如果说其他蝗虫发出的声音很小,那么它则是完全发不出声音。即使我周围人的耳朵再灵敏、再竭尽全力地认真听,都没有用。喂养了三个月,步行蝗虫却连最细微的响声也没有发出。这默不作声的虫子一定有其他方法来表达快乐、召唤伴侣。可到底是什么方法呢?我一无所知[17]。

我也不知道究竟是出于什么原因,这种昆虫没有飞行器官,一直是一个笨重的步行者,而它那些同住在山区草地上的近亲们却个个都是飞行能手。它拥有鞘翅与翅膀的萌芽,这是卵赋予幼虫的,可它却不想让这些萌芽发育并加以利用。它一直蹦蹦跳跳的,除此之外再无雄心壮志。只要能步行,像命名学所称呼的那样做一只步行蝗虫,它就心满意足了,尽管看起来它完全可以拥有翅膀——这更加高级的运动机制。

快速地飞越白雪皑皑的山谷,从一个山脊到达另一个山脊,轻易地从一片被啃过的草场飞向另一片还未开发的草场。难道这些好处都微不足道吗?显然不是。其他蝗虫,特别是生长在山顶的蝗虫,都生着双翅,并且对此十分满意。何以步行蝗虫不学着它们的样呢?从套里将那包拢在残肢里的闲置翅膀抽出,这将令它获益匪浅,可它并没有这样做。这是为什么呢[18]?

有人答道:"因为进化停止了。"也许如此吧。生命在进化到一半时突然停止了,昆虫随身携带工程规划书,却没有按规划书所规定的最终模样圆满实行。这个答案貌似非常有学问,可事实上并不令人满意。问题以另一种形式出现了:为什么进化会停止呢?

幼虫自出生时,便怀有成年后飞翔的希望。作为对美好希望

[17]设置悬念,吸引读者。步行蝗虫成了难解之谜。

[18]作者心中充满探索的激情,他总是有太多的疑问,急切探究昆虫秘密。

的保证,它背着四个套子,里面停放着珍贵的翅膀萌芽。一切都按照正常进化的需要各就其位。可接下来,机体并没有将它的允诺付诸实现。它失信了,成年蝗虫没有得到飞翔的翅膀,而是得到无用的服饰。

是否要将这光秃秃没有翅膀的责任推给山区艰苦的生活条件呢? 不能。那些生长在同一片草地上的跳跃昆虫,都能在幼虫翅膀萌芽之后,最终发育出飞行的翅膀来。

有人向我们断言:因为需要,动物们经过不断实验,反复进化,最终进化出某种器官。在各种创造因素里,只有动物的需要得到了承认。比如蝗虫,尤其是我看到在万杜山的圆形山顶上四下乱飞的蝗虫,本应该就是如此进化的。经过几百年间的暗自努力和酝酿,它们完全可以从幼虫那柔弱精细的外衣下摆脱,发育出鞘翅和翅膀来。

好极了,聪明的大师们。那么请告诉我,何以步行蝗虫就没有超越自己飞行器的粗糙雏形而长出翅膀呢? 在这漫长的几百年中,它必然也受到了飞行欲望的刺激。当它在岩石缝里艰难地爬行时,也会觉得倘若能借助飞行来摆脱重力的束缚该有多好。它的机体所做的一切尝试,都在努力使它拥有更好的命运,但却仍然不能让那萌芽状态的翅膀丰满成形[19]。

按照你们的理论,在需要、饮食、气候、习惯等条件同等的状态下,一些蝗虫成功地进化了,可以飞行,而另一些却失败了,仍然笨重步行。如果这不是用漂亮话来敷衍我,就是完全不得要领,我才不会被这样的说辞迷惑。还是一无所知更好,这样就不会对任何现象自作聪明了。

让我们现在将这种进化失败的蝗虫放在一边。与它的同类相比,步行蝗虫不知为什么没有进化成功。在机体的发育中,有退步、有停顿,也有飞跃,我们对此充满好奇,却全无主意。面对无法勘破的物种起源问题,最好还是承认无知,避而不谈[20]。

[19]作者从自身的研究和前人的经验探讨步行蝗虫"飞行"功能退化的原因。

[20]面对多种说辞,作者并没有妄下定论,而是承认自己的无知,反映了作者尊重事实的严谨科学态度。

灰蝗虫

我刚刚看到一件激动人心的事：一只蝗虫在蜕皮的最后阶段，成虫从幼虫的壳套中钻了出来。情景壮观极了。我观察的是一只灰蝗虫，它是蝗虫族类中的巨人，九月葡萄收获时，在葡萄树上常常见到它的身影。它身体有一指长，所以比别的蝗虫观察起来方便得多。

蝗虫的幼虫肥胖难看，但已有成虫的粗略模样，通常呈嫩绿色，但也有的是青绿色、淡黄色、红褐色，甚至有的已像成虫的那种灰色了。其前胸流线型明显，并有圆齿，还有小的白点，多疣；后腿已像成年蝗虫一样粗壮有力，饰有红色纹路，而长长的上腿上长着双面锯齿。

鞘翅再过几天就将大大超过肚腹，但目前还只是两片不起眼的三角形小羽翼，上端贴在流线型前胸上，下端边缘往上翘起，呈尖形披檐状。鞘翅勉强能遮住蝗虫裸露的背部，宛如西服的垂尾，因省料子而剪得不够长，显得十分难看[1]。鞘翅遮盖着的是两条细长小带子，那是翅膀的胚芽，比鞘翅还要短小。

总之，很快将变得灵巧漂亮的羽翼，眼下还是两块为节省布料而剪得难看至极的破布头。从这堆破烂玩意儿里能跑出来什么东西呢？是一对极其宽阔而美丽的翅膀[2]。

咱们先仔细地观察一番。幼虫感到自己已经成熟、可以蜕变之后，便用后爪和关节部位抓住网纱。而前腿则收回，交叉在胸前待命，以支持背朝下躺着的成虫翻转身来。鞘翅的鞘——三角形小翼成直角向两边张开；那两条翅膀胚芽的细长小带子在暴露出的间隔处的中央竖起，并微微分开。这样，蜕皮的架势业已稳稳当当摆好。

首先必须让旧外套裂开。在前胸前端下部，反复的一张一缩产生了推动力。在颈部前端，也许在要裂开的外壳掩盖下的全身都在进行着这种一张一缩的反复运动。关节部位薄膜细薄，可以让人一眼看到在这些裸露地方的张缩运动，但前胸中央部位因有

[1]采用比喻手法，把鞘翅比喻成西服的垂尾，形象生动。

[2]"灵巧漂亮"羽翼的前身竟是"难看至极"的"破烂玩意"，形象的比喻，鲜明的对比，描绘出蝗虫幼虫阶段时鞘翅短小难看，成虫时羽翼宽阔美丽。

护甲挡着就看不出来了。

蝗虫中央部位血液在一涌一退地流动着。血液涌上时宛如液压打桩机一般撞击着。血液的这种撞击，是机体集中精力产生的喷射，使得外壳终于沿着因生命的精确预见而准备好的一条阻力最小的细线裂开。裂缝沿着整个前胸的流线体张开，宛如从两个对称部分的焊接线裂开一样。外壳的其他部分都无法挣开，只能在这个比其他部位都薄弱的中间地带裂开。裂缝稍稍往后延伸了一点，下到翅膀的连接处，然后再转到头部，直至触须底部，在此处分成左右短叉。

背部从这个裂口显露出来，软软的，苍白的，稍稍有点灰。背部缓慢地拱起，越拱越大，最后终于全拱出来了。

随后，头也拱出来了。外壳被撇在原地，完好无损，但两只玻璃状的眼睛已经什么也看不见了，样子极怪；触须的套子没有一丝皱纹，也未见任何异样，处于自然状态，垂在这张变成半透明的了无生气的脸上。

触须从这么窄小又裹得如此紧的外套中钻出来并没有遇到任何阻力，所以外壳没有翻转，没有变形，甚至连一点儿褶皱都没有。触须的体积与外壳大小一样，而且同样是有节瘤的，可它却并未损坏外壳，轻易地从中钻了出来，如同一个光滑直溜儿的物件从一个宽大无障碍的管子里滑落出来一般。后腿的伸出也一样轻而易举，且更令人震惊。

现在该是前腿、关节部位摆脱臂铠和护手甲了，但也未见有丝毫的撕裂，没有丝毫的褶皱，没有丝毫的自然位置的变异[3]。此时，蝗虫只用长长的后腿的爪子抓住网罩。它头冲下垂直悬吊着，我一碰纱网，它就像钟摆似的摆动起来。它的悬吊支点是四个细小的弯钩。

如果这四个弯钩没抓牢网罩，这只蝗虫就没命了，因为除了在空中以外，它的巨大翅膀在其他地方是张不开来的。但是，它们抓得牢牢的，因为在它们从外壳伸出来之前，生命就使它们变得坚硬牢固，能稳稳当当地承担随后从外壳中挣脱的使命。

现在鞘翅和翅膀在往外挣脱。那是四个窄小的破片，隐约可见一些条纹，状如被撕裂的小纸绳，顶多只有最终长度的四分之一[4]。

[3]"未见有……没有……没有……"，形容蝗虫在蜕皮的时候，外壳没有受到任何损伤，这就是自然界的奇迹，不露声色的变化。

[4]采用比喻的手法，写出鞘翅在变化时的样貌。

它们软极了,支撑不了自身重量,耷拉在头朝下的身子两侧。翅膀末端无所依靠,本该冲着后部,但现在却冲着倒挂的蝗虫的头部。蝗虫未来飞行器官的那副惨相如同原本肉乎乎的四片小叶子被暴风雨弄得破败不堪的模样。

为了让自己臻于完善,蝗虫必须进行一项深入细致的工作。这项机体内的工作甚至已经在充分地进行着,也就是把黏液凝固,让不成形的结构定型,但是,从外部丝毫看不出来其内部的这种神秘的实验。外面看上去,蝗虫似乎毫无生气。

其间,蝗虫的后腿摆脱开来。粗大的大腿呈现出来,向内的一侧呈淡粉红色,但很快便变成了鲜艳的胭脂红。后腿出来很容易,把收缩的骨头一伸,道路便畅通无阻了。

但小腿就是另一码事了。当蝗虫成为成虫时,整条小腿上竖着两排坚硬锋利的小刺。另外,下部顶端有四个有力的弯钩。这是一把货真价实的锯,两排平行的锯齿粗壮有力,除了形状较小之外,真可以与采石工人的大锯相媲美[5]。

幼虫的小腿结构相同,因此也是裹在有着同样装置的外壳里。每个弯钩都嵌在一个同样的钩壳之中,每个锯齿都与另一个同样的锯齿相啮合,而且咬合得严丝合缝,即使用刷子刷上一层清漆来替代要蜕掉的外壳,也不像它们那样紧紧相贴。

然而,胫骨的这把锯子从中蜕出来时,竟然没有让紧贴着外壳的任何地方有一点点损伤。如果我没有一而再、再而三地仔细观察,是决不敢相信的。被抛弃的小腿护甲完完整整,毫发未损。无论末端的弯钩还是双排锯齿,都没有弄坏一点软嫩的外壳。那外壳细嫩得吹弹可破,尖利的大耙在其间滑动却未留下一丝的擦伤。

我远未想到会是这样的情况。我看到那披着刺棘的铠甲时,以为小腿上的外壳会像死皮似的自己一块块脱落,或者被擦碰掉。但事实却远非如此,让我大出所料!

弯钩和刺棘毫不费力、没有一点阻碍地从薄膜里出来了,可它们却是能让小腿形同一把可锯断软木头的锯子。脱下来的衣服靠其爪状外皮钩在网罩的圆顶上,无一丝一毫的褶皱和裂缝,用放大镜也没有看到什么硬擦伤。外壳蜕皮前后完全一样。那蜕下的护胫也同那条真腿一样,没有丝毫的差异。

[5]比喻,把蝗虫小腿上的两排刺比作两排锯齿,把两条小腿比作大锯,形容其锋利坚硬的程度。

谁要是让我们把一把锯子从贴在其上的极薄的薄膜套里抽出来而又不对薄膜套有丝毫损伤，那我们必然哈哈大笑，因为这根本就办不到。但生命却嘲弄了这类的不可能。生命在必要时有办法实现荒诞的事情，这一点蝗虫的爪子就告诉了我们[6]。

胫骨锯既然如此坚硬，那么紧紧裹住它的套子不被弄碎的话，它肯定是出不来的。但困难被它绕开来了，因为胫甲是它唯一的悬挂带，必须绝对完好无损才能给它提供牢固的支撑，直至它完全摆脱出来。

正在努力挣脱的腿还不是能够行走的肢体，它还没有达到随后不久的那种硬度。它非常软，极易弯曲。我对它的蜕皮部分做了实验。我把网罩倾斜，便会看到已经蜕皮的部分因受重力影响，随我的意愿在弯曲。细小的带状弹性胶质已经没什么弹性了。但是，只几分钟工夫，它便硬了起来，具有了生存所必需的硬度。

再往前些，在外套遮住我看不见的部分里，小腿肯定很软，处于一种极具弹性的状态，或者可以说是流体状的，这使得它几乎可以像液体似的从通道中流出来。

小腿上这时已经有锯齿了，但并不像它出来之后那么尖利。的确，我可以用小刀尖替小腿剔去部分外壳，并拔除被模子紧裹着的小刺。这些小刺是锯齿的胚芽，是柔软的肉芽，稍加外力便会弯曲，外力解除后又立刻恢复原状。

这些小刺向后仰倒以方便蜕出，而随着小腿的往外伸出，它们也在逐渐地竖起、变硬。我所观察着的不是单纯地把护腿套蜕去、露出在盔甲中已成形的胫骨，而是一种令我惊讶不已的快速诞生过程。

螯虾的钳子在蜕皮时把两只手指的嫩肉从硬如石头的旧壳中挣脱出来，情况差不多也是这样，但细腻精确的程度却与蝗虫相去甚远[7]。

现在，小腿终于自由了。它们软软地折进大腿的骨沟里，一动不动地成熟起来。肚腹蜕皮了，它那件精细的外套出现了皱纹，在往上蜕去，直至顶端，只有这顶端还在壳内卡了一会儿，除此之外，蝗虫全身都已露在外面。

它垂直地吊挂着，头朝下，由现已空了的小腿护甲的钩爪

[6]作者运用假设联想，帮助读者理解蝗虫有着锯齿的腿，但从外壳里蜕出来后，却对外壳无丝毫损坏。

[7]用螯虾来对比，更加突出了灰蝗虫蜕变时的细腻和精确。

钩住。

蝗虫一动不动,后部由破烂衣衫固定着。它的肚子鼓胀得非常之大,看上去像是由储存的体液撑起来的,翅膀和鞘翅很快就要动用这些液汁。蝗虫在休息,在恢复元气。一直这么僵持了约二十分钟。

然后,只见它脊椎一着力,由倒悬改成正挂,用前跗节抓牢挂在头上的旧壳。用脚钩住高空秋千倒挂着的杂技演员为了正过身来,腰部也没有这么用力的。这么用力的一个翻转之后,身体其他的部位的动作就不在话下了。

蝗虫依靠自己刚刚抓住的支撑物稍稍往上爬,碰到了罩子的网纱,这网纱恍若在野地里蜕变时所依托的灌木丛。它用四只前爪把自己固定在网纱上。这么一来肚腹末端就完全解脱了,然后又猛地最后一挣,旧壳便掉了下去。

旧壳的落下让我颇感兴趣,它使我想起了蝉衣是如何顽强地顶着凛冽寒风而未从挂住的小树枝上掉下去的。蝗虫的蜕变方式几乎与蝉的一模一样。可蝗虫的悬挂点怎么会那么不牢固呢?

只要挺身动作没结束,弯钩就牢牢地钩住,而这个动作一做完,似乎全身的一切都动摇了,稍微一动便脱落下来。足见这时的平衡很不稳定,这就再一次显出蝗虫从外套中出来是何等的精确啊。

我因为找不到更好的术语,所以便用了"挺身"一词,其实这并不完全贴切。"挺身"意味着猛烈,而这个动作并不猛烈,因为平衡不稳定的缘故,稍微一用力,蝗虫便会摔下来,或者枯坐等死,或者至少它的飞行器官因无法展开而将成为一堆破烂。蝗虫并不是硬挣出来,它小心谨慎地从旧外壳中滑动出来,仿佛有一根柔软的弹簧在把它轻轻弹出[8]。

我们再回头看看那些蜕皮之后表面上没有丝毫变化的鞘翅和翅膀吧。它们仍旧残缺不全,几乎像是上面有细竖条纹的小绳头。它们要等到幼虫完全蜕皮并恢复正常姿态之后才会展开。

我们刚才看到蝗虫翻转身子,头朝上了。这种翻身动作足以让鞘翅和翅膀回到正常位置。原本极其柔软的它们因自身重量而弯曲地垂着,自由的一端朝着倒置的头部。

此刻,它们仍旧因自身的重量而修正姿势,处于正常方向。

[8]此处用类比的手法,仿佛有一根柔软的弹簧在把它轻轻弹出,生动形象地写出了灰蝗虫滑动出来的动作。

已不再有弯曲，颠倒的位置也调整过来，但这并没有使它们那不起眼的外表有任何变化。

翅膀完全张开时呈扇形。一束轮辐状的粗壮翅脉横贯翅膀，成为可张可缩的翅膀构架。翅脉间，有无数横向排列的小支架层层叠起，使整个翅膀成为一个带矩形网眼的网络。鞘翅粗糙而过小，也是这种网络结构，但网眼是方块形的。

鞘翅和翅膀状若小绳头时，这种带网眼的组织都看不出来。上面仅仅是几条皱纹和几条弯曲的小沟，表明这些残废肢体是经精巧折叠使体积达到最小的织物构成的。

翅膀的展开是从肩部附近开始的。那儿一开始看不出有什么变化，但很快便现出一块半透明的纹区，有着清晰而美丽的网络。

渐渐地，这块纹区用一种连放大镜都观察不到的缓慢速度在一点点扩张，致使末端那胖得不成形状的东西在相应地缩小。在逐渐扩展和已经扩展的这两部分的相接处，我怎么看也看不出个所以然来；我什么也没看出来，如同我在一滴水中什么也看不出来一样[9]。但是，少安毋躁，不一会儿那方块网络组织就非常清晰地显现出来了。

根据这初步观察，我们真的会以为一种可以组织成实物的液体突然凝固成带肋条的网络了；我们还会以为眼前的是一种晶体，因其突如其来，与显微镜载玻片上的溶化盐颇为相似。其实并非如此：情况不会是这样的。生命在其创作中是没有这种突如其来的[10]。

我折断一个发育了一半的翅膀，用大倍数的显微镜对着仔细观察。这一次，我满意了。在逐渐结网的两部分的交接处，这个网络实际上已预先存在着。我很清楚地辨别出其中粗壮的竖翅脉；我还看见其中横向排着的支架，尽管它们确实还很苍白且不突出。我成功地把末端的几块碎片展开来，找到了要找的一切。

真相已经大白。翅膀此刻并不是织布机上由电动梭子生产出来的一块布料，而是一块已经完全织成了的成品布料。它所欠缺的只是展开和刚性，无需费多少事了，这就像熨衣服时用熨斗一熨就成了。

三个多小时过后，鞘翅和翅膀就全部展开了。它们竖立在蝗

[9] 比喻，形容蝗虫翅膀的变化用肉眼难以观察。

[10] 灰蝗虫翅膀的变化是如此神奇，这引起了作者的好奇。

虫背上,呈一张大帆状,忽而无色,忽而嫩绿,如同蝉翼一开始那样。联想到它们原先只像是个不起眼的小包袱,如今展开得这么宽大,真令人拍案叫绝。这么多东西怎么装进那小包袱里的呀!

小说中说过一粒大麻籽儿里装着一位公主的全套衣裳。而我们这儿所见的是另一粒更加惊人的籽儿。小说里的那粒大麻籽儿为了发芽不断地增长繁殖,最后用了多年的时间才长出办嫁妆所需的那么多大麻来,而蝗虫的这粒"籽儿",短时间内便长出一对漂亮的大翅膀来了[11]。

这个竖起四块平板来的绝妙大翅膀缓慢地坚硬起来,还增加了色彩。第二天,那颜色便已定型。翅膀第一次折合成一把扇子,贴在自己应在的地方;鞘翅则把外边缘弯成一道弧形贴在体侧。蜕变完成了。大灰蝗虫只剩下在灿烂的阳光下使自己更加壮实,使自己的外衣晒成灰色的过程了。让它享受自己的快乐,我们还是稍稍回头看看。

前面说过,在紧身甲顺着底部中线裂开后不久便从外壳中出来的那四个残缺不全的东西,包含有着翅脉网络的鞘翅和翅膀。这网络虽然谈不上完美无缺,但至少整体看来无数细部已经定型。为打开这寒碜的包袱,并让它变成美丽的翅膀,只需让起压力泵作用的机体把储存着为这一时刻而用的液汁注入已准备好的包袱里面去即可,而这一时刻是最为辛劳的时刻。通过这个事先弄好的管道,一股细流便把翅膀给撑开了[12]。

但是,仍旧包裹在外套里的这四片薄纱究竟是什么情况呢?幼虫翅膀的镘刀、三角翼端是不是一些模具,按照它们那弯曲折叠的皱襞的模样,把包裹着的东西加工定型,从而编织出来的鞘翅和翅膀的网络?

如果我们看到的不是个真正的模具,我们就可以稍许歇上一歇了。我们会想:用模具铸出来的东西跟凹模一样,这是很简单的。但是,我们脑子的歇息只是表面的,因为我们必然会想,模具那样复杂的结构也得有自己的出处呀!我们也别追得那么深。对我们来说,这一切可能都是两眼一抹黑的。我们就局限在所观察到的情况就行了。

我把一只已成熟要蜕变的幼虫的一个翼端放在放大镜下仔细观察。我看到上面有一束呈扇形辐射开来的粗壮翅脉。其间

[11]列举小说中大麻籽儿需要多年的时间才长出大麻来,和蝗虫的"籽儿"瞬间就能长出漂亮的大翅膀进行对比,突出蝗虫羽翅展开的瞬间令人叫绝。

[12]详细介绍了破茧成蝶的全过程。动物尚且能突破重重阻力而茁壮成长,我们人类应该怎样呢?

夹杂着另外一些苍白而细小的翅脉。最后，还有许多很短的横线，更加细微，弯成人字形，补足了这个组织。

这就是未来鞘翅的简略雏形。它与成熟了的鞘翅真是有着天壤之别！似建筑物梁木的翅脉的辐射状布局完全不一样，由横翅脉构成的网络丝毫不像未来的复杂结构。粗略雏形之后是极其复杂的结构，而在粗糙的基础上是臻于完善的。翅膀的翼及其结果，即最终的翅膀也同样是这种情况。

当准备状态和最终状态都呈现在眼前时，结论就一目了然了：幼虫的小翼按照其凹模来制造鞘翅的简单模具。

不是这样的。所期待的包裹状薄膜还没在这个雏形当中，这个包裹一旦打开，其组织之大、之复杂程度将令我们惊讶不已。或者更确切地说，这个包裹状薄膜就在雏形中，但却是处于潜在状态。在成为真正的实物之前，它只是个可以变成实物的虚拟形态。它存在于雏形之中，好比橡树就存在于橡栗之中一样。

翅膀的镶刀和鞘翅的翼端没有固定着的边缘被一圈半透明的小肉球所包围。经高倍放大镜放大之后，可以看见其中有几个似有似无的未来锯齿的雏形。这很可能是生命将使其物质运动的工地。没有任何可以看得出来的东西能使人感觉到那个神奇的网络的存在，以及这个网络的每一个网眼将都会有自己明确的形状及其精确的位置。

因此，能使这种可以组织起来的材料具有薄纱状，并让脉序构成一个难以绕出的迷宫，势必有比模具更巧妙、更高级的结构，势必有一张标准的平面图，有一份让每一个原子进入规定位置的理想的施工说明书。在材料动起来之前，外形已经明确地勾勒出来，供塑性液流流动的管道也已经铺设好了。我们建筑物的砾石已按照建筑师思考好的施工说明书码放好了；它们先按设想的码放，然后便真正地垒砌起来。

同样，蝗虫翅膀这个从不起眼的外套中挣脱出来的美丽的花边薄翼，让我们知道了另一位建筑师的存在。它画出了一些平面图，生命则按照这些图纸去建造。

生物的诞生方式多种多样，有的比蝗虫的诞生更让人惊叹不已，但那都是在不知不觉中进行的，被时间这巨大的帷幕遮盖住了。如果不具备持之以恒的精神，那我们就看不到神秘缓慢进程中最激动人心的场面。而蝗虫的蜕变却不一样,快得出奇,所以必须全神贯注观察,即使你再犹豫也不能放松警惕[13]。

谁要是想看一看生命以多么不可思议的灵巧在工作而又不想枯燥乏味地等候的话,那就去看葡萄树上的大蝗虫好了。种子发芽、叶子舒展、花朵绽放都极其缓慢,我们的好奇心难以得到满足,但葡萄树上的大蝗虫却可以满足我们的心愿。我们无法看到小草的缓慢生长,但我们却能十分清楚地观察到蝗虫的鞘翅和翅膀的蜕变过程。

看到这个大麻籽儿几个小时就变成了一张漂亮的大帆,真让人惊得目瞪口呆。啊!生命在编织蝗虫的翅膀,真不愧是个能工巧匠,而蝗虫只是那些微不足道的昆虫中的一种而已。老博物学家普林尼谈到它时说道:"葡萄树蝗虫在这个刚向我们指出的不为人知的角落,显示出它是多么强大、多么聪慧、多么完美!"

我听说有一位博学的研究者认为,生命只不过是物理力和化学力的一种冲突而已。他苦思冥想,希望有一天能以人工的方法获得那种可加以组织的材料,亦即行话所说的"原生质"。如果我有这种能力,我会急于满足这个人的雄心壮志。

喏,就这样,你准备好了各种各样的原生质。经过深思熟虑、深入研究、耐心细致、谨慎小心,你的愿望实现了:你从实验仪器中提取了一种易于腐败、过几天就发臭的蛋白质黏液,总之,那是一种脏得很的玩意儿。你将如何处置你的产品?

你将把它组织起来吗?你将给它以活的建筑结构吗?你将用一种注射器把它注入两片不会搏动的薄片中间去,以获取哪怕是一只小飞虫的翅膀[14]?

蝗虫几乎就是按这种方法干的。它把它的原生质注入小翅膀的两个胚层之间,材料也就在其间变成了鞘翅,因为它在那儿有我们前面所说的原型作为指引。它在自己形成的迷宫中按照先于它存在并且已制定好的施工说明书行动。

这种对形状进行协调的原型,这个事先存在的调节物,你的注射器里有吗?没有。所以说你就把你的产品扔掉了吧。生命是绝不会从这种化学垃圾中迸发出来的。

[13]采用抒情议论的方式,说明自然是如此神奇,也说明人们如果要知道真相,就需要永远怀着科学的精神去探究和发现。

[14]假设推理,指出那种纯人工的方法获得"原生质"的研究方式是不可取的,因为这种方式无视生命的魅力。

豌豆象

  人一向对豌豆有很高的评价。自远古时起，人通过精耕细作、悉心管理，想尽办法去让豌豆结的果实更大、更嫩、更甜美。这种作物很善解人意，遂人心愿，终于满足了园丁的奢望，提供了他们想要的东西。我们今天离瓦罗[①]和科吕麦拉们有多么遥远啊！我们离第一个也许是用岩穴熊的半颌骨（因为颌骨上的牙齿如同犁铧）扒划土地以便种下这种野生果实的人有多么遥远啊！

  这种豌豆的始祖植物究竟在野生植物世界中的什么地方呀？我们所在的各个地区都没有类似的植物。在别的地方能找得到它吗？在这一点上，植物学要么缄默不语，要么含糊其辞[1]。

  另外，对于大多数可食用的植物，人们同样是一无所知。向我们提供面包的备受颂扬的小麦来自何处？没人知晓。我们除了精耕细作之外，就别再费劲乏力地在这儿寻根溯源了，也别到外国去探究来龙去脉了。在东方这片农业诞生之地，采集植物标本者从未在没被犁铧翻耕过的土地上见到过这种独自繁衍生长的圣麦穗。

  同样，对于黑麦、大麦、燕麦、萝卜、小红萝卜头、甜菜、胡萝卜、笋瓜以及其他许多作物，我们也不甚了解。我们不知道它们原产于何地，顶多也就是根据几百年来的以讹传讹妄加猜测罢了。大自然在把它们交付给我们时，它们饱含着野生的生命力和不太高的营养价值，如同大自然今天把桑葚和灌木丛的黑刺李提供给我们一样。它们处于一种吝于施舍的粗胚状态，我们得通过辛勤劳动和运用才智去使它们的果实饱含养分。这是我们投入的第一笔资本，这资本通过耕耘者的出色劳作在那特殊的银行里始终在不断地翻本增息[2]。

  谷物和豆类植物作为储存食物，大部分是人工生产的。其初始状态极不发达的那些改良对象，我们是照原样从大自然的宝库

[1]连用两处设问句，表明人们对豌豆的来龙去脉一无所知，也突出作者的探究精神。

[2]把大自然比作"特殊的银行"，幽默风趣。

---

  ①瓦罗（公元前116—前27年）：古罗马学者，讽刺作家。著有涉及各学科的著作620卷，其中包括《论农业》。

中提取的。经过改良的品种向我们提供大量的食物,这是我们的技术创造的成果。

如果说小麦、豌豆以及其他的作物对我们来说是不可或缺的,那么我们的精心照料对于它们来说也是绝不可少的。这些植物在生命的激烈搏斗中没有抵抗能力,是我们的需求使它们成长发育,如果我们弃之不顾,任其自生自灭,尽管它们的种子无以计数,但也会很快灭绝,如同愚蠢的绵羊,没有精心圈养放牧,很快就会消失[3]。

它们是我们创造的产物,但并非总是我们的专有财产。在食物大量积存的任何地方,大批的食客从四面八方奔来,不管不顾地大快朵颐,食物愈丰盛,食客来的愈多。唯有人能够促进农业的发展,进而成为各方食客蜂拥而至的盛宴的操办者。人在创造更加美味、更加丰盛的食物的同时,也无可奈何地把千千万万饥肠辘辘者招引到粮仓谷堆中来,它们的利齿尖牙令人无以为抗。人生产得越多,上贡就越多;大规模的耕作、大量的作物、大量的积存,肥了我们的竞争者——虫子。

这是事物固有的规律。大自然以同样的热情向所有的婴儿提供乳汁,既喂养生产者也喂养剥削者。大自然向我们这些辛勤耕耘、播种和收获,并因此而累得筋疲力尽的人馈赠成熟的小麦,同样也馈赠给小象虫们。这种小象虫不在田间劳作,却在我们的谷仓里安家落户,用它那尖嘴在麦垛里一粒一粒地嚼食麦粒,把麦子都吃成麸子了。豌豆象对田园劳作一窍不通,但照旧在春回大地的时刻,按时从收获物中提取自己的那一份儿[4]。

让我们好好瞧瞧豌豆象这个税务官是如何卖力地干活儿的。我是个主动纳税者,我任由豌豆象自由行事:我正是为了它才在我的荒石园中播种了几垄它所偏爱的植物种子。除了这不多的豌豆以外,我没有任何别的可召唤豌豆象的东西,但它五月里便按时前来了。它知道在这个不适宜辟作菜园的荒石园里,头一次有豌豆在开花。这位昆虫税务官急匆匆地奔来履行自己的职责了[5]。

它是从何处而来?这可是无法说得准确的。它应是来自某个隐蔽之所,在那儿呈僵直状态地度过了寒冬腊月。盛夏酷暑自己脱皮的法国梧桐,用它那微微翘起的木栓质皮片为无家可归的虫子提供了避难之所。我经常在这种冬季避难所里看见我们的豌豆象。只要寒风凛冽，严冬肆虐，豌豆象就躲在法国梧桐的这些微翘的枯皮下，或者用别的方法以求躲过劫难，直到和煦的阳光初抚之后才苏醒过来。这是它的生物钟在通知它。它们像园丁一样，知道豌豆的花期，于是，它们便几乎从各个地方，迈着细碎的快步，心急火燎地向着它们所钟爱的植物奔来[6]。

　　小头，大嘴，身着缀有褐色斑点的灰衣裳，长有扁平鞘翅，尾根有两个大黑痣，身材矮粗，这就是访客的大致模样。五月的上半月刚过，豌豆象的尖兵已到[7]。

　　它们在长有蝴蝶般白翅膀的花上安营扎寨：我看见有一些居于花的旗瓣上，另有一些则藏于龙骨瓣的小盒子里。还有一些数量较多，盘于花序中吮吸着。产卵时刻尚未到来。早晨天气温和，太阳虽明亮，但却不晒人。这是明媚阳光下举行婚配、开心享受的美妙时刻。它们在享受生活的乐趣。有一些在成双配对，但立刻又分了开来，随后又聚在一起。将近晌午时分，烈日当空，男男女女全都退避到花褶的遮阳处。这种阴凉的地方它们非常熟悉。明天，它们又要开始寻欢作乐，后天依然乐此不疲，直到一天天鼓胀起来的豌豆果实撑破龙骨瓣的小盒子为止。

　　有几只比较着急的豌豆象产妇，把卵托付给了新生豆荚；而后者扁平而细小，刚刚才褪掉花蒂。这些匆忙产下的卵也许是因卵巢已无法等待而被迫如此的，我觉得它们的处境极其危险。豌豆象的幼虫将安居其中的种子，此时此刻还只是个脆弱的细粒，既无韧性又无粉质堆。除非豌豆象幼虫颇有耐心，能扛到果实成熟，否则在那儿很可能找不到吃的。

　　但是，幼虫一旦孵化出来，它能够长时期不吃不喝吗？这令人怀疑。我所看见过的一些幼虫表明，新生儿一出来便忙着找吃的，如果没有吃的，便会死去。因此我认为，在尚未成熟的豆荚上产下的卵是必死无疑的。但种族的兴旺繁衍并不会受到多大的影响，因为豌豆象妈妈是多产的。我们一会儿就会看到豌豆象妈妈是如何满地下种，而其中大部分都注定是要夭折的[8]。

　　五月末，当豌豆荚在籽粒的促动下变得多节，达到或接近成熟的时候，豌豆象妈妈的重任也就完成了。我急切地盼望着能看到豌豆象是如何以我们昆虫分类学所给予它的象虫科昆虫的身

[6]比喻和拟人的手法，"迈近着细碎的快步""心急火燎地"突出了豌豆象生长繁殖的迅速。

[7]拟人手法，描述豌豆象的外形特征及其光顾农作物的时间。"尖兵"，形容豌豆象的破坏力之大。

[8]运用拟人手法作为过渡句，承接前文豌豆象是多产的，但其产卵方式的粗放使得幼虫的成活率并不高。

份工作的。其他的象虫是一些带嘴象、带喙象，它们配有一根尖头桩来修筑产卵的窝巢。而豌豆象则只有一个短喙，在吸食点甜汁方面非常有用，但论起钻探来则是毫无用处。

因此，豌豆象安顿家小的方法是不同的。它不像橡树象、熊背菊花象、黑刺李象等那样做一些细致灵巧的准备工作。豌豆象妈妈没有配备钻头，所以只好把卵产在露天里，没有任何保护以防风吹日晒雨打。它这么做简直是太简单方便了，但这也是风险极大的，除非卵有特殊体质，能抗御酷热严寒、干燥潮湿。

上午十点，阳光和煦，豌豆象妈妈步伐急促，忽大步忽小步，从上到下又从下到上，从正面到反面又从反面到正面地把自己选中的豌豆荚看个遍。它不时地把一根细小的输卵管伸出来，左探探右触触，像是要划破豆荚的表皮似的。然后便产下一个卵，随即便弃之不顾了。

豌豆象妈妈的输卵管就这么在豌豆荚的绿皮上左点一下右点一下的，就算完事了。卵就留在那儿，没有任何保护措施，任太阳暴晒。在帮助未来的幼虫，使之在必须自己进入食橱时缩短寻觅时间方面，豌豆象妈妈没有任何考虑，没有想到为孩子找个合适的地方。有的卵产在被豌豆种子鼓胀起来的豆荚上，有的则下在像贫瘠小山谷似的豆荚隔膜内。在豆荚上的卵几乎与食物直接接触着，而豆荚隔膜内的卵则离食物较远。以后就靠幼虫自己去辨别方向，寻找食物了。总之，豌豆象这种无序产卵让人想到粗放式播种[9]。

[9]这个自然段运用分总式结构，先分写豌豆象产卵时的随意性，几乎不做任何选择，就开始产卵；再总结出它这种无序产卵的粗放性特点。

更严重的是：产在同一个豆荚上的卵与豆荚内的豌豆粒不成比例。首先我们得知道，一个幼虫就得有一粒豌豆，这是必须的定量，这一定量对一个幼虫来说是富足有余，但是好几个幼虫同时消受，哪怕只是两个幼虫，那也是很勉强的了。每个幼虫一粒豌豆，不要多也不能少，这是永远不变的规律。

这就要求豌豆象妈妈产卵时必须探知豆荚内的含豆量，限制自己的产卵数。但是豌豆象妈妈根本就不理会这种限制。对一个定量，豌豆象妈妈总是产下许多的小宝宝。

我所有的统计在这一点上都是一致的。在一个豆荚上产下的卵总是超量的，而且常常是大大地超过可食用的豌豆粒的数量。无论粮食多么瘪，上面都有大量的卵。我把豆粒和卵的数量分别数了数，发现一粒豆子上总有五到八个卵，有时甚至有十个，而且看不出豌豆象妈妈有不会在一个豆荚上产下更多的卵来的迹象。真是僧多粥少！在一个豆荚上下这么多的卵干什么？它们肯定要被逐出宴席的呀！

豌豆象卵呈琥珀色，挺鲜艳，呈圆柱状，很光滑，两头圆圆的，长不过一毫米。每个卵都用凝固的蛋清细纤维网黏附在豆荚上，风吹不掉，雨打不下来[10]。

豌豆象妈妈产卵常常是成对的，一个卵在上另一个在下，往往是上面的那个卵得以孵化，而下面的那个则干瘪而死。为了孵化出来而不死，需要什么呢？也许是需要阳光的沐浴，而下面的卵正好被豆荚遮挡着，没有了这种温暖孵育的环境。或者是由于不合适的挡板遮挡的影响，或者是由于其他什么原因。总之，孪生卵中的先产下者很少得到正常的发育，结果在豆荚上干瘪，没有出世便灭于无形了。

这种夭折也有例外，有时候，成对的卵两个都发育良好，但这种情况实属罕见，所以如果总这么成对地产卵，豌豆象的家庭成员差不多要减少一半。有一项不利于我们的豆荚但却有利于象虫科昆虫的临时措施可以减少这种毁灭：大部分的卵都是一只一只地产下的，而且是独自待在一处。

新近孵化的标记是一条弯弯曲曲的苍白或淡白色小带子，它在卵壳附近翘起，撑破豆荚的表皮。这是幼虫的产物，是皮下通道，幼虫在其中蠕动，寻找钻入点。找到这个钻入点之后，身长刚刚一毫米、全身苍白、头戴黑帽的幼虫便在豆荚上钻孔，钻入豆荚宽敞的肚腹中。

它爬到豆粒处，在最近的那颗豆粒上安顿下来。我用放大镜观察它，同时观察它的豌豆地球——它的世界。它在豌豆球面上垂直地挖出一个井坑。我曾看见过一些幼虫半个身子下到井坑中去，后半身则在井坑外边蹬踢加力。不大的一会儿工夫，幼虫便不见了，钻进了自个儿的家中[11]。

入口很小，但一眼就能认得出来，因为它在豌豆淡绿色或金黄色的衬托下呈褐色。入口没有固定的位置，总的说来，除了在豌豆的下半部以外，在豌豆表面的任何地方都可以钻洞，因为下半部的顶端是悬韧带的肥硕之处。

[10] 作者依次介绍了豌豆象卵的颜色、形状、光滑度、长度这些外形特征，并说明卵外有蛋清细纤维网，其黏性很强。

[11] 生动地描绘出豌豆象幼虫钻入豆粒中的情形。

豌豆的胚胎就在这个部分，可它却没受到幼虫的损害，并且还发育成为胚芽，尽管豆粒上面被豌豆象成虫钻了个大窟窿。为什么这个部位完好无损呢？是什么原因使之免遭幼虫的侵害的呢[12]？

豌豆象肯定不是在关心园丁的利益。豌豆是为它而生，只为它而生。它之所以不去咬那几口使种子死亡，目的并非是减轻灾害。它克制自己是有一些其他原因的。

请注意，豌豆是一粒一粒相互紧贴在一起的，寻找下嘴部位的幼虫在豆粒上行走并不自如。还应注意，豌豆的下端因肚脐的瘿瘤而变厚，钻孔就很困难，而在只有表皮保护的其他部分就没有这种困难。甚至也许在肚脐这一特殊部位有一些特别的液汁是幼虫所讨厌的。

毫无疑问，这就是豌豆既被豌豆象蚕食却又照样能够发芽的秘密所在。豌豆虽破损，但并未死亡，因为入侵是针对空着的上半部，那是既容易钻入又无伤大雅的区域。另外，由于整粒豌豆对于单独一个消费者来说是绰绰有余的，而受害部分只是这个消费者所喜爱的部分，但又不是豌豆性命攸关的部位[13]。

在其他的一些条件下，在种子个头儿太小或非常大的情况下，我们可能会看到的情况就大不相同了。在种子个头儿太小的情况下，由于幼虫吃不着什么，不够塞牙缝的，胚芽就一块儿被吃掉了；在种子个头儿非常大的情况下，食物丰盛，可以招待多个食客。如果豌豆象偏爱的豌豆短缺，豌豆象就退而求其次，去吃野豌豆和马蚕豆，这两种植物也向我们提供了类似证据。野豌豆颗粒小，被吃得只剩下一层皮，根本无望发芽生长；马蚕豆个头大，尽管其上有豌豆象的多间住屋，但照样能破土发芽。

我们已知豆荚上的虫卵数量总是大大多于荚内豆粒的数量，我们也知道每个被占有的豆粒是一只幼虫的私有财产，那就要问，多余的那些幼虫是什么下场呢？当最早成熟的幼虫一个个在豆荚食橱里占好位置时，多余的那些幼虫是不是在外面死去了？它们是否被先行占领阵地的幼虫无情地咬死了？都不是。情况是这样的[14]。

就在此刻，在豌豆象成虫钻出来时留下了一个大圆孔的老豌豆上，用放大镜可以辨别出一些棕红色的斑点，数量有所不同，斑点中央都有钻孔。我数过,每粒豌豆上有五六个甚至更多的钻孔。那么这些斑点又是什么呢?我不会弄错的:有多少钻孔就有多少个幼虫。有好几个幼虫钻进了一个豆粒中,但能存活的、长大长肥、变为成虫的却只有一个。那么其他的呢?我们马上来看看。

五月末和六月份是产卵期,豌豆仍然又嫩又绿。几乎所有被幼虫侵入的豆粒都向我们展示出许多斑点,这一点我们已经从豌豆象遗弃的那些干豌豆上看到了。这是不是好些幼虫聚在一起的标记呢?没错儿。我们把所说的那些豆粒的子叶分开,必要时再加以细分。我们将好几个蜷在豆粒内的很小的幼虫暴露出来。

聚在一起的这些幼虫似乎相安无事、幸福安详。邻里间和睦相处、互不相争。进餐开始,食物丰盛,就餐者被子叶尚未被触动的部分所形成的隔膜分开着,各自待在自己的小间里,不会互相争斗,没有任何用无意的触碰或有意的寻衅引发的大动干戈。对所有的占有者来说,所有权相同,胃口相同,力量相同。那么共同享用同一个豆粒的情况将如何结束呢[15]?

我把一些被认为有豌豆象居民的豌豆剖开之后放在玻璃试管里。我每天再另剖开一些,通过这种办法了解到共居一处的豌豆象的生长发育状况。一开始并无任何特别的情况。每只幼虫独自在自己狭小的窝里嚼食周边的食物。它省俭着吃,不吵不闹。它还太小,稍微吃一点点食物就饱了。然而,一粒豌豆无法供养这么多幼虫吃到长大为止。饥饿有可能发生,除了一只以外,其余的全都得死去。

事情确实很快就发生了变化。幼虫中居于豆粒中心位置的那一只发育得比其他的幼虫要快。当它稍稍比自己的竞争对手们个头儿大一点点时,后者便全部停止进食,克制着自己不再往前探索食物。它们一动不动,听天由命;它们就如此这般地静静地死去了。它们消失了、溶解了、灭亡了。这些可怜的牺牲者是那么小!从此,那粒豌豆完全属于那个唯一的幸存者了,在这个享有特权者的身边,其他的幼虫都一个个地死去了,到底是怎么回事呢?我没有确凿的答案,只能提出一种猜测。

豌豆的中央比其他地方更多地受到太阳光合作用的抚爱,那儿会不会有一种婴儿食物,一种更适合豌豆象幼虫那娇弱的胃的

[15]拟人手法,形容豌豆象虽然"同居一室",却不会"大动干戈",指出豌豆象幼虫食量小,豌豆还能提供足够的食物。

133

松软食物呢？在豌豆的中央,幼虫的胃也许受到一种松软、味美、甜甜的食物的滋养,变得强壮,能够消化一些难以消化的食物。婴儿在吃流质食物、吃大人吃的面包之前,吃的是奶。豌豆的中心部分会不会就像是豌豆象妈妈的乳汁[16]?

豌豆粒的所有占据者雄心相同、权利相等,所以全都往最美味的部分爬去。行程充满艰辛,临时的栖身之所反复出现,以便休息。在期盼更好的食物的同时,它们凑合着吃点自己身边已成熟了的食物,它们的牙更多是多来为自己开辟通道而非进食。

最后,那个掘进方向正确的掘土工便抵达了豆粒中心的乳制品厂。于是,它便在那儿安顿下来,而一切便已成为定局:其他的幼虫只有死路一条。其他的幼虫是如何得知中心部位已被占据了的呢?它们听到自己的那位同胞在用大颚敲击其小屋的墙壁了吗?它们老远地就感觉到有啃啮的动静了吗?大概出现过某种类似的情况,因为自这时起,它们就不再往前探路了。迟到的幼虫们没有去与幸运的优胜者拼抢,没有去试图将它赶走,而是自己选择了死亡。我很喜爱迟到的幼虫们的那种淳朴的忍让精神[17]。

另有一个条件——空间的条件,在这件事中起着作用。在我们观察的那些豆象中,豌豆象是个头儿最大的。成年后的豌豆象需要一处较宽敞的居所,而其他的那些豆象成年时并无这种要求。一粒豌豆可以为豌豆象提供一个很宽敞的居所,但是要住两个人就不行了,因为即使紧挨着也不够宽敞。这样一来,就必须毫不留情地精简人数。所以在一粒被侵入的豌豆里,除了一只幼虫以外,其他的竞争者一个不剩地被淘汰了。

而蚕豆则不同,它几乎像豌豆一样深受豌豆象的喜爱,但它却可以接纳好些个豌豆象同时下榻一家旅馆[18]。刚才所说的那种独居者在蚕豆这儿就成了共居者。蚕豆地方宽敞,可住下五六只甚至更多的幼虫而又互不侵犯邻居的领地。

另外,每只幼虫在最初几日嘴边都有松软的蛋糕,也就是远离表面、硬化缓慢、味道保存得很好的那一层。这里面的一层是面包心,其余的则是面包皮。

在豌豆中,这松软的一层位于中心部分,是豌豆象幼虫必须到达的很小的一个点,到不了那儿便必死无疑;而在蚕豆这块大

[16]作者展开丰富的想象,通过与婴儿的对照,探索豌豆象的生存状况。

[17]解释了一粒豌豆只能存活一只豌豆象的原因;把其他选择死亡的豌豆象拟人化,是它们为了种族延续选择了牺牲,小小的昆虫如此忍让,让人感慨。

[18]采用类比的手法,把豌豆象生存的空间比作旅馆。

圆面包里,这个内层覆盖着两片扁平的豆瓣。如果在这硕大的豆粒上随处吃上一口的话,每只幼虫只需在自己面前往下钻,很快就能钻到想吃的食物。

这样的话会出现什么情况呢?我统计了一下固定在一个蚕豆荚上的虫卵,又数了一下豆荚里蚕豆粒,两相比较,我便得知按五六只幼虫计算,这只蚕豆荚有足够的空间容纳全部家庭成员。这就不存在几乎从卵中孵出之后便死去的多余者了;人人都有一份丰盛的食物,个个都能家兴人旺[19]。丰富的食物为这种粗放式的产卵方法兜底。

如果豌豆象始终都是以蚕豆作为自己全家的住所的话,我就很清楚它为什么在同一个豆荚上产下那么多的卵了:食物丰盛,又容易吃到,所以能招引豌豆象产下大量的卵来。而豌豆就让我困惑不解了。是什么原因促使豌豆象妈妈昏头昏脑地把孩子生在缺粮的地方,活活地饿死呢?为什么有那么多食客围着只能坐一个人的餐桌呢?

在生命的进程中,事情可不是这么发展的。某种预见性在调节着卵巢,使之根据食物的多寡产下自己的卵。金龟子、泥蜂、葬尸虫以及其他为孩子们储备食品罐头的妈妈们,都在严格控制自己的生育,因为它们面包铺里的松软面包,它们一筐筐的野味肉,它们埋尸坑中的腐肉块等是通过艰辛劳动获得的,而且数量不多。

相反,肉上的绿头苍蝇则成包成包地堆积它的卵。它深信尸肉是取之不尽的财富,所以便在其上大量产蛆,根本不在乎产了多少。另外,昆虫要狡诈地抢掠食物,经常会导致死亡事故的发生,因此昆虫妈妈也就用大量产卵的办法来抵消意外死亡的损失,以保持种群均衡。芫菁科昆虫就是属于这种情况,它常在极其危险的情况下抢劫他人财物,因此它的繁殖能力就极强[20]。

豌豆象既不了解被迫减少家庭人口的劳作者之艰辛,也不清楚被迫大量增加家庭成员的寄生者的苦难。它自由自在,不费劲乏力地去寻找,只是在明媚的阳光下在自己所偏爱的植物上溜来荡去,便给自己的每个孩子留下了足够财物。它是做得到的,而且还疯婆子似的想让超量的孩子生在一个豌豆荚上,致使多数孩子饿死在这间营养不足的哺乳室里。这种愚蠢的做法我不甚理

[19]拟人手法,形容蚕豆粒能为豌豆象幼虫提供足够的食物,它们就不必发生在豌豆粒上只有一位存活的现象;几近对称的句式,读起来朗朗上口。

[20]两种不同的昆虫产卵行为给了我们独特的启发,靠着自己辛苦劳动储存食物就往往知道劳动的艰辛,不敢过多生育。

135

解：它与昆虫妈妈的母性本能和固有的远见卓识背道而驰[21]。

因此我倾向于认为，在世上的财富分享中，豌豆并非豌豆象初期所取得的那一份，可能是蚕豆才对，因为一粒蚕豆就能够供养半打甚至更多点儿的食客。种子个头儿大，昆虫产卵与可食用食物之间明显的不协调也就不复存在了。

另外，毋庸置疑，在我们园中种植的各种豆类中，蚕豆是历史最悠久的。它个头儿特别大，而且口感又特别好，肯定自古以来就引起人类的注意。对于饥饿的种族来说，它是现成的、很有营养价值的食物。因此，人们急不可耐地在自己宅旁园地里大量地种植它，这就是农业的开始。

中亚地区的移民用他们那长满胡须的牛拉着的牛车，一站一站地长途跋涉，给我们的蛮荒地区首先带来了蚕豆，然后把豌豆和防止饥荒的谷物也带来了。他们还给我们带来了牛群、羊群；他们让我们了解青铜，那是最早的制作工具的金属。就这样，文明的曙光在我们这里出现。

这些古代的先驱在给我们带来蚕豆的同时，是否不知不觉地也把今天与我们争夺豆类植物的昆虫给带来了呢？这种怀疑不无道理。豌豆象似乎是豆类植物的原住民。至少我发现它就曾对当地的许多豆科植物在征收贡税。它尤其是在树林里的山黧（lí）豆上大量繁殖，因为山黧豆有一串串花朵和长长的、美丽的豆荚。山黧豆的籽粒个头儿不大，大大小于我们的豌豆粒。但是，它的籽粒皮软，幼虫能吃，所以每粒籽粒都足以让其居住者长大长胖。

也请大家注意，山黧豆的豆粒数量很多。我曾数过，每个豆荚内含有二十来颗豆粒，这是豌豆即使产量最高时也达不到的数字。因此，无太多渣滓的优质山黧豆一般可以供养得起在其豆荚上定居的昆虫家庭。

如果树林中的山黧豆突然缺乏了，豌豆象便会转往另一种味道相同的植物，但这种植物的豆荚又无法喂养其全部幼虫，例如在野豌豆上或人工种植的豌豆上产卵。在食物不丰富的豆荚上产下的卵也不少，因为起源时期的植物或因籽粒繁多，或因籽粒个头儿大，可以提供丰富的食物。如果豌豆象真的是外来者，它初始阶段的食物假定为蚕豆；如果豌豆象是原住民，那就假定它的初始食物为山黧豆。

古老岁月中的某一天,豌豆到了我们这里。它起先是在先它而来的史前的同一个小园子里收获的。人们发现它优于蚕豆,后者在为人做出那么多贡献之后让位于豌豆了。象虫也是这种看法。象虫虽未完全抛弃蚕豆和山黧豆,但却把自己的大本营建立在一个世纪以来逐渐广泛种植的豌豆上。今天,我们得与豌豆象共享豌豆:豌豆象是提取它中意的一份之后把剩下的一份留给了我们[22]。

我们丰富和优质的产品所产生的儿女——昆虫的这种繁衍兴旺,从另一方面来看却是衰败没落。对于象虫来说如同对我们人类来说一样,食物方面的进步并不总是完美的。省吃俭用,种族则更得益;食不厌精,种族遭殃。豌豆象在蚕豆和山黧豆这种粗糙食物上建立了婴儿低死亡率的移民地。在它们上面,人人都有吃饭的地方。而在精美食品——豌豆大部分食客则因饥饿而亡。豌豆份额不够,而食客却多。

我们不必在这个问题上过多地耽搁时间了。我们来看看由于兄弟姐妹全都死去而成为唯一主人的豌豆象幼虫吧。它在这种大死亡中毫发未损,是机遇帮了它的忙,仅此而已。在豌豆粒中央这个丰润的僻静处,它干起了自己唯一的本行——吃。它先吃自己周边的食物,继而扩大范围,足见它的肚子越来越鼓,它的窝儿在变大,但也随即被大肚子填满。它身轻体健,丰满迷人,透着健康的风采。如果我撩拨它,它便在自己的宅子里懒散地打着转儿,头还轻轻地点着[23]。这是它讨厌我打扰的一种方式。我们让它安静一会儿,别打扰它了。

它发育得又快又好,以致酷暑来临时,它已经在忙着即将到来的外出了。豌豆象成虫没有配备足够的工具为自己在豌豆中打开一条通道钻出去,因为豌豆此时已经完全变硬了。幼虫知道自己将来的这种无奈,便早有所预见,用一种绝妙的技艺摆脱困境。它用自己有力的颌钻出一个圆圆的安全门,四壁十分光滑。我们用最好的雕琢象牙的刀具也做不到这么好[24]。

事先准备好逃跑的天窗还不够,还必须仔细考虑干细致活儿时所需要的宁静。擅闯民宅者会从开着的天窗溜进来,进而损伤毫无防卫能力的蛹。所以这个天窗必须关上。怎么关呢?窍门在这儿[25]。

[22]拟人手法。豌豆象选择豌豆作为"大本营"是自然进化的结果,它们与我们共存于自然界中,这是自然现象。

[23]拟人手法。动作描写刻画了豌豆象成长时候的自由自在。

[24]未雨绸缪,豌豆象独特的智慧再一次让我们惊叹。

[25]运用拟人手法形容豌豆象幼虫有预见的本能,会做好防御工作,以防天敌入侵;设问句,引出下文。

幼虫在钻逃逸的出口时,啃啮面粉状物质,连一点儿渣渣都不剩。待钻至豆粒表皮时,它便突然停下。这层表皮是一层半透明的薄膜,是幼虫变态用的凹室的防护屏障,以防外来的不法之徒进入其中。

这也是成虫迁居时将遇到的唯一障碍。为了使这道屏障易于脱落,幼虫曾在里层细心地围绕着盖子刻画出一道阻力不大的沟槽。发育为成虫后,豌豆象只需用肩膀一顶,用额头稍稍一撞,圆盖就被微微顶起,像木锅盖似的掉了下来。出洞口穿过豌豆那半透明的表皮展露出来,宛如一个宽大的环状斑点。因室内阴暗而不太明亮,下面发生的事因为隐没于类似毛玻璃的下面,所以看不清楚。

这种舷窗盖构思真巧妙,既是抵挡入侵者的街垒,又是豌豆象成虫在适当时机用肩膀一顶即开的活门。我们将因此而向豌豆象表示敬意吗?这灵巧的昆虫会想出这么个高招儿,思考出一个计划,进而一步一步地付诸实践吗?象虫的小脑袋有这本事可是了不得。在下结论之前,我们还是先进行一下实验吧。

我把被豌豆象幼虫占据的那些豌豆的表皮剥掉,再把这些豌豆放在玻璃试管里,免得它们过快地变干。幼虫在其中同在没有剥去表皮的豌豆里一样发育良好,到时候便开始准备出屋。

如果幼虫矿工是由自己的灵感所指引的话,如果那被不时仔细检查的顶板已被认为很单薄而不用再继续挖掘的话,那么在现在的种种条件之下会发生什么情况呢?幼虫感觉到自己已经贴近表面,将停止钻探;它将不会损坏无表皮的豌豆的最后那一层,从而获得不可或缺的保护屏。

类似的情况并没有出现。井坑在被充分挖掘;出口向外面张开,如同表皮仍在保护着豌豆似的一样宽大,一样精雕细琢。安全的因素一点儿也没有改变幼虫的习惯性劳作。敌人能够进入这间来去自由的小屋,幼虫对此并不担心。

当没有把有表皮的豌豆钻透时,它也没有更多地想到这个。它之所以突然停下来,是因为没有淀粉的薄膜不合它的胃口。我们不也是把那些并无营养价值的豌豆皮从豌豆泥中弄出去吗?因为豌豆皮并没有什么用。看上去,豌豆象幼虫同我们一样:它讨厌豌豆粒上那层如羊皮纸似的咬不动的表皮。它到了表皮那儿便驻足不前了,知道那玩意儿不好吃。从这种厌恶的心情中却产生出一个小小的奇迹。昆虫没有逻辑。它被动地听从一种高级逻辑。它只是听从,而并未意识到自己的技艺,它的这种无意识如同可结晶物质有条不紊地聚集其大量原子一般[26]。

八月份,或稍早些或稍晚些,一些黑斑在豌豆上出现,每粒上始终都是一个,毫无例外,这就是出口舱。九月份,其中绝大部分都会打开。好像是钻孔器钻出的舱门盖整齐划一地分离,落在地上,住屋的出入口便畅通无阻了。豌豆象以最终的形态衣着光鲜[27]地爬了出来。

季节很美好。经雨水浇灌的花朵盛开。从豌豆上来的移民在秋天的欢悦中前来探花。然后,寒冬来临,移民们便纷纷寻找避难所躲藏起来。还有一些豌豆象与这些移民数量相当,并不急于离开出生的豆粒。整个寒冬腊月,它们滞留在出生的豆粒里,躲在不敢触动的保护屏下面,一动不动。小屋的门只待酷暑回来时才在铰链上,也就是在抵抗力较弱的沟槽上发挥作用。到那时,迟到的幼虫才大搬家,与先期到达者们会合,待豌豆开花时节,共同准备干活儿。

从方方面面去观察昆虫本能的无穷无尽、变化多端的表现,对于观察者来说是观察昆虫世界的最大乐趣,因为没有任何东西比这更能展现生命中的种种事物那奇妙的配合一致的了。我知道,这样去了解昆虫学,并非人人都赞同的;人们对一心扑在昆虫一举一动的这个天真汉是嗤之以鼻的。对于急功近利者来说,一小把没被豌豆象糟蹋的豌豆远胜于一大堆没有直接利益的观察报告。缺乏信仰的人呀,谁告诉你今天没用的东西明天就不是有用的?了解了昆虫的习性,我们将能更好地保护我们的财富。如果我们轻蔑这种不注重功利的观念,我们可能会追悔莫及。正是通过这种或立即可以付诸实践的或不能立即付诸实践的观念的积累,人类才会而且继续会变得越来越好,今天比从前好,将来比现在好。如果说我们需要豌豆象与我们争夺的豌豆和蚕豆,那我们也需要知识,因为知识如同巨大而坚硬的和面缸,进步这种面包就在其中揉拌、发酵。思想观念同蚕豆一样重要[28]。

思想观念还特别告诉我们说:"贩卖谷物者无须费心劳神地与豌豆象进行斗争。当豌豆运到谷仓时,损失已经造成,无法弥

[27]"衣着光鲜"写出了豌豆象从豌豆中出来时的特点。

[28]作者善于从观察现象中总结出昆虫的习性规律,但这种观察研究的方法,不一定受"所谓"的昆虫学家们的欢迎。作者接着将这种自然观察法和那种急功近利的研究方法作比较,指出后者的弊端,希望人们能够淡泊功利地去做研究。

补,但这种损失不会扩展。完好无损的豌豆丝毫不用担心与受损害的豌豆为邻,无论它们混居一起多久。豌豆象到时候会从这些受损害的豌豆中出来;如果有可能逃走,它们会从粮仓中飞走的。如果情况相反,它们会死去,而不会对完好无损的豌豆造成丝毫的损害。在我们食用的干豌豆上从来没有豌豆象卵,从来没有新一代豌豆象出现。同样,也从来未见豌豆象成虫所造成的损害。"

我们的豌豆象并非定居于粮仓之中,它们需要新鲜空气、阳光、田野的自由。它吃得不多,蔬菜的硬的部分它们是绝对不吃的。对于它那细小的嘴来说,在花间吮吸几口蜜汁就足够了。另外,幼虫需要的是正在豆荚里发育成长的绿色豌豆这松软的面包。正是由于这些原因,粮仓中没有碰到开始时进入其中的豌豆象卵发育成长之后又在繁殖下一代的现象。

灾害的根源在田野里。在与这种昆虫进行斗争时,如果我们不总是束手无策的话,就特别应该在田野上监视豌豆象的为非作歹。豌豆象数量惊人,个头儿小且极其狡猾,所以很难被消灭。因此,它对我们人类的愤怒不屑一顾。园丁又叫又骂,象虫则无动于衷[29]。它仍旧一如既往地继续干它那收税官的行当。幸好,有一些助手前来帮我们的忙,它们比我们更有耐心,更加卓有成效。

八月的第一个星期,当成熟的豌豆象开始搬迁时,我看到了一种很小的小蜂,它是豌豆的保卫者。我看见它在我的那些作培育用的短颈大口瓶里,大量地从象虫那儿出来。雌性小蜂的头和胸呈棕红色,肚腹呈黑色,并带有长长的螺钻。雄性小蜂个头儿稍小一些,一身的黑衣裳。雌雄两性都有泛红的爪子和丝状触角。

为了钻出豌豆,豌豆象的歼灭者自己在豌豆象为最终解脱而在豌豆表皮上雕刻出的天窗圆封盖上开启一扇小天窗。被吞食者为其吞食者铺平了出去的道路。看到这一细节,其余的就不难猜测了。

当豌豆象幼虫变化的最初阶段结束时,当出口已经钻通时,小蜂急匆匆地突然而至。它仔细检查还长在茎上的豆荚中的豌豆;它用触角探来探去;它发现了表皮上的薄弱部位。于是,它便竖起它的探测尖桩,插进豆荚,在豆粒的薄薄的封盖上钻孔。象虫的幼虫或者蛹,无论躲在豆粒多深的部位,小蜂的长尖桩都能触到。小蜂在象虫的幼虫或蛹上产下一只卵,大功便告成了。象虫现在还处于半睡眠状态或者呈蛹状,所以不可能进行反抗,所以这个胖娃娃将被吸干,直到只剩下一个皮囊[30]。

真遗憾,我们不能随心所欲地帮助这种热情的歼灭者大量繁殖!唉!这就是令人大失所望的恶性循环,我们无法放开手脚,因为如果想有许多的豌豆的探测者——小蜂来帮忙,首先就得有大量的豌豆象。

[30]豌豆象的智慧在其天敌面前不堪一击,自然的平衡让我们惊叹!

大孔雀蝶

这真是一个令人难忘的夜晚啊。我要把它称为大孔雀蝶之夜。谁会不知道这种美丽的蝴蝶呢？穿栗色的天鹅绒外衣，系白色的毛皮领带，是全欧洲最大的蝴蝶。它的翅膀上散布着灰色和棕色的斑点，中间穿过一条浅色的之字形条纹，四周镶着一圈烟白色的边，翅膀中央有个圆圆的斑点，看起来就像是一只乌黑的大眼睛闪着彩虹般丰富多彩的光芒，白色、黑色、鸡冠红、栗色等颜色呈弧形排列在一起，变化多端[1]。

大孔雀蝶的毛虫同样让人注目，它们的身体隐约呈黄色，上面稀落地环绕着黑色的纤毛，体节末端镶嵌着一颗颗蓝绿色的珍珠。它们的茧是棕色的，非常粗壮，出口呈漏斗状，十分特别，就像是渔夫的鱼篓。它们通常紧紧地贴在老巴旦杏树根部的树皮上。它们是以这种树的叶子为食的。

5月6日的上午，在我实验室的桌子上，一只雌性的大孔雀蝶在我眼前破茧而出。虽然它刚从茧里孵化，身上还是湿漉漉的，但我还是立刻把它关进了钟形金属网罩。尽管当时还没有任何关于大孔雀蝶的研究计划。把它关起来，仅仅只是出于观察者的习惯，我总是很关心未来可能会发生什么事情。

幸亏我这样做了[2]。晚上九点左右，一家人正准备睡觉，突然隔壁的房间里传来一阵杂乱的声音。小保尔半裸着身体，来来回回地跑着、跳着、踩着脚，还弄翻了椅子，一副害怕万分的样子。我听见他在喊我："快来，快来看看这些蝴蝶，跟鸟一样大的蝴蝶！房间里哪儿都是！"

我急忙跑过去。孩子的激动和夸张的呼喊一定是有原因的。我的居所遭到了从未有过的入侵，入侵者是一大群巨大的蝴蝶。其中有四只被保尔抓住关进了鸟笼，其余的则成群结队地在天花板上飞舞。

看到这样的情景，我想起了早上被我关起来的那只雌蝴蝶。

[1]在作者笔下，大孔雀蝶色彩斑斓，美丽无比，极大地激发了读者的阅读兴趣。

[2]科学观察的习惯使法布尔得到回报，他感到既意外又庆幸。

"穿好衣服,孩子,"我对儿子说,"别管鸟笼了,跟我走。我们去看稀奇的事儿[3]。"

我们下楼,直奔我的工作室,它在住宅的右侧。经过厨房时,我碰到了女仆,她也被眼前发生的奇观惊呆了。她用围裙扑打着那些大蝴蝶,起初,她还以为那是蝙蝠呢。

看来,大孔雀蝶已经占领了我住宅的各个角落。它们是被那只囚禁着的雌蝴蝶招来的,现在不知道楼上那囚犯身边是怎样的一番情景。幸好,工作间的两扇窗户中有一扇开着,道路畅通无阻。

我们拿着蜡烛走进那个工作间,眼前的景象叫人终生难忘。大蝴蝶们围着金属罩飞舞、停顿、飞走、飞回,时而冲上天花板,时而再飞下来,发出轻柔的噼啪声。它们扑向我们手中的蜡烛,用翅膀将烛火扑灭,它们还飞到我们肩上,钩住我们的衣服,擦过我们的脸。整个房间就像是巫师的巢穴,到处都是旋转纷飞的蝙蝠。为了壮胆,小保尔将我的手抓得比平时更紧了[4]。

这些蝴蝶有多少只呢?大约二十来只。加上那些迷失在厨房里、孩子们的卧室里以及住宅其他房间里的蝴蝶,总共将近有四十只。我刚才说,这是一个令人难以忘怀的大孔雀蝶之夜。那四十多位情郎不知怎么得到了消息,从四面八方赶来,殷勤地向今天早上在我那神秘的工作室出生的婚龄淑女表示爱意[5]。

今天我们就不再打扰这群求婚者了。刚才,烛火已经烧伤了一些冒冒失失撞上来的蝴蝶,把它们略微烤成了焦黄色。明天,我们事先准备好实验的问题,再继续研究吧。

现在,我们先要清理场地,然后谈一谈在我观察的这八天里,每一次都会发生的同样的事情。蝴蝶们总是在黑夜降临之后,八点到十点之间,一个个地陆续飞来。暴风雨即将来临,天空中乌云密布,一片漆黑,哪怕是在露天,在花园里没有树木遮挡的地方,也是伸手不见五指。

除了黑暗之外,来访者还必须克服进屋前所遇到的重重困难。我家的房子掩映在一片高大的梧桐树下,要进去必须先经过一条两侧长满茂密丁香和蔷薇的小径。房子前面还种着一排松柏,以阻挡夏季干旱而强烈的西北风。最后,在离门几步远的地

[3]"我们去看稀奇的事儿",体现了即将出现的奇观早已在作者预料之中。

[4]描写了工作间里大孔雀蝶纷飞的壮观场面,生动刺激。

[5]"情郎""婚龄淑女""表示爱意"等词语将大孔雀蝶描绘得爱意浓浓。

[6]极力渲染大孔雀蝶的求爱之路充满了艰险困苦。

[7]是什么力量让大孔雀蝶在重重困难之下到达目的地？"黑暗无异于光明"意味着什么呢？自然引出下文。

方,另有一道小灌木丛形成的壁垒。大孔雀蝶必须在黑暗中穿过这些杂乱的树枝,迂回转折,才能最终到达它们朝拜的圣地[6]。

在这样的情况下,连猫头鹰也不敢贸然离穴。可大孔雀蝶长着复眼,比猫头鹰的大眼睛装备更加精良,因此它毫不犹豫,勇往直前,来往穿梭,却没有一点磕磕碰碰。它对自己的蜿蜒飞行控制自如,尽管一路上困难重重,但当它到达目的地的时候,仍然精神抖擞,大大的翅膀完好无损,没有一点擦痕。对它来说,黑暗无异于光明[7]。

即使我们认为大孔雀蝶可以看到普通视网膜所不可及的某些视野范围,这种超乎寻常的视力也不能成为它隔着一段距离获得消息并飞来的原因。遥远的距离和中间的种种阻挡,使大孔雀蝶根本不可能看见工作室里的雌蝴蝶。

而且,除非光的折射造成迷路,但在这里并没有折射的现象存在,否则,大孔雀蝶应该直奔它所见到的东西,因为光线所指的方向非常清楚。但事实上,大孔雀蝶有时却会弄错,并不是弄错大方向,而是弄错吸引它前去的事件所发生的确切地点。我前面说过,孩子们的房间在我工作室的对面,而工作室才是来访者真正的目的地。但在我手持烛火进入孩子们的房间之前,里面已经满是大孔雀蝶了。那些家伙肯定是接收了错误的信息。厨房里同样也有许多迟疑的蝴蝶,可能是因为厨房里明亮的灯光,对于那些夜间活动的昆虫来说,实在是一种不可抗拒的诱惑,足以让它们偏离目标。

那么,让我们只考虑那些黑暗的地方吧。那里,迷路的蝴蝶并不少见。在它们的目的地附近,我几乎到处都能找到迷途者。因此,尽管被囚的雌蝴蝶在工作室里,但并非所有的蝴蝶都从那扇开着的窗飞进去,而那扇窗离金属罩就几步远,是最直接、最准确的通道。一些蝴蝶从楼下进来,在前厅里游荡,最多到达楼梯,而楼梯是一条死路,因为它的尽头是一扇关着的门。

如果大孔雀蝶是通过某种光线的辐射(无论这种辐射人体是否能感觉得到)来获得信息的,那么这些前来参加婚庆的客人们会直奔目的地。然而,从观察到的情况来看,事实并不是这样。一定有什么其他的东西在远处向它们发出信号,把它们引到确切的地点附近,然后让它们通过模糊的寻找和迟疑做出最后的发现。我们的听觉和嗅觉差不多也是以同样的方式给我们信息的,当我们需要精确地找到声源或味源的位置时,听觉和味觉只能大致地为我们指引方向。

处于发情期的大孔雀蝶在黑夜里长途跋涉,它的感知器官究竟是什么呢?有人猜想是触须,事实上,雄大孔雀蝶似乎就在用它那宽大的、毛状的扁平触须,探寻着四周的空间。这些华美的羽毛,仅仅是简单的装饰呢,还是同时能帮助那些热恋中的大孔雀蝶感知气息、为它们指引方向?要通过实验得出结论很容易,我们就做一个实验吧[8]。

发生入侵的第二天,我在工作室里发现了前一天晚上的八只来客。它们一动不动地趴在那扇关着的窗户的横档上。其余的蝴蝶在昨晚十点左右舞会结束时,都从进来时的那条路(也就是那扇日夜开着的窗户)飞走了。这八只坚持留下来的蝴蝶,正是我做实验所需要的。

我用一把小剪刀把这些蝴蝶的触须齐根剪断,但丝毫没有碰到它们身上的其他部位。这些被截去触须的伤员似乎根本没有把手术当一回事儿。它们全都纹丝不动,几乎连翅膀也没有扑腾一下。情况非常理想:伤口并无大碍。没有一只被剪去触须的蝴蝶因疼痛而发狂,它们只会更好地符合我的意图。一整天过去了,它们全都安静地待在窗户的横档上。

接下来还有另外几件事要做。特别是必须给雌蝴蝶换一个地方,被截去触须的雄蝴蝶在做夜间飞行时,不能让雌蝴蝶处在它们的眼皮底下,以便保证实验结果的真实性。于是,我将钟形罩连同被关在里面的雌蝴蝶一起搬到了别处,我将罩子放在门廊底下的地上,住宅的另一边,那儿离工作室约有五十多米。

夜幕降临了,我最后一次去探视那八位伤员。其中的六只已经通过开着的窗户飞走了,剩下的两只虽然还在,却都掉在了地板上,如果我把它们的身体翻过来,它们都已经没有力气再翻回去了。它们精疲力竭、奄奄一息。这可不是手术的过错。即使我没有剪去它们的触须,它们照样也会这样迅速地衰老[9]。

另外六只蝴蝶精力相对充沛,已经离开了。它们会回到昨晚

[8]一只雌性大孔雀蝶,何以引来了大量的雄性大孔雀蝶,作者百思难解,从而引出下文的实验。

[9]孔雀蝶的寿命只有两三天,其中只有晚上的几个小时可以去寻找配偶,如果无功而返,它们会自然死去。

吸引它们的诱饵身边去吗？没有了触须，它们还能找到那只钟形罩吗？那只钟形罩已经被挪到了别处，离原先的位置很远。

钟形罩被淹没在黑暗之中，几乎是在露天。我时不时提着灯笼和网兜去那里看看。来访的雄蝴蝶被我捉住，经过辨认、分类，然后立刻释放到隔壁的房间里，那房间的门是关着的。这种逐渐排除的方法使我能对蝴蝶的数量做出准确的计算，不用担心同一只蝴蝶会被重复统计。此外，那间临时牢房空空荡荡，十分宽敞，丝毫不会损伤被囚的蝴蝶，在那里它们会安静地休息，并且有足够的空间。在以后的实验中，我也将采取同样的预防措施。

十点半，再也没有新的来访者了。这次实验宣告结束。我总共抓了二十五只雄蝴蝶，其中只有一只没有触须。在昨天接受手术的蝴蝶当中，有六只有足够的体力离开我的工作室，回到野外，而它们中只有一只重新飞回了钟形罩。这个结果并不丰硕，不能令我放心，我既不敢肯定也不敢否定触须的导向作用。我必须做一个规模更大的实验。

第二天早上，我去探访了昨晚抓住的囚犯。看到的景象并不怎么令人振奋。许多蝴蝶都掉在了地上，毫无生气。如果用手指去捉，一些蝴蝶只能勉强露出生命的迹象。对于这些瘫痪的蝴蝶，我能抱什么希望呢？不过还是试一试吧。也许当跳爱情圆舞曲的时刻来临时，它们又会变得生机勃勃[10]。

那二十四只新被抓住的大孔雀蝶接受了触须切除手术。原先那只被剪掉触须的蝴蝶不在其中，它已经濒临死亡，至少已经差不多濒临死亡了。最后，在这一天剩下的时间里，监狱的房门大开。谁爱出去就出去，谁有能力就回来参加晚上的婚庆。为了使离开的蝴蝶们接受寻找实验，我又移动了钟形罩的位置，它原先就在门前，是雄蝴蝶的必经之路。现在，我把它放到住宅另一侧底楼的一个房间里。当然，到达这个房间的道路也是畅通无阻的。

在二十四只被切除触须的蝴蝶中，只有十六只飞到了屋外。其余的八只筋疲力尽，不久就在原地死去。而在这十六只离开的蝴蝶中，会有多少只在晚上飞回钟形罩边呢？一只也没有。那天晚上，我只抓到七只蝴蝶，全都是新来的，全都戴着漂亮的羽翼。

这个结果似乎证明,切除触须是一件比较严重的事情。可我还不想下结论:因为还存在一个疑点,非常重要的疑点。

刚被人残酷地割去耳朵的小狗穆菲拉尔说:"我现在的样子多好看!我仍然敢出现在其他狗的面前!"我的大孔雀蝶们是否也能有穆菲拉尔大师这样的感知呢?一旦失去了华美的羽饰,它们还敢出现在其他竞争者的面前,向雌蝴蝶稍稍表露一下爱意吗?它们没有来,究竟是因为自惭形秽呢,还是由于失去了导向的器官?或是因为它们等待得太久,短暂的热情已经消逝,它们筋疲力尽了?实验会告诉我们答案。

第四个晚上,我又抓到十四只雄蝴蝶,全都是新来的,它们先后被关到一个房间里,将在那里度过黑夜。第二天,趁它们白天静止不动的时候,我稍稍剪去了它们腹部中央的一些绒毛。剪掉这一点点绒毛不会给这些虫子带来丝毫不便,因为这些丝线般的绒毛很容易再长出来,这样做也不会使蝴蝶们失去任何寻找钟形罩所必需的器官。对于被剪过绒毛的蝴蝶来说,这不算什么,而对于我来说,这是重新来访的大孔雀蝶的真正标记。

这一次,没有一只蝴蝶身体衰弱、不能起飞。到了夜晚,十四只被剪过绒毛的蝴蝶全部飞回了野外。当然,钟形罩的位置又被换过了。在两个小时的时间里,我总共捉到二十只蝴蝶,其中只有两只被剪过绒毛,仅此而已。至于前天被剪去触须的那些蝴蝶,则一只也没有出现。它们的婚期已经过了,结束了。

十四只被剪过绒毛的蝴蝶,只有两只飞了回来。另外十二只同样装备着所谓的导向器官,也就是羽饰一般的触须,可它们为什么会缺席呢?还有,为什么经过一个夜晚的囚禁之后,几乎总会有大批的蝴蝶变得虚弱衰竭呢?我只想得出一个答案:大孔雀蝶们被强烈的交配欲望折磨得精疲力竭。

为了它生命的唯一目标——结婚,大孔雀蝶有着非凡的天赋。它可以长途跋涉、穿越黑暗、排除万难,去发现自己的心上人。它有两三个晚上、几个小时的时间,来寻找爱人并与之嬉戏。但如果它没能抓住机遇,那么一切就都完了:精确的指南针会出故障,明亮的导航灯也会失色。这样活着还有什么意思呢!于是,它清心寡欲地退居一隅,就此长眠不醒,把幻想和苦难一同结束[11]。

[11]大孔雀蝶也会经历"失恋"的痛苦,也把爱情视如生命,甚至比生命更重要。

147

大孔雀蝶只是为了繁衍后代才以蝴蝶的形态出现的。它从不进食。许多其他种类的蝴蝶都是快乐的食客,它们在花丛中来回穿梭,展开螺旋形的吸管,插进甜蜜的花冠;而大孔雀蝶却是无与伦比的禁食者,它彻底摆脱了胃的奴役,根本不需要进食。口腔器官只是一个简单的雏形、无用的摆设,而不是真正可以用来吃饭的工具。没有一口花蜜会进到它的胃里;如果它的生命不因此而特别短暂,那么这倒真是一个了不起的特长。油灯需要油才能发光。大孔雀蝶放弃了它的"灯油",但同时也放弃了长寿。它的生命只有两三个晚上,刚好够它和配偶相遇相识,仅此而已:大孔雀蝶也算享受过生活了。

那些被剪去了触须的蝴蝶没有再飞回来,这意味着什么呢?是不是意味着没有了触须,它们就无法找到钟形罩、找到在罩内等待它们的雌蝴蝶了?绝对不是。它们和那些被剪过绒毛的蝴蝶一样,接受了有害于身体的手术但丝毫没有受到损伤,它们的不归意味着生命走到了尽头。无论这些虫子的肢体是否受到伤害,它们都由于年龄的关系而不再有用,因而它们的缺席说明不了任何有价值的问题。由于没有必要的时间进行实验,我们无法知道大孔雀蝶触须的作用。这作用以前是一个谜,以后也仍将是一个谜。

被关在钟形罩里的雌性大孔雀蝶存活了八天。每天晚上,它都根据我的意愿,在住宅的这里或那里,为我引来一大群数量不定的访客。我用网兜一一捉住它们,然后把它们立刻关进一个门窗紧闭的房间,让它们在那里过夜。第二天,我给它们做上标记,至少是在它们的胸部剪掉一点绒毛。

这八天晚上飞来的大孔雀蝶总数达到了一百五十只。一想到今后两年里要如何辛苦地寻找,才能获得继续这项研究所必需的材料,一百五十这个数目就令我张口结舌[12]。虽然大孔雀蝶的茧在我家附近并非找不到,但至少是非常罕见,因为毛虫赖以生存的老巴旦杏树在我们这里寥寥无几。我花了两个冬天的时间,把这些衰老的树木全部查看了一遍,仔细翻看了树干的根部和盖着树根的坚硬草皮,这些草皮犹如给老巴旦杏树穿上了鞋子。可是多少次我都是空手而归!可见,这一百五十只大孔雀蝶全都来

[12]一百五十只,是作者坚持八天才得到的回报,这需要多大的耐心,付出如何的辛劳啊!

自远方，很远的地方，也许方圆两千米以外或更远的地方。它们怎么会知道我工作室里发生的事情的呢[13]？

在远距离信息传递中，有三种元素能够被感知：光、声音和气味。在大孔雀蝶的例子中，能否说传递信息的元素是视觉呢？如果说，来访者们越过打开的窗户后，引导它们的是视觉，这无可非议。但在此前，在陌生的屋外，说大孔雀蝶有神奇而锐利的眼睛，能看到墙后的东西，这就不够了，还必须承认它拥有灵敏的视觉，可以在几千米远的距离之外完成这样的奇迹。这都是些荒谬的说法，根本不值得讨论，我们还是谈谈其他东西吧。

声音同样也与信息传递无关。那只大腹便便的雌虫虽然能从如此遥远的地方唤来情郎，可它却非常安静，即使最敏锐的耳朵也听不到它的声音。也许它会有内心的颤动、爱情的战栗，可以借助极为灵敏的麦克风听见，严格地说，这是可能的；但是请别忘记，来访者们是隔着遥远的距离、在几千米之外得到信息的。在这种情况下，我们就不必考虑声音了。

剩下的还有气味。在我们的感觉领域里，某种散发气味的物体，比其他任何东西都能更好地大致解释，为什么大孔雀蝶会赶来、并在经过迟疑之后才能找到吸引它们的诱饵。是不是真的存在某种类似于被我们称为气味的物质呢？这种物质极为细微，我们绝对感觉不到，却能为那些嗅觉比我们更加灵敏的昆虫所感知。我们有必要做一个实验，十分简单的实验。只要将这种气味盖住，用另一种更强烈、更耐久的气味压制住它，让这种强烈耐久的气味来主宰嗅觉。极为强烈的气味可以压制微弱的气味。

我事先在雄大孔雀蝶晚上将要抵达的那个房间里撒上樟脑，又在被关在钟形罩里的雌蝴蝶身边放了一个装满樟脑的小圆盘。雄蝴蝶来访时，只要一进房门，就能闻到一股强烈的煤气厂的气味，可我的伎俩没有奏效。大孔雀蝶和往常一样到来，它们进入房间，穿过弥漫着樟脑味的空气，准确无误地飞向钟形罩，就好像在没有干扰气味的环境下一样。

我对气味的信心动摇了。况且，我也不可能继续实验了。第九天，经过一番徒劳的等待，我的囚犯死了，临死前在钟形罩的网纱上产下一堆不曾受精的卵。由于没有了实验对象，我在明年之

[13]没有提问就没有科学。大孔雀蝶是靠什么实现远距离信息传递的？作者开始新的实验、新的探索。

[14]作者非常失望，因为实验的对象已经没有了，可见实验之于作者的重要性。

[15]作者为了科学实验不惜花大价钱购买毛虫！

[16]孩子们害怕的毛虫早已是作者熟悉的朋友了。

前都将无事可干[14]。

这一次，我将会精心准备，大量储存，以便随心所欲地重复那些已经做过的实验，以及那些我打算做的实验。干活吧，别拖拉了。

夏天，我以每条一个苏①的价格购买了一些大孔雀蝶的毛虫[15]。这笔买卖把邻居的几个小孩——我的供应者们乐坏了。每到星期四，他们做完了可怕的动词变位练习，漫山遍野地玩耍，会时不时找到一条肥壮的毛虫，挂在小棍子的顶端给我带来。这些可怜的孩子不敢碰那毛虫，当他们看到我用手指抓起它，就像他们抓起熟悉的蚕一样时，全都惊得目瞪口呆[16]。

我用巴旦杏树的枝叶喂这些毛虫，没过几天，它们就为我结出了漂亮的茧子。冬天，我又到喂养这些毛虫的大树底下不懈搜寻，以补充茧的储备。一些对我的实验感兴趣的朋友也来助我一臂之力。我不辞辛劳，四处奔走，讨价还价，还在荆棘丛里擦破了皮。终于，我拥有了一大批各种各样的大孔雀蝶的茧，其中有十二只特别大、特别重，我就此推断里面是雌蝴蝶。

可是，一场挫折在等待着我。五月来临，这个月的天气变幻莫测，将我的种种准备化为乌有，给我带来很多烦恼。冬天又卷土重来。强劲的西北风呼啸着，撕碎了梧桐的新叶，将它们撒得满地都是。天气寒冷得如同十二月份。人们不得不重新燃起夜晚的炉火，穿上刚刚脱下的冬衣。

我的大孔雀蝶们也饱尝艰辛。它们孵化得很迟，而且孵化出的都是些迟钝麻木的蝴蝶。雌蝴蝶们在钟形罩里等待着，根据它们出生的顺序，今天是这只，明天是那只。可是在罩子的周围，来自外面的雄蝴蝶却很少，甚至没有。然而，附近并不是没有雄蝴蝶，因为那些被我收集的长着大片羽饰的雄蝴蝶，一旦孵化出来，经过辨认，便立刻会被放到花园里去。可无论是远处还是附近的蝴蝶，来这里的都很少，而且没有一点激情。它们进来一会儿，然后就消失了，一去不返。恋人们都非常冷淡。

也许低温与提供信息的气味散发物是相悖的吧，炎热会使它

①法国旧辅币，二十个苏相当于一法郎。

增强,而寒冷则使它削弱,就像普通气味的情况一样。这一年的工夫是白费了。唉!这种实验受制于某一短暂季节的反复和变换,是多么艰难呀[17]!

我开始了第三次实验。我饲养幼虫,漫山遍野地收集虫茧。五月来临时,我已经有了足够数量的虫茧。这一次,气候宜人,完全合乎我的心意。我又看到大量雄蝴蝶涌来的场面,这场面和刚开始蝴蝶入侵我家的时候一模一样,当时让我感到如此的震惊,并促使我开始进行这一实验。

每天晚上,雄蝴蝶们成群结队地赶来,有时十二只,有时二十只,有时更多。而大腹便便的主妇雌蝴蝶,则抓着钟形罩的金属网。它一动不动,甚至连翅膀也不抖一下,它好像对周围发生的一切漠不关心。也没有任何气味,我们家鼻子最灵敏的人都没有闻到什么。此外,在被我叫来参加观察的家人当中,即使是听觉最敏锐的人也没有听见任何声响。雌蝴蝶纹丝不动,屏息凝神地等待着。

雄蝴蝶三三两两,或者更多地扑向钟形罩的圆顶,在那里飞来飞去,不停地振动着翅膀,用翅尖拍打着圆顶。情敌们之间没有争斗,也没有吃醋,它们只是想方设法进入钟形罩。当它们对徒劳的尝试厌倦之后,便飞开了,加入旋风般舞蹈着的蝶群之中。有几只灰心丧气的蝴蝶通过打开的窗户逃之夭夭,但很快就有新的来访者代替它们。在钟形罩的圆顶上,直到晚上十点,雄蝴蝶不断地重复着接近雌蝴蝶的尝试,它们不一会儿就会感到厌倦,但很快又会重新开始。

每天晚上,钟形罩的位置都会被移动。我将它时而放在北面,时而放在南面,时而放在住宅右侧的底楼或二楼,时而放在住宅左侧五十米开外的远处;时而放在露天,时而又放在一个偏僻的房间。这些搬迁都非常突然,连研究人员或许都会被弄得晕头转向,却根本难不倒大孔雀蝶。我想欺骗它们,可这不啻(chì)是在浪费时间和心计[18]。

对于地点的记忆在这里不起作用。比如,前一天夜里,雌蝴蝶被安置在住宅的某一个房间,那些戴着羽饰的雄蝴蝶就到这个房间里飞上两个多小时,有的甚至还在那里过夜。而第二天,当

[17] 作者对实验无法顺利进行感到十分惋惜,再次说明实验之于作者的重要性。

[18] 作者的频繁搬迁并没有难倒大孔雀蝶,证明了雄性大孔雀蝶能准确找到钟形罩里的雌性大孔雀蝶另有原因。

夕阳西下，我给钟形罩挪动位置时，所有的雄蝴蝶都已经在屋外了。尽管雄蝴蝶的寿命很短，但那些最新来的雄蝴蝶还是有能力做第二次，甚至是第三次的夜间远行的。那么，这些朝生暮死的情场老手首先会飞到哪里去呢？

它们知道前一天夜里约会的准确地点。人们会认为它们先是在记忆的引导下回到那里，发现那里一无所有之后，就飞到别处继续搜寻。然而，事实和我料想的恰恰相反，并非如前面所述。没有一只雄蝴蝶再次出现在昨夜门庭若市的约会地点，甚至没有一只在那里做短暂停留。尽管它们事先没有从记忆那里得到任何信息，但昨夜的约会地点现在却冷冷清清。一个比记忆更可靠的向导把它们召唤到了别处。

到目前为止，雌性大孔雀蝶一直暴露在金属网罩里。那些在黑夜里目光敏锐的来访者，可以凭着我们分辨不出的微弱光线看到它。但如果我把它关到一个不透明的容器里，结果又会怎样呢？不同质地的容器，是否能使传递信息的气味自由传播，或将其阻隔呢？

今天，物理学为我们制造出了依靠电磁波来传达的无线电报。在这方面，大孔雀蝶会不会比我们领先一步呢？为了让周围的同类激动起来，为了通知几千米以外的求爱者，刚刚孵化的雌蝴蝶会不会拥有一种我们已知或未知的电波或磁波呢？这些波可能会被一些屏障所阻隔，却也能通过另一些屏障。总之，它会不会以自己的方式，使用着某种无线电报呢？我看这不无可能，昆虫都习惯于有这些不可思议的发明创造。

[19]在对大孔雀蝶的观察研究中，作者反复试验，探求事实真相，表现了不懈追求科学真理的精神！

于是，我把雌蝴蝶关进各种材料的盒子里。有白铁皮的、木头的，还有硬纸板的。所有盒子都严严实实，并用含油的胶泥封固。我还用了一只玻璃钟形罩，罩子被放在一块玻璃窗的绝缘支撑物上[19]。

在这样严格封闭的条件下，不管宁静柔和的夜色多么惹人喜爱，雄蝴蝶是不可能再飞来的，哪怕是一只都不可能。不管盒子的材料是金属的还是玻璃的，是木头的还是硬纸板的，它们都绝对密封，对传达信息的气味构成了不可逾越的障碍。

有着两指之宽厚度的棉花层，也能起到同样的效果。我把雌蝴蝶放进一个大口瓶,在瓶口用绳子扎了一层棉花充当瓶盖。这足以让附近的雄蝴蝶对我工作室里的秘密一无所知了,没有一只雄蝴蝶前来。

相反,如果我们使用关得不严、微微打开的盒子,再把它们藏进抽屉或衣橱里,即使在这样加倍隐蔽的情况下,仍然会有大批雄蝴蝶前来,数量和飞向桌子上金属网罩的雄蝴蝶差不多。我清楚地记得有一天晚上,我把雌蝴蝶关进一只帽盒,藏到壁橱里,并将壁橱的门关上。雄蝴蝶们来到门前,用翅膀笃笃地撞门,想进去。这些路过的朝圣者穿过田野,不知来自何处,但它们对橱门后面盒子里的东西却一清二楚。

这样看来,任何类似于无线电报的信息传递手段,都是不能令人接受的解释,因为只要出现一道屏障,无论它的传导性能好还是不好,都会立刻阻断雌蝴蝶发出的信号。要想让信号传出去,并且传得远,有一个必不可少的条件:那就是关押雌蝴蝶的容器必须不完全密封,容器内外的空气必须可以相互流通。这又把我们引向了气味的可能性上面,而这一可能性已经在我前面的樟脑实验中被否定了。

我的大孔雀蝶茧子已经用完,可问题还是没有解决。要不要在第四年继续实验[20]? 我决定放弃,原因如下:大孔雀蝶的婚礼总是在夜间举行,如果我想跟踪观察它的行为习性,会非常困难。殷勤的求爱者无需灯光就能抵达目的地,而人类微弱的视力却使我在夜间不能离开灯光。我至少得点上一支蜡烛,而烛火却经常会被盘旋纷飞的蝶群扑灭。灯笼倒是可以帮我避免烛火熄灭的情况,但它的光线太暗,又有一圈大大的阴影,根本不适合我这个细致的观察者,因为我不但要观察,而且要观察得清楚[21]。

不仅如此,灯光会使雄蝴蝶们偏离目标,让它们忘记正事,如果它持续太久,会使晚会的成功大打折扣。雄蝴蝶一进门,就会发狂似的直奔火光,从而烧坏身上的绒毛,这样一来,因烧伤而惊慌失措的它们,就无法提供可靠的证据了。即使它们没有被烧到,而是被火光外的玻璃罩隔着,它们也会停在火光边,一动不动,仿佛着了魔一般。

一天晚上,雌蝴蝶被放在餐厅的饭桌上,正对着打开的窗口。

[20]"要不要在第四年继续实验?"表明了作者对科学真理的不懈追求精神。

[21]"要观察得清楚",表明作者对科学实验精益求精、一丝不苟的精神和态度。

餐厅的天花板上亮着一盏汽油灯,灯上装有宽大的白色搪瓷反光罩。在飞来的雄蝴蝶当中,有两只停在钟形罩的圆顶上,向被囚的雌蝴蝶大献殷勤,另外七只则在路过时向雌蝴蝶致了一下意,就匆匆冲着灯飞去。它们围着灯转了一会儿,接着便似乎沉醉在乳白色锥面所发出的灿烂光辉之中,停在反光罩下,一动不动了。孩子们已经想动手去捉。"让它们去吧,"我说,"让它们去。我们要显得好客一点,别打扰这些来光明圣龛(kān)的朝圣者。"

整个晚上,这七只雄蝴蝶都一动未动。第二天,它们还在那里。醉人的灯光让它们把甜蜜的爱情忘得一干二净。

大孔雀蝶对光亮如此痴迷,使我不可能进行精确而持久的观察,因为观察者需要灯光。所以,我放弃了大孔雀蝶及其夜间的婚礼。我需要一种生活习惯完全不同的蝴蝶,它必须和大孔雀蝶一样,在实施恋爱幽会的壮举时灵活能干,但这幽会应该在白天进行[22]。

在对符合上述条件的实验对象继续进行观察之前,我们暂时撇开事情发展的时间顺序,谈谈一只新来的蝴蝶吧,它是我在结束了对大孔雀蝶的研究之后飞来的。那是一只小孔雀蝶。

有人不知从哪儿给我带来一只非常漂亮的茧子,上面每隔一段距离就裹着一层宽大的白色丝套。丝套上有许多小规则的褶皱,从丝套里可以轻而易举地抽出一个茧来,茧的形状和大孔雀蝶的差不多,但体积却小很多。丝套的前端是用疏密不一的小树枝编成的网格,可以阻止入侵,同时又让茧的主人自如地出来。这让我一看就知道里面是夜间活动的大孔雀蝶的同类,因为这丝套带着编织者的标记。

果然,三月底,圣枝主日②那一天的上午,那只带有树枝网格的茧子给了我一只雌性的小孔雀蝶。它一出茧,就被我关进了工作室的钟形金属网罩里。我打开窗户,以便让这件事情在野外传开,同时,也给那些可能前来的雄蝴蝶一条自由出入的通道。被囚的雌蝴蝶趴在网罩上,整整一个星期都纹丝不动。

我的这位囚徒非常漂亮,它穿着带有波纹的棕色天鹅绒外

[22]为了继续实验必须更换实验对象,从而引出下文对小孔雀蝶的描写。

②基督教节日,复活节的前一个星期日,纪念耶稣进入耶路撒冷时受到人们挥舞棕榈枝夹道欢迎。

衣,颈上围着白色的毛皮围巾,上方的翅膀尖端点缀着胭脂红的斑点,四只大眼睛里,黑色、白色、红色和黄褐色四种颜色如同心的新月般聚在一起。这打扮几乎和大孔雀蝶如出一辙,只是颜色更加鲜艳。这种身材和装束都极为美丽的蝴蝶,我一生中只见到过三四次[23]。而它的茧我只是在不久以前才见到。至于雄性的小孔雀蝶,我还从未见过,只是从书本上得知,它们比雌小孔雀蝶小一半,颜色更鲜艳、更花哨,下方的两瓣翅膀呈橙黄色。

这优雅的陌生人、这戴着美丽羽饰却又不为我所知的雄蝴蝶,在我们这一带似乎十分罕见。这一回,它们会不会光临呢?它们在遥远的树篱之中,会不会知道我工作室的桌子上有一只正值婚龄的雌蝴蝶在等着它们呢?对此我有信心,而结果也在意料之中。它们来了,来得甚至比我料想得还要快。

中午,全家人都在吃饭,只有小保尔因为关心可能发生的事情,迟迟没来。突然,他一脸春风地跑了进来。一只漂亮的蝴蝶在他手指中间扑扇着翅膀,它是在工作室对面飞舞时被当场抓住的。保尔把它拿给我看,并用目光询问着我。

"哎呀!"我说,"这正是我们要等的朝圣者。大家折起餐巾,去看看发生了什么事吧。午饭过一会儿再吃。"

眼前的奇异景象让我们忘记了吃饭。在雌蝴蝶魔法般的召唤下,插着漂亮羽饰的雄蝴蝶纷纷赶来,准时得不可思议。它们曲折地飞着,一只接一只地飞来。所有这些雄蝴蝶都来自北面,这个细节很重要。自猛烈的寒流归来至今,时间只过去了一个星期。北风依然呼啸着,如同暴风雨即将来临,这对贸然开放的巴旦杏花是致命的。这是一场无情的风暴,常常是春天来临的前奏。今天,温度突然回升了,但北风仍旧在刮。

在第一场观察中,所有飞向雌性囚犯的雄蝴蝶都是从北面飞进花园的。它们都是顺着风向而来,没有一只逆风而行。如果引导它们的是某种和人类类似的嗅觉感官,如果它们是通过发散在空气中的气味微粒来辨认方向,那么它们应当从相反的方向抵达。如果它们从南面飞来,我们可以认为是风把气味带走,向它们传达了信息。可它们却从北面而来,在西北风盛行的季节,我们怎么可能再假想它们在远距离之外嗅到被我们称为气味的东

155

[24]实验证明，雌孔雀蝶不是靠气味给雄孔雀蝶传递信息的。

西呢？气味微粒的走向与风向相反，所以气味传达信息的假设是不可接受的[24]。

来访的雄蝴蝶们沐浴在温暖的阳光下，在工作室前来回地飞了两个小时。大多数蝴蝶长时间地寻觅着，探测着高墙，贴着地面飞行。看到它们如此犹豫，人们会以为它们遇到了困难，找不到吸引它们前来的诱饵所处的确切地点。它们长途跋涉，没有发生差错，然而到了近处，却失去了精确的指向。不过，它们迟早会飞到屋里，向被囚的雌蝴蝶致意的，但它们不会久待。两个小时后，一切都结束了，总共飞来了十只小孔雀蝶。

在整整一个星期里，每天中午太阳最热烈的时候，都会有雄蝴蝶飞来，但是数量却越来越少，总共有四十只左右。我觉得不再有必要重复这样的实验，因为它们对我已知的情况不会带来任何新的补充。我只注意到两个现象：第一，小孔雀蝶是在白天活动，也就意味着，它在中午太阳最强烈的时候庆祝婚礼。它需要充足的阳光。虽然大孔雀蝶无论从成虫的体型，还是毛虫的技艺，都和小孔雀蝶非常接近，但它却恰恰相反，它需要深夜的黑暗。谁有能力，就来说说两者在习俗上为什么会有这种奇特差异吧。第二，强烈的气流从反方向将可能传递信息的气味微粒一扫而光，却并不像我们的物理学所想象的那样，阻止雄蝴蝶逆着气味到达目的地。

[25]表达了作者通过更多的实验揭秘孔雀蝶传递信息答案的迫切心情。

我若想继续观察，就得需要一种在白天举行婚礼的蝴蝶，但不是小孔雀蝶，它来得太晚了，我再也没有问题需要它来解答了。我需要另一种蝴蝶，随便什么，只要它在婚礼上机敏灵活就行。我能拥有这样的蝴蝶吗[25]？

小条纹蝶

能,我能得到,事实上我已经得到了。我家常常会有一个七岁的男孩来卖萝卜和番茄,他长着一张有灵气的面孔,光着脚丫,破破旧旧的短裤用一条带子系着。这天早晨,他提着菜篮来到我家。他收下菜钱,放在手心里一个一个地数,那是他妈妈翘首企盼的钱。数完后,他从口袋里掏出一个东西,那是前一天他在割兔草时,在篱笆边看见的。

"这个,"他一边说着,一边把东西递给我,"这个,您要吗?""当然要。再去找一些,越多越好,我许诺星期天带你去玩旋转木马。这两个苏给你,把它们分开放,别和菜钱混起来,向你妈妈报账时就不会弄混了。"这个头发乱糟糟的小男孩对这笔巨款非常满意,他说会好好干,好像看到了一大笔财富在等着他[1]。

他走后,我仔细看那东西。物有所值,那是一个非常美丽的茧子,钝圆形,有点像蚕茧,呈浅黄褐色,很坚固。联想从书本上学来的零星知识,我似乎可以确定这是橡树蛾的茧。如果真是这样,那就是个意外的收获了。这样我就可以继续研究,或许还能把对大孔雀蝶的初步了解补充齐全。

事实上,橡树蛾是蝶蛾类中的经典,昆虫论著都会谈及它婚礼时的壮举。听说,只要一只被俘的雌蛾刚刚孵化,就算它是被关在一个房间,甚至是一个隐秘的盒子里,远离田野,置身在喧闹的城市,这个消息依然会传到树林里、草地上的有关昆虫那里。雄蝴蝶们在不可思议的罗盘指引下,从很远的田野赶来,它们直接奔向那只盒子,侧耳聆听,来回飞舞。

这些神奇的事情都是我从书本上知道的,亲眼看见,或亲身经历,又完全是另一回事。付出的那两个苏到底会给我带来什么样的收获呢?从那茧子里会钻出一只著名的橡树蛾来吗?

让我们用它的另一个名字——小条纹蝶来称呼它吧。这个别出心裁的名字来自雄蝴蝶的外衣:这外衣有点像僧侣的浅红色长袍,只是质地不再是棕色的粗呢,而是上好的天鹅绒,上面有浅

[1]开篇从小男孩送茧子写起,既巧妙地引出说明对象,又充满生活情趣。

157

色的横向条纹,前面的两瓣翅膀上还长着像眼睛一样的小白点。

小条纹蝶在这一带不是常见的蝴蝶,如果您一时心血来潮,带上网兜外出,并不一定能抓得到它。我在这里住了二十多年,但从来不曾在村庄周围,特别是在我那个僻静的花园里,见到过它。不错,我不是一个狂热的猎手,我对那些供人收集的死昆虫毫无兴趣,我要的是活的昆虫,是那些正在发挥才能的昆虫。不过,虽然我没有收集者的狂热,但对于令田野生机盎然的每一种昆虫却都很关注。要是我遇到一只身材和装束都如此出众的小条纹蝶,是绝对不会让它逃脱的。

那个给我小条纹蝶茧的孩子曾得到我玩旋转木马的许诺,但尽管诱惑如此之大,他后来却再也没有找到过第二个茧。三年里,我发动了所有朋友和邻居,尤其是那些在荆棘丛中目光敏锐、手脚麻利的年轻人。我自己也经常在枯叶堆下、乱石丛中,以及空洞的树干里搜寻,可一切都是枉费心机:这珍贵的茧子始终找不到。这一切都说明小条纹蝶在我们这个地区非常稀少,一旦时机成熟,我们就将会看到这个细节的重要性[2]。

[2]小条纹蝶非常珍贵、稀有,进一步表达了作者失去它的惋惜之情。

正如我所猜想的那样,这独一无二的茧正是那种著名的蝴蝶的。8月20日,从茧里孵化出一只雌性小条纹蝶,它大腹便便,穿着和雄蝴蝶一样的外衣,只是袍子的颜色更加淡雅,呈米黄色。我把它关进钟形金属网罩,放在工作室中央的大桌子上,四周堆满了书、瓶子、瓦罐、盒子、试管和其他器械。这个地方大家已经很熟悉了,大孔雀蝶也曾囚居在这里。工作室的两扇窗户都朝着花园,阳光通过窗户照亮了整个房间。一扇窗户关着,另一扇则不分昼夜地开着。两扇窗户相距四五米,小条纹蝶就被安置在它们中间,处于半明半暗之中。

这天剩下的时间以及第二天,没有发生任何值得一提的事。被囚的小条纹蝶用前爪抓着网罩,趴在朝阳的一面,一动不动。它的翅膀没有丝毫摇摆,触须也没有丝毫抖动。当初大孔雀蝶也是这样。

小条纹蝶妈妈日益成熟,细嫩的肌肉也变得结实起来。它通过某一种不为我们的科学所知晓的变化,孕育着不可抗拒的诱饵,将求爱者从四面八方吸引过来。在它那大腹便便的体内究竟发生了什么事?那里到底完成了什么样的蜕变,会在以后的几天里引起周围天翻地覆的变化？如果能弄清这蝴蝶的奥秘，那我们就能前进一大步[3]。

第三天，蝴蝶新娘准备就绪。婚庆轰轰烈烈地展开了。当时我正在花园里，对实验的成功心灰意冷，因为它拖得实在太久了。下午三点左右，天气炎热，阳光灿烂，我突然看到一大群蝴蝶在敞开的窗洞前盘旋。

这就是前来拜访美人的求爱者。它们有的飞出屋外，有的飞进房间，还有的停在墙上休息，好像因长途旅行而筋疲力尽了似的。我隐约看见有一些蝴蝶越过高墙，越过柏树林的屏障，正从远处飞来。它们来自四面八方，但数量却在逐渐减少。我错过了婚庆开始的场面，此刻，来宾们已经差不多到齐了。

去工作室的楼上看看吧。我又看到了大孔雀蝶在夜间让我初次见到的那令人眼花缭乱的景象，而且这一次是在大白天，我没有漏掉任何一个细节。工作室里盘旋着一片雄性小条纹蝶，我在这混乱飞舞着的蝶群中尽量辨认，用眼睛估算出大约有六十多只。一些蝴蝶围着钟形罩绕了几圈后，飞到了窗外，不过很快又飞了回来，继续盘旋。那些最性急的则停在罩子上，用脚爪相互骚扰推搡，希望抢一个好地方。在罩子里边，被囚的雌蝴蝶将大肚子垂在网纱上，无动于衷地等待着。面对这纷乱的嘈杂，它没有一丝兴奋的表情。

无论是飞出去还是飞回来，是趴在罩子上坚持不懈还是在房间里翩翩起舞，雄蝴蝶们在三个多小时的时间里疯狂地喧闹着，但是，太阳开始西沉，气温慢慢降低，蝴蝶们的热情也随之减退。很多蝴蝶都飞走了，一去不返。剩下的那些找一个地方停下，为明天的狂欢养精蓄锐，它们像大孔雀蝶一样，停在关着的那扇窗的横档上。今天的婚庆到此结束。明天肯定还将继续，因为由于金属网的阻隔，婚庆的目的并未达到[4]。

然而，令我困窘的是，婚庆在第二天并没能继续，而且是因为我的过错。当天晚上，有人送给我一只螳螂，由于它长得出奇地小，因而十分惹人注目。我一心想着下午发生的事，有些心不在焉，匆忙中把这只噬肉的虫子关进了小条纹蝶的钟形罩。我根本没想过这样的共居会造成什么恶果。螳螂是那么瘦小，而蝴蝶则是如此肥壮！因此我没有任何担心。

[3] 作者以探求生物的奥秘为天职，当他面对一种新的昆虫时，就会有一连串问题袭来，促使他坚持不懈地探索。

[4] 盛大的婚礼现场的场面、雄条纹蝶的激动的心情被描写得栩栩如生。

啊！我对这种长着铁钳的昆虫的屠杀狂热了解得太差了！第二天，我既苦涩又惊讶地发现，瘦小的螳螂正在吞食肥大的蝴蝶。蝴蝶的头和胸部以上的部分已经不见了。多么可怕的昆虫啊！你给我带来了莫大的痛苦！别了，我的研究，我那彻夜想象筹划的研究！整整三年，我都将因为没有实验对象而无法继续观察[5]。

但愿厄运没有使我们忘掉刚刚获得的一点微薄的成果。在一次婚庆中，就来了大约六十只雄蝴蝶。鉴于小条纹蝶非常罕见，再想到我和我的助手们搜寻了几年都一直徒劳无果，六十只这个数目不禁令我们目瞪口呆。在一只雌蝴蝶的引诱下，原先不见踪影的雄蝴蝶突然变得这么多。

它们来自哪里呢？不用说，肯定是来自四面八方的遥远地方。我对这一带作了长期的勘探，对每一丛荆棘、每一堆石头都了如指掌，我可以确认这里绝对没有小条纹蝶。要在我的工作室里聚集起那么一大群来，非得需要整个地区这儿那儿的蝴蝶们的帮助，至于它们来自多远的地方，我就不敢说了。

三年过去了，经过朝思暮想，好运终于让我得到两只小条纹蝶的茧子[6]。八月中旬，在相隔几天的时间里，从两只茧中分别孵化出一只雌性小条纹蝶，这使我得以变换和重复我的实验。

我很快就重新进行了那些曾在大孔雀蝶身上做过，并且已经得到肯定答案的实验。在聪明灵巧方面，白天朝圣的小条纹蝶并不比夜间朝圣的大孔雀蝶差，它们识破了我所有的诡计。无论钟形金属罩被安置在住所的哪个地方，它们都能径直飞向被关在那里的雌蝴蝶，它们还能找到藏在壁橱里的雌蝴蝶，也能猜出后者被关的某一只盒子，只要这只盒子没有被盖死。但是，如果盒子盖得很严实，那么雄蝴蝶就会失去信息，不会前来。到目前为止，实验结果仅仅是大孔雀蝶的所作所为的重复而已。

在关死的盒子里，空气不能和外界流通，雄蝴蝶因而对隐居的雌蝴蝶一无所知。即使把盒子放在窗口显而易见的地方，也没有一只雄蝴蝶飞来。于是，关于气味的想法又愈发迫切地在我的脑海里产生了，这气味无法通过金属、木头、硬纸板、玻璃等材料构成的阻隔而传播。

关于这个问题，夜间活动的大孔雀蝶并没有受到樟脑的干扰。我原以为樟脑的气味浓烈，会盖住雌蝴蝶的气味，因为后者极其微弱,人类的嗅觉根本觉察不到。现在,我要在小条纹蝶身上做同样的实验。这次,我把我药箱里所有能散发香味或恶臭的东西,都一股脑儿地用了上去。

我放置了十几只小碟子,一部分放在关押雌性小条纹蝶的钟形罩里面,另一部分放在钟形罩的四周,围成一圈。这些碟子有的盛着樟脑,有的盛着宽叶薰衣草精油,有的盛着石油,还有的盛着散发着臭鸡蛋味的硫化物。我已经尽我所能了,除非把这个囚犯熏死。这些东西早上就布置好了,为的是等雄蝴蝶受召唤而来时,房间里可以彻底弥漫着这些气味。

下午,我的工作室成了讨厌的配药间,洋溢着薰衣草沁人心脾的芳香和硫化物刺鼻的恶臭。别忘了,这个房间里还熏着其他许多气味呢:煤气、烟草、香水、石油、发臭的化学物,这些气味混合起来,能不能让雄性小条纹蝶迷失方向呢?

根本不能。三个小时中,蝴蝶们像往常一样蜂拥而至,它们飞向钟形罩。我特意用一块厚布把罩子遮得严严实实,以增加寻找的难度。蝴蝶们飞进来,没有发现任何东西,沉浸在奇怪的气味里,而原先任何细微的气味都被覆盖掉了,可是它们依然飞向被关着的雌蝴蝶,想方设法钻进厚布的褶子里面,同雌蝴蝶相会。我的计谋没有成功。

这次失败的结果确证无疑,它重复了先前我在大孔雀蝶身上用樟脑所做的实验结果。照理说,我应该放弃气味物质指引雄蝴蝶接受召唤、参加婚礼的结论。但我没有这样做,那是因为我偶然观察到一个情况。有时,意外和偶然常常会给我们带来惊喜,为我们指出一直苦苦追寻的真理之路[7]。

一天下午,我想知道当雄蝴蝶们进屋之后,视觉是否会在它们寻找雌蝴蝶的过程中起作用。于是,我把雌蝴蝶放进了一个玻璃罩,让它栖息在一小段带着枯叶的橡树枝上。玻璃罩被放在桌上,正对着打开的窗户。这样一来,雄蝴蝶一进屋,就肯定会看到雌蝴蝶,因为它在它们的必经之路上。雌蝴蝶在金属罩里一只铺着细沙的瓦罐中度过了前一个夜晚和今天的上午,现在这只瓦罐妨碍了我的手脚。于是我随手将它放到了房间另一边的地板上,一个光线半明半暗的角落里。那里距窗户十几步远。

继这些准备工作之后发生的事情使我完全没有了头绪。来

[7] 这一句充满哲理,极富辩证色彩,科学实验是如此,做任何事情也是如此。

161

访的雄蝴蝶没有一只在玻璃罩前停留，而在光天化日之下，玻璃罩里的雌蝴蝶一眼就能看见。雄蝴蝶们无动于衷地飞过，既不对它瞧上一眼，也不探究一下情况。它们全都飞到了房间的另一头，飞到了我放置瓦罐和金属罩的昏暗角落。

它们落在金属网罩的圆顶上，长时间地探寻着，扑打着翅膀，还时不时地相互打闹一番。整个下午，直到太阳落山。空空如也的金属罩周围一直都喧嚣不堪，就好像雌蝴蝶真的在里面一样。终于，雄蝴蝶飞走了，但并非全部。一些顽固的雄蝴蝶仍不想离开，似乎有一股魔力把它们牢牢地吸引住了。

这实在是一个奇怪的结果：我的雄蝴蝶们飞到了一个空无一物的地方，并在那里停留，虽然视觉反复地向它们提供着信息，但都没能阻止它们。它们从玻璃罩旁经过，飞来飞去时一定能看到罩子里的雌蝴蝶，可连停都不停一下。它们被诱饵弄得神魂颠倒，却置真正的情人于不顾。

它们到底受了什么欺骗呢？昨天晚上和今天上午，雌蝴蝶都待在金属网罩里，时而吊在纱网上，时而伏在瓦罐的沙土上。它所碰过的东西，特别是它那大肚子所碰过的东西，在经过了长时间的接触之后，一定渗透了某种气味。这气味就是它的诱饵、它的春药，也是使小条纹蝶的世界天翻地覆的原因。沙土能把这气味保持一段时间，将其散发到四周。

所以，是嗅觉在指引小条纹蝶，并从远处向它们传递信息。雄蝴蝶们受到嗅觉的控制，便不再考虑视觉提供的情报；它们经过囚禁着美人的玻璃监狱，却对其不加理睬；它们奔向网罩，奔向沙土，那里渗透着神奇的气味；它们来到这空空如也的地方，魔法师雌蝴蝶早已无影无踪，只留下它在此居住时的气味。

无法抗拒的春药需要一定的时间才能配制出来。我想它应该是一种气味，慢慢地散发着，将雌蝴蝶一动不动的大肚子所接触过的东西彻底渗透。虽然玻璃罩被完全放在桌子上，或更有甚者，被完全放在玻璃板上，但罩子内外的空气流通远远不够，无论实验持续多久，只要雄蝴蝶嗅不到任何气味，就不会前来。目前，我不能把气味无法穿过某种屏障的事实作为雄蝴蝶不来的理由，因为即使我用三个垫块将玻璃罩垫高，使它和底座之间留有一段空隙，从而保证罩子内外空气的自由流通，雄蝴蝶一开始仍然不会马上飞来,虽然房间里的雄蝴蝶有很多。但是,如果再等上半个小时左右,盛有雌性精油的蒸馏器就能开始发挥作用了,来访者就又会像以往一样纷至沓来。

掌握了这些令人豁然开朗的资料之后,我便可以进行各种各样的实验,而所有这些实验的结论都大同小异。早上,我把雌蝴蝶关进金属网罩,让它停在和先前一样的一小段橡树枝上。它在那里一动不动,像死了一般,待了很长时间,整个身体埋在一堆叶子中间,而那堆叶子肯定已浸满了它的气味。当访客的时间临近时,我取出满是雌蝴蝶气味的树枝,将它放在离窗口不远的一把椅子上。同时,我让雌蝴蝶留在金属罩里,放在房间正中的桌子上,位置十分显眼。

雄蝴蝶们来了,先是一只,接着是两只、三只,一会儿就成了五只、六只。它们进进出出,上上下下,来来去去,始终在窗户附近飞舞,而在窗户的不远处,就是那把放着橡树枝的椅子。没有一只蝴蝶飞向前面几步路远的大桌子,尽管雌蝴蝶在那里的网罩下等着它们。很明显,雄蝴蝶们在犹豫、在寻找。

终于,它们找到了。找到了什么?就是那段橡树枝,那张大肚子雌蝴蝶上午曾经躺过的华床。雄蝴蝶们飞快地扑腾着翅膀,停到叶子上面。它们上上下下地搜寻、探索,将树叶抬起、移动,以至于那段轻巧的树枝最终掉到了地上。但蝴蝶们在树叶之间的探索仍然继续着。在它们翅膀的撞击和脚爪的拍打下,小树枝现在就像是在地上奔跑,仿佛是被小猫的爪子抽打着的一团皱纸。

当小树枝连同它的搜寻队伍一同远去的时候,突然来了两个新的访客。在它们的必经之路上,放着那把椅子,而那根带着树叶的小橡树枝,刚才就在那把椅子上。两只小条纹蝶停了下来,在先前覆盖着树枝的地方热切地寻找着。然而,不管是先来的还是后到的雄蝴蝶,它们真正的寻找对象却就在这儿,在不远的金属网罩里,我甚至还没有把这网罩遮盖起来,可是谁也没有注意它。在地上,雄蝴蝶们继续推搡着早上雌蝴蝶睡过的那张床,而在椅子上,它们则继续探测着先前放床的那个位置。夕阳西下,回家的时候到了。再说,撩拨情欲的气味也在逐渐减弱和挥发。来访者们纷纷离开,再也没有新的蝴蝶飞来。明天再见吧。

接下去的实验告诉我,任何材料,不管是什么,都可以替代那根偶然给予我启发的、带有树叶的橡树枝。我提前一些时候将雌蝴蝶放在某一张床上,这张床有时是呢或者法兰绒做的,有时是棉絮或者纸做的,我甚至还将它放在如行军床一般坚硬的木头、玻璃、大理石或金属上。所有这些东西,在和雌蝴蝶接触了一段时间之后,都会对雄蝴蝶产生强大的吸引力,丝毫不比雌蝴蝶本身的吸引力逊色。只是各种物体根据质地的不同,保持吸引力的时间也有长有短。时间最长的是棉絮、法兰绒、尘土、沙土以及一些多孔的物体。相反,金属、大理石、玻璃则会很快失效。最后,雌蝴蝶停留过的所有东西,都能通过接触,将其吸引力传播到别处。这就是为什么橡树枝掉到地上以后,仍会有雄蝴蝶朝椅子飞来。

让我们使用某种效果最好的材料——比如法兰绒,做雌蝴蝶的床,我们将会看到十分有趣的情况。我在一根长试管或一个刚好能通过一只蝴蝶的短颈大口瓶里放进一块法兰绒,在这块法兰绒上小条纹蝶母亲曾经停留了整整一个上午。来访的雄蝴蝶们飞进了容器,在里面挣扎,再也飞不出来了。我为它们设了一个陷阱,可以将它们大量杀死在里面。现在,让我们把这些可怜的昆虫释放出来,再取出那块法兰绒,将它秘密地藏进一个密封的盒子里。那些冒失的雄蝴蝶又回到试管边上,钻进了圈套。这次吸引它们的是法兰绒留在玻璃上的气味[8]。

我们的假设得到了确认。为了吸引周围的雄蝴蝶来参加婚礼,在远距离之外向它们传递信息并为它们指引方向,正值婚龄的雌蝴蝶会散发出一种气味,这气味极其细微,人类的嗅觉感觉不到。即使把鼻子贴在雌蝴蝶的身上,我周围的人——哪怕是嗅觉尚未迟钝的年轻人,都没有闻出任何气味[9]。

雌蝴蝶曾经栖息过一段时间的物体,都会轻而易举地沾上它的气味,而一旦沾上之后,只要这些气味还没有挥发殆尽,有关物体就会像雌蝴蝶本身一样,成为对雄蝴蝶极具吸引力的中心。

但是,没有任何看得见的东西显示着这个诱饵的存在。在一张雌蝴蝶刚刚停留过的纸的周围,围绕着一大群心急火燎的雄蝴蝶,但纸上却没有任何痕迹,也没有任何水渍,纸的表面和在它沾上气味之前一样,干干净净。

诱饵的制备过程相当缓慢,而且需要积累一段时间,才能充分发挥效力。如果把雌蝴蝶从栖息物上拿开,放到别处,它就会

[8]作者会设计奇妙的实验,让人耳目一新,新颖有趣,实验结果也非常理想。

[9]作者经过反复的实验,终于得出结论:指引并召唤雄性小条纹蝶的信息来自它们的嗅觉。上文中大孔雀蝶也是靠嗅觉获取信息的。

暂时失去对雄蝴蝶的吸引力,雄蝴蝶对它变得十分冷淡;而它所栖息的物体,却因长时间和它接触而沾上了它的气味,成为雄蝴蝶们的目标。不过,雌蝴蝶的吸引力很快就会恢复,被暂时遗忘的它不久就能重掌大权。

根据蝴蝶种类的不同,传送信息的气味出现的时间也有早有晚。刚孵化出的雌蝴蝶需要一段时间的成熟期,才能拥有自己的气味蒸馏器。有时,雌大孔雀蝶早上孵化,当晚就能吸引雄蝴蝶。但通常情况下,它们要等到第二天,也就是经过四十多个小时的准备之后,才能做到这一点。雌小条纹蝶把它们的招引活动推得更迟,它的结婚预告通常是在等待了两三天之后才发出的。

现在,我们暂时回过头来,说说触须那尚未确定的作用吧。雄性小条纹蝶和它在追逐雌性时的匹敌者——大孔雀蝶一样,长着华丽的触须。我们能把这叠成页状的触须看作是指引方向的指南针吗?于是,我又开始了以前曾经做过的截肢实验,但对实验的结果并不十分看重。被剪去触须的蝴蝶一只都没有飞回来。但我们并不急着下定论。大孔雀蝶的实验告诉我们,它们不飞回来是有原因的,比剪去触须更为重要的原因。

此外,还有一种名叫苜蓿蛾的小蝶蛾,与小条纹蝶很像,也长着华丽的触须,它向我们提出了一个令人十分尴尬的问题。在我家周围经常见到苜蓿娥,我都能在花园里发现它的茧。但它的茧总是同小条纹蝶的茧混淆起来。因为这两种茧非常相像,我曾经上过一次当。我本希望从六只茧里孵出六只小条纹蝶,不料在八月底的时候,却孵出了六只其他种类的雌蝴蝶。尽管我家附近无疑存在有戴着好看羽饰的雄蝴蝶,但出生在我家的蝴蝶妈妈身边的小蝴蝶,从来就没有出现过一只雄蝴蝶。

如果宽大的羽状触须真是远距离接收信息的器官,那为什么我那些长着华美触须的雄苜蓿蛾的邻居没被告知发生在我工作室里的事情呢?为什么它们有美丽的羽饰,却对某些事情无动于衷,而相似的事情可以让另一种小蝶蛾成群结队地赶来呢?这再次说明:器官并不决定能力。尽管有些昆虫长着类似的器官,但它们有的具有某种能力,有的却不具有。

绿蝇

我在一生中曾经怀有几个愿望,希望在自家附近能拥有一个水塘。这水塘要能避开冒失唐突的过路人的视线,周围还要长着一些灯芯草,水面上还得漂浮着浮萍、荷叶。空闲时,我可以坐在池塘边,柳荫下,思考那水中的生活,那是一种原始的生活,比我们现在所过的生活更加的单纯,温馨与野蛮中尚带着淳朴。

我可以观察研究软体动物生活的天堂,可以观赏嬉戏的鼓甲、划水的尺蝽、跳水的龙虱和逆风行进的仰泳蝽。仰泳蝽仰躺在水面上,摇动着它那长长的桨在划水,而它那两条短小的前腿则收缩于胸前,等着猎物的出现,准备抓捕。我可以研究正在产卵的扁卷螺,在它那模模糊糊的黏液里凝聚着生命之火,宛如朦朦胧胧的一片星云中聚集着恒星一般。我可以观察新的生命在蛋壳里旋转,勾画出螺纹,也许那就是未来哪个贝壳的轮廓。如果扁卷螺略通几何学的话,它也许能够勾画出如同地球围绕太阳运转的轨道来[1]。

经常跑到池塘边小憩,可以产生很多的想法。可是,命运却不让我遂愿,池塘终成泡影。我尝试着用四大块玻璃构成一座小池塘,可是心有余而力不足,这个我梦寐以求的水族馆未能建成。

春天来临,美国山楂树开花了,蟋蟀齐鸣。这时节,我脑海里又不断地浮现出我的第二个愿望。我走在路上时,看见了一只死鼹鼠和一条被石头砸死的蛇。二者的死都是人为的。鼹鼠正在掘土刨坑,驱除害虫,正巧有一农夫在翻地,他的铁锹一下子挖到了它,把它拦腰斩断,扔到一边。而那条游蛇,它是被春意融融唤醒的,来到了阳光下,蜕去旧衣,换上新衣。正在这时,被人发现。此人便说:"啊!你个可恶的东西,我要为民除害。"他边说边用石头把它的脑袋砸个稀巴烂。这条保护庄稼、在消灭害虫的激烈战斗中帮助过我们的无辜的蛇,就这么一命呜呼了。

这两个动物的尸体已经腐烂。人们经过它们的身旁时,扭头便走。只有观察家停下脚步,捡起了这两具尸体,瞧了瞧,只见一群活物在其上爬来拱去,这些生命力旺盛的昆虫正在啃噬着它们。我把它们又放回原处,"殡葬工"会继续处理这两具尸体的,它们会非常精心地负责完成自己的殡葬任务的。

我的脑海中一直浮现着一个愿望:了解清楚这些清除腐尸的清洁工的习俗,看着它们不停地在分解尸体,观察它们把死亡物质迅速地加工后收到生命的宝库中去。

我的这种愿望也许让人觉得荒诞,认为我不干正事,却关注腐尸烂肉和食尸虫等令人作呕的昆虫。请大家切勿作如是想。我们的好奇心所牵挂的最主要之点,一个是起始,一个是终结。物质是如何聚集的,如何获得生命的? 生命终止时,物质又是如何分解的? 如果我拥有一个小池塘,那些带有光滑螺纹的扁卷螺就可以为我的第一个问题提供宝贵的资料了;而那只腐烂了的鼹鼠将会解答我的第二个问题,它将会向我显示熔炉的功能,一切都将在熔炉里熔化,然后重新开始。

我现在可以实现我的第二个愿望了。我有场地,有我的荒石园昆虫实验室。没有人会跑到我这儿来打扰我、嘲讽我,我的研究也得罪不了什么人。到目前为止,一切都很顺利,只是有一点小小的麻烦,因为我养了一些猫,它们会到处乱窜,如果它们发现了我的观察物,就会前来捣乱、破坏,把它们叼得乱七八糟。为了防止我的那些猫的骚扰,我想了一个办法:建造了一个空中楼阁,四条腿的动物上不去,只有专攻腐烂物者才能飞抵那儿。

我把三根芦苇绑在一起,做成三脚架,放在荒石园中不同的地方,每个三脚架上吊有一只陶罐,里面装满沙子,离地面一米高,罐子底部钻一个小孔,如果下雨,雨水则可从小孔中流出。我把尸体放在罐子里。我选中的尸体是游蛇、蜥蜴、蟾蜍,因为它们皮肤光滑无毛,我可以很容易地监视入侵者的一举一动。不过,毛皮动物、禽类和爬行动物,我有时也要选用。我以两个苏作为酬劳,让邻居家的孩子为我提供货源。一到春天、夏天,他们便常常满心欢喜地跑到我这里来,有时用小棍挑着一条死蛇,有时用甘蓝菜叶包着一条蜥蜴。他们还向我提供用捕鼠器捕捉到的褐色家鼠,渴死的小鸡,被园丁打死的鼹鼠,被车轧死的小猫,被毒草毒死的兔子。这是一桩买家和卖家都十分满意的交易,以前村子里不曾有过,将来恐怕也不会有[2]。四月很快地过去了,罐子

[2] 作者把自己和孩子们之间的交换活动比作买家和卖家之间的交易,语句幽默,惹人发笑,表现出作者和小孩子们之间友好快乐的活动。

里的昆虫越聚越多。首先到访的是小蚂蚁。为了远离蚂蚁这不速之客，我才把罐子吊在空中的，可蚂蚁却对我的这番图谋嗤之以鼻。一只死动物刚放进罐子里还没两个钟头，尚未发出尸臭，它们不知怎么就赶来了。这帮贪婪的家伙沿着三脚架的支脚攀援而上，爬进罐内，开始解剖尸体。如果此肉正合它们的胃口，那它们就会在沙罐里安营扎寨，挖一个临时蚁穴，以逍遥自在地处理这丰富的食物。

这一季节，正是蚂蚁工作最繁忙的时节。它们总是第一个发现死动物。并且，总是等到死尸被啃噬得只剩下一点被太阳晒得都发白了的骨头时才最后一个撤离。这帮流动大军离得老远，怎么就会知道那看不见的高高的三脚架顶上有吃的东西呢？而那帮真正的肢解尸体者则必须等到尸体腐烂，发出强烈的气味，才会得知方向的。这就说明，蚂蚁的嗅觉比其他昆虫要灵敏得多，在臭气开始扩散开来之前，它们就已经嗅到尸体所在的地点了。

当尸体搁置了两天，被太阳烤熟烤烂了之后，臭气就散发出来了。这时候，啃尸族也就纷纷地赶了来。只见皮囊、腐阎虫、扁尸甲、埋葬虫、苍蝇、隐翅虫等一窝蜂地向尸体冲上去，啃噬它、消耗它，几乎把它吃个精光。如果光是蚂蚁在打扫战场的话，它们只能一点一点地搬，打扫卫生的工作要拖得很久。但上述的那帮昆虫，干起活来雷厉风行，很快就能完成清扫任务。有些使用化学溶剂的昆虫，其效率更加的高。

最值得一提的当然是苍蝇那一类昆虫，它们简直就是高级净化器。苍蝇的种类繁多，如果时间允许的话，这些骁勇善战的勇士每一位都值得我们去仔细观察，大书一笔。但这会让读者们感到厌烦的。我们只需了解几种苍蝇的习性，便可知其他种类的苍蝇的习性了。因此，我只把自己的观察研究范围局限在绿蝇和麻蝇身上。

绿蝇浑身上下一片闪亮，是大家都司空见惯的双翅目昆虫。它那通常呈金绿色的金属般的光泽，可以与最漂亮的鞘翅目昆虫——金匠花金龟、吉丁、叶甲虫等一比高低。当我们看到如此华丽的服装竟然穿在清理腐烂物的清洁工身上，总不免会觉得十分惊诧。经常光顾我的那些吊着的沙罐的是三种绿蝇：叉叶绿蝇、食尸绿蝇和居佩绿蝇。叉叶绿蝇和食尸绿蝇呈金绿色，为数不多,而居佩绿蝇则是闪着铜色光亮。这三种绿蝇,眼睛都是红红的,眼圈则是银色的[3]。

个头儿最大的是食尸绿蝇,但干起活儿来最内行的当属叉叶绿蝇。四月二十三日,我正巧碰见一只叉叶绿蝇在产卵。它落在一只羊的脖颈椎里,把卵产在那里面。它一动不动地在那里足足待了一个钟头,把卵全部都产了进去。我影影绰绰地看见了它那红眼睛和白面孔。我小心翼翼地把它产下的卵全部收集起来。

我本想数一下究竟有多少个卵,但此刻却没法去数,因为它们聚在一起,密密麻麻,难以计数。只能把这个大家庭养于一只大口瓶中,等它们在沙土地里变成蛹之后再数。我发现了一百五十七只蛹,这肯定只是一小部分,因为我后来又对叉叶绿蝇以及其他的绿蝇进行过观察,发现它们总是分好几次产下一包一包的卵,这真可以组建一支大兵团了。

我之所以说绿蝇分好几次产卵,是因为我观察到以下的一些情景,可以作证。我把一只经多日暴晒、有些发软的死鼹鼠平放在沙土上。它的肚皮边缘有一处鼓胀起来,形成一个穹隆。绿蝇和其他双翅目昆虫从来不在裸露的表面产卵,因为脆弱的胚芽经受不住暴晒,所以必须把卵产在阴暗隐蔽的地方。

在目前的情况之下,唯一的入口就是死鼹鼠肚腹下的那个皱褶。今天,只有在那个地方才有产卵者在产卵。一共有八只绿蝇。只见绿蝇或单个或几个潜入这个理想的穹隆下面。爬进穹隆的绿蝇在里面需要待上一段时间,在外面的绿蝇则需等待。等待者十分焦急,一次次地飞到洞口去张望,看看产房里的情况,是否已经产下了小宝宝。产房里的产妇终于出来了,停在死鼹鼠身上歇息,等着下一轮再进入产房继续产卵。产房中进来了新的绿蝇,它们也得在里面待上一段时间,然后才把床位让给下一批产妇,自己则去外面晒晒太阳,养精蓄锐。整个上午,只见它们就这么进进出出,忙个不停[4]。

由此得知,绿蝇产卵是分几次的,中间有几次休息的时间。当绿蝇感到已成熟的卵尚未进入输卵管时,它就会待在太阳底下,不时地飞起来转上一圈,然后落在死鼹鼠身上凑凑合合地吃点喝点。当成熟的卵进入输卵管时,它们便会尽快地找到合适的产房生下宝宝,卸去重负。因此,整个产卵过程需要持续两天。

[3]作者运用生动的描写,介绍了绿蝇的外形特征和种类。

[4]拟人手法,把产卵的绿绳拟作"产妇",它们进出"产房",腾让"床位",一副煞有介事的样子,把绿蝇产卵的过程描绘得颇有趣味。

我谨慎小心地把其身下有绿蝇在产卵的死鼹鼠掀起来,看见绿蝇正在产卵,十分地忙碌。它们用输卵管的尖端,迟疑地在摸索着,想尽量地把卵排在卵堆的最深处。当红眼产妇神情严肃地生产时,有不少蚂蚁正在它的周围忙着打劫,许多蚂蚁在离开时,嘴里都叼着一只蝇卵。我还看见一些胆大包天的抢掠者竟然爬到输卵管下面去抢掠。产妇并不予以理睬,任由它们去胡作非为,大概它心里有数,自己肚子里有的是卵,抢走那么一点算不了什么,无伤大雅,何必大动肝火。

确实,幸免于难的卵已足以保证绿蝇产妇组建一个兴旺发达的大家庭了。过了几天,我又回到那座妇产医院,掀起那具死鼹鼠看了看。在那具尸体下面的恶臭的浓血里,许多只小虫子在蠕动着。蛆虫的尖脑袋冒出了浪尖,晃动一下,立即又缩进到浪谷里去。这里真的是像波浪滚滚的海洋。掀起死鼹鼠的腰间部位之后,那景象让人恶心、发毛,但是,必须经受住考验,否则以后见到更可怕的情景就难以支撑住了。

我们现在见到的产房是一条死蛇组建的。它盘成一个漩涡状,占满了整个罐子的底部。只见不少的绿蝇纷纷飞来,而且,还有一些在继续飞来,壮大这支产妇大军。产房里不见你争我斗地抢床位的现象出现,产妇们都自顾自地在生产。死蛇那一圈圈盘旋所造成的缝隙是最最理想的产卵处所,这里可以避开毒日头的暴晒[5]。

金色的苍蝇排列成一根链条似的,相互间紧挨着。它们尽量地在把输卵管往缝隙里插,连翅膀被揉皱翘到头上也在所不惜,生产是头等大事,哪儿还顾得上这种打扮上的小事?它们一个个全都静声静气的,红红的眼睛看着外面,所排成的链接,时而会出现几处断裂,那是因为有几个产妇离开了自己的产床,飞到死蛇产房旁边散步,等待下一批卵子成熟进入输卵管之后,再回到断裂处,再次产卵。

尽管链接常常出现断裂,但生产速度并没减下来。仅仅一个上午,那螺旋状的缝隙中,就布了一层密密麻麻的卵。可以把这些卵成块地剥离下来,上面一尘不染。我用纸做了个小铲子,铲下来一大堆白色的卵,把它们放进玻璃管、试管和大口瓶里,然后,再放上一些必要的食物。

[5]采用拟人手法,生动地形容出绿蝇选择动物尸体作为"最理想的产卵处所"。

　　卵的长度约一毫米,呈圆柱形,表面十分光滑,两头略显圆圆的,二十四小时之内便可孵出。这时候,我脑子里想到了一个很重要的问题:绿蝇的幼虫将如何进食?我知道应该喂它们一些什么,可我都不清楚它们怎么吃。它们的吃法,从这个词的严格意义上来说,那能叫吃吗?我心存此怀疑是不无道理的。

　　我们来观察一番那些个头儿较大的绿蝇幼虫。它们是蝇类的普通幼虫,头部尖尖的,尾部呈截断状,整体看上去呈长锥形。尾部的皮肤表面有两个棕红色的点,那是气门。被称为头部的那个部位,其实只是肠道的入口,也可称之为幼虫的前部,那里有两个黑色的爪钩,装在半透明的套子里,时而微微向外凸出,时而收缩回套子里。那是不是可以被视之为大颚呢?绝对不行,因为这两个爪钩并不像真正的爪钩那样是上下对生的,它们是平行地长着的,永远不会相合[6]。

　　那么这两个爪钩到底是干什么的呢?它们是幼虫的行走器官,是移动爪钩。它们可以起到支撑的作用,在反复地一伸一缩的过程中,幼虫就能往前爬去,幼虫就是靠着这个看似咀嚼器的器官在行走的。幼虫的喉头犹如一根登山用的拐杖。我把幼虫放在一块肉上,用放大镜仔细观察,便发现它在散步,忽而抬起头来,忽而低下头去,每次都在用爪钩捣肉。当它停下来时,其后部静止不动,而前部则保持弯曲,以探测空间,那尖尖的脑袋在探索着,前进,后退,将那黑色的爪钩一伸一缩的,如同活塞在不停地运作一样。我观察得十分认真仔细,但却并未发现它的"嘴"沾到过一点撕扯下来的肉,也没看见它吞进过肉。爪钩不停地敲打着那块肉,但却从未从肉上咬下过一口来。

　　然而,蛆虫却在长大,变胖。那它到底是怎么吸取食物的,它可并未嚼食呀?它虽然没有吃,但它应该是喝了。它的食谱是肉汁。肉是固体物质,它不会使之液化,那它就得运用某种特殊的烹调方法把肉变成可以吸食的液体。我们得想方设法揭开它的这一秘密。

　　我弄上一块大小如核桃一般的肉块,用吸水纸把水分吸干,放在一头封闭的玻璃试管里,在这小块肉上,我还放了几小坨卵,是从沙罐里的那条死蛇缝隙中采集的,大约在二百粒左右。然后,我把玻璃试管口用棉花球塞上,将试管竖起,放在实验室的一

[6]这个自然段采用总—分的方法介绍绿蝇幼虫的外形特征,先总写其头部、尾部和整体三部分的特征,再分析尾部的气门、头部的两个爪钩,并引出下文。

处避光的角落里。我又弄了一个玻璃试管,也如法炮制,只是里面没有放蝇卵,我把它放在前一个试管旁边,以作参照。

蝇卵孵化后只两三天,结果就让我感到十分的惊讶了。那块用吸水纸吸干了的小肉块已经变湿了,甚至在幼虫爬过的玻璃管管壁上都留下了水迹,幼虫蠕动着经过的地方,都出现了一片水汽。而作为参照物的那个试管仍旧是干的,这就说明幼虫蠕动时所经过的地方留下的液体并不是从那块肉里渗出来的。

另外,幼虫仍在不停地工作着,其结果更加证实了这一点。那块小肉简直像是放在火炉旁边的冰块似的,一点一点地在融化,很快,那肉便变成了液体。它已经不成其为肉了,而是里比希提取液①。如果我把试管的棉花球弄掉,把试管倒置,里面的汁液会流得一滴也不剩的。

这绝不是肉质腐烂所导致的溶解,因为在作为参照物的试管里的那块同样大小的肉块,除了颜色和气味变了之外,看上去仍和原来的一样。原先是一整块,现在仍旧是一整块。而那块经过绿蝇幼虫加工过的肉块,却已经像是融化了的黄油似的稀稀的了。我们所见到的就是绿蝇幼虫的化学功能,我想,研究胃液作用的生理学家见了也会自叹弗如的[7]。

[7]"自叹弗如"是自叹不如的意思,比喻向高明者折服,这里形容绿蝇幼虫液化侵蚀肉质的化学功能超强。

这之后,我又用煮熟的鸡蛋蛋白做了实验,获得了更加强有力的证据。我把蛋白切成榛子一般大小,经过绿蝇幼虫加工之后,溶解成为无色的液体,我若不是做实验,知道是什么材料,真的会以为那液体就是水。液体的流动性强,幼虫在液体中失去了依托,不谙水性,便溺死其中。它们是因为尾部被淹没,窒息而亡的。幼虫尾部有张开的呼吸孔,如果泡在密度较大的液体中,呼吸孔会浮在液体表面上,但是,在流动性很强的液体中,呼吸孔就无法浮于水面上了。我同时也放了一个试管在一旁作为参照,管子里同样是没有放入绿蝇幼虫,结果,这个没有幼虫的试管里的熟蛋白块仍旧一如先前,硬度也没有变,如果不被霉菌侵蚀的话,它会变得更加的坚硬。

其他的装有四元化合物——谷蛋白、血纤维蛋白、酪蛋白和

①里比希(1803—1873年):德国化学家,在无机化学、有机化学、生物化学方面颇有建树。所谓的里比希提取液只是在此作一比喻而已。

鹰嘴豆豆球蛋白——的那些试管里，也发生了类似的变化，只是程度上有所不同而已。幼虫吸食了这些物质里的蛋白质，身体长得胖胖的，只要是能避免被淹死，那就万事大吉，健康地成长。生活在死尸上的幼虫也不见得比它们长得更好。再说，试管里的幼虫即使掉进液体中，也不必惊慌失措，因为试管里的物质仅仅处于半液化状态。其实，那并不是真正的液体，而是糊状流质。

即使使食物达到了这种不完全的液化状态，绿蝇幼虫仍不满意，它们仍然希望把食物变成液体。它们无法吃固体食物，所以喜欢流质，喜欢把头埋到流质里去吸食，仿佛在喝汤似的。那种起着相当于高级动物的胃液作用的溶液，无疑是来自它们的口腔。如同活塞似的不停地运作的爪钩连续不断地排出微量的溶液，但凡爪钩接触到的地方，都留下了微量的蛋白酶，致使被接触处很快地渗出水来。既然消化总的来说就是在液化，所以我们可以明确地说，绿蝇幼虫是先消化食物，然后再进食。

我从这种看似令人恶心的实验中得到了乐趣。我想，意大利学者斯帕朗扎尼神父发现，生肉块在那沾了小嘴乌鸦胃液的海绵作用下，变成了流质时，势必与我此时此刻的感受是一样的。这位意大利学者发现了消化的秘密，并成功地在试管里完成了胃液作用的实验，而当时，胃液的作用尚不为人所知。我这个远方的信徒也见到了使这位意大利学者惊讶不已的现象，不过，实验物却是人们无法想象得到的。绿蝇幼虫代替了小嘴乌鸦，它们腐蚀了肉块，破坏了肉块中的谷蛋白和熟蛋白，使之变成了液体。我们的胃是在隐蔽状态下工作的，而绿蝇幼虫却是在体外，在光天化日之下完成其功效的。它先消化，然后才把消化物像喝汤似的喝下去[8]。

看见这些绿蝇幼虫把头埋进这种汤里去，我就在寻思，它们真的不会咀嚼吗？或者不会以更直接的方式进食吗？为什么它们的皮肤罕见地光滑，难道皮肤能够吸收食物吗？我在拿金龟子和其他食粪虫做实验时，发现它们的卵明显地在变大，因而自然而然地便认为那是因为它们吸入了孵化室里的油腻空气所致。我认为，绿蝇幼虫能够依靠自己全身的皮肤吸收食物，除了"嘴巴"在吸食像汤似的液体而外，它们的皮肤也在帮助吸收和过滤。这也许就是它们必须先把食物变成液体的原因之所在。

[8]把意大利学者的实验和自己进行的观察绿蝇幼虫液化食物的实验相类比，既形象解释了这一现象，又表现出自己在实验中获得的乐趣，可谓两全其美。

我再举一例，以兹证明幼虫事先将食物液化的事实。如果把鼹鼠、蛇或其他动物的尸体放在露天的沙罐里，上面套上金属网罩，以防双翅目昆虫侵入，那么，尸体便会被烈日暴晒，变干，变硬，而不会像预料的那样使尸体下面的沙土润湿。尸体都是会渗出液体的，任何一具尸体都像一块吸足了水分的海绵似的，尽管水分的渗出极其缓慢，但都会被干燥的空气和热气所蒸发掉的，因此，尸体下面的沙土能够保持干燥，或者说保持基本的干燥。尸体因此而变成了木乃伊，变得如同一张皮了。

相反，如果沙罐不用金属网罩住，任由双翅目昆虫自由进出，情况马上就会大不相同。三四天的工夫，尸体下面就会出现脓液，而且沙土地被浸湿了一大片，这是液化的开始。

我又用一条较大的蛇做了实验，这条蛇长约一米五，有粗瓶颈那么粗。由于体积过大，超过了沙罐的容量，我便把它盘成双层螺旋状。当这个美味佳肴在旺盛地分解时，沙罐简直成了一片沼泽地，无数只绿蝇幼虫和更强大的液化器——麻蝇幼虫在这片沼泽地里蠕动着[9]。

沙罐里的沙土被浸湿之后，泥泞不堪，仿佛经受了一场大雨似的。液体从沙罐底部那个盖着一个扁卵石的预留小孔里滴下来。这是蒸馏器在运作，那条死蛇正在这只尸体蒸馏器中蒸馏。一到两周之后，液体将会消失，被沙土吸干，黏糊糊的沙土地上只会剩下一些鳞片和骨头。

总之，绿蝇幼虫可以说是世界上的一种力量，它为了最大限度地将死者的遗骸归还给生命，将尸体进行蒸馏，分解为一种提取液，让大地吸收，使大地变成沃土。

[9]把大蛇的尸体比作"美味佳肴"，沙罐变成"沼泽地"，把麻蝇幼虫比作"强大的液化器"，形容这些幼虫有液化侵蚀尸体的强大本领。

胡蜂

九月天，小儿子保尔同我一起外出散步，他眼力极佳，对事物充满好奇，又能凝神思考和观察，尚未受到尘世中纷繁杂念的干扰，这一切都说明他对于我来说会是个好帮手。我在小径边仔细搜寻着。在二十步开外处，小保尔刚刚发现有些东西正从地面钻上来，然后飞上天去了，片刻一只，片刻一只，箭一般迅速消失，仿佛草地上有一个小小的火山口，正在喷出东西来。"胡蜂窝，"保尔叫起来，"有个胡蜂窝，一定是[1]！"

我们轻手轻脚地靠上去，生怕惊动地层下那些凶险的胡蜂们。真是个胡蜂窝。蜂窝前厅有拇指一般大的圆形入口，在那里，胡蜂们匆忙来去，井井有条，擦肩而过。如果靠得太近，这些暴躁的兵痞子就会发起攻击，蜇得我们满头包。一念及此，我不禁打了一个寒战[2]。既然不能靠近它进一步了解情况，那么就让我们看一看现场的情况吧。天黑以后我们再来，胡蜂就会从田野里统统回巢了。

和胡蜂打交道，如果不加小心，是要吃苦头的。四分之一升汽油、一根一拃长的芦苇、一大团事先揉过的黏土，这就是我的工具。根据我从前几次成功接触胡蜂过程中总结出的经验，这些工具虽然简陋，却很有效。

采用窒息的方法，是我所能承受的最经济实用的办法。当好心肠的雷奥米尔打算把一窝活胡蜂放在玻璃罩下来观察它们的生活习性时，他有一帮跟班自告奋勇。这些人早已做熟了被蜇的活儿，再加上因此得到的报酬也委实可观，因此乐意用自己的皮肤来满足科学家的要求。而我只有自己单干，因此在冒险之前，我得考虑周全。我事先必须把窝里的胡蜂闷死，以防被它们蜇到。这种做法的确十分残忍，却是足够保险。

此外，我不需要重复大师观察过的而且观察得已经如此之好的事情。我的目标仅限于了解一些细节，要做到这一点，只需很

[1] 耳濡目染，法布尔的儿子也对昆虫产生了浓厚的兴趣，充满好奇，观察力和思考力得到提高。

[2] 作者形象地称胡蜂为"兵痞子"，而打寒战是因为他深深地知道胡蜂的暴躁和凶险。

175

少的几只幸存者供我观察就足够了。只要适当减少窒息药液的剂量，我绝对能捉到几只幸存的胡蜂。

我偏好汽油，因为它价格低廉，而且不像二硫化碳那么致命。只要将汽油放入胡蜂窝所在的洞就行了。蜂窝的前厅约一拃长，差不多与地平线平行，直通地下。将液体直接倒进这地下坑道的入口是一种愚蠢的行为，这会在挖掘时造成一连串的麻烦。有限的汽油在到达目的地之前，就会被土壤吸收。第二天，挖掘者以为毫无危险，但他将会铲出一大群愤怒的胡蜂来。

那段芦苇就是为了预防这种不测而准备的。它被插进坑道以后，就成了密封的管道，能把液体一滴不漏地送进洞穴。再加一个漏斗，就能迅速地把液体全都注进去。接着，再用带来的那一大块黏土把胡蜂住处的入口大面积封死；黏土得事先揉好，因为蜂窝附近经常是没有水可以用的。接下来就顺其自然了[3]。

[3]作者用两段的篇幅，详尽、具体地介绍了捕捉胡蜂的方法和步骤。

夜里九点左右，我和保尔将工具装进手提袋，手里提着灯笼，要去实施上述几个步骤了。此刻，天气宜人，还有点儿微微的月光。农庄里，犬吠声遥相呼应；橄榄树上，猫头鹰叫声呜呜；灌木丛中，意大利蟋蟀轻声合唱。我们父子俩闲谈着昆虫，年轻人渴求知识，频频发问，老年人则尽其所能，努力回答。捕捉胡蜂的夜晚是多么美妙，它补偿了我们丧失的睡眠，也让我们忘记了可能遭遇的蜇刺之苦[4]。

[4]捕捉胡蜂本是冒险的事情，但在法布尔看来却显得轻松愉悦，快乐无比。

我们到了。最棘手的环节是将芦苇秆插进蜂窝的前厅。从这一间警卫房里，可能会冲出一些卫兵，直扑那只因不熟悉坑道的方向而犹豫不决的手。我们料到可能会有这种危险，于是两个人中的一个望风，用手绢将可能冒出来的胡蜂赶跑。再说，如果在忍受了肿痛和奇痒之后就能实现某种想法的话，那么这个代价并不算太大。

这次，行动没有受到任何阻碍。导管被安置就位了，它将瓶中的液体引入了地洞。只听到地下的居民发出气势汹汹的沙沙声。我们赶紧用和好的黏土封住出口，再赶紧用鞋跟补上三两脚，把封口踩实。大功告成。十一点的钟声敲响，我们回去睡觉吧[5]。

[5]行动预案设计得完备细致，胡蜂插翅难逃了。

清晨时分，我们带着铁锹和铲子，再次回到蜂窝前。有许多胡蜂由于晚归而夜宿田间,正当我们要开始挖掘时,它们归巢了。不过早晨的凉意使它们不那么好斗,只需挥几下手绢,就能让它们离得远远的。不过,在太阳开始暴晒之前,我们还是赶快工作吧。

留在原地的芦苇秆指明了蜂窝前厅入口的方向,我们在它的前面挖了一条壕沟,宽度足以让我们能够完全自如地作业。接着,我们谨慎地一小片一小片挖掘,垂直的那一面泥土逐渐被挖掉了。这样挖着,终于在大约半米深的地方,我们看到一个完好无损的胡蜂窝,悬挂在一个宽敞洞穴的拱顶上。

这蜂窝真是一个杰作。它大小如普通南瓜,四周完全没有粘连物,只有在蜂窝的顶部,各种植物的根茎,特别是狗牙草的根深深扎入洞壁,将蜂窝牢牢地固定在洞顶上。只要地底的土质松软、成分统一,可以让胡蜂们挖掘出规则的形状来,那么蜂窝就会是圆球形的。而在布满石块的土层中,圆球会随着遇到的障碍物而改变形状,有的地方变形多一些,有的地方则少一些。

在纸质建筑和地下洞壁之间,总有一条一掌宽的缝隙。这是供那些建筑者们随意通行的大道,它们总是在不断地对建筑加以扩大并巩固。那儿延伸出一条小径,是胡蜂城与外界的唯一联系。在蜂窝下方,闲置的空间更大。它呈圆形,像一个宽大的盆,这样,胡蜂们就可以在蜂窝底部的蜂房上不断增添新的蜂房层,从而使蜂窝的整个外层也随之扩大。这一片形似锅底的空间同时还是胡蜂的垃圾场,里面堆积着蜂窝里落下的无数废弃物[6]。

洞穴宽大的空间不由让人产生疑问:是胡蜂们自己挖出这个地洞的吗?关于这一点,答案是毫无疑问的:这样标准与宽阔的洞穴可是不会平白存在的。最初,创建蜂窝的蜂后独自工作时,完全有可能为了图快,而利用某一个偶然发现的藏身所,本来可能是鼹鼠挖掘的;至于后来的洞穴,那个巨大的地下室,胡蜂们是完全靠它们自己挖的。那么清理出来的杂物——那些边长可达半米的土块又到哪里去了呢[7]?

蚂蚁习惯在自己的家门口把清理出的杂物堆成圆锥形小丘。要是胡蜂也有堆积的习惯,那么用它挖出的成百升甚至更多的土,早就不知堆成多大的山了!可事实远非如此:在它的门前没

[6]胡蜂多么像建筑大师,把它们的巢穴建得如此优越,叹为观止:外部形状规则,内部空间宽大,胡蜂们随意通行。

[7]提出问题,设置悬念,引起下文。

有一点杂物，干干净净。它是怎么处理那么大的土块的呢？

不少性情温和的昆虫给出了答案，观察它们容易极了。看看一只石蜂是如何疏通自己准备利用的旧巢穴的，再观察一只切叶蜂是如何打扫蚯蚓的走道，以便堆放几袋叶片的。这些昆虫牙里咬着细小的垃圾——通常是一片丝质的挂毯碎片或一个土壤的颗粒，热情激昂地猛然一跃，飞至远处将携带的微不足道的垃圾抛掉。它们旋即一个一百八十度的大转身，回到工地，再次衔着垃圾腾空飞向远处，这种飞行的结果与付出的努力完全不成比例。似乎这些小昆虫担心，如果只用腿脚清扫垃圾微粒，仍然会造成现场的堵塞。它非要振翅高飞，把那些细琐的废物抛到远处不可。

胡蜂也是用同样的方法工作的。成千的胡蜂一起挖掘着地下室，并根据需要将它不断扩大。它们每一只都用上颚衔着自己的一小块土出去，飞到远处，再将携带着的土块抛掉，有的近些，有的远些，遍布四面八方。挖出的土块就这样四散在广阔的土地上，不会留下明显的痕迹[8]。

胡蜂窝的建筑材料是一种薄薄的有弹性的灰色纸，上面分布着浅色环形带状条纹，条纹的颜色根据使用的木质不同而变化。要是根据普通胡蜂的习惯，使用一张单层纸片，那么蜂窝的抗寒能力就不怎么样。但是，正如热气球大师懂得利用球体层层相套而形成的空气层来保存热量一样，常见的胡蜂对热学原理的通晓程度并不差，它能通过其他途径达到相同的效果。它用纸浆造出一张张大大的鱼鳞状薄片，将它们像瓦片一样松松垮垮地重叠成许多层。所有这些薄片就像一块绒布，既厚实又多孔，充满了静止的空气。在温暖的季节里，这样建成的庇护所一定会非常热，能达到北非那儿的温度[9]。

在胡蜂行会中，首屈一指的黄边胡蜂素以精力旺盛、骁勇善战而闻名，它筑巢的时候也同样采用圆球形构造，利用隔层中间的空气保温的原理。在柳树洞或废弃阁楼的某个角落里，黄边胡蜂造出一个金黄色的硬纸板包，上有环状条纹，非常易碎，由许多木质碎片黏结而成。它的蜂窝呈球形，外壳由大块凸起的鳞状薄片组成，就像焊接起来的瓦片，层层叠叠，各层之间留有很大空

[8] 胡蜂像燕子衔泥一般处理挖掘地下室时产生的泥土。

[9] 胡蜂的窝具有保温性，在作者笔下，胡蜂俨然成了一位通晓热学学理的热气球大师。

隙,可以使空气在那里滞留下来。

胡蜂许多科学的行为都符合我们的物理学与几何学原理:它在保暖工艺方面超越了我们,使用空气这种隔热体来防止热量的丢失,蜂窝外围采用表面积最小、但容积却最大的形状,蜂房选用最节省空间与建材的六边形柱体结构。有人说,胡蜂是在不断改进之后才自行构思出这种建筑物的。我却无法相信,因为我亲眼看到整整一窝胡蜂都因为我的诡计而全军覆没,而它们只要有那么一丁点思考能力,就能很容易地挫败我的计谋[10]。

这些高明的建筑师会在微不足道的困难面前束手无策,它们的愚蠢使我们非常惊讶。除了日常工作之外,它们完全没有逐步改进蜂窝所需要的清醒头脑。一个实验向我证明了这一点,让我们来看看下面这个简单易行的实验。

机缘巧合,普通胡蜂在我家院子的围墙里安了家,蜂窝就建在一条小径边。家里没有一个人敢冒险在它的附近走动:这样做很可能会招来危险。必须把这些吓唬孩子的坏邻居赶走。同时,我也要利用这个大好机会来做实验,因为实验器具都是些玻璃制品,不可能在野外使用,否则很快就会被淘气的孩子们打破而报废的。

我所说的器具只是一个化学实验用的钟形大玻璃罩而已。趁夜幕降临,胡蜂归了巢,我把地面整平之后,将钟形罩扣在蜂窝的洞门上。第二天胡蜂去上工,但却飞不出罩子,这时它们会在罩子边缘的地下挖掘一条通道吗?这些能挖掘出宽敞洞穴的勇士们,是否能知道只需一段短短的地下通道,就能给它们带来自由呢?这就是问题的所在[11]。

第二天,强烈的阳光射在玻璃罩上。上工的胡蜂们从地底下蜂拥而出,迫不及待地要出发去觅食。它们撞在透明的罩壁上,摔落在地,然后重新飞起来,胡乱地盘旋着,拥挤不堪。有一些胡蜂因为狂舞乱跳而疲惫不堪,就落到地面,顽固而漫无目的地乱爬,最后回到窝里去了。随着阳光越来越炙热,又来了另一批胡蜂,接替了前一批。但是,我们注意到,没有一只用脚去刨那可恶的钟形罩下面的土。这种逃跑方式大大超出了胡蜂的智力范围。

[10]胡蜂窝的建筑工艺再高明,都是它们的本能使然。

[11]作者进一步用实验证实胡蜂不会运用智慧解决实际问题。

有几只在外面过夜的胡蜂,现在从野地里回来了。它们绕着钟形罩飞了又飞,终于,其中一只犹豫了良久,决定在罩底掘地,其他胡蜂急忙过来帮忙。一条通道毫不费力地挖好了,胡蜂们都进了通道。我随它们去。当所有的迟归者都回到了巢穴中,我就用泥土把通道口封住。从罩子里面看去,这个洞或许可以作为出口,我想给囚徒们一个机会,让它们自己挖掘逃生的隧道。

就算胡蜂的智力再怎么低下,逃脱的可能性现在也应该很大了。我心想,由于刚刚获得的经验,那些迟归者会给其他的胡蜂做一个示范,它们会把在围墙脚下挖掘的办法传授给其他胡蜂。

可我太高估这些挖掘者了。既没有示范,也没有传授经验。钟形罩里的胡蜂丝毫没有对使迟归者顺利进去的方法做任何尝试。整群的胡蜂在罩里的炙热环境中盘旋着,却束手无策。日子一天天过去,由于饥饿与高温,它们挣扎着,大批地死去。一个星期过后,已经没有一只存活的了。地上的尸体堆成了山。由于无法在自己的习惯中创新,胡蜂城就这样毁灭了[12]。

这种愚蠢的行为使我想起奥都本讲述的野火鸡的故事。在一些黍米粒的引诱下,野火鸡们通过一段短短的地下通道,进入一个由栅栏围成的牢笼里。大快朵颐之后,它们想走了。牢笼中心的通道口仍然大开着,但对于这群愚蠢的家伙来说,利用来时的通道出去,实在是太过高深的计策。通道里很暗,日光透过栅栏照射进来。于是这些鸟儿们便贴着栅栏无休止地团团打转,直到设下陷阱的猎人到来,拧断它们的脖子。

我们家中有一种捕捉苍蝇的巧妙陷阱,把一个开口向下的长颈大肚玻璃瓶放置在三个矮支架上。瓶里放一些肥皂水,水在开口处的周围形成一个环形湖,把一块糖放在开口处作为诱饵。苍蝇飞来了,刚开始,它们看到日光来自上方,就垂直往上飞进了陷阱;在瓶里,它们反复撞在玻璃壁上直至筋疲力尽。最后所有苍蝇都淹死了,因为它们不懂这个基本的道理:从哪里进来,从哪里出去[13]。

玻璃罩里的胡蜂也是如此:它们知道如何进去,却不知道怎样出来。当它们从地洞里出来时,是往亮处飞的。它们在那透明的监狱里找到了光线,就算达到了目的。有障碍物妨碍它们飞行,不要紧,只要罩子里充满了光线,就足以欺骗那些囚犯了。尽管与玻璃的反复冲撞在不断提醒着它们,可它们仍然固执己见,毫无其他尝试,只是朝着更远处的明亮天空冲去。

　　从野地里回来的胡蜂就不一样了,它们从亮处飞向暗处。此外,在没有实验者干扰的自然条件下,雨水冲刷或行人踩踏带来的泥沙有时也会堵塞它们巢穴的洞口。在这种情况下,突然归巢的胡蜂免不了要做这些事情:它们四处搜索,清扫泥沙,加以挖掘,最终找到入洞的通道。这种透过泥土对家的嗅觉,这种急于挖掘出家门的迫切愿望,是胡蜂与生俱来的能力,是上天赋予这个种群的财富,以便它们在日常的意外事件中保护自己。这完全不需要通过思考而产生策略:自从世界上有胡蜂以来,泥土堵塞洞口已经是司空见惯的事了,只要挖土就能进去[14]。

　　在钟形玻璃罩脚下,情况没有任何改变。从地形上说,胡蜂对蜂窝的位置非常了解,但无法直接进入。怎么办呢?犹豫片刻之后,它们就依照古老的惯例,挖掘、清扫,问题就解决了。总之,胡蜂懂得怎样排除某些障碍回巢,因为它的行为符合在类似情况下的解决办法,完全不需要它愚昧的头脑进行新的思考。

　　可是,虽然遇到的困难一模一样,但它却不知道如何出来。就像美国博物学家所说的火鸡一样,它在这个问题上迷失了:认识到进来时正确的入口,也就是出去时正确的出口。由于迫不及待地想离开,胡蜂与火鸡一样,在日光下绝望地挣扎着,直至精疲力竭,但两者却都没有注意到地下通道,这是一条轻而易举的自由之路。它们之所以都没有想到,是因为这需要稍微多一点思考,需要抑制住当时向日光逃跑的冲动。胡蜂与火鸡就这样死去了,而不是用过去的经验来指导今天的行动,哪怕只要对以往的策略稍做改动就行[15]。

　　我们赞扬胡蜂,因为它发明了圆形蜂窝和六边形蜂房,也就是说,在节约空间和材料的问题上,它们可以和我们的几何学家相媲美。我们把空气隔热层的杰出发现归功于胡蜂的创造,因为我们的物理学家也不一定能发明比这更精巧的隔热垫。但这些杰出的发明也许只是出自如此不开化的脑袋,连把入口当作出口都不懂!我难以相信,如此奇迹居然是受这样的蠢材启发想出

[14]作者强调了胡蜂所有行为都与它们的本能有关,同时也说明动物只能靠本能活着。

[15]想问题、干事情,不能因循守旧,要创新:这就是胡蜂和火鸡们带给人类的启示。

的。这样的艺术应当有更加高深的渊源。

现在,让我们打开蜂窝厚厚的外壳。蜂窝的内部由许多布满蜂房的巢脾和巢盘占据着,它们水平地排列着,相互之间由坚实的支柱连接,巢脾和巢盘的数量并不固定。季尾的时候可达十多层甚至更多,蜂房的开口在巢脾和巢盘的下方。在这奇异的世界里,幼蜂们生长着,昏睡着,倒立着接受喂养。

出于喂养幼虫的需要,各层巢脾和巢盘之间都由空余的空间分开,并由支柱固定着。在这里,工蜂们来来往往,马不停蹄地照顾着幼蜂。蜂巢外壳与巢脾的立柱之间,有许多活动侧门,便于四处穿行。最后,在外壳的侧面,开着胡蜂城的城门,比起整个建筑来它算不上富丽堂皇,只是毫不起眼地淹没在围墙的鳞片结构之中。门的正对面,就是蜂窝通往外界的地下前厅。

下层巢脾中的蜂房比上层的大,它们用于培育雌蜂与雄蜂,而上层的蜂房供体形较小的无性工蜂使用。起初,胡蜂社群需要大量的工蜂,就是那些完全沉湎于工作的单身汉,它们将蜂窝不断扩大,让它成为欣欣向荣的胡蜂城。接下来,又该为城市的下一代而操心。于是建造了更加宽敞的蜂房,一部分给雄蜂,一部分给雌蜂。根据我下面将要给出的数据,雌雄胡蜂约占总数的三分之一。

另外需要注意的是,在一些有了一些年头的胡蜂窝里,上层蜂房的隔墙一直被蛀蚀到了根部,成了只剩下地基的废墟。当胡蜂社群拥有了充足的劳动力,只需通过雌雄蜂的增长来补充数量时,这些窄小的房间就没有用了,于是就被铲平,那些纸质的墙壁被重新转化为纸浆,用于建造雌雄胡蜂更大的育婴房。这些被拆毁的蜂房与来自外界的材料一起,被用于建设更大、更新的蜂房,也许,它们也被用来为蜂窝的外壳增添一些鳞片。当家里有可以利用的材料时,吝惜时间的胡蜂是不会不遗余力地到远处去开采的。它也像我们一样,知道以旧翻新[16]。

一个完整蜂窝里,有数以千计的蜂房。这里以我的一个统计为例。巢脾被按照年份的顺序排列:因此,年份最老的巢脾位于最高的顶层,是 1 号;最新的同时也是最低的巢脾是 10 号[17]。

[16] 胡蜂也会"旧材改造""就地取材""以旧换新"。

[17] 运用表格的形式把胡蜂窝的巢脾和蜂房的个数直观地展示出来,让人一目了然。

巢脾自上而下排序	直径（厘米）	蜂房数
1 号	10	300
2 号	16	600
3 号	20	2 000
4 号	24	2 200
5 号	25	2 300
6 号	26	1 300
7 号	24	1 200
8 号	23	1 000
9 号	20	700
10 号	13	300
总计		11 900 个蜂房

当然，这个表格所反映的只是大概的统计数据。不同蜂窝的蜂房数目差别很大，没有精确的数字。每一层巢脾中，蜂房的计数大约精确到一百。虽然数字的弹性如此之大，但我的统计结果与雷奥米尔的还是不谋而合。他在一个有十五层巢脾的蜂窝中，数出了一万六千个蜂房。这位大师还补充说：一个只有一万间蜂房的蜂窝每年可产出三万多只胡蜂，因为这些相互依托的蜂房恐怕没有一间不曾养育过三只幼蜂。

统计数据说是三万只。但当严酷的冬季到来后，这一大群胡蜂会怎样呢？我会知道的。现在是十二月，已经有了霜冻，不过还不很严重。我发现了一只蜂窝。这归功于为我提供鼹鼠的老实人，我的菜地歉收，他只收几个钱，就为我提供他种出的菜。虽然与胡蜂为邻给他带来了麻烦，但为了我，他还是在他菜园的菜花中间保留了那只蜂窝，使我可以随时去看它。

时机到了。事先要实施的汽油窒息法这时已经没有必要了：冬季的严寒应该平息了胡蜂的狂暴。它们冻僵后变得温和了，打扰它们时，我只要稍加小心就可以免遭报复。于是，一天清晨，在凝结着霜冻的草丛间，我用铁锹挖了一条沟，将蜂窝包围起来。工程如我所愿地进行着，没有什么风吹草动。就这样，那个蜂窝呈现在我眼前，悬挂在地洞的拱顶上。

在圆盆形的洞底，躺着不少胡蜂的尸体，还有一些奄奄一息的，多得可以一把一把地抓起来。这些胡蜂似乎知道自己时日不多,就离开了巢穴,任自己坠入洞中的地下墓穴。这些死者也有可能是被健康的胡蜂丢入洞底的。纸制的圣殿可不能被尸体给玷污了。

在地下洞穴的露天洞口,同样堆积着大量的死胡蜂。它们是自己爬出来死在那里的吗?还是活着的胡蜂为了卫生起见而把它们搬出来的?我宁愿相信这是一种匆忙的葬礼。奄奄一息的家伙,腿脚还能动弹,却已被抓住一条腿,拖到陈尸场去了。寒冷的黑夜会将它送上西天。胡蜂这种野蛮的葬礼和它的其他一些野蛮行径是相符的,我们以后就会谈到。

在蜂窝里面和外面的墓地里,横七竖八地躺着三种胡蜂的尸体。其中以无性别的工蜂最多,其次是雄蜂。这两类胡蜂死去是很正常的事,它们的使命已经完成了。但是,死去的也有腹部两侧装满了卵、即将成为母亲的雌蜂。幸运的是,蜂窝还没有成为一座空城。透过一条缝隙,我看到窝里蜂群攒动(cuán)动,用来完成我的计划绰绰有余。我把蜂巢带回家,安置停当,就能安然自得地在家里观察一阵子了。

胡蜂窝拆开后更加便于观察。我把支柱切断,将巢脾一层一层分开,然后重新堆放起来,再为它们找了一大片外壳作为屋顶。胡蜂们又在家里重新定居了下来,但是数量有限,以免由于数量过多而引起混乱。我丢弃了其他的胡蜂,只留下最健壮的。我研究的主要对象——雌蜂大约有一百只左右。在这个时节,冻得半死不活的蜂群平静多了,不会给筛选和转巢工作带来危险。我只要有一些镊子就行了。整个蜂窝被放置在一个大罐里,上面罩着一张钟形金属网。接下来只需日复一日地注意里面发生的事就行了。

当严酷的冬季来临时,导致蜂窝里的蜂群数量减少的原因可能有两个:饥饿和严寒。冬季里,胡蜂的食物匮乏,它的主要粮食——甜水果没有了。最终,虽然身居地下的避难所里,这些饥民还是被霜冻结果了性命。情况真是这样吗?我们拭目以待[18]。

装胡蜂的罐子在我的房间里,冬季里的每一天,那儿都燃着火苗,给我取暖,也给我的昆虫们取暖。那里从来都不结冰,一天的大部分时间都能晒到太阳。这温暖的避难所排除了因为寒冷

[18]作者先推测出两个让蜂群减少的原因,接着运用设问句提出问题,引出下文。

而减员的可能。这里也没有饥荒的威胁。金属罩下放着满满一小盅蜂蜜,还有几颗葡萄,是我从保存在稻草里的最后几串葡萄上摘的,用以丰富食物的种类。有了这样的食物储备,蜂群的减员就不会是由饥荒引起的了。

这些准备措施完成之后,事情刚开始进展得还不坏。夜间,胡蜂蜷缩在巢脾中间,当太阳照射到钟形罩上时,它们就出来,沐浴在日光下,相互簇拥。随后,它们又活跃起来,一会儿爬上拱顶,懒洋洋地闲逛;一会儿又爬下来,畅饮蜂蜜,啃啃葡萄。工蜂们腾空而起,翩翩盘旋着聚集在金属网下;顶着长角的雄蜂们卷曲着触须,一副愉快活泼的样子;雌蜂们则显得更加臃肿,不参与这些嬉闹。

一个星期过去了。虽然胡蜂光顾食堂的时间很短,但这似乎也表明它们生活得还比较安逸。可是现在,死亡开始侵袭整个蜂群,而且没有任何明显的原因。一只工蜂在阳光里,一动不动地附在一片巢脾的斜坡上。它身上毫无不适的征兆。突然,它掉落下来,仰面朝天,腹部抽搐了一阵,腿脚蹬了几下,然后就停止了活动:它死了[19]。

雌蜂这边也引起了我的恐慌。我恰巧看到一只雌蜂从蜂窝里滑了出来,仰面朝天,腿脚活动着就像打哈欠伸懒腰的样子,肚子剧烈地抽动,一阵痉挛之后,就一动不动了。我以为它死了,可其实不然。它晒了一会儿太阳之后,如同服下了最滋补的补药,又恢复了常态,回到巢脾中去了。但重获新生的雌蜂并没有就此安然无恙。下午,它又再次发作,这一回它完全失去了活力,蹬腿归天了。

哪怕只死了一只胡蜂,死亡终归是一件严重的事情,应当引起我们的深思。日复一日,我既好奇又激动地观察着我那些昆虫临终前的日子。其中有一个细节特别令我震惊:那些工蜂会猝死。它们来到巢脾表面,任自己滑落,仰面掉在地上,再也爬不起来,似乎被雷电击中了一般。它们的生命走到了尽头:它们是被年龄这无法逃避的毒剂夺去生命的。当发条松开最后一圈的时候,机械就停止运转了[20]。

然而,那些在胡蜂城里最晚出生的雌蜂,则根本不受衰老的

[19]胡蜂们悠闲、活泼、其乐融融,与后面胡蜂的相继死去形成鲜明对比。

[20]运用比喻手法,描写工蜂的猝死过程,分析猝死的原因。

折磨,相反,它们的生命才刚开始。它们有着年轻的活力,因此,当冬天的烦恼来临时,它们还能抵御一阵,而年老的工蜂们则会猝死。

雄蜂也一样,只要它们的任务还没有完成,就也能坚持得不错。我的罩子里就有几只雄蜂,一直精力充沛,敏捷灵活。我看到它们向女伴接近示爱,但并不强求。雌蜂温和地用腿将它们推开,这会儿已不再是令人陶醉的交尾期了。这些晚了一步的家伙错过了合适的时机,它们将毫无用处地死去。

离死期不远的雌蜂变得懒于梳洗,因此很容易将它们和其他雌蜂区分开来。它们的背上沾满了灰尘,而那些健康的雌蜂在蜜碗边恢复体力之后,就会安顿在阳光里,不断地为自己的身体掸灰。它们神经质地轻轻伸长后腿,不停地刷洗翅膀和腹部,前腿则一遍又一遍地扫过头部和胸部。因此,它们那黑黄相间的外套保养得很好,总是泛着美丽的光芒。而那些病恹恹的雌蜂,一点也不操心打理自己的卫生状况,只是一动不动地待在阳光里,或者无精打采地闲荡。它们已经放弃了,不再为自己洗刷了[21]。

懒于梳洗可不是好兆头。果然,两三天之后,满身尘垢的雌蜂最后一次步出蜂窝,到屋顶上再享受一次阳光;接着,它那无力的腿脚松开了攀附物,轻轻地倒在地上,奄奄一息了。为了保持蜂窝的绝对清洁,它没有死在自己深爱的纸屋里。

如果那些洁癖狂一样的工蜂还在,就会将这只行动不便的雌蜂拖到蜂窝外面去。但因为严冬的到来,它们早早冻死了,于是那些垂死的雌蜂自管自了,任自己落到地下洞穴底部的尸体堆中。为了大量群居,胡蜂们对卫生要求极严,为了不造成污染,这些坚忍的胡蜂拒绝死在蜂窝里,或是巢脾之间。即使是最后一只胡蜂,临死前还坚持着集体生活中养成的铁一般的习惯。对于它们而言,无论蜂群的数目减少到何种程度,这条法则始终不变[22]。任何死尸都必须远离幼蜂的寝室。

时日匆匆,虽然蜂窝里气温适宜,健壮的胡蜂仍有蜂蜜可以吸食,但我罩子里的胡蜂数量仍然在减少。圣诞节前,罩子底只剩下十余只雌蜂了。1月6日,一个雪天,最后一只雌蜂也死了。

为什么我所有的胡蜂都死掉了呢?我对胡蜂的照顾不可谓

[21]通过病态的雌蜂和健康的雌蜂的对比,彰显生命的魅力。

[22]包括胡蜂在内的任何一种动物群体都有它们的生存法则。

不用心,这些足以避免在通常情况下可能会引起的死亡。它们有足够的葡萄和蜂蜜维持体力,并无饥荒之虞;它们有我家的火炉取暖,并无寒冷之忧;它们成天都在晒着日光浴,安居在自己的蜂窝中,根本没有思乡恋家之苦。那么它们何以死掉了呢[23]?

我能理解为何雄蜂会消失,因为它们的存在已经没有了价值:交尾已经完成,蜂卵也已受精。对于工蜂的死,我的解释难以自圆其说,因为春天再度来临时,新领地的建设正需要它们。而对于雌蜂的死,我则是完全不能理解。我原本有近一百只雌蜂,却都在新年到来时死掉了。它们十月或十一月刚破茧而出时,是多么年轻有活力。它们是蜂窝的希望,然而它们仍旧未能幸免于难。它们同体弱无用的雄蜂和积劳成疾的工蜂一样,死去了。

钟形罩的约束也并非它们的死因,因为在田野里,同样的事情也在发生着。我在十二月末观察那些蜂窝时,也看到了蜂群大量死亡的情况。雌蜂的死亡几率几乎同其他胡蜂没有差别。

这是显而易见的。我无法确知出生于同一蜂窝的雌蜂有多少只。但是,蜂群墓穴里成堆的雌蜂尸体告诉我,它们大概有成百上千只。只需一只雌蜂就能建立起拥有三万居民的胡蜂城。如果每一只雌蜂都繁衍后代,其数量会是多么惊人啊!胡蜂们将称霸乡间。

自然规律决定了大多数胡蜂必将死去。但造成它们死亡的并不是某一场突发的传染病或者恶劣的天气,而是宿命,这宿命以一种狂热促使胡蜂繁衍,也以同样的狂热去摧毁胡蜂。这样问题来了:既然只要有一只雌蜂存活下来,就能保障整个种族的延续,那么何以一个蜂窝里还需要这么多雌蜂呢?何以是一群雌蜂而不是一只?何以要有这么多牺牲者?这真是一个让人困惑的问题,非我们幼稚的理解力所能企及[24]。

[23] 运用排比句子,表达了作者对胡蜂死因的百思不解。

[24] 作者相信胡蜂的死亡有其固有规律,但对这种规律感到无法理解。

黑腹狼蛛

蜘蛛有一个很坏的恶名：大多数人认为它是可怕的动物，人人见了都会立刻将它踩死。不过一个仔细的观察家会发现，它是一个十分勤奋的劳动者，是一个天才的纺织家，也是一个狡猾的猎人，并且有着悲惨的爱情和极为有意思的生活习性[1]。所以，即使不从科学的角度看，蜘蛛也是一种值得研究的动物。不过，据说蜘蛛有毒，这便成了它的罪名，成了人们惧怕它的首要原因。如果有毒是指这小虫子长着两颗毒牙，能迅速置它抓住的小猎物于死地，那么，蜘蛛的确是可怕的；但是，谋害一个人和毒死一只小飞虫毕竟迥乎不同。不管蜘蛛的毒液能怎样迅速把缠在致命蛛网上的昆虫毒死，它对我们人类而言都不会比蚊子的一刺具有更可怕的后果[2]。至少在我们这里，大多数蜘蛛都是如此。

不过，有一些蜘蛛的确是有毒的[3]。首先就是令科西嘉①农民心惊胆战的红带蜘蛛。我曾亲眼见过它在农田的田埂上安营扎寨、吐丝结网，并试图猎杀比它大得多的昆虫；我也曾仔细观察过它那布满胭脂红点的黑绒外衣；我还特别听说过它那些使人闻风丧胆的种种杀人手段。在阿雅克肖和博尼法乔一带，被红带蜘蛛咬伤据说是一件十分恐怖的事，严重的会导致死亡。在乡下，人们都这么传说，就连医生也对此头疼不已。而在离阿维尼翁不远的皮若一带，收割庄稼时，谈到球腹蛛，人们无不惊悚②（sǒng）万状。这种蜘蛛最早是由莱昂·杜福尔在加泰罗尼亚的山上找到的。据农人们说，但凡被它咬伤，非死即伤。在意大利，狼蛛被风传得尤为可怕，凡是被它咬伤的人便会全身狂抖不止，有如癫痫。据说，想要治好"狼蛛病"——被这种意大利蜘蛛咬伤后所得的病就叫"狼蛛病"——只能求助于音乐，这是唯一的良药。有人记下了一些特殊的曲调，治这种病最为有效。还有专门用于治疗

①科西嘉：地中海第四大岛，属于法国。
②悚：害怕恐惧。

的舞谱和音乐。我们不也有节奏强烈、蹦蹦跳跳的塔兰泰拉舞吗？也许这种舞蹈就是从卡拉布里亚③农民的治疗方法中流传下来的。

对于这些奇闻，我们是应该当真呢，还是一笑置之？我所见甚少，不敢妄断[4]。不过，没有任何证据说明身体虚弱或敏感的人在被狼蛛咬了之后不会产生神经紊乱，而音乐则能减轻这种紊乱；同样，也没有任何证据说明剧烈舞蹈所导致的大量出汗不会减少致病的毒素，从而减轻病情。所以，我没有一笑置之，而是仔细思考，当卡拉布里亚的农民对我讲他们那里的狼蛛时，当皮若的收割者对我讲他们那里的死神球腹蛛时，当科西嘉的耕作者对我讲他们那里的红带蜘蛛时，我询问他们了[5]。看来，这些蜘蛛以及其他一些蜘蛛同它们的可怕名声是名实相符的，或至少是部分名实相符的。

关于这个问题，我们这个地区最为强壮的蜘蛛——黑腹狼蛛，等一会儿将会引起我们的思考。我谈的不是什么医学问题，我最关心的只是昆虫，但由于毒獠牙在蜘蛛捕猎的过程中扮演着重要的角色，我要附带谈谈它的作用。我要谈的主题是：狼蛛的习性、它如何埋伏、它的诡计、它如何杀死猎物。我要用莱昂·杜福尔的一段话作为开场白，这段话曾在过去给了我愉快的享受，它对促进今天我和昆虫之间的密切关系也不无影响。朗德的这位学者跟我们谈的是普通狼蛛以及他在西班牙观察到的卡拉布里亚狼蛛：

狼蛛理想的住所是干旱、没有农作物、向阳的开阔地。平时，至少在成年后，它们会住在自己挖掘的地下坑道里，那里既狭窄又肮脏。坑道呈圆柱形，直径通常为一寸，挖在地下一尺多深的地方，但它们并不垂直。这些羊肠坑道的居民证明自己不仅是灵巧的猎手，也是能干的工程师。它们不仅要在地下深处建造一间陋室，用来躲避敌人的追捕，还要在那儿设立瞭望站，以便侦察猎物，像离弦之箭扑向它们。狼蛛考虑得很周到：地下坑道起先是垂直的；但在离地面五六寸的地方折成一个钝角，形成一段水平的拐角；然后重新变成垂直。正是在这个坑道的起点，狼蛛像警

[4]法布尔对各种奇闻都很宽容，审慎待之，不妄下结论，这就是科学态度。

[5]运用排比句，增强了表达效果，体现了作者锲而不舍、追求真相的科学精神。

③卡拉布里亚：位于意大利南部的一个区。

惕的哨兵一样躲着，目不转睛地注视着门口的动向；同样也是在那里，我在捕捉它们的时候看到了那钻石般发亮的眼睛，就好像黑夜中的猫眼一样，闪闪发光。

坑道的洞口通常有一段管子，那是狼蛛自己用各种材料建造的。它是一座名副其实的建筑物，超出地面一寸，直径有时达两寸，比坑道本身还要宽。管子的这种结构似乎是灵巧的蜘蛛精心计算的结果，以便它在捕捉猎物时能更好地施展开手脚。管子的材料主要是干木块，由黏土黏合，非常巧妙地相互重叠，形成一个内部空心的圆柱形笔直脚手架。圆柱的内壁贴着一层蜘蛛用它的丝织成的保护层，一直延伸到整个坑道的内部，使这管形建筑，或者说突出的堡垒更加坚固。不难想象这个制作得如此巧妙的保护层是多么有用，它既可以防止坑道塌方或变形，又可保持清洁，还便于狼蛛的爪子攀爬堡垒。

我曾含糊地说过，坑道上并不一定都有这样的堡垒。事实上，我经常看到一些狼蛛窝的洞，上面没有任何管子的痕迹，这或许是因为恶劣的天气把原有的管子摧毁了，或许是因为狼蛛并不总能找到合适的建筑材料，也或许是因为只有在狼蛛达到了发育成年的最后阶段，也就是当它的身体和智力处于发展完善的状态时，它那建筑师的才能才可能被激发出来。

不过可以肯定的是，这样的管子，这种突出在狼蛛住所上面的堡垒，我曾多次看到，它们有某些石蛾的鞘那么大。蜘蛛之所以建起它，主要有以下几个目的：防止居室被洪水淹没，防止异物被风吹落堵住洞口；最后，狼蛛还把这管子用作陷阱，为它自己要捕食的苍蝇和其他昆虫提供一个突起的地方，让它们歇脚。有谁能把这位机智勇敢的猎手所使用的诡计全部都说清楚呢？

现在，让我们来说说狼蛛精彩有趣的捕猎行为。五六月份是捕猎的最佳季节。我第一次发现这种蜘蛛的洞穴，看到这虫子停在住宅的二楼，也就是前面我所说的拐角处，便断定这洞穴里住着狼蛛。当时，我认为只要猛力进攻、拼命追捕，就一定能抓住它。我花了好几个小时，用一把一尺长、两寸宽的刀子把地道打开，可还是没有见到狼蛛。我又在其他洞穴挖了几次，都没有成功。看来，要达到目的，我必须用十字镐来挖，可是这儿离有人家的地方太远了。我不得不改变进攻方法，采用计谋。就像人们所说的，急中生智。

我的办法是拿一根顶端长着小穗的麦秸冒充诱饵,在狼蛛洞口轻轻地摩擦晃动。很快我就发现狼蛛的注意力和胃口被吊起来了。在这诱饵的吸引下,它迈着审慎的步伐向小穗靠近[6]。我把小穗往洞外拉了拉,不让狼蛛有时间思考;狼蛛纵身一跃,跳出洞穴,而我则急忙把洞口堵住。狼蛛离开了洞穴,显得惊慌失措,在我的追捕下非常笨拙,最终被我逼进锥形纸袋,我立刻把纸袋封住。

[6]狼蛛非常谨慎,很有心计。

有时,狼蛛会猜到这是圈套,或者也许是因为肚子不太饿,它会非常谨慎,一动不动,和洞口保持一小段距离,它觉得不应该越过这道门槛。它的耐性令我感到厌倦。于是,我采取了一个战术:在看清羊肠坑道的走向和狼蛛的位置之后,我用力将一把刀刃斜插进洞穴,从后面突然袭击狼蛛,同时挡住洞穴,切断这虫子的退路。这个办法十拿九稳,尤其是在石块不多的地方。在这种紧急情况下,受惊的狼蛛要么离开洞穴,仓皇出逃;要么固执地紧贴着刀刃,一动不动。这时,我便猛地用力把刀刃翻转过来,把泥土和狼蛛一起抛到远处,然后捉住狼蛛。用这种办法,我一小时最多能捉到十五六只狼蛛。

有时候,狼蛛彻底识破了我的圈套。当我把小穗伸进它窝里转动时,我不无惊讶地发现,它带着一种蔑视的神情玩弄着小穗,然后用脚将它推开,根本用不着它,自己走到小屋的深处。

"巴格利维④的报告中谈到,普伊⑤的农民捕捉狼蛛时,也是拿一根麦秸在狼蛛的洞口模仿昆虫的嗡嗡叫声。"他说。

我们那儿的农民要捕捉狼蛛时,便来到它的洞口,拿一根细麦秸模仿蜂鸣声,凶恶的狼蛛以为来了苍蝇或是别的什么昆虫,便从洞里跳了出来,被设下陷阱的农民逮个正着。

狼蛛的外表乍看上去令人生厌,特别是当人们想到被它刺伤后所面临的危险;可是,这看似野蛮的虫子其实还是很容易被驯服的,正如我曾多次经历过的那样。

1812年5月7日,我在西班牙巴伦西亚的时候,完好无损地

---

④巴格利维(1668—1707):意大利医生,医学博士和哲学博士。

⑤普伊:意大利南部地区名。

捉住了一只身材魁梧的雄性狼蛛，我把它关进玻璃瓶，用纸把瓶口封住，再在纸瓶盖的中央开了一个带护板的小口子。我在瓶底粘了一个锥形纸袋，供狼蛛平时居住。然后，我把这个玻璃瓶放在卧室的桌子上，以便能经常看到它。狼蛛很快就适应了囚居生活，到头来对一切都非常熟悉，甚至经常爬到我的手指上，把我喂给它的活苍蝇取走。大多数蜘蛛在用大颚上的獠牙给予猎物致命一击之后，都仅仅满足于吮吸猎物的头，可狼蛛却不是，它把猎物整个身体碾碎，再用触须把肉一块块地送进嘴里；最后它扔掉捣碎的外皮，把它们扫得离住所远远的。

用餐完毕，它很少会忘记梳洗，会用前爪把触须和大颚里里外外地刷干净；然后，便又摆出一副庄重的样子，一动不动。每天晚上和夜间是它的散步时间。这时，我常常可以听到它抓纸袋的声音。它的这些习惯证实了我曾在别处提出过的观点：大部分蜘蛛和猫一样，白天和黑夜都能看得见。

6月28日，我的狼蛛蜕皮了。这是它最后一次蜕皮，所以并没有明显改变它身体的颜色和大小。7月14日，我有事离开巴伦西亚，直到23号才回去。在这段时间里，狼蛛不吃不喝，不过我回来时发觉它的身体还不错。8月20日，我又再次离开它九天，我的囚犯同样又不吃不喝地度过了这段时间，身体并没有受到影响。10月1日，我第三次弃狼蛛于不顾，也不给它留吃的。同月21日，我来到离巴伦西亚二十里的地方，打算在那里住下，我派了一个仆人去把狼蛛取回来。可我非常遗憾地被告知，它已经不在玻璃瓶里了。这只狼蛛后来的命运如何，我一无所知。

在结束这段关于狼蛛的观察之前，我想简短地描述一下这些虫子之间一次奇特的战斗。一天，我捉到了很多狼蛛，可谓战绩辉煌，于是我挑选了两只强壮的成年雄性狼蛛，把它们放进同一只大口瓶里，期待着观赏一场殊死搏斗。起初，它们绕着角斗场走了好几圈，企图逃跑；可不久，它们便摆出了角斗的架势，仿佛是听到了什么信号似的。我惊讶地发现，它们彼此拉开距离，庄严地用后腿支撑起身体，向对方亮出胸前的盾牌。它们就这样对峙了两分钟，也许它们在用眼光挑衅对方——不过这一点我是无法看见的；然后，只见它们同时扑向对方，腿脚缠绕在一起，打得难解难分，双方都企图用大颚的獠牙刺中对方。也许是打累了，也许是达成了什么协议，战斗突然停了下来；双方暂时休战片刻，两位角斗士各自分开了一点，又再次摆出威胁的姿势。这情形令我想起，猫在它们的奇特打斗时，也会暂时停止战斗。不过狼蛛很快又重新开战，而且战斗比原先更加激烈。起初势均力敌的两位角斗士，终于有一位被击败，头部遭到了致命的一蜇，成了胜利者的食物，被后者撕碎，填进了肚子。这场奇特的战斗之后，获胜的那只狼蛛被我养了好几个星期才死去。

朗德的学者刚才向我们讲述了普通狼蛛的生活习性[7]，我们这个地区没有这种蜘蛛，但是有和它相似的黑腹狼蛛，或者叫纳博讷狼蛛。黑腹狼蛛的身材只有前者的一半大，身体朝下的那一面，尤其是肚子下面，装饰着黑色丝绒，腹部有棕色的人字形条纹，爪上画着灰色和白色的圆环。它们理想的住所是干旱多石、在太阳炙烤下百里香茂盛的地方。在我的荒石园实验室里，有二十多个黑腹狼蛛的地洞。每次经过，我都会向它们的陋室深处瞟上一眼，只见那里闪亮着四只大眼睛，就像钻石一样，那是隐居者们的四只望远镜。它们另外还有四只眼睛，可是太小，在这样的深度看不见。

如果想看到更多的狼蛛，我只需走出家门，到几百步开外的邻近高地上就行了，那儿曾经是一片绿荫蔽日的森林，而今却是一片孤寂荒凉，只有蝗虫在觅食，白鹇⑥（xián）在石头间飞来飞去。这片森林是被金钱给毁掉的[8]。由于葡萄酒能带来很大的收益，人们就毁掉森林来种植葡萄。可发生了瘤蚜虫害，葡萄根都烂了，而以前的绿色高地也成了不毛之地，只有几簇生命力顽强的禾本植物长在乱石中间。不过，这块干旱多石的地方却成了狼蛛的乐园：如果需要，我只要一个小时，就能在很小的范围里找到上百个狼蛛窝。

狼蛛窝都是些深约一尺的井，先是垂直的，然后弯成拐角。平均直径为一寸。井口上竖着一个栅栏，用稻草、各种细枝，甚至大小如榛子一般的石子围成。这一切都用蛛丝固定着。通常，狼蛛仅仅是把邻近草地上的枯叶收拢起来，再用吐丝器吐出蛛丝，

[7]总结上文，作者引用了朗德的学者对狼蛛的观察结果，重点介绍了狼蛛住所的选址和结构，狼蛛的捕猎、进食、生活习惯、蜕皮，狼蛛之间的战斗等。

[8]作者一针见血，指出了人类为了自身的利益而破坏自然生态的行为是极其错误的。

⑥白鹇：一种类似于野鸡的动物。

将枯叶固定住，而不会将它们从树枝上扯下来；同样，与使用木头框架结构相比，狼蛛经常更喜欢使用小石子砌造。栅栏的材质取决于狼蛛能在工地附近找到什么材料。它其实别无选择：不管是什么材料，离得近的就是好材料。

　　根据不同的建筑材料，工程所需的时间或长或短，建成的防御围墙也各不相同。围墙的高度不一样，有的是高约一寸的小塔，有的只是微微凸起一点。不过无论哪种围墙，其组成部分都由蛛丝牢牢固定，宽度也跟地道一样，是地道的延长部分。地下城堡的直径和地面上突出的堡垒相同，洞口的小塔也没有留出空闲的平台，就像供意大利狼蛛舒展手脚的那样。黑腹狼蛛的作品仅仅是一口井，上面直接搭着一个井栏。

　　如果是同质的泥地，那么狼蛛窝的形状就不会受到限制，是一个圆柱形的管子；但如果那是个多石的地方，窝的形状就要取决于挖掘的要求了。在这种情况下，狼蛛的居室常常是一个粗糙的洞穴，弯弯曲曲，洞壁上还时不时地突出一块石头，那是挖掘时从石块边上绕过的缘故。但无论狼蛛的洞窝是规则的还是不规则的，都会被涂上一层厚厚的蛛丝，以防止坍塌，并在需要迅速出洞时便于攀爬。

　　巴格利维用他稚嫩的拉丁语教我们捕捉狼蛛的方法。于是我成了他所说的"设陷阱的农民"，在狼蛛的洞口晃动小穗，模仿蜜蜂嗡嗡的叫声，以吸引它的注意力，让它以为抓住了猎物，纵身跳出洞来，可是没有成功。狼蛛确实离开了它深藏的房间，在垂直地道里稍稍向上爬了一点，想看看洞口是什么在叫；不过这狡猾的虫子很快就识破了我的陷阱，爬到一半便停住不动了。然后，一有风吹草动，它便重新下到地道的拐角里，消失得无影无踪[9]。

　　如果莱昂·杜福尔的方法在我所处的条件下可以采用，那么它可能会更加有效。当狼蛛停在上一层，全神贯注于小穗时，将一把刀迅速地横插进土里，切断狼蛛的退路；只要土质允许，这种战术十拿九稳。可惜，我这里不行，在这里这么做无异于把刀插入凝灰岩⑦。

[9]作者实验的失败，一方面说明狼蛛的聪明，另一方面也说明作者观察实验的艰难。

⑦凝灰岩：一种火山碎屑岩，硬度较高。

　　我只能另求他法。有两个办法获得了成功，我把它们推荐给未来的狼蛛猎人们。我把一根麦秸尽可能深地插入狼蛛窝里，麦秸穗粒饱满，狼蛛正好能咬住。然后我晃动诱饵，将它转来转去。狼蛛被这陌生的东西碰到，它想自卫，便一口将小穗咬住。我的手指感觉到一丝细微的反抗，说明这虫子中计了，它用獠牙咬住了麦秸的顶端。于是我慢慢地、小心翼翼地把麦秸往外拉；而狼蛛则用脚顶住洞壁往下拉。它上来了、接近了。当它来到垂直的通道时，我就尽量躲起来；因为它要是看到我，就会立刻丢掉诱饵，逃回洞底。就这样，我逐渐把它一直拉到洞口。最艰难的时刻来临了，如果我继续慢慢地拉，狼蛛就会感觉到自己被引出了洞，它会立刻返回。用这种方法将这生性多疑的虫子引出洞口是行不通的。所以，当它在地面出现时，我便以迅雷不及掩耳之势猛力一拉。狼蛛对这突如其来的致命招数大为意外，还来不及松口，就被扔到离洞口几寸开外的地方，整个身子仍然挂在小穗上。这下要抓住它就易如反掌了。一旦离开了洞穴，狼蛛便惊恐万状，吓得连逃跑都不会了。只需片刻工夫，我就用麦秸将它赶到了锥形纸袋里[10]。

　　要把咬住小穗诱饵的狼蛛拉到洞口，需要一定的耐心。下面的方法更加快捷。我抓来一些活的熊蜂，把其中的一只装进一个细颈小瓶，瓶口的大小恰好可以塞住狼蛛的洞口；我将装着诱饵的瓶子翻过来，卡在洞口。那只健壮的膜翅目昆虫先是在玻璃牢房里又飞又叫，接着发现了一个跟它的家极为相似的洞穴，于是毫不犹豫地钻了进去。这下它可惨了：熊蜂下去的时候，狼蛛正好上来，它们在垂直的地道中相逢。我听到一阵丧歌：那是熊蜂在抗议狼蛛对它的迎接。片刻之后，是突然的死寂。我拿开玻璃瓶，用长柄钳伸进洞里，夹出熊蜂，只见它一动不动，吻管耷拉着，已经死了。刚才发生了多么骇人的悲剧啊。狼蛛不愿放弃如此丰盛的战利品，也跟了上来。猎物和猎人都到了洞口。有时，多疑的狼蛛会再折回去，可是只需把熊蜂放在洞口，甚至离洞口几寸远的地方，就能看到狼蛛再次出现，离开它的堡垒，大着胆子来取它的猎物。时机到了：我用手指或一块石头封住洞口，于是一切就像巴格利维所说的那样，"狼蛛被设下圈套的农民抓住了"。我还要补充一句："在熊蜂的帮助下[11]。"

[10]抓狼蛛的过程极有戏剧性，也需要斗智斗勇；同时也证明：狼蛛再狡猾，也斗不过好猎手。

[11]捕捉狼蛛的方法切实可行，说明作者为了自己的实验绞尽脑汁，挖空心思。

这些捕猎的方法并不完全是为了抓到几只狼蛛。我并不怎么想在玻璃瓶中饲养这种小虫子，我关心的是另一个问题。我猜想，狼蛛是一个热忱的猎人，它只依靠打猎为生，而且从不考虑为后代储备食物，捕来的猎物全都供它自己食用。它不是麻醉师，不会巧妙地想办法使猎物苟延残喘，使其新鲜地保持几个星期；它是个杀手，将野味当场吃掉。它不会有条不紊地采取解剖的办法，摧毁猎物的运动能力而不剥夺其生命，而是尽可能快地将猎物完全杀死，以免受到攻击的猎物反戈一击。此外，它的猎物可能很强壮，并不一定是最温和的。对于这个埋伏在小塔里的勇敢猎人，应当给它一个力量相配的猎物。长着有力大颚的大蝗虫、性情暴躁的胡蜂、蜜蜂、熊蜂以及其他揣着有毒匕首的昆虫，经常会中狼蛛的埋伏。决斗双方的武器几乎势均力敌。对付狼蛛的毒獠牙，胡蜂有毒螫针。两个强盗中谁会占上风呢？双方会展开殊死肉搏。狼蛛没有任何其他防御手段，既没有绳索来捆绑猎物，也没有罗网来制服它。当圆网蛛看到一只虫子被它的垂直大网缠住时，会赶紧过去，向俘虏抛出一大片丝带做的绳索，使它无法进行任何反抗。等到把猎物牢牢地捆住之后，圆网蛛便小心翼翼地用有毒的獠牙在猎物身上蛰一针，然后退到一边，等待垂死者的痉挛慢慢平息下来，这时它才回去享用猎物。在这种情况下，圆网蛛绝对不会有任何危险。但对于狼蛛来说，捕猎更要依靠运气。除了獠牙和勇气，它没有别的武器；它必须扑向危险的猎物，灵巧地制服对方，施展自己的速杀才华，以迅雷不及掩耳之势击倒对手[12]。

"迅雷不及掩耳"这个词真是用得恰到好处，我从狼蛛的死亡之窝里拉出来的熊蜂充分证明了这一点。熊蜂那被我称为丧歌的鸣叫一结束，我就立刻把钳子伸进洞里，可还是迟了，我拉出的总是死掉的虫子，吻管下垂，两腿松软。只有还略微颤动几下的腿脚，表明它们才刚刚咽气。熊蜂是在瞬间丧命的[13]。每次我从那可怕的屠宰场拉出一只新的牺牲品时，总会对这样的瞬间死亡震惊不已。

可是，博斗双方的力量其实不相上下，我挑选的总是最大的熊蜂（长颊熊蜂）。而且双方的武器也同样厉害，熊蜂的毒螫针完全可以和狼蛛的獠牙一试高低。在我看来，前者的螫刺和后者的

[12]圆网蛛和狼蛛各有自己的捕猎技巧，它们也会扬长避短。

[13]狼蛛对熊蜂的攻击快速而准确，杀伤力极强。

咬伤同样可怕。可为什么每次都是狼蛛获胜？而且它总能速战速决、毫发无伤呢？它肯定有极为巧妙的战术。它的毒液再厉害，我也不相信只要在受害者身上随便什么部位轻轻一蜇，就能如此迅速地把对手解决。就连令人闻风丧胆的响尾蛇，都无法这样快地杀死猎物，它需要几个小时，而狼蛛却连一秒钟都不用。可见，与其说是毒液的毒性在起作用，不如说是狼蛛所咬中的部位相当致命，从而使猎物如此迅速地丧命[14]。

　　这个部位在哪儿呢？用熊蜂做实验是无法得到答案的。因为熊蜂钻进了狼蛛洞，谋杀是在远离我视线的地方发生的。此外，狼蛛的武器实在太小，用放大镜在熊蜂的尸体上找不出任何伤口。所以必须直接看到两个对手格斗的过程。有好几次，我都试着把狼蛛和熊蜂关在同一个玻璃瓶中，可两只虫子互相逃避，它们都在担心自己被捉的事。我把它们关在一起整整二十四个小时，双方谁也没有挑起争斗。它们更关心的不是进攻对方，而是自己被囚禁的事实，它们在等待时机，似乎对对手漠不关心，实验屡试屡败。我把熊蜂换成蜜蜂和胡蜂，实验成功了，可谋杀发生在夜里，我什么都没有看到。等到天亮，我看到的膜翅目昆虫早已成了狼蛛颚下的碎块。如果猎物很弱小，狼蛛会把这口美食留到夜晚安静的时候享用；如果猎物能够反抗，那么狼蛛不会在囚居的情况下去攻击它。囚犯对自己处境的担忧，淡化了它作为猎人的热情。

　　广口瓶竞技场可以使两位角斗者各自退居一方，在敬畏对手的同时，也为对手所敬畏。现在我们把竞技场缩小，把围墙改短。我把熊蜂和狼蛛一同放进一根试管，试管的底部只能容纳一只昆虫。于是爆发了一场激战，可后果却并不严重。如果熊蜂在试管底部，它就朝天仰卧，尽量用腿脚将狼蛛顶开。我没见到它拔剑出鞘，而狼蛛则用它的长腿抓住整个试管的墙壁，在光滑的管壁上微微爬起，尽量远离对手。它在那里纹丝不动，静观局面的发展，而这局面很快就会被好动的熊蜂搅乱。如果熊蜂在上面，狼蛛就收起长腿，护住身体，与对手保持一定距离。总之，除了它们发生接触时会有一点小小的混战，就再没什么可值得注意的了。在狭窄的试管里和在宽敞的瓶底一样，都没有发生你死我活的格斗。狼蛛离了窝，就变得胆小如鼠，顽固地拒绝任何战斗；而熊蜂

[14]作者反思狼蛛捕猎熊蜂的细节，不放弃任何一个疑点，推测猎物迅速丧命的原因，开始新的实验探索。

即使再傻,也不会贸然发起进攻。于是,我只好放弃了在书房里进行的实验。

狼蛛只有在自己的城堡里才会斗志昂扬。所以,我必须到狼蛛窝的现场去,把决斗送到它的家门口。只是熊蜂会钻进地洞,使我看不到它的末日,因此必须另外换一个对手,一种没有钻地爱好的昆虫。这个季节,在我的花园里,一串红的花上面有许多紫木蜂,它是我们这个地区最强壮、个头最大的膜翅目昆虫之一,身着黑绒外衣,舞着薄纱般的紫红翅膀。紫木蜂的体形比熊蜂大,约有一寸来长。它的螫刺很厉害,被螫的地方会肿疼很久。对此我记得很清楚,因为我曾经付出过惨重的代价。如果能让狼蛛接受它的话,紫木蜂绝对算得上一个势均力敌的对手。我将一些紫木蜂一个一个地装在体积不大,但瓶颈很宽的瓶里,这些瓶子就像我用熊蜂做诱饵捕捉狼蛛时所说的那样,恰好能卡住狼蛛窝的洞口。

我送上的猎物绝对有威慑力,所以我挑选的狼蛛也是最强壮、最勇敢、饿得最厉害的。我把带有小穗的麦秸伸进洞里,如果狼蛛立即跑来,如果它体格强壮,如果它勇敢地上到洞口,它就会被选上参加比武;否则,它就被淘汰。我把装有诱饵紫木蜂的瓶子翻过来,卡在一只被选中的狼蛛的家门口。紫木蜂在瓶里嗡嗡地叫着;猎手从地洞深处上来了;它现在在洞口,可是还没有跨出门槛;它在那里看着、等着。我也等着。一刻钟过去了,半小时过去了,什么也没发生。狼蛛返回洞里去了。也许它觉得这样出击太危险。我来到第二个洞,第三、第四个洞,都一无所获,猎手不愿走出它的洞穴[15]。

我利用谨慎选定的隐蔽处和这个季节的酷热天气,耐心等待着。功夫不负有心人。终于,一只狼蛛突然从洞里跳了出来,可能是太长时间没吃东西实在熬不住了。发生在瓶子里的悲剧只持续了一眨眼的工夫。一切都结束了:强壮的紫木蜂死了。凶手击中了它身上的什么部位呢?我们一眼就能看出来:因为狼蛛还没有松口,它的獠牙还插在紫木蜂脖子根部的颈背上。凶手果然像我猜想的那样才技过人:它准确无误地直取猎物的命门,将毒獠牙插入对方的脑神经节。总之,它咬的是唯一能让对手猝死的部位。凶手的绝杀知识实在让我钦佩不已,虽然我的皮肤受到了

[15]作者实验的失败告诉我们:无论干什么事情,都不会一帆风顺的,往往要经历许多等待、失望甚至失败。

太阳的炙烤，但我得到了补偿[16]。

一次所见并非常例。我刚才看到的是一个偶然情况呢，还是早有预谋？于是我向其他狼蛛请教[17]。可尽管我非常耐心，许多，甚至是太多的狼蛛都不愿跳出地洞，攻击紫木蜂。猎物太庞大了，把狼蛛全都震慑住了。饥饿能把狼逼出树林，难道就不能让狼蛛走出洞穴吗？果然，有两只狼蛛似乎比其他的更饿，它们终于扑向了紫木蜂，在我的眼皮底下重演了谋杀的场景。猎物依然被咬住颈背，而且只被咬住颈背，即刻便死去了。三起谋杀案，用的是一模一样的手法，在我的眼皮底下发生，这便是我坚持不懈，两次从早上八点到中午十二点实验的收获。

我已经看得很清楚了。这个快速杀手就像先前的麻醉师那样，向我展示了它的行当：它告诉我它彻底掌握了帕潘斯草原⑧宰牛者的绝技。狼蛛是不折不扣的"刺颈师"。现在，我要做的就是在书房里继续实验，证明我通过野外实验得出的结论。我为狼蛛设立了一个养殖园，以测试它毒液的毒性，以及獠牙咬在昆虫不同部位上所产生的效果[18]。我用读者已经知道的方法抓了一些狼蛛，把它们单独装在十几个瓶子和试管里。那些一看到蜘蛛就会害怕得尖声大叫的人，一定会觉得待在我的书房里不那么保险，因为里面住着可怕的狼蛛。

如果说狼蛛不屑——确切地说是不敢——攻击跟它一起关在广口瓶里的对手，那么对待那些送到它獠牙边的对手，它会毫不犹豫地张嘴便咬。我用镊子夹着狼蛛的胸部，把要它刺的昆虫放到它的嘴边。只要狼蛛没有因为多次实验而感到疲劳，它的獠牙就立刻会张开，刺到对手身上。我首先用紫木蜂实验蜇伤的效果。如果刺中颈部，紫木蜂会立即死亡。这种猝死，我已经在狼蛛窝的门口见到过了。如果紫木蜂被刺中腹部，然后被放进大口瓶让它自由活动，一开始它似乎没有感觉到任何严重的问题。它飞着、跑着、嗡嗡地叫着。可是不过半个小时，死神就逼近了。紫木蜂仰卧或侧卧着，动弹不得。只有腿脚还在略微踢蹬，肚子还在稍稍抽动，表明它还一息尚存，这样的情况一直延续到第二天。然后，一切都停止了：紫木蜂成了一具尸体。

---

⑧帕潘斯草原：南美洲南部的大草原。

[16]作者为自己千辛万苦，终于找到了狼蛛捕杀熊蜂的"绝招"而倍感欣慰。

[17]为了证实狼蛛捕猎直击命门的普遍性，作者选择其他狼蛛做重复的实验，可见作者坚持不懈追求真理的科学精神。

[18]作者并没有满足于已有结论，继续就狼蛛的毒液和毒性以及刺中不同部位产生的效果作进一步研究。

这项实验的结果值得注意。如果这强壮的膜翅目昆虫被刺中脑部，就会当即死亡，狼蛛就不必害怕猎物拼死战斗，给它带来危险。但如果被刺中的是其他部位，比如腹部，那么猎物在大约半小时的时间里，还能用螯针、大颚或是腿脚进行反击，一旦螯针刺中狼蛛，它可就惨了。我曾见过有些狼蛛由于咬的部位接近螯针，被刺中了嘴巴，因此在二十四小时内一命呜呼[19]。所以，对于这危险的猎物，必须通过伤害其脑神经中枢的办法，让它立刻毙命，否则，猎手很可能会搭上自己的性命。

实验的第二组对象是直翅目昆虫，有一指来长的绿蝈蝈儿、肥头大耳的螽斯、距螽等。它们被咬中颈部后的结果都一样，都立即死亡了。但如果被咬中其他部位，尤其是腹部，那么它们还能坚持相当长一段时间。我曾看到过一只距螽，在腹部被咬后的十五小时内，仍能牢牢地抓住钟形罩牢房光滑垂直的侧壁，不过最后它还是掉下来死掉了。体质纤弱的膜翅目昆虫不到半小时就会毙命，而强壮的反刍⑨类直翅目昆虫却可以坚持整整一天。造成这些差别的原因，是两者机体敏感程度的不同。这里我们不谈这些差别，而是总结以下两点：即使选中的昆虫是体形最大的那种，只要它被狼蛛咬中颈部，就会立即死亡；如果被咬中的是其他部位，它也会死，只是垂死的时间因昆虫种类的不同而长短不一[20]。

现在，我们就不难解释为什么当实验者在狼蛛的地洞口放上美味却危险的猎物时，狼蛛要犹豫这么长时间了，对于实验者来说，这样的犹豫着实令人讨厌。绝大多数狼蛛不会立刻扑向紫木蜂，因为像这样的猎物是不会无缘无故让人生畏的：如果猎手盲目乱咬，很可能送了自己的性命。只有颈部才脆弱得足以致命，因此必须从那里抓住对手，而不是其他部位。如果没有一下子将对手击倒，就会激怒它，使它变得更加危险，这一点狼蛛十分明白。所以它总是躲在自己的门槛后边，而且如果需要，它会迅速逃回去；它在等待有利的时机，等待那肥大的膜翅目昆虫将正面暴露在它的面前，这时它就能轻易地抓住后者的颈部。成功的时机一旦来临，它会一跃而起，否则，它就会对不停飞动的猎物感到

[19]任何事情都有意外，一点差错都可能丢掉性命。

[20]作者对实验结果的总结，简明扼要，抓住要害。

⑨反刍：牛、羊等偶蹄动物进食经过一段时间后将半消化的食物返回嘴里再次咀嚼。

厌倦，返回到窝中去。这就是为什么我两次总共用了四个小时的时间，才观察到三次谋杀[21]。

从前，我在膜翅目昆虫麻醉师的启发下，曾经试图自己制造麻醉的效果，我把一小滴氨水注入象鼻虫、吉丁、金龟子等昆虫的胸部，这些昆虫的神经系统非常集中，便于进行这样的生理实验。我这个学生的操作符合膜翅目昆虫老师的教导，我麻醉了一只吉丁和一只象鼻虫，干得几乎和节腹泥蜂一样好。现在，我为什么不模仿一下专家杀手狼蛛呢？我用一根细钢针，把很小一滴氨水注入紫木蜂或者蝈蝈的脑袋根部。这虫子只是胡乱地抽动了几下，就立刻死了。脑神经节受到刺激性液体的侵袭，停止了工作，于是死亡就来临了。但是，这种死亡不是猝死，此前昆虫还有一段时间的痉挛。如果说在昆虫死亡的速度方面，实验还有待改进，那么这种情况的原因何在呢？在于所用的液体——氨水的致命效力无法与狼蛛的毒液相比。这种毒液相当可怕，我们不久就能见识到[22]。

我让狼蛛在一只小麻雀的腿上咬了一口。那只麻雀羽翼已经丰满，可以离巢了。伤口流出了一滴血，四周出现了红晕，接着变成了紫色。麻雀几乎立刻就提不起腿了，那条腿耷拉着，爪子蜷曲着，它只能用另一条腿跳着走。不过，实验对象似乎对它的伤口并不怎么担心，它的胃口很好。我的女儿们用苍蝇、面包屑和杏仁肉喂它。相信它会痊愈、会恢复体力的。这只因我们对科学的好奇心而受害的小可怜虫将会重获自由。这是我们大家的愿望，也是我们大家的计划。十二个小时后，痊愈的希望增加了，病人很乐意接受食物，如果喂得迟了，它还会吵着要。可那条腿还仍然拖着。我相信那是暂时的瘫痪，很快会过去的。可第三天，小鸟拒绝进食了。它什么都不要，蓬松着羽毛，身体蜷成一个球，时而一动不动，时而突然跳几下。我的女儿们把它捧在掌心，哈气给它取暖。可是小鸟的痉挛越来越频繁。最后，它张了张嘴，宣告一切结束。小鸟死了[23]。

吃晚饭的时候，一家人的气氛有些冷淡。我从他们的目光中看到了无声的责备，责备我的实验，我隐约感觉周围的人在谴责我的残酷。小麻雀的悲惨结局令全家人都感到难受。我当然也感到了良心不安，为了这点微不足道的结论，付出的代价太高了。

[21]作者对实验时间长、难度大的原因作分析，加深了对狼蛛的了解，它深谙置敌于死地之道，懂得捕捉合适战机、速战速决之术等。

[22]通过氨水和狼蛛毒液对比，突显了狼蛛毒液毒性之强。

[23]为了进一步证明狼蛛毒液的毒性之强，作者用小鸟来验证。

再想想那些为了一点小事，就拿活生生的狗来开膛破肚，却连眉头也不皱一下的人，他们的心真不是肉长的[24]。

但是，我还是鼓起勇气，重新开始实验。这一次的对象是一只鼹鼠，它在破坏莴笋地的时候被我逮住。不过，有一件事我很担心：我的俘虏永远是饥肠辘辘的，如果要把它关上几天，会产生一些疑问。如果我不能大量、频繁地向它提供合适的食物，它说不定不会死于蜇伤，而会死于饥饿。这样一来，我很可能会把饥饿造成的后果算到狼蛛毒液的头上去。所以，我必须先知道，自己是否可能把鼹鼠囚禁起来，加以喂养。于是这畜生被关进了一个宽敞的容器里，并喂以各种各样的昆虫：金龟子、蝈蝈儿，特别是蝉，它吃得津津有味。这样喂养了二十四个小时以后，我确信鼹鼠可以接受这份菜单，并能耐心地适应囚居生活。

我让狼蛛在它的嘴角咬了一口。放回到笼子里后，这畜生不停地用它宽大的脚爪挠嘴巴。看来，被咬的地方在灼疼、发痒。从这以后，它蝉吃得越来越少，第二天晚上，它甚至拒绝吃蝉了。被咬后大约三十六个小时，鼹鼠在夜里死了，它肯定不是饿死的，因为容器里还有半打活着的蝉和几只金龟子。

因此，黑腹狼蛛的蜇咬不仅对昆虫，而且对其他动物都是可怕的，它能毒死麻雀，也能毒死鼹鼠。它还能毒死什么动物呢？这我就不知道了，因为我没有再继续研究下去。不过，根据我所看到的为数不多的情况，我认为对于人类来说，黑腹狼蛛的蜇伤绝不是无关紧要的意外。这就是我想对医学所说的话[25]。

针对昆虫的研究，我另有话说：我要让大家了解到黑腹狼蛛猎杀者们的麻醉技能足以与技艺高超的麻醉师媲美。我在"猎杀者"后面加了个"们"字，因为这种技能不独狼蛛具有，其他许多蜘蛛，尤其是那些不以蛛网作为猎捕手段的蜘蛛们同样具有该种技艺。猎杀者们以捕猎为生，通过毒液麻醉猎物的脑神经，使之猝死；而麻醉师们却要为幼虫储存新鲜食物，它们麻醉猎物的局部行动神经使之无法活动。二者同为蜇刺神经节，只是其目的和具体操作有所区别。要彻底杀死猎物，使之猝死，只要直接蜇刺颈部，伤害脑神经即可；倘若只是控制猎物，使之无法动弹，则蜇刺颈部以下部分即可，有时蜇刺一节，有时三节，有时几乎刺遍全身，要视猎物的身体机能而定。

[24]小鸟的无辜死去为作者和家人都带来了痛苦，作者倍感良心不安。可见他对生命的尊重和热爱，对残害生命的人的痛恨。

[25]作者告诫人们：狼蛛对人也有很大危害，应加强防范。

麻醉师们，至少是其中的几个，应该对脑神经机体的重要性了如指掌。我曾经见到过，为了使猎物暂时麻痹，毛刺砂泥蜂会咬毛毛虫的脑袋，朗格多克飞蝗泥蜂会咬距螽的脑袋。不过，它们仅仅是小心地轻按一下脑袋，并不会用刺刺入猎物们的脑神经，好像它们完全了解不那么做的意义。没有一个麻醉师会那样做，因为那样它得到的只能是一具尸体，而它们的幼虫对尸体并不感兴趣。可是蜘蛛却不同，它会直接把两把匕首直插猎物头部的要害部位，因为假如插到别处，只能让猎物受伤，从而激怒它，招来反抗。蜘蛛需要的是现杀现吃的野味，所以它讲求速战速决，一刀毙命。

如果说这些熟练的凶手，不管是杀手还是麻醉师，它们的能力并非得自先天本能，而是源自后天习得，那么它们又是如何传授这些技能，又是通过何种方式练就的呢？我对此百思莫解[26]。您可以尽您所愿地用理论的云雾来包裹这些事实，但您却永远掩盖不住它们属于某个预定法则的有力的断言。

[26]"百思莫解"是作者观察、探究的动力，作者也希望读者不要满足于已有的答案，积极探求，追根究底。

彩带圆网蛛

寒冬腊月,当虫儿停止忙碌,准备越冬时,它们向阳的温暖巢穴里一片宁静,我这个时候四处搜寻,时常会被一些偶然发现感动不已。有这种发现就能心满意足,这样单纯的人是幸福的!尽管生活如此艰难,并且总是随着我们长大成人而显示出它更加严酷的一层意思来,但我还是祝福那些单纯的人能同我一样,对这种曾经、现在,并且未来犹将带给我们惊喜的美好发现而心存感激[1]。

如果他们在柳林和矮林的禾本科植物中搜寻,愿他们也能找到同我这时所看到的一样的精美艺术品。这是一只彩带圆网蛛的巢穴,一件令人惊诧的杰作。

根据分类,蜘蛛不属于昆虫类,若以此为真,在这里谈论彩带圆网蛛似乎就有些不太恰当了。去它的分类学吧!虽然这种动物有八只脚,而不是六只,长着小肺袋而不是气管,但我们的研究是自发的,无须在意这些条条框框。此外,蜘蛛目动物属于节肢动物门,它们的身体是由许多节构成的,这种构造其实已暗含在法语中"昆虫"与"昆虫学"这两个词的词义之中了。

以前,人们叫这个种群为"关节动物",这个名字好听易懂,顾名思义,一目了然。但现在它已是老古董了。如今人们使用一个动听的新名词来称呼它——"节肢动物门"。但是,居然有人对这一进步提出疑问!啊!这些异教徒!你们只需先念一遍"关节动物",然后再大声喊出"节肢动物门"这个新名词,就会知道动物学是不是有所进步了。

从外表和花纹来看,彩带圆网蛛是法国南部最美丽的蜘蛛目动物。它的肚子有榛果那么大,里面装满了蛛丝,肚子上相间地分布着黄、银、黑三色条纹,因此,它有了"彩带圆网蛛"这个美名[2]。在这圆鼓鼓的肚子的四周,生着八条长腿,腿上有着浅色和棕色的彩环。

一切小猎物都是它的美食。所以,但凡有活蹦乱跳的蝈蝈儿,有轻盈盘旋的蝴蝶,有自在翱翔的蚊蝇,有翩翩起舞的蜻蜓[3],它就在那里安营扎寨,唯一的条件是:只要那里有结网的支点。通常,它会在灯芯草间结一张横跨小溪两岸的网,因为那里的野味比较丰富。其次,尽管热情稍弱,但它也会选择茂密的矮橡树丛,或是铺着薄薄绿毯的小山坡张网,那些都是蝗虫喜爱的地方[4]。

它的捕猎工具是一张垂直张开的大网,网的周长根据地点而定,四周有许多条缆丝连在附近的小树枝上。这种结构也为其他结网的蜘蛛目动物所采用。从一个中心点辐射出几根笔直、等距的线。在这个构架的基础上,一根蛛丝由中心点向外围连绵不断地螺旋前进,与辐射线交叉形成十字。其规模与图案之规则实在令人叹为观止。

在蛛网的下部,由中心点垂下一根不透明的宽带,弯弯曲曲地穿过辐射线。这是彩带圆网蛛所织的网的标记,就好比是艺术家在自己的作品上签下了大名,也好像这只蜘蛛在织蛛网的最后一刻时说:"大功告成了!"

当蜘蛛在辐射线之间反复穿行、完成自己的螺线圈时,它是心满意足的。毫无疑问,这项工作可以保证它几天不愁吃喝。但这里面可没有半点纺纱女的虚荣心,那根弯曲强韧的宽带是为了让蛛网更加牢固。

对蛛网做特别加固并非多此一举,因为有时它所经受的考验相当严峻。彩带圆网蛛不可能选择自己网住的猎物。它稳居蛛网的中心,一动不动,展开八条腿,注意从蛛网四面八方传来的振动,就等老天把猎物送上门来。猎物有时是飞行失控跌下来摔得晕头晕脑的傻瓜蛋,有时是跳跃过猛一头撞进蛛网的大块头。

特别是蝗虫,这充满热情的家伙轻率地放开腿脚乱蹬,为此常常掉进陷阱中来。它的充沛活力似乎让蜘蛛肃然起敬,它用那长了尖刺的腿拼命乱踢,自以为当即能把网捅破,逃之夭夭。但事实并非如此。要是蝗虫第一次无法挣脱,那么其命休矣。

这时,彩带圆网蛛背对猎物,同时启动所有的喷壶花洒状吐丝器。它用较长的后肢接吐出的蛛丝,并将后肢充分张开呈拱形,以便让蛛丝射出。通过这些动作,彩带圆网蛛得到的就不仅是一条蛛丝,而是一块闪光的丝帘、一把云状的折扇,上面的主线几乎都是各自独立的。随着彩带圆网蛛的两条后肢飞速地交替合抱，它把这块裹尸布抛了出来，并将猎物反复翻滚以从各方面将它裹得严严实实[5]。

将要与猛兽博斗的古代角斗士出现在竞技场上，左肩上挂着一条绳网。野兽一跃而起。角斗士右手猛地一挥，撒开大网，如同渔夫将渔网撒开，他将野兽罩住，并用网眼缠住其手脚。最后，三叉戟的一击结束了战败者的性命。

彩带圆网蛛采用的方法与角斗士相同，但它还有一个优势，即可以用蛛丝重新缠绕猎物。如果第一次吐出的丝不够用，紧接着还可以来第二次、第三次，一次又一次，直至它的蛛丝储备用尽为止。

当白色的裹尸布里不再有动静了，蜘蛛这才接近被捆住的猎物。它有比角斗士的戟更好的武器：毒牙。无须特别费力，它只对蝗虫轻轻一咬便退下，静等猎物因毒素的作用而虚弱下去。

不一会儿，它回到纹丝不动的猎物身边，开始吮吸，并多次更换下手的部位，直到将其吸干。最后，那枯槁失色的残骸被丢出网外，而蜘蛛又回到网的中心，再次静候猎物的到来。

彩带圆网蛛吮吸的可不是一具尸体，而是一只被毒液麻痹的猎物。假如蝗虫刚被咬时我就将它救下，刚剥去丝套，它就会恢复知觉，甚至好像先前什么都没有经历过一样。看来，蜘蛛并没有在吮吸猎物体液之前将它杀死，只是把它毒昏而已。也许这轻轻的一咬是为了之后吮吸起来更加容易。因为猎物死去后体液将停止流动，不易于吸出，而活体中的体液会流动，吮吸起来就容易多了[6]。

为此，吸食血液的彩带圆网蛛对自己叮咬时释放的毒液量有所保留，甚至在对付它那些体形巨大的猎物时也是这样，因为它对自己的角斗技艺非常自信。不管是长腿蚱蜢还是蝗虫中最硕大的胖乎乎的灰蝗虫，蜘蛛都毫不犹豫地照单全收，一经麻醉立刻将它们的体液吸食殆尽。这些庞然大物弹跳力量惊人，完全有能力挣破蛛网、逃之夭夭，恐怕极少被网住。我将它们放到蛛网里，余下的事情就由蜘蛛来做了。它毫不吝惜地喷出丝来，将猎物层层裹住，接下来便尽情地将其吸干。只要蛛丝消耗得多一些，制服大猎物也不比对付普通猎物难多少。

我曾经目睹过更加精彩的场面。这次出场的是大腹便便、身上有着波浪花纹、银光闪闪的圆网丝蛛。和它的同胞一样,圆网丝蛛也织一张垂直的大网,上面用一条弯曲的宽带署上了大名。我在网里放上一只螳螂,它身材魁梧,只要条件允许,它完全能扭转乾坤,把猎手变成猎物。这回蜘蛛要捕捉的可不再是温和的蝗虫了,而是一头力大无穷、穷凶极恶的巨妖,只要它一出锯齿,就能撕裂圆网丝蛛的肚子。

蜘蛛敢迎接挑战吗?时机还没有到。它坐镇丝网中心,在迎战凶猛的猎物之前先掂量着自己的力量,静待着猎物在挣扎之中让爪子越缠越紧。终于,它出动了。螳螂腹部卷起,双翅高翘如竖直的风帆,并张开布满锯齿的双臂。总之,它摆出了幽灵般的架势,严阵以待。

蜘蛛对这些威胁视若无睹。它用遍布全身的吐丝器吐出成片的蛛丝,再由后肢交替环抱、拉伸、张大并大量抛出。在这样猛烈的丝雨之下,螳螂那恐怖的锯齿、锋利的前足旋即不见了,仍然如幽灵般高高翘起的双翅也一并消失了。

然而被困的螳螂猛跳了几次,将蜘蛛震出网外。这虽然是意外,却也早在预料之中。霎时,一条保险带从吐丝器中喷出,将圆网丝蛛悬在半空当中,来回摆动。一切恢复平静之后,它卷起保险带,升回网里。这时,螳螂圆滚滚的肚子与后肢都被结结实实地捆住了。蜘蛛的蛛液也已经用尽,只能吐出稀薄的蛛丝来。幸运的是,战斗已经结束了。猎物在厚厚的裹尸布下,已看不见踪影[7]。

蜘蛛没有叮咬就退下了。为了制服这凶猛的猎物,它已经耗尽了所有库存的蛛丝,要知道,用这些蛛丝可以织出好几张宽大的蛛网呢。有这么多蛛丝缚住猎物,其他的防范措施就显得多余了。

回到网中心小歇片刻之后,蜘蛛开始入席就餐。它在猎物身上的不同地方切了几个浅浅的口子,这儿一下,那儿一下。蜘蛛就从这些切口处吮吸猎物的血液。这顿饭耗时颇多,因为猎物实在太肥大了。我用了整整十个小时观察这个吃不饱的家伙,每当它吸干一个切口里的汁液,就换一个切口再吸。夜幕降临,掩盖了它纵饮之后的醉态。第二天,被吸干的螳螂躺在地上,蚂蚁们正瓜分着猎物的残骸。

[7]连螳螂这样的"庞然大物"都逃脱不了"天罗地网",足见彩带圆网蛛的威力。

在生儿育女这方面,圆网蛛更是才华横溢,甚至超过了它的捕猎艺术。彩带圆网蛛用来盛放蛛卵的丝袋,或者称之为蛛巢,更是一件远胜于鸟窝的精品。它形态如一只倒置的气球,大小如鸽卵。丝袋的上端逐渐收口呈梨形,开口处齐平,镶着月牙边,从每一个月牙的交角处延伸出揽丝,将其固定在四周的小树枝上。丝袋的其余部分呈优雅的卵形,垂直悬挂在几根起稳固作用的丝线中间。

丝袋顶端凹陷似火山口,上面覆盖着蛛丝毡子。其他部分是一整个外壳,由一种缎状物制成,洁白、厚实、密集、难以扯破而且防潮。棕色甚至黑色的蛛丝被织成宽带状、纺锤状,或是任意子午线状,装饰在丝袋球体的顶端外部。这些织物的作用显而易见:它是一个防水顶盖,无论是露水还是雨水都无法穿过。

圆网蛛的丝袋悬挂在接近地面的枯草丛里,随时受到各种恶劣天气的威胁,为了保护袋里的卵,它尤其需要抵挡寒冬的侵袭。让我们用剪刀剪开丝袋看一看。袋的底部是一层厚厚的棕红色蛛丝,没有经过编织,蓬蓬松松的,好像极其细腻的棉絮,似柔软的云朵,又似羽绒褥子,即使是天鹅的绒毛也无法与它媲美。这就构成了防止热量散失的屏障。

这柔软的一堆蛛丝保护的是什么呢?在这羽绒褥子中间,悬着一个桶形小包,下端浑圆,上端平直,由一片丝毡封口。小包由极其细腻的缎状物织成,里面盛有橘黄色珍珠般美丽的蛛卵,它们相互粘在一起,形成一个大小类似于豌豆的球体。这就是蛛丝褥子要保护抵御严冬的珍宝[8]。

我们已经了解了这个作品的结构,现在让我们来看一看纺纱女是怎么工作的吧。要观察这个可不太容易,因为彩带圆网蛛是在夜间工作的。它需要黑夜的静谧以避免弄错复杂的编织规则。清晨,我有时能撞见它正在辛勤工作,这让我得以简单地讲述它的工作过程。

大约八月中旬,我的观察对象开始在钟形罩下工作。在钟罩内部上方,它先用几根紧绷的蛛丝搭起了脚手架。脚手架的格子结构就好比蜘蛛在野外用来充当蛛网支点的草叶与荆棘丛。编织丝袋的工作就在这摇晃的支架上开始。圆网蛛看不见自己在做的事,因为它是背对着织物的。但由于编织程序组织得非常合理,因此一切都能自然顺利地进行。

[8]作者运用形象的比喻,具体而细致地描写了卵袋。

蜘蛛缓缓地绕圈前进,肚子末端摇摆着,时而向左,时而向右,时而翘高,时而放低。它放出的是单线。它用后肢牵伸着蛛丝,将其粘到已经搭好的脚手架上。这样,一个缎状物织成的盆就逐渐成形了,它的边缘慢慢升高,最后形成一个高约一厘米的袋子。袋子的织物特别轻软。为了把袋子绷紧,尤其是在收口处,蜘蛛用一些揽丝将它与附近的其他蛛丝相连。

接着,吐丝器休息片刻。轮到卵巢开始工作。蜘蛛一口气接连不断地排出蛛卵,蛛卵落入袋中,一直漫到袋口。袋子的容量计算得恰到好处,既能容纳所有的卵,又完全没有多余的空间。蜘蛛排完卵退下后,我隐约瞥见了那一堆橘黄色的卵,紧接着,吐丝器又开始工作了。

工作的内容是给袋子封口。这时,蜘蛛使用工具的方法略有变化。它的肚子末端不再摇晃,而是放低,接触一个点;然后收回,再放低,再接触另一点;这里完成后再换到那里,勾勒出许多错综复杂的丝线。同时,它用后肢将喷出的蛛丝压实。这样织出的不是一块织物,而是一块毡子,一块绒布。

在这个盛卵的缎袋四周,是为了抵御严寒的羽绒褥子。不久,将会有小蜘蛛在这柔软的庇护所里暂做停留,等待它们的关节变得结实起来,并为以后大规模的迁徙做准备。编织工作进展迅速。突然,吐丝器的原材料变了:先前吐出的是白色蛛丝,而现在却成了棕红色的,比先前的更加纤细;喷出时呈云雾状,蜘蛛灵巧的后肢像一把毛梳一般地梳理着,让蛛丝蓬松起来。渐渐地,盛卵的袋子不见了,淹没在这精美的丝绒中。

气球已经成形,上端收口呈瓶颈状。蜘蛛上上下下,左右偏移。从吐丝器喷出第一缕蛛丝起,它就定下了丝袋优雅的形状,似乎它的腹部顶端长着测量器。

接着,原材料与先前一样再次突然改变了。洁白的蛛丝重新出现,拈合成线。编织外壳的时候到了。由于织物非常厚实,而且交织方式十分细密,因此这项工作耗时最多。

首先,圆网蛛这儿拉拉,那儿拉拉,用几根蛛丝支撑住那层棉絮。它特别注重丝袋颈部的边缘,上面镶有月牙形的花边,花边的每一个棱角都由一根丝绳延伸出去,充当整个丝袋最主要的支撑物。吐丝器每一次经过这里时,都不会忘记对它特别加固,以保证球体的平衡稳定,直至工作结束。不一会儿,支撑悬挂丝袋的花边勾勒出应该封住的火山口形袋口。接着,蜘蛛用类似刚才封卵袋用的毡子把袋口封好。

这些安排妥当之后,圆网蛛开始真正编织丝袋的外壳。它时进时退,反复旋转。它的吐丝器并不接触织物。后肢是它唯一的工具,它们有节奏地交替工作着,拉伸蛛丝,用足节前端的栉①(zhì)将丝抓住,粘贴到织物上,而它的腹部末端则颇有章法地摇摆着。

就这样,蛛丝规则地曲折分布着,精确得类似于几何图形,简直可以与丝厂机器绕出的漂亮棉线团相媲(pì)美。这样的工序在整个丝袋的表面反复进行,因为蜘蛛每时每刻都在不停地移动。

每隔极短的时间,蜘蛛的腹部就往上移动靠近气球状丝袋的开口处,这时吐丝器才真正碰到流苏般的边缘。这种接触的时间相当长。呈星形辐射状的流苏边缘是整个建筑的基础,也是整个丝袋最棘手的地方,因为这里的丝线是粘连着的,而在其他部位,蛛丝只是依靠后肢的运动简单地相互重叠。如果要把丝袋拆开,边缘上的蛛丝就会被弄断;而其他部位的蛛丝则可以被退绕开来。

织物完成了,圆网蛛在上面留下了它棱角分明的白色亚光签名,蛛巢收尾时,蜘蛛编织出一些不规则的棕色细丝带,从球体连接外部的边缘一直垂到丝袋的中部。为此,它使用了第三种不同的蛛丝,这是一种介于棕红与黑色之间的深色蛛丝。吐丝器大幅度地在两极之间纵向摆动,吐出蛛丝,再由后肢任意地将它造成丝带。这个步骤一结束,蛛巢就大功告成了。蜘蛛看也不看一眼这卵袋,就缓步离开了。余下的事情和它不再相干,时间和阳光会代它去做[9]。

圆网蛛感到自己死期将至,就爬下网来。它在附近坚韧的禾本科植物丛中,用蛛丝织好了一顶神圣的帐篷;为了这项工程,它耗尽了吐丝器中的蛛丝。它已经没有必要爬回网中,重归自己的猎场,因为它已经没有可以用来捆绑猎物的蛛丝了。再说,以前的那种好胃口也已经消失。它有气无力,形容憔悴地挨过几天,

[9]作者描述圆网蛛编织网袋的过程,一幅幅生动的画面,一幕幕精彩的场景,读者阅读时就像在看电影。

①栉:梳子和篦子的总称,这里应是类似于梳子的身体部位。

接着就死去了[10]。这就是发生在我那些钟形罩下的事情，想必在荆棘丛中也是如此吧。

在编织捕猎大网的技艺方面，圆网丝蛛胜过彩带圆网蛛，但在筑巢方面它却不及后者高明。它的巢是一个毫无优雅感的钝锥形。袋口很大，上面有突出的月牙形花边，向四面辐射开来，它们是悬挂丝袋的支点。丝袋由一个大盖子封口，盖子的一半像缎子，另一半像绒布。余下的部分是白色而结实的织物，上面时常布满着无序的深色条纹。

这两种圆网蛛巢的区别仅限于外壳，一个呈钝圆锥形，另一个呈气球形。在这两种不同的外壳里面，有着相同的内部构造：首先是丝绒褥子，接着是盛满蛛卵的小桶。虽说这两种蜘蛛依据各自的特殊设计筑巢，但它们使用的御寒方法却是相同的。

我们看到，圆网蛛，尤其是彩带圆网蛛的卵囊是一个凝聚着高深复杂工艺的杰作。它采用了不同的材料：白色蛛丝、棕红色蛛丝、褐色蛛丝；此外，由这些材料加工而成的产物也各不相同：有结实的织物、柔软的褥子、精致的缎子，还有透气的毡子[11]。这一切都出自同一个作坊，那个作坊织出了捕捉猎物的蛛网，弯弯曲曲的加固丝带，并把层层裹尸布抛向猎物。

啊，多么奇妙的丝绸作坊啊[12]！就是依靠那极其简单的设备，而且是同样的设备——后肢与吐丝器，蜘蛛轮流做着制绳工、制纱工、织布工、丝带工和制毡工的工作。圆网蛛是怎样管理这丝绸厂的呢？它是怎样随心所欲地制造出多种粗细不同、色彩各异的丝束的呢？它又是怎样先用一种方法编织，接着又改换另一种方法的呢？我只看到它的产品，却不了解生产的设备，更不用说它的操作方法了。我茫然了。

当蜘蛛在静夜里聚精会神地工作时，有时也会由于一些突如其来的干扰而忙中出错。这些干扰不是我引起的：因为深夜里我并不在场。它们是由我用于观察的玻璃罩的简单布局造成的。

在野外，圆网蛛们各自独居，相距甚远。每一只蜘蛛都有自己的狩猎范围，在那里它们不用担心其他蛛网相隔太近，从而与自己争抢猎物。而在我的罩子里，情况却与野外相反，圆网蛛们同居一处。为了节省空间，我把三两只圆网蛛放在同一个网罩里。

我那些脾气温顺的俘虏们在罩里和平共处。它们之间没有纷争，也没有侵占邻居财产的事发生。每一只蜘蛛尽量在相距最远的地方编织蛛网的框架，然后它们就各自躲在那里，全神贯注地等待蝗虫跳进网来，仿佛对其他蜘蛛所做的事情漠不关心。

但是，当产卵期到来时，住所狭窄的空间仍然引起了诸多不便。不同蛛网的固定丝相互交叉，形成了混乱的丝网。只要其中的一张蛛网在振动，那么其他的也会或多或少地振动起来。这种干扰足以让产卵的圆网蛛分心并做出蠢事。下面就有两个例子。

夜里，有一只卵袋刚刚织好。早晨我去看时，它已经大功告成，垂挂在网罩下。它结构完美，装饰着中规中矩的黑色子午线丝带。卵袋里什么也不缺，只缺最重要的东西：蛛卵，就是为了它，纺织女才不惜耗费那么多蛛丝的。可蛛卵到哪里去了呢？它们不在中心的小袋里，因为我打开袋子时发现里面是空的。它们都在地上，在稍低一些的瓦罐沙砾上，没有任何保护。

可能是蜘蛛妈妈产卵时受到了干扰，没有对准口袋就让卵落到地上去了。或者是它在慌乱之中从网上爬下来，由于卵巢急于排卵，于是它就把卵产在了所遇到的第一个支撑物上。无论怎样，假如它的蜘蛛脑袋还有一点点清醒，它就该意识到这场灾难，并因此不再去编织那个已经毫无用处的精美巢穴。

然而事实完全不是这么一回事：空空如也的卵袋就像平常一样被编织着，形状一点不差，结构也同样精细。我丝毫没有插手，于是蜘蛛重复着从前被我拿走卵和食物的膜翅科昆虫所做过的荒唐事。那些遭抢的膜翅科昆虫一丝不苟地把它们的小房间封好。同样，圆网蛛在它那空空如也的卵袋周围放上羽绒垫子，并织好塔夫绸一般的套子将它包起来。

另一只圆网蛛由于编织时意外的抖动，刚完成那层棕红色的丝絮，就离开了自己的蛛巢，逃到离尚未完工的作品几寸远的罩子拱顶上。在那里，它倚靠着光秃秃的网格织了一片既不成形又毫无用处的垫子，假如没有受到干扰，它本可以用这些蛛丝来编织卵袋的外壳的。

可怜的傻瓜！你用绒布包住笼子的铁丝，却不让自己的卵得到完全的保护。先前织好的丝絮不见了，而罩子拱顶的金属则又粗又硬；但这一切都没能让你察觉到你现在的工作都是毫无意义的！你让我想起了蜾（guǒ）蠃蜂，虽然它的巢已经被拿走，但它还是把泥浆涂到墙上原先蜂巢的位置。你用自己的方式告诉我一种奇异的心理，这种心理能够将精湛高超的技艺和不可思议的愚蠢行为结合在一起。

让我们把彩带圆网蛛的作品与攀雀这种最擅长筑巢的鸟类的作品做一个比较吧。这种山雀经常出没在罗讷河下游的柳树林里。在水流湍急的主河道不远处，河水延伸进陆地，形成一片宁静的水域，就在这片水域的上方，攀雀的巢在水面微风的怀抱中轻轻摇动。它悬挂在那些杨树、老柳树或者赤杨树垂下的枝条末端，这些树生长在岸边，而且都非常高大。

攀雀巢像一个棉袋，四处密封，只在侧面有一个狭窄的洞口，刚好可以让鸟妈妈通过。从形状看来，它既像化学家的蒸馏釜，又像侧面伸出短短细颈的曲颈甄。

或者更形象一些：它像一只边缘收紧、侧面留着一个圆口的袜底。从外观上看，相似之处更加明显：人们几乎会以为自己看见了编织针留下的粗针痕迹。因此，普罗旺斯的农民惊讶于鸟巢的结构，用他们形象的语言称攀雀为"织袜鸟"。

杨树和柳树早熟的小蒴果为攀雀筑巢提供了材料。每到五月，这些蒴果中间就会飘下一种"春雪"来，细细的毛絮被空气的漩涡卷起，堆积在地面的缝隙里。这种棉花看起来和我们工厂里生产的一样，只是纤维很短。原料储备是无限的：大树是慷慨的，当细腻的雪花从小蒴果中飘出时，柳林里的微风就将它们集中起来。因此采集原料轻而易举。

困难的是怎样利用它们。攀雀是如何编织它的袜子的？它如何能用喙和小爪子这些简单的工具，来编织人类灵巧的手指也无法编出的织物？通过对鸟巢的观察，我们了解了一部分答案。

单用杨树的毛絮是编不成能够承受一窝雏鸟的重量，并经得起风力摇动的悬垂袋子的。那些毛絮，看起来像切得细碎的普通棉花，即使一团叠着一团，混合压成毡，也只能形成松散的一团，只要有一阵风吹来，就会立即四处飞散。因此攀雀还需要一张网，即一层纬纱来将它们固定。

一些长着粗糙树皮的细小枯枝，在空气与潮湿的作用下得到了很好的沤泡，为攀雀提供了一种类似麻的粗纤维。这种纤维可以从任何木块中提取出来,而且经受了柔性和韧性的考验,攀雀就把它一圈一圈地缠绕在选定用来支撑鸟巢的树梢的末端。

它缠绕得不是很规则。这些曲线笨拙而随意地重叠交叉着,有些比较松散,有些则绷得较紧,不过它们至少是结实的,这一点至关重要。此外,这个纤维套子就好像建筑物的拱顶石一样重要,它在树枝上延伸出一段相当长的距离,这样可以增加鸟巢固定支点的数目。

这些细细的带子绕了一定圈数之后,便在末端松散开来,自由自在地垂挂着。这些细带之后有更多更细的线混杂进来。在这团混乱而且千拉万扯的线团里,有些地方甚至已经打过了结。我没看到攀雀如何工作,单就它的成果来判断,那块用来支撑棉花内壁的网应该是这样制成的。

很明显,这块充当内部构架的纬纱并不是一次完成的,随着攀雀逐渐用棉絮把高处部分塞满,它慢慢地延伸着。攀雀先一点一点用喙将地上那些棉花叼起,用爪子梳理整齐,然后再将这絮状棉团塞进网眼里。接着,它用喙敲打,用胸口挤压棉絮的里里外外。最后,它制成了一块两寸厚的松软毛毡。

在这只袋子的侧面高处,有一道狭小的入口,延伸成短短的细颈形状,这是喂食用的小门。即使是身体小巧的攀雀也必须硬挤才能穿过这段通道。富有弹性的墙壁先是被撑得向外鼓起,接着又恢复原状。最后,鸟儿又在它的居室里加上一张最高级的棉床垫。床垫上摆放着六到八只樱桃核般大小的洁白的攀雀蛋。

然而,同彩带圆网蛛的蛛巢相比,这令人惊叹的鸟巢还只是一个简陋的掩蔽所。从形状上看,袜底状的鸟巢显然比不上布满无可挑剔线条的球状的蛛巢。正如夹杂着韧皮纤维的棉布在巧手织就的缎子面前,不过是一块上不了台面的棕色粗呢;而悬挂鸟巢的吊索与纤细的丝绳相比,简直就是一根缆绳。攀雀的床垫又哪能比得上圆网蛛那经过精心梳理的棕红色云雾状丝绒垫子呢?就所建造的巢穴而言,不管怎么说,蜘蛛都远胜过了攀雀。

然而,攀雀作为母亲却是更尽心尽责的。它会一连几周蹲在自己的卵袋底部,将卵贴在心窝上,用自己的体温去孵化小攀雀鸟。圆网蛛就没有攀雀鸟这样的温情。它把巢的未来丢给了不可预知的命运,连看都不再多看一眼[13]。

[13] 攀雀的鸟巢没有彩带圆网蛛的卵囊精美舒适,但是攀雀对后代充满母爱,尽心尽责,而圆网蛛冷酷无情,漠不关心。

蟹蛛

让我领会到迁徙之壮观的蜘蛛,在正式的分类学中被命名为 *Thomisus onustus*。虽然这个名字对读者来说没有任何意义,但至少它有一个好处,不像大部分学术名词那样折磨人的喉咙和耳朵,这些学术名词听起来就像是打喷嚏,而不是发音清晰的话语[1]。但是用拉丁文命名动植物来表示对它们的尊敬已经是约定俗成的规则,我们还是要尊重这颇具古风的发音,只不过我们要避开这类似于咳痰声的刺耳发音,与其说那是在念一个名称,不如说是在像吐痰般地将它吐出来。

野蛮的词打着先进的词的幌子,像潮水一样涌来,遮盖了真正的知识。面对它们,将来怎么办?它会将所有这些野蛮词汇都扔到被记忆遗忘的深处。但俗称却永远不会消失,它们生动、形象,而且悦耳。"蟹蛛"就是这样的名称,古人用它来指蟹蛛从属的那个分类群,这个名称十分合适,因为它表明了蜘蛛类与甲壳类动物之间明显的相同之处。

蟹蛛像螃蟹一样横着行走,像螃蟹一样,它的前足比后足更加有力。不仅如此,蟹蛛的前足只比螃蟹少了那对作拳击状的坚硬如铁的护手甲。

这形状像蟹的蜘蛛对设网捕猎的技巧一点都不知道。它既不打绳套,也不结网,只埋伏在花丛中等着,猎物一出现,它就熟练地一口咬住猎物的颈背,将它制服。除此以外,本章的主角——蟹蛛,特别喜欢捕猎家蜂。我已经在本书的其他章节中描述了受刑者家蜂和屠夫蟹蛛之间的斗争。

蜜蜂来了,它心平气和地打算采蜜。它用舌头在花丛中试探,并选择了一个资源丰厚的采取点。不一会儿,它就沉迷在采蜜的工作中了[2]。当它在篮子里装满了蜜,将嗉囊胀得鼓鼓的时候,潜藏在花下窥伺的强盗——蟹蛛,便从隐藏之处现身了,它转到忙碌的蜜蜂身后,偷偷地接近它,然后猛冲上去突然咬住它的脑后。蜜蜂抗斗着,螯针一阵乱刺,不过都无济于事,攻击者一点

[1]这一句形象、生动地指出了一些学术名词的拗口和难听,以此来衬托"蟹蛛"这一名称的悦耳动听。

[2]蜜蜂专心致志地工作,大难临头竟然毫不知晓。

也不松手。

再说,蟹蛛在蜜蜂后颈上的一咬是能在瞬间致命的,因为它破坏了后者颈部的神经节。不多时,可怜的小蜜蜂便蹬着腿脚死去了。这时,凶手便舒舒服服地吸起受害者的血来,吸完后,它不屑一顾地将干枯的尸体丢到一边[3]。然后它又重新潜伏起来,等待时机,屠杀另一名采蜜者。

每当看到沉浸在工作的神圣喜悦中的蜜蜂被杀害,我总是义愤填膺(yīng)。为什么勤勤恳恳的劳动者要喂饱游手好闲者,为什么被剥削者要养活剥削者?为什么有那么多美好的生命要牺牲在猖獗的掠夺之中?这些在和谐整体中的不和谐令人憎恶,也让思想者感到困惑,更何况我们将会看到,凶狠的吸血者竟然将变成为家庭献身的模范[4]。

吃人的巨妖爱自己的孩子,却吞吃别人的孩子。

在肠胃的专制压迫下,无论是动物还是人,都会变成吃人的巨妖。劳动的尊严、生活的乐趣、母爱的温柔、死亡的痛苦,别人的这一切都不重要,最重要的是那块肉既要柔嫩又要美味。

"蟹蛛"一词来源于希腊语(意思是"我用绳子捆"),它最初是指古罗马执法官的侍从,专将受刑者绑在柱子上。由于许多蜘蛛都用蛛丝将猎物捆起来,将它们制服后舒心享用,因此这个比喻用在它们身上并无不恰当之处。但是,蟹蛛却恰恰与这个名字不符。它并不将蜜蜂捆起来,后者是由于后颈被叮咬而突然丧命的,它对捕食者没有做任何反抗。我们那位为蟹蛛命名的教父只知道通常蜘蛛的进攻策略,却没有看到蟹蛛的特殊情况,他不了解这种阴险的攻击完全没有必要借助于蛛网。

名字的后半部分 onustus 表示"负重、沉重、累赘",也不见得恰当到哪里去。就算这个蜜蜂杀手挺着一个将军肚,也不至于成为蟹蛛的区别性特征。因为几乎所有的蜘蛛都有一个大肚子,那是蛛丝的仓库,为有些蜘蛛制造结网的绳索,而为所有蜘蛛织造做窝的绒。作为筑巢高手,蟹蛛和其他蜘蛛一样:它的肚子里储藏着足以为孩子们编织温暖巢穴的蛛丝,但它的体形并不肥胖得夸张。

onustus 这个术语是不是仅仅用来反映蟹蛛那缓慢横行的步伐呢?这个解释虽然说得过去,但还不能让我完全满意。除了惊

[3] 这种猎杀方法与狼蛛如出一辙。

[4] 作者对那些不劳而获的寄生虫无比憎恶,对勤恳的劳动者无比同情,对人间的掠夺、残杀无比痛恨,呼唤人类社会的和谐平等。

慌失措的时候,所有蜘蛛都是行动稳重,步伐谨慎。总之,蟹蛛这个学术名词是由一个曲解了意思的词加上一个毫无意义的修饰语构成的。啊,要合理地为动物们命名真是困难!不过,还是对命名者们宽容一些吧:词汇正在逐渐枯竭,而要分类命名的种类却在不断增加、源源不绝,使我们无暇顾及音节的搭配。

要是术语对于读者来说没有任何意义,那么怎样才能让读者知道蟹蛛呢?我只有一个办法:请读者去参加五月份在法国南方的矮灌木丛里举行的节日活动。蟹蛛这种捕杀蜜蜂的刽子手害怕寒冷,在我们这一带,它从来不会离开橄榄树的生长地区。它偏爱的灌木是岩蔷薇,这种灌木花很大,玫瑰色,花瓣带着褶皱,花季很短,只有一个上午,第二天就会为在清晨的凉意中绽放的其他花朵所替代。如此灿烂的花季会持续五至六个星期[5]。

在岩蔷薇的花丛中,蜜蜂们满怀热情地采着蜜,它们在雄蕊宽大的管圈中忙碌着,身上沾满了黄色的花粉。蜜蜂的迫害者知道它们会在这里大量出现,便守候在玫瑰色花瓣的帐篷下,准备伏击。让我们放眼四周,看看那些花吧。要是看到有一只蜜蜂一动不动,蹬直了腿,伸着舌头,就赶快上前去:十之八九蟹蛛就在那儿。这强盗刚刚得了手,正在吮吸死者的血液呢。

话说回来,扼死蜜蜂的杀手是一只漂亮,应该说很漂亮的动物,虽然它那臃肿的肚子形似金字塔身,而且底部的左右两侧都长着驼峰形的凸起。蟹蛛们的皮肤看上去比缎子更柔滑,有些是奶白色,有些是柠檬黄色。有一些优雅的蟹蛛还在腿脚上戴着许多粉色的镯子,在脊背上装饰着鲜红的涡旋状纹路。有时,它们的前胸两侧还缀着一条纤细的浅绿色丝带。这身打扮不如彩带圆网蛛的外衣华丽,可它朴实无华、精巧细致、色彩和谐,因此显得比后者不知优雅多少倍[6]。即使是一个对其他蜘蛛都深恶痛绝的新手,也会为蟹蛛的优雅所折服,毫无恐惧地伸出手去捉住外表如此平和的美丽蟹蛛。

不过,这蜘蛛中的瑰宝会做些什么呢?首先,它能造一个无愧于自己美名的巢穴。金丝鸟、燕雀以及其他筑巢大师会用植物的侧根、纤维以及羊毛状的团絮在树枝的枝杈中建一个海螺壳状的空中小巢。蟹蛛也喜欢在高空建巢,它在自己熟悉的捕猎场所——岩蔷薇树上选择一根长得很高,而且因酷热而干枯的树

[5]作者以邀请读者参加节日活动的方式,巧妙地引入对蟹蛛的捕猎地点和时间的介绍。

[6]作者观察细微,想象丰富,围绕"优雅"这一特点,运用大量的拟人句把蟹蛛描写得宛如一个雍容华贵的贵妇人。

枝,树枝上面吊着几片已经蜷（quán）曲成小窝棚的枯叶。蟹蛛就在这里安家筑巢,准备产卵。

蟹蛛就像一只装满蛛丝的活梭子,轻轻地朝各个方向摆动着,上下穿梭,编织出一只袋子来,袋子的侧壁和四周的枯叶合为一体。这个巢无论是可看到的部分,还是被支撑物遮盖住的部分,都是纯白而不透明的。巢穴处在相近树叶的夹角中间,呈圆锥形,让人想到彩带圆网蛛的巢,只不过体积比后者更小些。

蟹蛛把卵产进去之后,就用同样的白色蛛丝织出一个盖子,将卵袋开口处密封起来。最后,再在巢的上方拉出几根蛛丝,这薄薄的帘子就被用来做床顶,同时也与那些叶子的拱顶围出一个凹室,作为母亲的住处。

这不仅仅是蟹蛛产后恢复的场所,它还是一个掩体,一个监测哨,母亲会在那里平趴着,一直坚守到小蜘蛛迁徙的时刻。由于产卵与消耗了蛛丝,蟹蛛变得十分消瘦,如今只为保护它的巢穴而活着。如果有不速之客从附近经过,它马上就会冲出哨所,抬起腿脚,将其赶跑。我用草叶招惹了它几次,它大动拳脚加以反击,那情景让我想起了拳击。它用拳头对付我的武器。为了做实验,我打算让它离开巢穴,可这不太容易。它死死抓住蛛丝地板,将我的进攻一一挫败,不过我也没有用力,以免伤了它。这顽固的家伙刚被我撵出窝,就又回到自己的岗哨里去了。它可不想离开自己的宝贝。

当有谁想夺走纳博讷狼蛛的卵球时,后者也会同样地战斗。狼蛛和蟹蛛有着同样的勇气和牺牲精神,也同样地糊涂,分不清那些宝贝是它们自己的还是别人的。狼蛛会毫不犹豫地拿自己的卵球与其他任何卵球交换,它总是把别人的卵和自己在卵巢产下的卵、别人的织物和自己纱厂纺出的织物混淆起来。在这里用"母爱"这个神圣的词似乎不太恰当:狼蛛不过是受到强烈的、几乎机械性的本能驱使,并不包含真正的柔情。岩蔷薇上优雅的蟹蛛也并不见得高明。只要把它从自己的巢穴转移到另一个同样的巢穴,它便会在那里安身下来,再也不走了,尽管四周树叶围墙的排列顺序不同,应该能告诉它并不是在自己的家里,可是只要脚下有蛛丝织成的缎子,它就察觉不出自己的错误;它高度警惕地看守着另一只蟹蛛的巢,就像看守它自己的巢一样。

在母性的糊涂方面，狼蛛更加离谱。它把我用锉刀锉出的软木小球、纸团或线团当成卵袋，贴在自己的吐丝器上，傻傻地拖着四处奔走。为了看看蟹蛛是否会犯同样的错误，我把蚕茧的碎片翻过来，将里面更光滑更紧密的一面露在外面，制成封闭的圆锥体来试探蟹蛛。可我的企图没有成功。我把一只蟹蛛妈妈从家里撵出来，转移到人工卵袋上，可它顽固地拒绝在那里居住下来。它是不是比狼蛛更加敏锐呢？也许是。可别夸奖得太多，因为这个巢穴的仿制品做得实在是太粗糙了。

五月底，产卵的工作结束了。接着，蟹蛛母亲便平趴在巢穴的顶上，日夜坚守着，再也不离开自己的掩体了。看到它如此消瘦、满身皱纹，我想，要是像以前一样供给它一些蜜蜂当食物，它一定会高兴的。

可我却错误地判断了蟹蛛的需要。它一直以来酷爱的蜜蜂如今不再具有吸引力了。钟形网罩里，猎物就在它的身边嗡嗡飞舞，要抓住实在是轻而易举，可是这没有用：蟹蛛哨兵并不离开它的岗位，对这从天而降的好运也不理睬。它如今只是依靠母性的献身精神而活着，这种精神食粮固然值得称颂，但却没什么营养。就这样，我眼看着它日渐衰弱，皱纹遍布。消瘦干瘪的它临死之前究竟在等什么呢[7]？

它在等待自己孩子的出生，垂死的母亲对它们还有用处。彩带圆网蛛的孩子从球形卵袋中出生时，早已是孤儿了。它们没有任何外界的帮助，自己也没有挣脱卵袋的能力。只能等到这卵袋自动爆裂并破开，小蜘蛛才能和棉絮垫一起一股脑儿地弹出来。

蟹蛛卵袋的外部表面大部分都衬着一层树叶，是扯不破的，盖子也无法打开，因为上面的封条贴得很紧。但是，当一窝小蜘蛛获得自由之后，可以看到在圆形开口的边缘开了一个小洞，这是作为出口的小天窗。这扇天窗起初并不存在，它是谁打开的呢？

卵袋的料子又厚又结实，袋中年幼体弱的小蜘蛛是不可能将它扯破的。因此，是蟹蛛母亲感觉到了蛛丝顶篷下孩子们迫不及待的骚动，自己在袋子上开了一个洞。它这样形容枯槁①（gǎo）

[7]蟹蛛坚守母爱的伟大，并为此而消瘦老去直至死亡，演绎了一曲母爱的颂歌。

①枯槁：这里指面容憔悴。

219

[8] 这句话表现了母爱的伟大，表现了"一切为了孩子"的母性的献身精神。

地坚持活了五六个星期，就为了用最后一口气为孩子们咬开出去的大门[8]。这项任务完成之后，它便任自己慢慢死去，贴在巢中，成了干瘪的枯骨。

七月一到，小蜘蛛们就出来了。我预料到它们有表演杂技的习性，便在它们出生的钟形罩顶放置了一束纤细的小树枝。果然，它们全都穿过了丝网，聚集在荆棘丛的顶端，并很快用交叉的蛛丝在那儿织成了一张宽敞的临时休息地。在两天的时日里，它们安静地在休息地待着，然后，它们在树枝或土石之间搭起了一个个天桥，时机来临了。

我将缀满小蟹蛛的那一把树枝插在一张小桌子上，桌子摆在临窗的阴影里。片刻工夫，小蟹蛛们便开始缓慢而杂乱地迁徙了。它们有的徘徊不定，有的观望情况，有的从蛛丝的一头垂直往下掉，还有的则挂着蛛丝往上升。总之，一片繁忙，却并无效率。

事情拖了很久，树枝上聚满了急于离开的小蜘蛛，将近十一点的时候，我决定将那束荆棘丛放到窗台上，让室外的烈日照射到它。经过几分钟的日照和温暖，现在景象完全不同了。迁徙者们涌向小树枝的顶端，在那里起劲地摆动着。这是一个令人目不暇接的绳子作坊，几千只腿脚同时从纺丝器里拉出丝绳来。然后将丝绳丢弃在风里，任其四下飘摆。当然，我没有看到这些绳索，我是这样推测的[9]。

[9] 实验验证了小蜘蛛们对阳光的依赖。

三四只小蟹蛛同时出发，各奔东西。它们全都沿着一个支撑物往上爬，这可以从它们腿脚的敏捷运动中看出来。此外，在这些小蟹蛛的身后，它们留下了一道清晰可见的蛛丝的痕迹。当小蟹蛛们爬到一定高度后，便静止不动了。这些小动物悬停在空中，在阳光里闪动着白斑。它们慵懒、缓慢地在丝绳上荡着秋千，然后倏地飞翔在空中了。

发生什么事了？外面吹起了一股微风。飘荡的缆绳被吹断了，于是小蜘蛛们就出发了，被自己的降落伞带着走了。我目送它们越飞越远，像一个个发光的亮点，清楚地显现在二十步开外的暗绿色柏树丛中。它们向上升着，越过柏树的屏风，终于消失不见了。其他小蟹蛛也尾随着出发了，它们或高或低地飞翔，方向各不相同。

现在,蜘蛛群已经完成了准备工作,大批疏散的时候到了。这时,许多小蟹蛛从荆棘丛的顶端像被射出的微小弹丸一样不断地蹿出来,如同绽开的花束一样向上升起。最后,小树枝成了一束焰火,一组同时射出的火箭。这个比喻十分贴切,就连放出的光芒也一样。在阳光下,小蟹蛛们如同燃烧的焰火射出耀眼的光芒。多么光荣的出发方式啊,它们多么神奇地进入了这个世界[10]!小动物们牵动着自己的飞行线,上升到了一个辉煌的顶点。

小蟹蛛们或早或迟地降落在或远或近的地方。唉,为了生活,必须降落,而且常常还要降落得很低。戴冠百灵鸟在大路上翻捣骡子的粪堆,寻找它的食物——燕麦粒,它在空中翱翔、放声歌唱时是找不到这个的。只有降落才能找到,想要得到食物就必须这样做。因此小蟹蛛降落了。重力对它不会造成危险,因为有降落伞缓和重力的作用。

小蟹蛛以后的故事我就不得而知了。在制服蜜蜂之前,它们捕捉什么小昆虫呢?这些小东西对付其他小东西的方法和计策是什么呢?它们又会在什么样的隐蔽所里度过冬天呢?我不知道。可是到了春天,我们又会见到它们,那时它们将初步长成,潜伏在蜜蜂采蜜的花丛中了。

[10]对小蟹蛛们走向自由的生活过程,法布尔发挥其丰富的想象力,用了生动传神的语言进行描述,赞美充满活力的新生命。

迷宫蛛

　　如果说圆网蛛是一位纺织能手，能编织出垂直的猎网，那么其他许多蜘蛛则同样善于创造，来满足生存的两大首要法则，即填饱肚子和繁衍后代。在这些蜘蛛中，有的在这方面很有造诣，人尽皆知，在任何书中都被提到。

　　有些蛹蛛和纳博讷狼蛛一样，居住在地洞里，不过比起那种生活在荒地里的粗俗狼蛛来，蛹蛛的地洞则精细多了。狼蛛只在井口用石砾、柴火和丝堆起一个简陋的护井栏；而蛹蛛则会在洞口安装一个活动的小圆盖，就像是一扇百叶窗，铰链、槽口和插销系统一应俱全。当蛹蛛回洞后，小圆盖就会落下，卡进槽口里，精确得简直天衣无缝。如果有侵犯者执意要打开小圆盖，躲在洞里的蛹蛛就会拉上门闩①（shuān），也就是说把它的小爪子插进铰链对面的一些孔里，然后把身体紧紧地靠在墙壁上，使那扇门紧紧关闭。

　　另外一种出名的蜘蛛便是银蛛，它会用丝在水中为自己建造一个精巧的潜水袋，用来储存空气。有了这个呼吸装置，它就可以躲在阴凉的地方窥探猎物了。在酷暑的天气里，那可真是一个舒适的避暑胜地，就像是荒谬的人类有时用大理石和石块建造的水下宫殿一样。如今，迪拜的水下宫殿的天花板只是一个令人憎恶的回忆，而银蛛那精致的穹顶却仍然经久不衰。

　　如果我能亲自观察银蛛的话，我很愿意跟大家谈一谈这位能工巧匠，并且在关于它们的故事中补充一些从未被提到过的情况。可是我只能放弃这个想法。因为在我们这个地区没有银蛛。精通铰链门制造工艺的蛹蛛倒是有一些，不过也特别稀少，我只在沿着矮树林的小径边见到过一次。人人都知道，机会稍纵即逝。身为观察家，应该比一般人更懂得抓住这一瞬间的机会。可是，由于我当时正忙于其他研究，我只是朝那只千载难逢的漂亮

---

　　①门闩：门关上后，插在门内使门推不开的滑动插销。

蜢蛛瞥了一眼。于是机会飞走了，并且再也没有重新出现过[1]。

我们权且就用一些比较常见、便于跟踪研究的普通蜘蛛作为补偿吧。普通并不等于无足轻重。只要给予它足够的重视，我们同样能在它身上发现价值，而无知则会使我们对这些价值视而不见。如果我们耐心观察，再微不足道的小虫子也能为生命的和谐乐章增添音符[2]。

我走遍周围的田野，虽然步伐已经疲惫，可目光却始终警惕。在那里，我所见到的最普通的蜘蛛，便是迷宫蛛。只要是在树篱下的草丛中、安静向阳的角落里，就会躲着几只迷宫蛛。而在旷野里，特别是在起伏不平、被人砍得精光的地方，迷宫蛛则最喜爱在荆棘丛里安家，如岩蔷薇、薰衣草、不凋花，以及被羊群啃得短短的迷迭香等。我去的正是这种地方，因为这些荆棘丛相互隔得很开，而且非常和善，便于我进行搜寻工作，而树篱则比较冷酷，有时会使搜寻工作无法进行。

七月的清晨，当太阳还没有照到脖子上的时候，我会到现场去观察迷宫蛛，一周要去好几次。孩子们同我一起去，他们带着一个橙子，以备解渴之需，因为他们很快就会感到口渴的。孩子们眼光敏锐，手脚灵活，有了他们的帮助，探险就一定会硕果累累。

不久，我们就发现了高高悬挂的丝网，远远望去，蛛丝上挂着晶莹的晨露，闪闪发光。孩子们对这节日彩灯般美丽辉煌的丝网惊叹不已，以至于一时忘记了他们的橙子。我也同样激动万分。这景象真是太美妙了，蜘蛛那迷宫似的丝网上缀满了夜露，在清晨的第一缕阳光中闪烁着[3]。这美丽的景致，伴随着乌鸫鸟的鸣叫，单单是为这个，起个大早也是值得的。

太阳照了半个小时之后，美轮美奂的珠光随着露珠的蒸发而消失了。观察蛛网的时刻到了。这张蛛网拉在一大蓬岩蔷薇上，有一块手帕那么大。任意的夹角和密布的丝线将其牢牢地固定在荆棘上。荆棘丛中没有一根突出的细枝不被用作蛛网的支点。蛛网在荆棘丛中纵横交错、绕来绕去，以至于后者被一层白色的细软薄纱盖住，完全看不见了。

只要那些不规则的支点允许，蛛网的周边就比较平坦，但越往中间，蛛网就逐渐凹陷，形成火山口似的圆洼，令人想起吹号打

[1] 作者因错失观察机会而感到遗憾，表现对昆虫研究的挚爱。

[2] 只要足够重视，耐心观察，任何一种小虫子都有其研究的价值。

[3] 对昆虫研究的痴迷，对大自然的热爱，使作者对科研付出再多的艰辛也心甘情愿。

猎的猎手的小屋。蛛网的中间是一个圆锥形的深坑,像个颈部渐渐变窄的漏斗,垂直地插在茂密的绿色植物中间,大约有一虎口深。

蜘蛛就在那阴暗危险的管口处,它看着我们,对我们的到来丝毫不感到惊讶。它是灰色的,胸部简单地饰有两条黑带,腹部也有两道横杠,横杠上夹杂着白色和棕色的斑点。腹部末端有两个小小的、会活动的附属器官,就像尾巴一样,这是蜘蛛身上一个奇特的细节。

这个火山口形状的蛛网采用的是不同的编织方法。它的边缘是由稀疏的丝线织成的纱网;往中间渐渐成了轻柔的细纱,然后又变成了绸缎;在远处坡度很陡的地方,它是略微呈菱形的格状网。最后,在蜘蛛通常停留的漏斗的颈部,则是一块结实的塔夫绸。

蜘蛛不停地编织着它的地毯,那可是它的观察台。每个夜晚,它都会前去巡视,察看自己设下的陷阱,并增添新的蛛丝,以扩大自己的地盘。编织工作是依靠一直挂在吐丝器上的蛛丝来完成的,随着蜘蛛身体的移动,蛛丝便被源源不断地拉出来。和蛛网的其他地方相比,漏斗的颈部是蜘蛛去得最多的地方,因此那里铺着最厚的地毯。再过去是火山口的斜坡,也是蜘蛛常到的地方。排列均匀的辐射状蛛丝勾勒出火山口的形状。蜘蛛摇晃地走着,依靠尾部附属器官的帮助,在辐射状的蛛丝上织出菱形的网格。蜘蛛夜里经常会来巡视,因此使这一区域得到了加固。最后是一些蜘蛛不常走动的地方,铺的则是很薄的地毯。

我们原以为在插入荆棘丛的管道尽头会有一间密室,一个隔开的小间,让蜘蛛空闲时可以栖身。可事实并非如此。长长的漏斗颈到了底部是敞开的,那儿有一扇始终开着的暗门,蜘蛛在受到追捕时能通过这扇门逃走,穿过荆棘,来到旷野。

如果我们想活捉蜘蛛而不使它受伤,就有必要对这个住所的构造有所了解。一旦受到直接的攻击,蜘蛛便会往下跑,从底部的出口逃走。这时,到杂乱的荆棘丛中去搜寻往往徒劳无获,因为蜘蛛逃遁的动作非常敏捷,再说,漫无目的地搜寻很可能会伤到它。但是,如果不用暴力,就不能获得成功,我们只能靠智取。

我在管口发现了那只蜘蛛。当时机成熟时,我就一把抓住荆棘丛的底部,蛛网的漏斗就插在这荆棘丛中。这样做就够了,蜘蛛被抓住了。它发现后路被切断,便乖乖地钻进我为它准备好的锥形纸袋里。必要时,可以拿一根稻草秆去刺激它,把它逼进纸袋。就这样,我把一些迷宫蛛装进了钟形罩,它们全都毫发无伤,神采奕奕。

准确地说,那个火山口形状的蛛网不算是一个陷阱。因为从严格意义上来讲,确实可能会有一些过路者或者行人失足踩上这块丝质地毯,但实际上很少会有冒失鬼到这种地方来散步。因此,迷宫蛛所需要的罗网,必须能够抓住蹦跳或飞行的猎物。圆网蛛有它凶险的粘网,而荆棘丛中的迷宫蛛则有它的迷宫,它的凶险程度丝毫不亚于粘网。

让我们看看蛛网上面吧。那简直是绳索交织的密林!就像是被风暴袭击后无法控制的船只上的绳索。这些绳索从每一根支撑它的小树枝出发,和每一根枝杈的顶部相连。它们有的长,有的短,有的垂直,有的倾斜,有的笔直,有的弯曲,有的紧绷,有的疏松;所有绳索都交错缠绕,混乱得理不清头绪,向上一直延伸到大约两个手臂的高度。这是一个乱绳套,一个谁也无法穿越的迷宫,除非拥有超强的弹跳力[4]。

迷宫蛛的网和圆网蛛所使用的粘网完全不同。迷宫蛛的丝没有黏性,它们只是通过大量地交错捕捉猎物。我们是否一定想要见识一下这罗网的功效?那就把一只小蝗虫扔到绳索上吧。蝗虫在摇晃的支撑物上失去了平衡,它乱蹦乱跳,拼命挣扎,却把绊脚的绳索越搞越乱。迷宫蛛在洞口窥视着,听之任之。它并不冲上前去,捕捉那只被困在桅杆绳索中的绝望家伙,而是等着猎物被绳索越缠越紧,最终掉到蛛网上来。

蝗虫掉下来了,于是蜘蛛便爬出来,向它扑去。进攻并非毫无危险。与其说蝗虫被牢牢地捆住,不如说它只是有点情绪低落,它不过在腿上拖着几根挣断的丝线而已。大胆的迷宫蛛却不理会这些。它没有像圆网蛛那样,用层层蛛丝把猎物裹起来,使其瘫痪,而是拍打着猎物,确认它的质量不错,然后便不顾猎物踢蹬的腿脚,将獠牙插入后者的身体。

下口的部位通常是大腿根部,不是因为这个地方比其他皮肤细嫩的部位更加脆弱,也许是因为这里的肉味特别好的缘故。为

[4]对蛛网交错缠绕细致入微的描写,使读者豁然开朗,迷宫蛛绝非浪得虚名!

了了解迷宫蛛吃些什么食物，我观察了好几个蛛网，发现除了其他双翅目昆虫和小蝴蝶以外，还有几乎没有动过的蝗虫尸体，所有这些猎物都没有后腿，至少是没有其中的一条后腿。而在蛛网边挂肉的钩子上，则经常会吊着一些蝗虫的后腿，里面的美味早已被掏空。

当我是个孩子的时候，对吃的东西不抱任何成见，那时，我和其他许多人一样，知道蝗虫的大腿好吃。它有点像螯虾的大腿，只是很小。

我们把蝗虫扔给迷宫蛛之后，这设置绳索的蜘蛛就是对着猎物的大腿根部下口的。它死死咬住伤口，一旦迷宫蛛将獠牙插入蝗虫的身体，便不会松口。它要喝血、吮吸、汲取营养。第一个伤口被吸干了之后，它就换一个地方，特别是另一条大腿，这样到最后，猎物就成了一个空壳，但还保持着原形。

我们曾经看到，圆网蛛的进食方法也是这样，它不吃猎物的肉，而是喝它的血。不过最后，在长达几个小时惬意的消化过程中，圆网蛛会重新捡起被吸干的猎物，放在嘴里嚼了又嚼，嚼成烂糊糊的一团。那是它餐后吃着玩的甜点。然而迷宫蛛却不懂得这种餐桌上的消遣；它把吸干了的猎物空壳扔出网外，而不加咀嚼。尽管吃一顿饭会用很长时间，但整个用餐过程绝对安全。蝗虫刚被咬完第一口，就动弹不得了，迷宫蛛的毒液一下子就把它杀死了。

从艺术品的角度来说，迷宫蛛的网远远比不上圆网蛛那高超的几何形蛛网，尽管它相当精巧，但这并未使得它的建造者受到青睐。它只不过是一堆被随随便便搭建起来的、不成形的脚手架。不过，虽然这建筑杂乱无章，但它的建造者和其他人一样，还是有自己的审美原则的。对此，我们已经可以从那个织着漂亮网纱的火山口略知一二；而通常被视作蜘蛛母亲杰作的卵窝，则将向我们更加充分地展示这一点。

当产卵期来临时，迷宫蛛就会搬家，它会放弃自己那个还很结实的网，再也不回去。只要愿意，任何人都可以把它原来的居所占为己有[5]。为后代建立一个住处的时候到了。可是建在哪里呢？迷宫蛛对此早有打算，而我却一无所知。我花了好几个早晨搜索，但一无所获。我徒劳地在挂着蛛网的小矮林里搜寻，却始终没能找到我希望得到的东西。

[5]迷宫蛛为了哺育后代放弃自己原来的住所，具有为了后代甘愿作出牺牲的精神。

然而,秘密终于还是被我发现了[6]。我看到一张蛛网,虽然空空荡荡,但仍然完好无损,这说明它刚刚被抛弃。我们不用到支撑蛛网的那片荆棘丛里去寻找,而是应该在周围几步远的范围里搜索。如果那里有一丛低矮的植物,并且很茂密,那么蜘蛛的窝就一定藏在那里。这窝带着出生的真实标志,因为里面总会住着一只雌蜘蛛。

我采用这个方法,到远离迷宫般罗网的地方去搜索,很快就找到了许多卵窝,足以满足我的好奇心。不过,这些窝远远没有验证我对雌蜘蛛的才华所做的假设。它们只是由粗糙的枯叶夹着丝线,杂乱地混合而成的。在这个简朴的外壳里面,有一个装卵的细布袋,整个卵窝破烂不堪,因为将它们从荆棘丛里取出来时,不可避免地会将其撕破。不,我不能仅凭这些破布来判断艺术家的才能。

在建筑的过程中,昆虫有自己的建筑规则,这些规则同解剖学的特点一样恒久不变。每一个群体都根据同样的原则进行建筑,在这些原则中,质朴的美学法则得到了遵守;但在很多时候,一些环境的因素是建筑者所无法把握的:可使用的空间、场地的不规则、材料的质地,以及其他诸多意外的原因,都可能使建造者偏离原先的计划,打乱建筑的结构。于是,原本应该有规律的形状变成了现实中的无规律;秩序变成了混乱。

研究各类动物在工程不受干扰的情况下,会采用怎样的建筑类型,这是一个非常有趣的课题。彩带圆网蛛将它的卵袋建在半空中或行动较少受到限制的细枝上,它的作品是一个精美的球状物。圆网丝蛛的行动也同样地自如,它那星状辐射抛物面形的卵袋也不乏优雅。同样身为纺织高手,迷宫蛛在为儿女编织帐篷的时候,难道会不知道美的箴言吗[7]?关于它,我还仅仅只是看到了一个粗俗的袋子。难道这就是它所能做的一切吗?

我想,在条件允许的情况下,它一定会做得更好。在浓密的矮树林里,在碍手碍脚的枯叶堆或细枝堆里,它很难织出中规中矩的作品来;如果能迫使它在不受拘束的地方建造,那么我坚信,它一定能自如地发挥自己的才能,表现出它对精美卵窝工艺的精通。

八月中旬,当产卵期来临时,我把六只迷宫蛛分别放进铺着

[6]一分耕耘,一分收获,作者的努力没有白费,终于探秘成功。

[7]作者把蜘蛛的卵袋编织当作"课题"研究,可见其重视程度。通过对彩带圆网蛛、圆网丝蛛的卵袋的介绍,引出迷宫蛛的卵袋,给读者留下了悬念:迷宫蛛的卵袋到底是怎样的?

沙土的瓦罐里,罩上钟形金属罩。罩子中央插着一根百里香的枝条,用来充作建筑卵窝的支点,四周的金属纱网也可以做同样的用途。除此以外,就没有其他摆设了。没有枯叶,因为如果蜘蛛母亲想用枯叶当被子盖,就会使卵窝变形。我每天都会提供一些蝗虫作为食物,只要它们肉质嫩、个头小,就能受到蜘蛛们热烈的欢迎。

实验完全按照我的愿望进行着。刚到八月底,我就得到了六个卵窝,个个形状优美,雪白光亮。宽敞自由的工作场所,使得纺织娘可以不受拘束,完全听凭本能的灵感,织出工整优美的杰作——除了个别地方有几个悬挂卵窝所必需的棱角之外。

卵窝呈椭圆形,用精致的白色细纹布织成,在这半透明的住所里,蜘蛛母亲将要居住很长时间,以监护整个一窝的卵。卵窝的大小和一只鸡蛋差不多。小房间的两头都开着口,前端的开口延伸成一条宽阔的长廊,后端的开口则变得细长,形成漏斗颈。我不知道这漏斗颈有什么用。至于前端那个更加宽阔的开口,则毫无疑问是供应食物的大门。我不时看见迷宫蛛在那里停留,窥视蝗虫,它会到外面来吃蝗虫,免得让尸体玷污了里面洁白的殿堂。

迷宫蛛卵窝的结构,和它在捕猎期的住所的结构不无相似之处。卵窝的后门厅呈漏斗颈状,向下延伸到地面附近,危险关头可以作为逃生口。前门厅则张开成一个大口,四处悬挂着的丝带将其半掩着,让人想起过去用来捕猎的陷阱。原先住宅的所有特点,都能在卵窝中找到痕迹,甚至包括迷宫,当然只是非常小。在张开的大口前面,纵横交错着一些丝线,猎物经过时就可能被捆住。因此,每一种动物都有各自的建筑模式,不管条件如何变化,这些模式都大同小异。动物十分精通自己的本行,但对于其他东西,它们却不会,也永远学不会,它们不懂得创新。

不过,这丝织的宫殿其实只不过是一个哨所。在云雾般轻柔的乳白色丝墙后面,隐约可见放卵的圣盒,圣盒上模模糊糊地呈星状分布着十字荣誉勋章的图案。这是个宽大的袋子,暗白色,极为漂亮,辐射状的立柱将它固定在帷幔的中央,使其与四面八方都不接触。这些立柱的中间较细,上下两端分别膨胀成圆锥形的柱头和同样形状的底基,总共有十几根,它们两两相对,勾勒出几条弧形的走廊,走廊绕着中央的卵袋,通向四面八方。蜘蛛母亲庄重地在内院的拱廊里来回闲逛,它这儿停停,那儿停停,长久而仔细地聆听着卵袋里的动静,它听的是这绸缎外壳里发生的事情。打扰它无异于一项野蛮的行径[8]。

为了进一步观察内部结构,我们要利用那些从野外弄来的破损了的蜘蛛窝。除了立柱以外,卵袋是一个倒置的圆锥,跟圆网丝蛛的卵袋差不多。编织卵袋的材料有一定的韧性,我必须用镊子用力拉才能将其撕破。袋子里面,只有一团极为细腻的白色丝絮,以及一百多颗卵。这些卵相对较大,因为它们的直径约有一毫米半,看上去就像淡黄琥珀色的珍珠,卵与卵之间相互并不粘连,当我揭去裹住它们的绒被时,它们就会自由地滚动起来。我把所有的卵都装进玻璃试管,以便观察孵化的情况。

现在,我们来做一个简要的回顾。产卵期来临了,蜘蛛母亲放弃了原先的住所——那个接住滚落下来的猎物的火山口,那座让飞蝇插翅难逃的迷宫,它离开了所有赖以生存的工具,将它们完好无损地留了下来。它肩负着繁衍后代的责任,到远处去另建新居。可是,它为什么要到远处去呢?

雌蜘蛛还能存活好几个月的时间,食物对它来说是必需的。如果它把卵产在现在这个住所的附近,继续使用它所拥有的那个完美的陷阱来捕猎,岂不更好?这样就可以在监护卵窝的同时,毫不费力地捕捉食物了。可是迷宫蛛却不这样认为,我猜测着它的道理。

由于丝网和丝网上方的迷宫呈白色,而且挂得很高,因此很远就能看见。它们在阳光下、在昆虫经常出没的地方闪闪发光,招来苍蝇和蝴蝶,就像我们家里的灯光和捕鸟者的镜子一样。谁要是想靠近这个发亮的东西看个究竟,就得为自己的好奇心付出生命的代价。没有什么比这个闪光的物体更能诱使过往的昆虫上当了,但同时,也没有什么比它更能给儿女们的安全带来威胁了。

看到这个暴露在绿色灌木之上的标志,居心叵(pǒ)测②者们一定会蜂拥而至;它们必然会顺着蛛网,找到珍贵的卵袋;只要有

[8] 作者为蜘蛛母亲伟大的母爱而感动。

②居心叵测:存心险恶,不可推测。

一条外来的虫子享用了一百来颗带壳的卵,那么整个住所就会被它毁了。迷宫蛛的天敌有哪些,我不太清楚,因为我没有足够的材料来搜集那些寄生虫。我只能根据从别处获得的线索,作一些猜测。

彩带圆网蛛自信它的织物非常结实,把卵窝挂在人人都能看得见的荆棘丛上,不采取任何的隐蔽措施,结果它倒了大霉。我在它的卵袋里发现了一只带有注射器的姬蜂,这种虫子的幼虫是以蜘蛛卵为食的。在蜘蛛窝中央的卵桶里,除了已被吸干的空卵壳之外,什么都没有剩下,蜘蛛的胚芽已被屠杀殆尽。此外,我知道其他还有一些姬蜂也有掠夺蜘蛛窝的爱好,它们的孩子常吃的食物,就是一篮子新鲜的蜘蛛卵。

迷宫蛛,就像我们看到的那只一样,害怕居心叵测者前来掠夺卵袋,它早已预料到这一点,为了确保万无一失,它在住所之外选择了一个隐蔽处,远离显眼的蛛网。当感觉到自己的卵巢快要成熟时,它便开始搬家,乘着夜色去附近勘探地形,寻找一个危险较小的栖身地。理想的场所是那些枝叶垂落到地面的矮灌木丛,在那儿,即使冬天也有密密的绿叶,而且地上铺满了从邻近橡树上掉下来的枯叶。在贫瘠的岩石上,茂盛的迷迭香丛可以得到那些长在高处的迷迭香所得不到的营养,它们对蜘蛛母亲尤为合适。我通常就是在那里找到迷宫蛛的卵窝的,当然是在经过长时间的搜寻之后,因为它们藏得非常隐秘。

到目前为止,没有任何反常的现象。由于这个世界上到处都有追寻嫩肉的食客,所以任何母亲都会有所担心,并加以提防,尽量选择隐蔽的地方搭建卵房。很少有谁会忽视这种防范措施,每一位母亲都会按照自己的办法把卵藏匿起来。

对于迷宫蛛来说,对卵的保护措施更加复杂,因为它必须满足另一个条件。在大多数情况下,蜘蛛卵一旦被产在合适的地方,就会被遗弃在那里,听任命运的摆布。但荆棘丛中的迷宫蛛却相反,它更具有母亲的献身精神,会像蟹蛛那样,守护着那些卵,直到它们孵化[9]。

蟹蛛会用蛛丝和紧靠在一起的小叶片在悬空的卵袋上方搭一个简易的瞭望站,然后便一直驻扎在那里,由于排空卵巢和不吃东西的缘故,它非常消瘦,干瘪得就像一片皱巴巴的鱼鳞。它

[9]讴歌迷宫蛛母亲的献身精神。

衣衫褴褛，几乎只剩下了一层皮，却不吃不喝，固执而勇敢地守护着卵囊，和胆敢靠近者决一死战。只有当孩子们出生之后，它才会放心瞑目。

迷宫蛛则更加得天独厚。它产卵之后一点都不消瘦，相反却始终保持着富贵的体态和圆圆的肚子。此外，它的胃口也很好，总是精力充沛地吸食蝗虫的鲜血。因此，对它来说，在它所监护的卵袋旁边建造一处带有狩猎场的住所是很有必要的。对于这个住所我们已经有所了解，它和钟形金属罩下的蜘蛛窝一样，是严格根据艺术的原则建造起来的。

我们来回忆一下那优美的卵窝，它两端延伸成门厅状，卵袋悬挂在中央，由十几根立柱支撑着，和四周都没有接触，前门厅张开成很大的口子，上面像捕猎的罗网那样张着由紧绷的蛛丝结出的网。透过半透明的围墙，我们能清楚地看到迷宫蛛忙碌的情景。它可以通过带有拱顶的回廊，到达星形卵袋的任何一个地方。它不知疲倦地巡视着，时不时地停下来，充满慈爱地拍拍那只绸缎卵袋，听听里面有什么动静。如果我用麦秸让某一个地方轻轻晃动起来，它会立刻赶过来瞧个究竟[10]。这样高的警惕性是否会让姬蜂和其他一些爱吃蜘蛛卵的昆虫有威慑感呢？也许吧。不过，就算这个危险得到了避免，其他的灾祸同样会在母亲不在的时候降临。

尽管蜘蛛母亲兢兢业业地监护着卵袋，但这并没有使它忘记食物。我不时地在钟形罩里放上几只蝗虫，其中有一只刚好被卵窝前厅的绳索缠住。迷宫蛛飞快跑来，一口咬住这个冒失鬼，撕下它的大腿，掏空它的内脏，那是猎物最美味的部分。尸体剩下的部位也会被吸食，至于被吸食掉多少，则要看蜘蛛当时的胃口如何。整个用餐过程都是在哨所外的门槛上进行的，而不是在哨所里面。

这些蝗虫可不是监护卵袋的蜘蛛母亲用来打发寂寞而随便吃吃的零食，它们都是正餐，而且必须经常更换。迷宫蛛的胃口之大让我吃惊，尤其是和蟹蛛相比，蟹蛛也是卵袋的虔诚守护者，但它却拒绝我送上的蜜蜂，不吃不喝，直到饿死。难道，眼前这位迷宫蛛母亲真有必要吃那么多吗？有，的确有必要，而且理由绝对充分。

[10]"忙碌""不知疲倦地巡视""慈爱地拍拍""立刻赶过来瞧个究竟"表现了迷宫蛛为了保护后代而恪尽职守。

开工之初,它消耗了大量的蛛丝,甚至消耗了它全部的储备,因为它给自己、给孩子们造的两套住所都是非常庞大的建筑,很费材料,此后,在将近一个月的时间里,它又一层一层地加厚卵窝和中央卵袋的墙壁,以至于原先透明的罗纱,到后来变成了不透明的缎子。然而围墙的厚度似乎永远不够,蜘蛛总是在为此忙碌着。为了满足这样巨大的消耗,它必须不断进食,来填满因纺织而被抽空的丝巢。因此,进食是保持造丝厂永不枯竭的办法。

一个月过去了,九月中旬,小蜘蛛孵化了,但它们并没有离开那个袋子,它们要在那条柔软的棉被里度过冬天。母亲继续守护着,不停地吐丝编织,但它的活力却一天不如一天。它吸食蝗虫的间隔越来越长,有时甚至对我扔进罗网的食物也不屑一顾。这种绝食的情况越来越严重,表明它在衰弱下去,它纺织的工作日见缓慢,最后终于停止了。

又过了四五个星期,蜘蛛母亲迈着缓慢的步伐,不停地巡视着,幸福地聆听着新生儿在卵袋里的骚动。终于,十月结束的时候,它抓着蛛丝卵袋,面容枯槁地死了。它已尽到了母亲的所有职责,接下来小蜘蛛们就将听从命运的安排了[11]。春天来临时,它们将从柔软的住所里爬出来,借着随风飘扬的蛛丝飞行,散布到附近,然后在茂密的百里香上织出它们的第一座迷宫。

不管钟形罩里的囚犯们造出的卵窝结构有多么规矩、蛛丝有多么纯正,但它并不能使我了解到全部的情况,我必须回过头来看看发生在野外复杂条件下的事情。十二月底,我在那些年轻助手的帮助下,重新开始了搜寻。在一个布满乱石和树木的斜坡下,有一条小径,我们沿着这条小径,一路查看着屡弱的迷迭香丛,掀起横在地上的分杈枝条。大家的虔诚终于得到了成功回报。我们用了两小时,找到了好几个蜘蛛窝。

啊,这些可怜的作品!它们已经被这个季节恶劣的天气糟蹋得面目全非了!你必须用坚定不移的眼光,才能在眼前的这座小破房子上,看到钟形罩里的那幢建筑的影子。难看的卵袋与拖在地上的小树枝相连,躺在被雨水冲积而成的沙土堆中。几片橡树叶子被蛛丝胡乱地并拢在一起,将卵袋四面裹住。最大的那片叶子被用来充当屋顶,把整个天花板都固定住。要不是看到两端门厅突出的丝头,要不是在将叶子从卵袋上剥离时感觉到一点困

[11]蜘蛛母亲在尽到了母亲的职责后,"面容枯槁地死了",临死的那一刻,还抓着蛛丝卵袋。作者动情的描写,让读者再次感受到母爱的伟大。

难，我们会以为这团东西是风雨偶然堆积而成的作品。

让我们近距离观察一下这团不成形的东西吧。这是大房间，是蜘蛛母亲的卧室，我们在剥开外面的树叶时将它撕破了，这是哨所的圆形回廊，这是中央卵房和它的立柱，全都是用洁白的布料织成。在枯叶外壳层的保护下，住所里面的房间并没有被潮湿的泥土所玷污。

现在，让我们打开蛛丝织成的卵舱。这是什么？让我极为惊讶的是，卵袋里装着的是一个泥核，就像是雨水夹杂着泥浆通过过滤层渗透了进来。然而，卵袋的绸缎墙壁告诉我们，必须放弃这样的想法，因为墙壁里面是干干净净的。这完全是蜘蛛母亲之所为，是它故意这样做的，而且实施得相当精心。沙砾被丝质水泥粘在一起，用手指按压还会感觉有一点硬。

我们继续将外壳剥去，在这层矿物质里面，露出最后一层丝套，裹在小蜘蛛们的周围。这最后一层保护膜一被撕破，受惊的小蜘蛛们立刻四散逃窜，在这寒冷而麻木的季节里，它们显得特别敏捷。

总之，当迷宫蛛在野外建造自己的"宫殿"时，会在两层绸缎之间，用很多沙砾和少量蛛丝建起一堵墙，围住它的卵。它觉得没有什么防护系统比坚硬的石头和柔韧的蛛丝所构成的组合更加牢固，来阻挡姬蜂的刺针和其他掠夺者的利器[12]。

在整个蜘蛛家族中，这种做法似乎是很受欢迎的。住在我们家里的大个儿蜘蛛——家蛛，会把它产下的卵装进一个小丸子，然后在外面包上一层用蛛丝和墙上掉下的灰粉混合制成的硬壳。那些生活在野外的蜘蛛，也采用类似的方法。它们用蛛丝黏合的矿物质外壳，把产下的卵包裹起来。它们面临的危险可能是相同的，所采用的保护方法也是一样的。

那么，为什么被我饲养在钟形罩里的五只蜘蛛母亲，没有一只筑起土墙呢？沙土有的是，钟形罩盖着的瓦罐里装满了沙土。另外，在野外，我有时也会发现没有矿物层保护的卵窝。这些卵窝有个共同点，那就是都建造在浓密的荆棘丛中，离地面有一段距离；相反，另一些卵窝则有一层沙土层，是搁在地上的。

造成这种差别的原因是建筑工作的进程。泥瓦匠所使用的混凝土，是通过同时搅拌石子和灰粉而制成的。同样，迷宫蛛将丝质水泥和细小的沙粒混合起来，它的吐丝器不停地工作，而它的爪子则就近取来坚硬的材料，将其混入黏稠的蛛丝中搅拌。如果它每搅拌好一粒砂石以后就停止吐丝，再到远处去取来新的石子，那么这个流程就无法完成了。这些材料必须近在咫尺、唾手可得，否则，迷宫蛛便会放弃这道工序，但是这个并不影响它继续筑它的窝。

在我的钟形罩中，沙砾离得太远了。迷宫蛛以网罩为依托建它的窝，为了取到沙砾，它必须离开网罩的顶端，往下走大约一虎口的距离。我们的建筑工人拒绝这样做，如果每取一颗沙砾都需要爬上爬下的话，那么吐丝的工作就会变得特别困难。同样，也由于我搞不清楚的某些原因，当迷宫蛛在离开地面一定高度的迷迭香丛中筑窝时，也不会爬上爬下的。但如果窝筑在地面上，那道砂墙就不会被省略掉了。

我们是否可以就此证明动物的本能是在不断地变化着呢？也许这些表明它们是在退化，在逐渐忘却祖先传下来的防御方法，或是在进化，在犹豫中向砌造工艺的顶峰迈进。到底是进化还是退化，我现在还没有得出结论。迷宫蛛仅仅告诉我们，动物本能所拥有的资源，可以被发挥出来，也可以永远只作为潜能而存在，究竟如何，要视当时的外部条件而定。

如果迷宫蛛脚边正好有沙土，这位出色的纺织工就会揉制混凝土，如果不给它沙土，或者把沙土放得远远的，它就仅仅是一个纺织塔夫绸的女工，但只要条件允许，它就会变成一个砌砖筑石的建筑工。我们所观察到的所有事实都表明，要指望迷宫蛛有其他的创新，彻底改变它的工艺，比如放弃两端门厅的卵窝和星形的卵袋，而去织一个像彩带圆网蛛那样的梨形口袋，这是根本不可能的[13]。

[13]作者告诉我们，动物的本能永远比不上人类的智慧，创新是人类的专利。

234

克罗多蛛

在本章中，我们认识的朋友是一种叫作克罗多·德·杜朗的蜘蛛，起这个名字是为了纪念最早使人们注意这种蜘蛛的人之一——德·杜朗先生。一般的人死后都会被埋在芝麻菜和锦葵下面，很快就会被遗忘，而带着一张小动物的通行证进入永恒，便能防止被人遗忘，这实在是一件很有诱惑力的好事。很多人离开人世后，他们的名字从此不再被提起，他们为遗忘所埋葬，这是最糟糕的埋葬方式。

而另一些人，尤其是一些博物学者，为了能永远漂浮在历史的海洋上，不被人们遗忘，便用自己的名字给生命宝库中这样或那样的物质命名，以此来证实自己所做的种种贡献。老树皮上的一层苔藓、一根小草、一只孱弱的小动物都能神奇地使一个名字就像一颗新星一样光彩夺目。尽管这种纪念死者的方式被滥用，但它仍然非常值得尊重。要想雕刻一块能永垂不朽的墓志铭，还有什么墓碑比金龟子的鞘翅、蜗牛的壳、蜘蛛的网更能永垂不朽呢？连花岗岩都不能与之相比。无论石头多么坚硬，刻在上面的铭文也终将会消失，而留在蝴蝶翅膀上的铭文则永远不会磨损。所以，就用德·杜朗这名字吧[1]。

可是，为什么还要在前面加上"克罗多"呢？是不是因为需要命名的动物越来越多，分类者一时找不到恰当的词汇，还是突发奇想呢？不完全是。他想到了神话中的一个名字，不仅听起来十分悦耳，而且还非常适合用来命名一位纺织女。在古代神话里，克罗多是帕尔卡三女神中最小的一位，编织着人类命运的纺锤就握在她的手里，纺锤上绕着很多粗毛，只有几根丝束，很少才会有一根金丝。

克罗多蛛和其他蜘蛛一样有着优雅的体形和服饰，在博物学家眼里，它首先是一位天才的纺织女，正因如此，它才得到了那位掌管纺锤的恶魔女神的名字。令人不快的是，两者的相似之处仅限于此。女神克罗多对丝线非常吝啬，用起粗毛来倒是大手大

[1]开门见山，由介绍克罗多蛛名字的由来，引出对发现者德·杜郎先生的纪念和颂扬。试想，若以法布尔的名字为昆虫命名，又会有多少呢？

脚,因此她为我们织出的是坎坷不平的人生;而八条腿的蜘蛛克罗多则只用精美的丝线,它是在为自己工作;而另一位克罗多则是在为人类纺织,人类是不值得她使用丝线的。

想不想认识一下克罗多蛛?在橄榄树的故乡,在被太阳烤焦的多石山坡上,我们翻开扁平的大石块查看,特别是查看那些牧羊人垒砌起来的石堆。他们把石块堆成一个椅子,高高地坐在上面,监视在薰衣草丛中觅食的羊群。我们不要泄气,因为克罗多蛛很少见,并不是所有的地方都适合它生长。如果幸运之神对我们的坚忍不拔报以微笑,那么我们就会看见,在翻起的石头下方,粘着一个外表粗糙的窝,形状像一个倒置的弯顶,有半个橘子那么大。窝的表面镶嵌或悬挂着一些小贝壳、小土块,特别是一些干枯了的昆虫。

穹顶的边缘有十二个突角,呈辐射状散开,突角的尖端固定在石块上。在这些悬索之间,是同样数目的倒置大圆拱。整个窝既像是一座骆驼毛造的房子,又像是伊斯玛依人的帐篷,只不过是倒置的[2]。悬索之间是扁平的屋顶,从上面将整个建筑盖住。

进口在哪儿呢?边缘所有的圆拱都朝向屋顶,没有一个是通往内部的。我用目光搜寻了半天,也没有发现一条连接内外的通道。可是,这屋子的主人总要时不时地出出门,哪怕是去寻找食物吧;逛完一圈之后,它也总要回家。它是从哪里进出的呢?这个秘密只需一根麦秸便可揭开。

我用麦秸在各圆拱的开口处来回试探。麦秸所到之处都很坚硬,所有地方都关得严严实实。只有一个带月牙形花边的圆拱,设计得非常巧妙,从外表上看它和其他圆拱别无二致,但它的边缘却分成两瓣,微微张开。这就是门,它能依靠自身的弹性立刻关上。不仅如此,克罗多蛛回家后,常常会把门锁上,也就是用一些蛛丝把两扇门合拢并固定住。

泥水匠蜢蛛的洞穴上有一个盖子,与泥土浑然一色,而且可以通过铰链活动,蜢蛛躲在这样的洞穴里,也不见得比克罗多蛛躲在它的帐篷里更安全,这帐篷对于不了解门道的敌人来说,是根本无法进入的。碰到危险时,克罗多蛛会立刻跑回家里,它用小爪轻轻一推,门便打开了。它钻进去,消失不见了。门会自动关上,并根据需要加上几根蛛丝作门闩。面对这么多一模一样的

[2] 运用比喻手法描写克罗多蛛的"窝",增强了克罗多蛛的神秘感。

圆拱,强盗们被弄得晕头转向,永远也不会明白被追踪的克罗多蛛是怎么突然消失的[3]。

在自卫机制方面,克罗多蛛不及蜓蛛讲究,但它在家居生活的舒适程度方面却远远胜过蜓蛛。让我们打开它的小屋看看。多么豪华奢侈呀!据说古代有一个骄奢淫逸的人,只因床上有一片玫瑰的叶子,就被硌得无法入眠。克罗多蛛跟他一样挑剔。它的床比天鹅绒还要柔软,比孕育着夏天暴雨的云团还要洁白。它是完美的双面绒。床的上面是一个同样柔软的华盖[4]。在华盖和床之间的狭窄地方,躺着一只蜘蛛,它的腿很短,穿着深色的外衣,背上有五枚黄色的徽章。

在这间精致的小屋里休息需要绝对的平稳,尤其是在暴风雨的日子里,大石头底下常常会有穿堂风。这一条件得到了充分的满足。让我们仔细看看这个居所。饰有月牙形花边的圆拱通过突出的尖角固定在石头上,像围栏似的把屋顶框住,并支撑着整幢建筑的重量。除此以外,从每一个连接点都伸出一束分叉的蛛丝,蛛丝连着石头,完全贴在上面,延伸到很远的地方。我量了量,有的蛛丝足有一虎口长。它们就像锚绳,相当于贝督因人①用来固定帐篷的木桩和绳子。有了这些数量众多、排列有序的支点,蜘蛛的吊床就不会被连根拔起,除非它遇到意想不到的暴力,不过这种情况非常少见。

另外有一个细节也引起了我的注意。蜘蛛的屋内一尘不染,而屋外却垃圾遍地:碎土块、烂木屑、小沙砾。情况有时会更糟,帐篷外会堆积起许多乱尸。那里经常有干枯的尸体嵌着或挂着,有奥帕特粉虫、阿西德粉虫以及其他一些喜欢躲在岩石底下的粉虫,还有被太阳晒得发白的赤马陆的躯干、生活在碎石堆里的朴帕虫的贝壳,以及那种最小的隧蜂。

显然,这些尸体大部分都是餐桌上的残羹冷炙。克罗多蛛不善于设圈套,它采取的是围猎的方式,从一块石头辗转到另一块石头,流浪着寻找食物。夜晚,谁要是钻到石头下面,就会被住宅的主人掐死。尸体被吸干以后,不会扔到远处,而是挂在丝墙上面,仿佛克罗多蛛有意想让自己的住所变得阴森恐怖。不过,这

[3]克罗多蛛独特的防御危险的绝招,令人叹服。

[4]作者以古代的传说故事与克罗多蛛作类比,又以"天鹅绒""云团"形容克罗多蛛的巢,极力渲染克罗多蛛巢的舒适、华贵,形象生动,语言优美。

①贝督因人:原住阿拉伯半岛,后因游牧业的发展扩展到西亚、北非等国家,绝大部分为游牧民族。

肯定不是它的本意。像食人巨妖那样把受害者的尸体挂在城堡的绞架上，这可不会让想要捕捉的猎物放心大胆地送上门来。

其他原因也加深了我的怀疑。挂在帐篷上的贝壳大多是空的，但也有一些里面住着软体动物，完好无损地活着。克罗多蛛会怎样处置灰色朴帕虫、四叉戟朴帕虫以及其他一些缩在小螺壳深处的动物呢？它既无法砸碎那石灰质的坚硬外壳，又不能从螺口把躲在里面的软体动物挖出来，那么它捡这些东西干什么呢？况且那些动物的肉黏糊糊的，未必合它的胃口。我怀疑，这些东西可能仅仅是被用作压舱的重物，起固定和平衡作用的。为了防止自己织在墙角的网被风一吹就变形，家蛛会用石膏残片压在上面，听任细小的石灰粉堆积起来。我们眼前的东西是否也起着同样的作用呢？做个实验吧，这比任何猜测都有效[5]。

[5]实践是检验认识真理的唯一标准。

饲养克罗多蛛并非一件繁重的活儿，也不需要把它的窝所依附的那块沉重石头搬回家。只要用一个简单的小办法就可以了。我用刀尖把挂在石头上的蛛丝绳索割断。蜘蛛很少会逃跑，它太恋家了。当然，我在搬动它的房子时也尽可能轻手轻脚。就这样，我把小屋连同它的主人一起装进锥形纸袋里，带回了家。

那块扁平的石头搬起来太重，摆在桌子上又太占地方，因此我有时用杉树桩或没用的奶酪盒子，有时用一些小硬纸板来代替它[6]。我把蜘蛛的丝吊床分别放在上面，用胶带纸把延伸的突角一一固定住，再用三根小短棍撑着。就这样，一个酷似石头下面蜘蛛隐蔽所的小石棚完成了。在整个过程中，只要注意避免碰撞和晃动，蜘蛛就不会跑出家门。最后，我把这些小房子放到铺着沙土的瓦罐里，然后罩上钟形金属罩。

[6]法布尔就地取材，为蜘蛛搭建新的家。

第二天，问题的答案就出来了。挂在杉树或硬纸板石棚顶上的小房子，如果有一些因采掘而严重破损或变形，那么蜘蛛就会将它放弃，乘着夜色到别处去另建新居，有时甚至就建在金属罩的纱网上。

新的帐篷需要几个小时才能完工，只有一个两法郎的硬币那么大。它按照老宅的建筑原则兴建，由两层重叠的薄网组成，上面一层很平，是床顶的华盖，下面一层呈弧形，形成一个小袋子。所用的布料极为纤细，稍有不慎袋子就会变形，从而使原本勉强才能容得下蜘蛛的狭小空间，变得更加狭小。

那么，蜘蛛必须怎么做，才能使纤细的薄纱保持紧绷和平稳，并撑出最大的空间呢？它是完全按照我们的平衡规律行事的：给建筑压上重物，尽量降低它的重心。事实上，在袋子的突出部分，悬挂着一串串用蛛丝串成的沙粒，除了这些看似浓密胡子的钟乳石状沙粒之外，丝线的底部还单独挂着几块沉重的泥块，垂得低低的。所有这些都是压舱的重物，起着平衡和悬垂的作用。

现在的这座建筑物是在一夜之间匆匆建成的，它只是未来新居并不牢固的雏形，还必须不断为它添加地基。最后，墙壁将变成厚厚的绒布，可以依靠自身来保持弧度和所需的空间。这时，蜘蛛就会抛弃起初对布袋加压非常有用的钟乳石状沙粒，仅仅满足于在房子上贴任何稍重一点的东西，通常是昆虫的残骸。因为这材料无需特地去寻找，每吃完一顿饭脚下就会有。它们不是用来炫耀的战利品，而是起平衡固定作用的碎石，它们代替了需要到远处去搜寻，并且吊到高处的材料。这样，便形成了一个保护层，不仅加固了住所，而且还使其平稳。此外，一些小贝壳和其他长长地挂着的东西，也常常能增加房屋的平衡。

如果我们把一幢早已经尽善尽美的老房子外面的覆盖层去掉，那会怎么样呢？碰到这样的灾难，克罗多蛛是否会重新使用沙粒这一简便的平衡方法呢？我们很快就会知道。我在金属罩下的小镇里挑选了一幢大房子，去掉外层，再小心翼翼地把所有不相干的东西剥干净。里面露出的蛛丝呈现出原来的白色。这房子非常漂亮，但我觉得它太松松垮垮了。

蜘蛛也这样认为[7]，第二天晚上，它便开始工作，以修复它的房子。如何修复呢？它仍然使用悬挂的沙粒串。几个晚上的工夫，蛛丝袋外面便布满了又密又长的钟乳石胡须，这个奇特的工程对固定织物，保持其弧度十分有效。同样，吊桥的吊索也是靠桥面的重量来保持平衡的。

此后，随着蜘蛛进食，越来越多吃剩的尸体被嵌到袋子上，松动的沙粒串逐渐掉落，整幢房子又重新呈现出乱尸堆的模样。于是，我们得出了同样的结论：克罗多蛛深谙平衡学，它通过附加重物的办法，来降低房子的重心，从而使它既平稳又宽敞。

那么，它在那间铺着软垫的小房间里干些什么呢？据我所知，什么也不干。一旦填饱了肚子，它便优雅地将腿脚伸展在软绵绵的地毯上，什么也不做，什么也不想，它听着地球转动的声

[7] 拟人手法，风趣幽默。

音。它没有睡着,更不能说是醒着;而是处于一种半睡半醒的状态,享受着朦胧的舒服感。当我们躺在舒适的床上,就要睡着的那一刻,也会感到无比的幸福,思想和烦恼都在慢慢褪去,这是最为美好的时刻。克罗多蛛似乎也有同样的感觉,并且尽情地享受着它。

如果我把蜘蛛的房门打开,就一定会见到它一动不动,似乎陷入了无尽的沉思。必须用一根稻草去逗引它,才能让它从沉思中醒来。克罗多蛛只有在饥饿的刺激下,才会走出房门,由于它饮食极其简朴,因此很少抛头露面。在三年的不懈观察中,我在工作室里和它朝夕相处,可从来都没见到过它白天在钟形罩里捕食。它冒险到屋外捕猎的时间总是在深夜。所以,几乎不可能观察到它远征的情况。

经过耐心等待,我终于在晚上十点左右,看见它在平坦的房顶上纳凉。也许,它就是在那里窥伺过往的猎物的。由于受到了我烛光的惊吓,这个喜好黑暗的朋友立刻又躲了回去,拒绝公开任何属于它自己的小秘密。只是第二天,它房子的墙上又多了一具悬挂着的尸体,这说明昨晚我走了以后,它又进行了一次捕猎,而且获得了成功。

克罗多蛛极其害羞,它昼伏夜出,向我们隐瞒了它的习俗,它向我们呈现它的作品,这些都是写故事的珍贵资料,却不让我们看到它的所作所为,尤其是产卵[8]。大约十月份的时候,我带回一窝克罗多蛛的卵。这些卵分装在五六个呈透镜状的扁平小袋里,占据了蜘蛛母亲大部分的房间。每个袋子的侧壁都非常干净,用极好的白缎做成,不过,这些袋子不仅相互之间紧紧相连,还牢牢地粘在房间的地板上,因此除非将袋子撕破,否则就不可能将它们分开,单独观察。这些卵总共有一百多颗。

蜘蛛母亲匍匐在那些堆着的卵袋上面,就像一只正在孵蛋的母鸡一样忠心忘我。产卵并未使它虚弱。尽管个头儿小了一点,但它的气色依然很好,那圆滚的肚子和紧绷的皮肤首先告诉我们,它的任务还没有完成。

卵孵化得很早。十一月还没有到,袋子里就有了小生命,它们很小,穿着深色的外衣,上面有五个黄色的斑点,与成年的克罗多蛛一模一样。新生儿们还没有离开各自的卵袋。它们紧紧挨

[8]"昼伏夜出"是克罗多蛛的生活习性,但是法布尔却用"极其害羞""向我们隐瞒了它的习俗",把蜘蛛人格化,语言生动幽默,充满情趣。

在一起,在那儿度过整个冬季,而蜘蛛母亲则伏在卵袋堆上,守卫着住宅的安全。它无法见到自己的孩子,只能隔着卵袋,感受它们轻微的骚动。在两个月的时间里,迷宫蛛一直守在哨所里,随时保卫着它的孩子,却永远见不到它们;同样的事情,克罗多蛛要花八个月的时间来做,所以它理应可以看到孩子们在大房间里围着自己小跑,或者看到它们最后的迁移,目睹它们乘着蛛丝作长途旅行。

当炎热的六月来临时,小蜘蛛们也许在妈妈的帮助下,捅破了卵袋的墙壁,走出了母亲的帐篷。它们对那个秘密的出口了解得一清二楚。它们在门口呼吸了几个小时的空气之后,便被自己拉丝厂的第一件产品——缆绳气球带着,飞到别处去了。

老克罗多蛛留了下来,孩子们的出走使它孤苦伶仃,但它对此一点都不忧虑。它不仅没有变得憔悴,相反越发显得年轻。它鲜艳的肤色和充满活力的外表,都令人们怀疑它的寿命还很长,还可以生育第二次[9]。关于这个问题,我只有一份材料,不过很有说服力。尽管我不厌其烦,精心喂养,而且结果出来得很慢,但仍然只观察到很少几只蜘蛛母亲的行为。小蜘蛛们走后,蜘蛛母亲也离开了家,它们在钟形罩的网纱上,各自为自己造了新的房子。

这些新房都是粗略的雏形,是在一夜之间匆忙造就的。两层重叠的帷帐,上面那层是平的,下面那层底部凹陷,并用钟乳石状的沙粒压重,这些帷帐构成了新的住宅,随着地基日复一日地不断增厚,它很快就会变得跟老房子一模一样。从外表来看,老房子并未破损,相反还好得很,并且非常经用。那么,克罗多蛛为什么要放弃旧居呢?如果我不是在妄想的话,我觉得已经隐约猜出了其中的原因。

原先的那幢房子尽管铺着厚实的地毯,却有着严重的缺陷:它的里面到处是蛛丝卵袋的废墟。这些废墟和房子的其他部分连成了一体,即使我借助镊子也很难将它们拔除,对于蜘蛛母亲来说,要拔除它们就更费事了,甚至力不从心。这是一个伤脑筋的难题,连出这道难题的纺织娘自己都解决不了。只能让这堆碍手碍脚的废墟留着了。

如果克罗多蛛是独自居住,那倒还不要紧,最多地方小一点,它也不需要很大的空间,只要能行动就行了!况且,它已经在这

[9]老克罗多蛛在孩子们"远走高飞"后,孤单并快乐着,甚至焕发出青春活力。

些占地方的凹室边生活了七八个月,为什么突然需要一个大房间了呢?我想,原因只有一个:蜘蛛要一间宽敞的房子,不是为了它自己——它有一间狭窄的陋室就满足了——而是为了它的第二批孩子们。

如果原先的卵袋废墟还在,那么新的卵袋放在哪儿呢?新生的卵需要新的空间。也许就是因为这个,一旦蜘蛛感到自己的卵巢尚未枯竭,就会搬家,并且另外造一所房子。关于换房子的情况,我只了解观察到的一些事实。我很遗憾,由于还有其他事情要做,而且长期饲养克罗多蛛非常困难,因此我没有继续观察下去,也没能像研究狼蛛那样,深入研究克罗多蛛多次产卵的情况,及其寿命的长短。

在停止谈论克罗多蛛之前,让我们简单地回顾一下由狼蛛的孩子们引发的一些问题吧。小狼蛛在母亲的背上要待七个月,这段时间它们什么也不吃,却始终敏捷健壮。它们常常会从母亲的背上摔下来,但每次都能顺着妈妈的一条腿爬上去,灵巧地坐回自己的位置,对于它们来说,这已经成为家常便饭了。它们消耗着能量,却一直没有物质的补充。

克罗多蛛、迷宫蛛,以及其他许多蜘蛛的孩子,也向我们提出了同样的谜:它们都是只运动,不进食。在它们的整个幼年时期,即使是在寒冬腊月,在严寒的一月份,我撕开克罗多蛛和迷宫蛛的卵袋,原以为会看到一群因寒冷和饥饿而全身麻木、动弹不得的小家伙。然而,事实根本不是这样。躲在卵袋里的小蜘蛛一见家门被撬,便立刻逃出来,四处乱窜,就和它们生命最旺盛的时候一样敏捷。它们急步小跑的样子真是不可思议。即使是小山鹑受到猎狗惊吓,也不会比它们跑得更快。

那些像黄色绒球一般可爱的小鸡,听到母亲召唤进食时,会箭一般地冲向装有米粒的盘子。习惯使我们对动物如此优雅、迅捷而准确的机械反应视而不见,我们对此不再注意,因为这一切在我们看来是那么简单。但是,科学却以不同的方式探索和观察着事物。它认为,一切皆有因果。小鸡进食,消耗,或更确切地说,耗热,它把吃下去的食物转变成热量,而热量又转化为能量。

如果有人说,一只小鸡从蛋中孵化出来后,连续七八个月不吃一口食物,却一直可以跑动,并且始终精力充沛、行动敏捷,我们肯定会有无穷的词句来表达我们的怀疑。可如今,不吃不喝却能够活动,这种不合情理的事情的的确确在克罗多蛛和其他蜘蛛的身上发生了。

我记得曾经说过,那些还待在妈妈背上的婴儿——小狼蛛是不用吃食物的。但严格来讲,这种说法存在着疑问,因为我们无法观察到早些或晚些时候在神秘的狼蛛洞里发生的事情。也许在那里,吃饱后的蜘蛛母亲会把自己肚子里的食物残渣,口对口地喂给它的孩子们吃。不过对于这个怀疑,克罗多蛛可以给我们答案。

同狼蛛一样,克罗多蛛和孩子们住在一起,但它和孩子们之间用密封的围墙隔开了,孩子们就会待在这种四面密封的围墙内。在这种情况下,没有任何传递固体食物的可能。会不会是蜘蛛母亲吐出某种富有营养的液体,渗过墙壁,让关在婴儿房里的小蜘蛛喝到了呢?迷宫蛛使我们放弃了这样的假设。小蜘蛛孵化出几个星期以后,蜘蛛母亲就死了,在此后半年的时间里,小蜘蛛一直被关在绸缎做成的卵袋中,却敏捷依旧。

小蜘蛛会不会吃包在外面的蛛丝,也就是说把它们的房子吃掉呢?这样的假设并不荒唐,因为我们曾经看见过圆网蛛先吃掉自己旧房子的废墟,然后再去重新编织自己的新房。不过狼蛛告诉我们,这样的解释无法被接受,因为它的孩子们根本就没有丝网。总之,可以肯定的是,无论哪种蜘蛛的孩子,都绝对没有吃任何东西。

最后,有人会这么想:小蜘蛛本身会不会储藏着从卵里带来的物质,比如脂肪或者其他东西?这些物质可以通过逐渐燃烧,转化成为机械能。如果能量消耗的持续时间特别短,只有几个小时,或者几天,那么我们会很高兴接受某种储存物质为小蜘蛛提供临时动力的观点,因为刚刚出生的动物们都这样。小鸡就明显具有这样的特点:它仅靠鸡蛋为它提供的储备食物,就可以坚持到站起来,并活动一段时间。然而,如果胃里一直没有食物,能量源就会很快枯竭,小鸡就会死去。如果要它连续七八个月保持站立,不停活动,还能躲避危险,它怎么才能做到这点呢?它哪有地方储备这么多的物质,来维持这么大的能量消耗呢?

小蜘蛛本来就是个小个子,它上哪儿储存足够的燃料,以满足这么长时间的活动能力呢？这个世界上是否存在着某种细小的微粒,可以为动物的活动提供取之不尽的脂肪？想到这里,我们惊恐万分,没有办法不打消这样的念头。

于是,我们不得不在非物质的领域里寻找答案,特别是来自外界的热辐射,可以通过机体被转化为动力。这是形式最为简单的能量营养,这种热动力的来源不是食物,而可以被直接利用,就像一切生物靠太阳一样。原始材料有着令人困惑的秘密,镭就是一个证明,生物也有它们的秘密,而且更为神奇。谁也说不准,今天蜘蛛所引起的猜测,将来某一天会被科学所验证,并成为生理学的基本定理[10]。

[10]展望未来,对科学发展前景充满了信心。

圣甲虫

　　做窝筑巢、维护家庭,是动物种种本能特性中最崇高的一种。鸟儿这灵巧的建筑师告诉了我们这一点;在本领方面更加多样化的昆虫也让我们见识了这一点。昆虫对我们说:"母爱是本能的崇高灵感。"母爱旨在维护族类长期繁衍,这是远胜于保护个体的更加厉害的大事,因此母爱在唤醒最迟钝的智力,使之高瞻远瞩。母爱远远高于神圣的源泉,不可思议的心智灵光便孕育其中,并会突然迸射而出,使我们顿悟一种避免失误的理性。母爱愈坚,本能愈优[1]。

　　在这一方面最值得我们关注的是膜翅目昆虫,它们身上凝聚着最充分的母爱。它们所有的本能才干都用于为自己的子孙后代觅食谋屋。虽然为了其眼睛永远看不到而其母爱之预见性却深深知晓的家族繁衍,它们成了种种技艺的行家里手。有的是棉织品和许多絮状物品的编织能手;有的是细叶片篓筐的能工巧匠;有的是泥瓦匠,建造水泥房间、砖石屋顶;有的是陶瓷行家,用黏土制作高档的尖底瓮、坛罐和大肚瓶;有的擅长挖掘,在湿热的地下建造神秘的地宫。它们掌握着成百上千种技艺,与我们人类所掌握的相仿,甚至有些还不为我们所知,而它们却将其用于住房的建设。它们随即便得考虑将来的食物:一堆堆的蜜,一块块的花粉糕,精心制作的野味罐头……这类工程是专以家庭的未来为目的的,其中闪烁着在母爱的激励之下本能的种种最高表现。

　　昆虫学范畴内的其他一些昆虫,母爱一般来说都很浮皮潦草,敷衍塞责。几乎大多数的昆虫只是把卵产在合适的地方就不管了,任由幼虫冒着危险和死亡去寻觅居所和食物。抚养如此马虎,有没有技艺也就无所谓了。莱喀库斯①把各种艺术统统从其共和国驱逐出去,他指责这些艺术是使人们萎靡不振、意志消沉的玩意儿。就这样,在以斯巴达方式养育的昆虫中,这些本能的

　　①莱喀库斯:古代斯巴达共和国的著名立法者。

[1]采用拟人化手法,表达出"母爱是本能的崇高灵感",再阐述母爱的神圣崇高,最后总结照应,构成一个完整的结构。

高级灵感也就被去除掉了。母亲从温柔甜蜜的育婴中摆脱出来，那么一切特性中优秀的智能特性也就逐渐减弱，直至泯灭，因为对于动物也好，对于人类也好，家庭的确是尽善尽美的源泉[2]。

[2]从昆虫养育后代的事例中启示出家庭的重要性，母亲的育婴方式尤其重要。

如果说对子孙后代关怀备至、体贴入微的膜翅目昆虫令我们赞叹不已，那么不顾后代死活、任其听天由命的其他昆虫相比之下就显得很不像话了。而所谓的其他昆虫则几乎是昆虫之全部，起码就我所知，在各地的动物志中，像采蜜的昆虫和埋野味篓的昆虫般的昆虫还有一种。

而奇怪的是，这类在细腻的母爱方面可与以花为食的蜂类相媲美的昆虫，竟然是以垃圾为对象、以净化被牲畜污染的草地为己任的食粪虫类。要想再找到不忘母亲职责又有丰富的母性本能的昆虫母亲，就必须离开芬芳四溢的花坛，转向大马路上骡马排泄的粪堆。大自然中类似的两个极端比比皆是。对于大自然来说，我们的丑和美，我们的龌龊与干净算什么？大自然以污秽创造出鲜花，用一点点粪肥它就能给我们创造出优质的麦粒。

各种食粪虫尽管成天与粪便打交道，但却享有一种美誉。它们的身材一般都小巧玲珑，衣着光鲜无可挑剔，身子胖乎乎的，呈短壮体形，额头和胸廓上都佩戴着奇异饰物，因此在收藏家的标本盒里显得光彩照人，尤其是法国的那些品种，乌黑油亮，外加一些热带的品种，金光闪烁，黑紫油亮。

它们是畜群挥之不去的客人，但它们身上可散发出一种苯甲酸的微微香气，可以净化一下羊圈里的空气。它们那田园诗般的习性令昆虫分类词典的编纂者们大为震惊，因此他们这些以前不怎么关心其痛痒的学者们，这一回却改变了看法，对它们进行简介时也用上了一些听起来好听顺耳的名字：梅丽贝、迪蒂尔、阿曼达、科利冬、阿莱克西丝、莫普絮斯等。这些名字都是古代田园诗人们常用且叫响了的名字。维吉尔式的田园诗中的词汇都用来赞颂食粪虫了。

一堆牛粪堆儿上，瞧那个你争我夺的劲头儿呀！从全球各地蜂拥到加利福尼亚的淘金者们也没有它们的那股狂热劲儿。在太阳太毒之前，它们成百成百地奔来，大大小小，形状各异，体形有长有短，品种齐全，全都乱糟糟地爬来滚去，意欲在这个大蛋糕上为自己分上一份儿。有的在露天干活儿，在表层搜刮；有的钻进厚实的牛粪堆里，挖出地道，寻找优质矿脉；有的开凿底层，立即把财宝埋进地里；那些个头儿小又无力气的则待在一旁捡拾其身强力壮的合作者们掉下的渣渣屑屑什么的。有几个新来的想必是饿得不行，在原地就吃上了，但大多数则是想大捞一把，藏于安全之处，以备不时之需[3]。当你想置身于百里香遍地的原野时，一点新鲜牛粪都见不到，突然来到这里，见到这么大堆大堆的宝物，那真是天赐之物呀，只有有福分的才会这么幸运。因此，它们便把今天这宝贵财富小心谨慎地收藏起来。粪香四溢，方圆一公里都能闻到，食粪虫们闻讯纷纷赶来，抢夺、瓜分这些美味食品。有几个落在后面的又跑又飞地正忙着往前赶哩。

那个生怕到得太晚而向着粪堆一溜儿小跑的是哪一位？它那长长的爪子僵硬笨拙地倒腾着，仿佛其肚腹下面有一个机械在推动着似的；它那对棕红色小触角大张开来，透着垂涎欲滴的焦急不安。它在拼命地赶，它赶到了，还撞倒了几位食客。它就是圣甲虫，一身墨黑，是食粪虫中个头儿最大又最有名气的一种。古埃及对它尊崇备至，把它视作长生不老的象征。它已入席，与其同桌的食友并肩战斗，其食友们正在用自己宽大的前爪心轻轻地拍打粪球，进行最后的加工，或者再往粪球上加上最后一层，然后抽身而去，回家安安心心地享用自己的劳动成果。我们来看一看那有名的粪球的一道道制作工序。

圣甲虫头部边缘是个帽子，宽大扁平，上面六个细尖齿排成半圆。这就是它的挖掘和切割工具，是它的叉耙，可以用来撬起和抛撒无养分的植物纤维，把好东西耙在一起积聚起来。挑选食物就是这样进行的，因为对于这些精细的行家来说，什么好什么差它们是十分清楚的。如果圣甲虫是为自己寻找食物的，它们选个差不离就行了，但如果是为了自己的孩子考虑的，那它们则会严格挑选，一丝不苟[4]。

为解决自己的食物问题，圣甲虫并不挑剔，粗略地选一选就行了。它用带齿的头盔拱一拱、挑一挑，去除不需要的，然后把其他的归拢一下就行了。两条前腿一起用力地忙乎，其前腿是扁平的，弯成弓形，上有粗壮的纹脉，外侧配备着五个硬齿。假如需要用力推开障碍物，在粪堆中的最厚实的部分清出一条道来，圣甲虫便用肘力，也就是说用其带齿的前腿左扫右拨，再用齿耙用力

[3]采用排比、比喻的手法，生动地形容食粪虫争抢食物时的狂热劲头。"在表层搜刮""寻找优质矿脉""大捞一把"等词语，把圣甲虫争抢食物的火热劲儿描绘得活灵活现。

[4]通过圣甲虫为自己和为子女挑选食物时的差别，表现出圣甲虫神圣的母爱。

一耙,便清出一个半圆形的空地来。场地清好之后,前腿还有另一种工作要做:把顶耙耙到的东西归拢在一起,弄到自己肚腹下面的四只爪子之间去。这后面四只爪子生来就为了做旋工工作的。这些足爪,尤其是那最后的一对,又细又长,微微弯曲成弓形,顶端长有一个很锋利的尖爪。稍许看上一眼就会知道它们酷似圆规,在其弧形支脚之间,环成一种球形,可测量球面、加工球形。它们的功用确实是加工粪球的。

食物一耙一耙地被耙到肚腹下面的四条腿中间,后腿再稍一用力,就把粪球的雏形按腿部曲线给挤压成了。然后,这雏形粪球不停地被四条后腿形成的两副圆规摇动、挤压,逐渐变小变实,再由肚腹加工,粪球的形状臻于完善。如果粪球表面层太硬、有剥落的风险的话,或者如果某一部分纤维太多、无法旋转的话,前腿就对不合适的地方进行再加工,它们用宽大的拍子轻轻拍打粪球,使得新添加的东西与原先的拍得很实的部分合二为一,并把那些不易黏贴的东西拍实在粪球上。

烈日当空,加工工作在紧张地进行之中,你可以看到施工的活儿干得多么利索,让你肃然起敬。那活计如此这般地飞快地进行着:一开始是个小弹丸,现在变成了一粒核桃,不一会儿就有苹果一般大小了。我曾见过食量大的圣甲虫竟然旋出一个拳头大小的粪球,这肯定得花好几天的工夫。

储备的食物制作完毕,现在就得撤出混乱的战场,把食物运到合适的地方。这时候圣甲虫最令人惊奇的习性开始展现出来了。圣甲虫迫不及待地上路了,它用两条长后腿搂住粪球,而后腿尖端利爪则插入球体中去,当作旋转轴;它以中间的两条腿作为支撑,而以前腿带护臂甲的齿足作为杠杆,双足轮流着地按压、弓身、低头、翘臀,倒退着运送粪球。后腿是这部机器的主要部件,它们在不停地运作;它们一来一回,变换着足爪以调整轴心,让负载物保持平衡,并在其一左一右地交替推动之下,把粪球往前滚动。这样一来,粪球表面各点都轮流地接触地面,使之不停地碾压,形状更加完美,而球面硬度因均匀地受压而趋于一致。

使劲儿呀!行了,它滚动了,它一定会被运到家的,当然少不了遇上困难。这一个困难说来就来,但还不算严重:圣甲虫碰到了一个斜坡,沉重的粪球要顺着斜坡滚下去的,但是圣甲虫认准了自己的理儿，偏要横穿这条天然道，这可够大胆的，稍一失足，稍踩到一点碍事的沙子，就会失去平衡而前功尽弃了。果不其然，它脚下一打滑，粪球便滚到沟里去了；圣甲虫被滑落的粪球一带，弄了个仰面朝天，手脚乱蹬乱踢的。它终于翻转身来，追赶粪球。它的身体更加卖力地工作起来。——该当心点儿了，傻蛋儿；沿着沟底走，既省力又保险；沟底路好走，特别平坦；你不用太用力，粪球就能滚动向前[5]。——可是圣甲虫就是不听，它偏要再去往那个对它来说是不祥之物的斜坡。也许再登高处对它来说是合适的。对此我无话可说，因为就身居高处的优越性而言，圣甲虫的看法比我的看法更有远见。——可你至少该走这条道呀，那是个缓坡，你很容易从那儿爬到顶上的。——它根本就不听，如果有什么很陡的、无法攀登的斜坡，那个顽固的家伙就偏偏选中它。于是，西西弗斯②的工作开始了。它小心翼翼地，一步一步地，艰难万分地往上滚动那巨大的粪球。它一直是倒退着在推动。我在寻思，它是运用何种稳定神功把这么个庞然大物稳定在斜坡上的？啊！稍一协调不好，它便白忙活半天了：粪球滚落下去，把它也连带着摔下去了。然后，它又开始往上爬，不一会儿又摔了下去。它随即又往上爬，这一次走得挺好，艰难路段总算通过了，原来是一个禾本植物的根在作怪，让它摔下去好几次，这一次它谨慎地绕开了这个该死的根。再使一把劲儿就到顶了，但要小心再小心啊。坡陡道艰，稍有不慎便前功尽弃。你瞧，脚踩在光滑的卵石上，一滑，粪球和圣甲虫便一起连滚带翻地又掉下去了。可圣甲虫又开始往上爬，仍旧坚忍韧不拔，没有什么能使它气馁的。十次、二十次地试着这怎么也爬不上去的攀登，最后，它或者是以顽强的意志战胜了千难万险，或者是经过更加缜密的思考，承认自己先前所做的无谓的努力，它选择了平坦的路径，终于如愿以偿，完成了任务[6]。

　　圣甲虫并非总是单独地运送那珍贵的粪球，它经常要找一位同伴相帮，或者说得更确切一些，是同伴主动跑来帮忙。一般情况下是这么干的：一个圣甲虫制成了粪球之后，便爬出纷乱熙攘

　　②西西弗斯：西西弗斯是希腊神话中的一个暴君，死后受到惩罚，在地狱中把巨石往山上推，快到山顶时，巨石又滑下来，他只好永无休止地推着。

的群体,倒退着推动自己的战利品离开工地,最晚赶来的那些圣甲虫有一个在它的身旁,还在制作自己的粪球,便突然放下手中的活计,奔向滚动着的粪球,助那个幸运的拥有者一臂之力,后者似乎很乐意接受这种帮助。这之后,这两个同伴便联手干起活儿来。它俩争先恐后地努力把粪球往安全的地方运去。在工地上是否果真有过协议,双方默许平分这块蛋糕?在一个揉制粪球时,另一个是否在挖掘富矿脉以提取原料,添加到共同的财富上去呢?我从未看到这种合作,我一直看到的只是每只圣甲虫都独自地在开采地点忙乎着自己的活计。因此,后来者是没有任何既定权益的。

那么,是否是异性间的一种合作,是一对圣甲虫在忙着成家立业?有一段时间,我确实这么想过。两只圣甲虫,一前一后,激情满怀地在一起推动着那沉重的粪球,这让我想起了以前有人手摇风琴唱着的歌:为了布置家什,咱们怎么办呀?——我们一起推酒桶,你在前来我在后。通过解剖,我便丢掉了这种恩爱夫妻的场景。圣甲虫从外表上看是分不出雌雄来的。因此我把两只一起运送粪球的圣甲虫拿来解剖,我发现它们往往是同一个性别的。

既无家庭共同体,也无劳动共同体。那么这种表面上的合伙儿存在的理由是什么呢?理由很简单,纯粹是想打劫[7]。那个热心的同伴假借着帮一把手,其实是心怀叵测,一有机会便会抢走粪球。把粪粒制成球既累人又要有耐心;如果能抢个现成,或者至少强行入席,那可就合算得多了。如果主人没有警惕,帮忙者就可抢了粪球逃之夭夭;如果主人的警惕性很高,那就以自己也出了一份力而二人同席。这一手怎么都可获益,因此抢掠就成了收效最好的一种手段。有的圣甲虫就阴险狡猾地这么去干了,正如我刚才所说的那样;它们兴冲冲地去帮一位同伴,其实后者根本用不着它们帮忙,而且它们装着好心好意,实际上暗藏杀机。还有一些圣甲虫,也许更加大胆,更加相信自己的实力,干脆直奔主题,强行抢走他人的粪球。

这种抢劫行径无处不在。一只圣甲虫独自推动着自己通过努力劳动所获得的合法收益安静地离去了。另外一只,也不知是从哪里冒出来的,飞来抢夺,身子重重地落下,把被烟熏了似的翅

[7]运用设问的形式作为过渡句,提出问题,引起读者阅读兴趣;"想打劫",做出简要的回答,吸引读者想知道"打劫"的详细内容。

膀收在鞘翅下面，然后挥起带锯齿的臂甲的背面扇倒粪球的主人，后者正在忙着推动粪球，根本就没有招架之力。当受袭者拼命挣扎，重新站稳脚跟时，攻击者已经立于粪球高处，那是击退对手的最有利的位置。它把臂甲收回胸前，准备迎敌，以防不测。失窃者围着粪球转来转去，寻找有利的出击点；盗窃者则立于城堡顶上不停地转动，始终面对着失窃者。如果失窃者立起身来攀登，盗窃者便朝前者的背部猛地一击。如果进攻者不改变策略来收回失物的话，那防守者因占据城堡高处，必将一次次地挫败进攻者的进攻。这时，进攻者企图把城堡及其守卫一并推翻。粪球底部受到摇晃，开始缓缓滚动起来，盗窃者也随着滚动，但它想尽办法始终立于粪球顶上[8]。它做到了，但并非始终如此。它在不停地急速跟着转动，使自己保持平衡。万一脚下一滑，优势没了，那就只好与对手短兵相接，双方身体对身体，胸部对胸部，你顶我撞起来。它们的爪子绞在一起，节肢缠绕，角盔相撞，发出金属锉磨的尖厉之声。然后，把对手掀翻，挣脱开来的那一位便匆忙爬上粪球顶端，抢占有利地形。围困又开始了，忽而抢掠者被包围，忽而被抢者被包围，这全由肉搏时的胜败来决定。抢劫者无疑贼胆包天且敢于冒险，往往总是占据上风。因此，被抢劫者经过两次失败之后，便失去斗志，明智地回到粪堆去重新制作一个粪球。而那个抢劫得手者非常害怕已解除的险情会重新出现，便把抢掠来的粪球赶忙往自己觉得保险的地方推去。有时候，我还看见有第二个抢劫者突然飞临，抢掠前一个窃贼的赃物。说心里话，我对它并不反感。

　　我徒劳无益地在思考，那个把"财产即赃物"这个大胆的谬语狂言运用到圣甲虫的习俗中的普鲁东是何许人也？那个把"武力胜过权力"的野蛮法则在食粪虫中加以发扬光大的外交家是谁？由于手头缺少资料，我无法追本溯源地探清这些习以为常的抢劫行径，无法搞明白这种为了抢夺粪团而滥用武力的缘由，我所能肯定的只是抢劫骗取是圣甲虫的一种惯用伎俩。这些运送粪球的昆虫相互间你抢我夺，毫无顾忌，我还真没有见过其他昆虫这么厚颜无耻地干过。干脆，我把这种昆虫心理方面的问题留给未来的观察者们去探索吧，我还是回过头来谈谈那两个合伙运送粪球的家伙[9]。

[8] 采用拟人化手法，把圣甲虫之间抢夺粪球的战斗描绘得激烈而富有情趣。

[9] "财产即赃物""武力胜过权力"这些野蛮法则在人类社会中有，可昆虫界怎么也会有？作者看似疑问，实际是通过圣甲虫之间的抢夺反思人类社会的那些"厚颜无耻"的行径，值得我们深思。

　　尽管用词不甚贴切，我还是称那两个合作者为合伙运送者。它们中一个是强行入伙，而另一个则也许是无可奈何地接受的，生怕会遇到更大的不测。它俩的相逢倒还算和气。合伙者到来之时，物主正一门心思在干自己的活儿；新来者似乎怀着最大的善意，立即投入工作。二人一推一拉，相互配合。物主占着主导位置，担当主角：它从粪球后面往前推，后腿朝上脑袋冲下。那个帮手则在前面，姿势与前者相反，脑袋朝上，带齿的双臂按在粪球上，长长的后腿撑着地。它俩一前一后把粪球夹在当中，粪球就这么滚动着。

　　它俩的配合并非总是很协调的，尤其是因为帮手背对路径，而物主的视线又被粪球遮挡住了。因此，事故频发，摔个大马趴是常有的事，好在它们也泰然处之，摔倒了立即爬起来，仍旧是各就各位，各司其职。即使是在平地上，这种运输方式也是事倍功半的，因为二人的配合无法天衣无缝，其实只要在粪球后面的一个圣甲虫干，也照样会干得很快，而且干得更利索。那个帮手虽然差点儿弄得无法运送，但在表现出自己的善良意愿之后，决定稍事休息，当然，它是不会放弃它已视作是自己财产的那个宝贝粪球的。摸过的粪球就是自己的粪球。但它也不会掉以轻心贸然行事，否则物主会把它给晾在一边。

　　它把腿收回到肚腹下面，身子贴在（可以说是嵌在）粪球上，与之浑然一体。粪球和这个贴在其表面的帮手在合法主人的推动下一起往前滚动着。粪球在它的身下，随着粪球的滚动，它忽而在上，忽而在下，忽而在左，忽而在右，但它对此毫不在乎。它就是要帮忙帮到底，而且是默默无闻的。这种帮手真少见，让别人用车推着自己，还要得到一份儿酬劳！这时，前方遇到一个大斜坡，它只好帮一把手了。行到陡坡上时，它当上了排头兵，只见它用自己那带齿的双臂猛拽住笨重的大粪球，而其同伴，那个物主则在下方拼命抵住，一点点地往上顶着。我看见这两个合伙者，就这样一个在上方拽着，一个在下方顶扛着，配合十分默契地往坡上爬着，如果没有二人的通力合作，光靠一个人是怎么也无法把粪球推上去的。但是，并非所有圣甲虫在这一艰难时刻都会表现出同样热情的。有一些圣甲虫在攀爬斜坡这种必须通力合作才行的时刻，似乎根本没有看见有困难要克服似的。当倒霉的西西弗斯在拼了小命试图越过障碍时,另一位则高高在上,稳坐钓鱼台,与粪球一起滚下、一起滚上[10]。

我们假定那只圣甲虫很幸运,找到了一个忠实的合伙者,或者更好一些,假定它在途中没有碰上不请自来的同类,那么,一切就绪,可以进行下一步了。地窖已挖好,是一个在松软土地上挖的洞,通常是在沙地上挖,洞不深,有拳头般大小,有一条细道与外界相通,细道大小正好够让粪球进入。粮食一入地窖,圣甲虫便躲在家里,用藏于角落里的杂物把地窖入口堵住。大门一关,外面根本看不出这下面有个宴会厅。大功告成,它高兴万分:宴会厅里的一切全都登峰造极!餐桌上摆满了奢华食物;天花板遮挡住当空烈日,只让一丝温馨湿润的热气透进来;心平气静,环境幽暗,外面的蟋蟀合唱声阵阵,这一切都有助于肠胃功能的发挥。我神思恍惚,突然觉得自己仿佛俯身于地窖门口,只觉得有海洋女神该拉忒亚的歌剧中的那个著名唱段隐约传来:"啊!周围的一切都在忙忙碌碌时,无所事事是多么美妙。"

谁敢去打扰这样的一个在宴席上的怡然自得的家伙呀?但是,想探个究竟的欲望让人什么都干得出来,而这种胆量,我就有过。我把我私闯民宅的情况记录在此。我看到光一个粪球几乎就把宴会厅塞满了,这奢华的食物下抵地板上顶天花板。一条狭小的通道把粪球与墙体隔开。食者就在通道上用餐,顶多是两位,经常是独自一人,肚子贴在餐桌上,背顶着墙壁。座位一旦选好,就不再挪动了,然后便放开嘴吃起来,没有一点小的争吵,那样会少吃上一口的;也不挑挑拣拣的,否则就会浪费食物。一切都得按先后次序,一丝不苟地穿肠过肚。看到它们如此虔诚尽心地围着粪球在吃,你会以为它们意识到自己在完成大地净化的工作,它们知道自己投身的是那种以粪肥培育鲜花的精细化学工程,鲜花让人赏心悦目,圣甲虫的鞘翅能点缀春意盎然的草坪。马牛羊尽管消化系统很完美,但它们的排泄物中仍留有未消化的残留物质,而圣甲虫则把它们留下的那些残留物质加以利用,为此,圣甲虫就必须具备一套完整的工具。果然,通过解剖我惊叹地发现它的肠道出奇得长,盘来绕去,使得进入的食物可以慢慢地被吸收,直至最后一个可以利用的颗粒被消化掉为止。因此,食草动物未能吸收的东西,食粪虫类昆虫的高效蒸馏器却可从中

[10]这个自然段首句写帮手"贴"在粪球上,"与之浑然一体",段尾句写它"稳坐钓鱼台,与粪球一起滚",首尾照应,使得结构完整;中间部分详细介绍这位帮手的"不轨"帮忙。

提取一些财富,而这些财富经过稍加处理,就变成了圣甲虫的墨黑铠甲和其他食粪虫类昆虫的金黄色和赤红色的胸甲[11]。

不过,这种令人赞叹不已的垃圾处理工作得在最短的时间内完成,这是环境卫生所限定的。而圣甲虫就具有这种也许其他昆虫所没有的很强的消化能力。一旦食物进入地窖里,圣甲虫便日夜不停地吃着,直到把食物消灭干净为止。当你有了一定的实践经验,把圣甲虫关在笼子里养是很容易的。我就是采用了这种办法获得了这些资料,这对了解著名的圣甲虫的高效消化功能大有裨益。

整个粪球就这么一点一点地依次通过消化道,然后,圣甲虫隐士便爬出地面,寻找机遇,找到后,便再做粪球,一切就又重新开始了。

有一天,闷热无风,这种氛围很适合我喂养的圣甲虫们大快朵颐。于是,我手里拿着表,守在一个露天进食者的面前仔细观察着,从早上八点一直盯到晚上八点。这只圣甲虫似乎遇上了一块颇对胃口的食物,整整十二个小时,它都没停止过咀嚼,始终待在餐桌前的同一个地点一动不动地吃个没完。晚上八点钟时,我最后看了它一次。只见它的胃口始终未减,那样子像刚开始吃时一样起劲儿。这宴席还持续了一段时间,直到整个食物被全部消灭干净为止。第二天,那只圣甲虫确实没再在那儿了,头一天大嚼个没完的那块食物只剩下点渣渣末末了。

时针转了一圈还多,这么长的一幕就是进餐,狼吞虎咽,精彩至极,但是,那消化的一幕则更是妙不可言。圣甲虫前头不停地吃,后头则不断地排泄,那已不再含营养成分的排泄物连成一条黑色细线,如同鞋匠的细蜡绳。它是边吃边排泄,足见其消化之神速。刚一开始咀嚼,它那拔丝机便运转起来,直到最后几口吃完之后,这机器才停止运转。那根细蜡绳从头到尾没有出现断头,始终挂在排泄口上,下面的则已盘成一堆,只要没有干透,则可以轻易展开来成为一条细长绳[12]。

排泄的过程如同秒表一般精确。每隔一分钟,更精确地说是四十五秒,一小节排泄物便出来了,细绳则增长三四毫米。等细绳长到一定程度,我便把它截断,放在刻度尺上量量其长度。我测量的结果,十二小时总长度为两米八八。晚上八点,我是提着

[11]解开圣甲虫进食粪球的秘密,并介绍其独特的肠道——出奇得长,能帮助它消化掉最后一个颗粒,可以说圣甲虫是丝毫不浪费粮食的动物。

[12]语言生动,把整个圣甲虫进食排泄的过程描述得栩栩如生。"时针转了一圈还多"形容圣甲虫进食时间之长,令人惊讶;"拔丝机"形容圣甲虫边吃边排泄,消化速度快,也解除了读者的惊奇。

254

灯最后一次去察看的,这之后,圣甲虫又继续宵夜,所以进餐与制绳工作又持续了一段时间,圣甲虫拉成的那根没有断头的细长绳总长约为三米。

知道了绳长及其直径,排泄物的体积很容易便能测算出来。而要测出圣甲虫的精确体积,同样也不难,只要把它放入有水的量筒,查看一下水位线即可。所获得的数据并非没有意义:这些数据告诉我们,圣甲虫一次连续十二个小时的进食竟消化掉几乎与自己体积相等的食物。多么好的胃呀,而且消化能力又是这么强,消化速度又这么快! 一开始咀嚼,排泄物便立即被消化成细绳状,不停地拉长,直到进餐结束。在这台也许从不失业的蒸馏器里(除非加工的原料出现短缺),原料一进入,立即由胃囊进行加工,吸收殆尽,然后排出。这使我不由得想到,这么一座如此高效地清除垃圾的实验室在环境卫生方面肯定会大有可为。

圣甲虫的梨形粪球

一个牧羊青年负责替我抽空观察圣甲虫的活动情况。六月下旬的一个星期日,他兴冲冲地跑来告诉我说,他觉得此刻是研究圣甲虫的好机会,说他突然看见圣甲虫从地下爬出来,他便在它爬出来的地方翻找,在不是很深的地方发现了一个奇怪的东西,于是给我带来了。

那玩意儿的确挺奇怪的,彻底推翻了我原先以为了解了的那点情况。从形状上看,它就像个小小的梨子,大概熟过了头,色泽不新鲜了,变成了紫褐色。这个奇怪的玩意儿,这个似乎在车间加工出来的漂亮玩具,会是什么呢? 是人工塑造而成的? 是一个供孩子玩的仿梨子制品? 我确实是这么以为的[1]。孩子们围了过来,目不转睛地盯着这个漂亮玩意儿,都想拿走放进自己的玩具盒里。这玩意儿形状比玛瑙弹珠更漂亮,比象牙球和杨木陀螺更让人喜爱。实际上,这玩意儿的材质并不显得上乘,但摸上去很硬实,且带有十分艺术的曲线。这没有关系,反正在深入了解它之前,我是不会把这个从地下找到的小梨给孩子们当玩具的[2]。

它真的是圣甲虫的杰作吗? 它里面会有一个卵、一条幼虫? 牧羊青年肯定地对我说有。他说他在挖的时候不小心把一只同样的小梨给弄碎了,里面就有一个白色的卵,像一个麦粒那么大。我不太相信他说的,因为他给我拿来的小梨与我所期待的粪球相去甚远。

剖开这个令人生疑的玩意儿,看看它里面有什么东西,这也许是冒失的行为:即使如牧羊青年好像认定的那样,里面果真有虫卵,我这么把它剖开也许会影响里面胚胎的存活。再说,我在想,梨形与所有已知的情况是矛盾的,很可能是偶然造成的。谁知道日后会不会再遇上这种偶然的情况给我提供同样的东西呢? 最好保持它的原样,静观情况的发展,尤其应该去现场看个究竟[3]。

第二天天一亮,牧羊青年已在那儿放羊了。我爬上山坡见到了他。山坡上的树木最近被砍光了,夏季的烈日晒得人后脖子疼,好

[1]描写梨形粪球的形状,突出其奇怪、漂亮,引起读者的好奇。"确实"起强调作用。

[2]开篇用牧羊人的独特发现吸引读者兴趣,让我们也跟随作者思路,想要探究这究竟是什么样的东西。

[3]从这里我们看到作者科学研究的小心谨慎,面对一个自己没见过的东西,不贸然行动,而是先观察和了解。

在还得两三个小时之后太阳才晒得到我们。清晨,凉风习习,羊群在牧羊犬的看管下静静地吃草,因此我和牧羊青年便一起搜寻起来。

我们很快就找到了一个圣甲虫的洞穴,上面新堆成一个鼹鼠丘,一眼就可以认出来。我的同伴用力地挖起来。我把我的小铲子给了他,我那把小铲子又轻巧又结实,我每次外出都没忘记带上它,因为我见土就想挖一挖,怎么也改不了[4]。我躺在地上,目不转睛,仔细查看被挖开的洞穴内部的布置。牧羊青年用小铲子挖着,用没拿铲子的手把浮土弄掉。

我们成功了:一个洞穴打开了,只见那湿热的半张开的地洞里有一只完美的梨形粪球。是呀,说真的,第一次看到圣甲虫妈妈的杰作,那印象之深刻,永远也无法抹去。即使我是挖掘古埃及圣骨的考古学家,当我挖到某个法老的地下墓穴中的雕琢成圣虫的绿宝石,我也不会比这次更加激动的[5]。啊!突然发现金光四射的真理的快乐呀,什么快乐可与你相媲(pì)美①!牧羊青年也高兴万分,他见我笑自己也笑,他看见我幸福欢快自己也喜形于色。

偶然的事不会重现,一件事不会一模一样地再现,一句古老的格言就是这么告诉我们的。我这已是第二次看到这种奇特的梨形粪球了。这种形状是正常的,还是例外?圣甲虫在地上滚动的那个类似这种球体的球体是否并不存在?我们继续挖下去,再看看究竟是怎么回事。我们又找到了第二个洞穴。同第一个一样,里面也有一只梨形粪球。这两个玩意儿一模一样,简直像是一个模子里刻出来的。有一个细节颇有价值:在第二个洞里,在梨形粪球旁边,圣甲虫妈妈怜爱地紧搂着梨形粪球,想必是专心一意地在对它进行最后的加工,然后自己就永远地离开这个洞穴。一切疑惑都驱散了:我认识这个雕塑工,我了解它的杰作。

在上午剩下的时间里,我便只是对已知的这些情况进行充分的求证:在烈日把我晒得受不了只好离开挖掘现场之前,我已拥有一打形状相同、大小几乎一样的梨形粪球。有许多次我都发现有圣甲虫妈妈在洞穴深处的车间里。

最后,先提一下后来我所了解到的情况。在六月末到九月份的

[4]"每次""就想""改不了",表明作者走进田野、深入昆虫世界已成习惯,所以才会不断有新的发现。

[5]用考古学家挖圣骨的发现来类比自己的发现,突出了作者内心的惊喜。

---

①媲美:美(好)的程度差不多;比美。

整个大热天里,我几乎每天都到圣甲虫经常出没的地方去探查,我用小铲子挖开一个个洞穴,获得了一些超乎我所能期盼得到的资料。我从笼子里的饲养过程中又获得了另一些资料,这些资料真的也很宝贵,但无法与在田野里的自由空间中所获得的资料相比。不管怎么说,我挖掘过一百来个洞穴,而且次次都能见到那种梨形粪球,却从来没见到过圆圆的粪球,一次也没见到过书本上告诉我们的那种浑圆形状的粪球。

这个错误我以前也犯过,因为我非常相信大师们的金口玉言。以前,我在安格尔高原的研究没有任何结果,我在实验室进行饲养也可悲地以失败而告终,但我又一心想给青年读者们一个圣甲虫如何筑巢做窝的看法,所以就接受了传统的浑圆粪球的荒谬②(miù)说法,而且通过类比推理,用别的食粪虫的一点情况试着勾勒圣甲虫卵的外形,导致了不可饶恕的错误的出现[6]。

[6]作者的自责,突出他注重客观事实的科学精神,也突出了这次发现的意义。

现在,我们来详述一下这个真实的故事,用我亲眼所见并且一见再见的事实作为依据。圣甲虫的地下窝巢在地面上一看便知,因为洞外有一堆浮土,似一个鼹鼠丘,是圣甲虫妈妈把洞中挖出的土推到洞外堆积而成的,以便留出一个洞来。这个鼹鼠丘下开着一个大约一分米长的不太深的洞,有一条或直或曲的水平通道从洞底通到可能有拳头般大小的宽敞大厅。这就是地下室,虫卵被食物包裹着,在离地面几寸的地下,由酷热的太阳烘烤慢慢孵化;这也是圣甲虫妈妈的宽敞的车间,它可以在里面灵活自如地把未来宝宝的面包揉制、加工成梨形[7]。

[7]说明圣甲虫窝巢的结构,运用列数字的说明方法让说明更准确。

这个粪球面包躺倒时长轴线是水平方向的。其形状以及大小让人想到圣诞节时期的小梨子,它色泽鲜艳,香气扑鼻,提前成熟,让孩子们爱不释手[8]。梨形粪球的大小基本都差不多。最大个儿的长四十五毫米,宽三十五毫米;最小个儿的长三十五毫米,宽二十八毫米。

[8]用圣诞节的梨子来类比圣甲虫梨形粪球,形象易懂。

梨形粪球的表面虽不像大理石那么光滑,但却非常规则匀称,沾着很小的红土颗粒的外壳是经过仔细打磨的。它原先是十分松软的,宛如可塑性黏土,因为是刚做好的,但很快便因风干的缘故外层结起一层硬皮,用手指捏都捏不碎,比木头都硬。这层硬皮是一

---

②荒谬:极端错误;非常不合情理。

个保护层,使得隐于其中者避免与外界接触,可以极其安静地享受自己的食物。但是,如果连中间也都风干了,那就非常危险了。我们以后将有机会来谈被迫面对太硬面包的幼虫的可怜处境。

圣甲虫面包铺加工的是什么样的面团呢?马牛骡是它的供货者吗?绝对不是。不过,我以前一直以为是的,而且每个看见它在一大堆牛粪中拼命收集、为己所用的人,也都会这么以为。它通常就在那儿揉制粪球,然后弄到沙土地下的某个隐蔽所去享受一番。

如果那种沾满草梗的粗糙面包只是为了自己吃的话,那没有什么问题,但如果是给它们的小宝宝们准备的,那就不行了。它必须去进行精加工,使之营养丰富且易于消化。它需要的是绵羊留下的美味,而不是牛拉下的一地干瘪的黑橄榄。绵羊留下的美味是在其不太干的肠子中逐渐形成、加工制作的单层硬饼干。这才是圣甲虫所要的材料、专门用于加工的面团。这不是马的那种无脂肪的粗纤维材料,而是腻滑而有黏性的均匀的物质,饱含着富于营养的汁液。这种材料因其黏性和腻滑而极为适于加工成为梨形艺术品,而且它又柔软可口,很符合新生儿的嫩弱的胃[9]。在这么一个小小的梨形体中,幼虫将可以获得充足的营养。

这就是梨形食品为何如此之小的原因所在。它那么小,以致我在看到圣甲虫妈妈正在制作梨形粪球之前,一直怀疑这新玩意儿究竟是什么尤物。我一直都没能从这么小的梨形粪球中看出那是圣甲虫幼虫的食粮,因为圣甲虫既贪馋又个头儿大。

在这个形状独特新颖的大面包团里,虫卵在什么地方呀?大家自然而然地就会认为它在那圆圆的梨肚子的中心。这中心点是最安全的地方,不受外面的一切干扰,而且是恒温的。再者,新生幼虫无论从哪儿下口都能遇到厚厚的食物层,不会咬上几口就没有了。因为在它的周围全都是一样的,它也就用不着去挑选了;它随便把自己那嫩牙咬到哪儿,都会无忧无虑、津津有味地继续吃下去。

这种看法似乎非常有道理,以致我也跟着上当了。在我用小刀的刀锋一层一层地往梨肚子中心剥去,深信在中心点会找到虫卵时,结果却大出我的所料,那儿根本就没有虫卵。梨肚子中心非但不是空的,而且是实实的。那儿也是一堆质地均匀的食物。

我的推断看上去似乎很合理,换了任何一位观察者也会与我持同样看法,但是圣甲虫却有自己的主张。我们有我们的逻辑,而且

[9]以自己的观察和分析,说明制作梨形粪球的原料是绵羊的粪便,而不是牛马粪。再次纠正了以前错误的认识。

还颇引以为豪；但圣甲虫也有自己的逻辑，而且在这一点上还远胜于我们。圣甲虫颇有远见，能预见会发生什么事情，所以便把卵下到别处去了[10]。

[10]人们自以为具有智慧，但是小小的圣甲虫却同样具有更加非凡的生存智慧。

到底下到哪儿去了呢？下到梨形粪球最细薄的部分，在最顶端的梨颈那儿。把梨颈纵向剖开，但须加倍小心，别弄坏了里面的东西。那儿挖有一洞，四壁光洁锃亮。这就是胚胎所在的圣龛③（kān），这就是孵化室。相对于圣甲虫妈妈的个头儿来说，虫卵算是挺大的了，它呈长椭圆形，白乎乎的，长约十毫米，宽有五毫米多。它同四壁之间有一层薄薄的间隔，与四壁都不紧贴，只是梨颈顶端的壁后，虫卵的头顶粘在上面而已。梨形粪球通常是水平躺放着的，除了头顶粘着的那一点以外，幼虫实际上是悬浮在空中，睡在这张最有弹性、最热乎的空气床上。

现在，我们已清楚明白了。让我们来看看圣甲虫这么做的原因何在。让我们了解一下为什么是个梨形，这在昆虫的制作工艺中可是一种很奇特的形状。让我们来看看虫卵放在那么个奇怪的地方究竟有什么好处。我知道，探究事情的原委和来龙去脉④是非常繁难艰辛的。你可能会像是踏入流沙里似的，因为那是个神秘的领域，变化多端，一不小心就会陷下去难以自拔。难道因为危险就放弃这种探索吗？为什么要放弃呀[11]？

[11]科学探究充满艰辛，只有勇往直前才能得到他人无法获得的发现。

[12]此处插入作者大段的议论，使文章富有理性色彩，不仅给读者科学知识，更传递给读者科学精神。

我们的科学与我们的手段之贫乏相比更显得伟大辉煌，但是面对无穷的未知时又显得如此可悲。它对于绝对的真理都知道些什么？它一无所知。世界只有在我们认识了它之后会使我们感兴趣。认识不了，一切都变得枯燥乏味，混沌⑤（dùn）虚无。一大堆事实并非科学，那只不过是一篇索然寡味的目录而已。必须解读这篇目录，用心灵之火去使之化解开来；必须发挥思想和理想之光的作用；必须诠释[12]。

让我们去攀登这个高峰，以解释圣甲虫的所作所为吧。也许我们可以把我们的逻辑运用到圣甲虫身上去。不管怎么说，看到理性对我们的支配与本能对动物的支配如此绝妙地一致是非常有趣的。

圣甲虫处于幼虫状态时会面临一个巨大的危险——食物变干

③龛：供奉神佛的小阁子。
④来龙去脉：比喻人、物的来历或事情的前因后果。
⑤混沌：糊里糊涂、无知无识的样子

燥。幼虫生活的地下洞穴的天花板是一层约一分米厚的土层。这极薄的一层土又如何挡得住能把土烤焦的大热天的酷热呢？那酷热都能把砖坯（pī）烧硬了。所以幼虫的居室温度高极了，当我把手伸进去时，都感到有股子热气在往外冒。

食物至少得存放三四个星期，所以很有可能在卵孵化之前变干，甚至变得无法被幼虫食用。当嫩牙咬不着原本是松软的面包而咬着硬得如石头般的硬皮时，可怜的幼虫将会饿死，而且确实有因饥饿而死亡的案例。我就发现过不少八月烈日的牺牲者，它们早已把松软的食物吃了一个大洞，后来因啃不动剩下的太硬的食物而死于吃出的那个大洞中。粪球剩下的是一个厚厚的壳，像一只没有口的球形锅子，可怜的幼虫在锅里被烤干瘪了。

在那个干硬得像石头似的厚壳中，幼虫即使变成了成虫也一样会饿死，因为它冲不破围城，逃不出来。关于幼虫的彻底解放，我稍后还要论述，在此就不再就这一点多加赘述了。我们就只关心一下幼虫的悲惨处境吧。

我们说了，食物变干燥对于幼虫来说是致命的。我们见到的在厚壳中干死的幼虫就证明了这一点。下面要做的实验会更加明确地证实这一点。在七月份那筑巢做窝的季节里，我在一些硬纸盒或杉木盒里放了一打当天早上从产地挖到的梨形粪球。这些密封的盒子被放在我实验室的暗处，那儿的气温与外面的气温一样。结果，没有一只盒子见到成果：要么是卵干瘪了，要么是幼虫孵化出来后很快就死去了。相反，在一些白铁盒或玻璃笼中，情况十分不错，幼虫全部存活。

这种差别原因何在？其实很简单，在七月份的高温天气里，硬纸板或杉木板隔热效果差，水分很快就蒸发掉，所以梨形粪球变干，幼虫便饿死了。而白铁盒或玻璃笼则相反，隔热效果好，水分不易蒸发，食物能保持松软，所以幼虫如同在出生地的洞穴中一样很好地成长[13]。

圣甲虫有两种方法避免食物干燥。首先，它用它那宽臂的铠甲使劲儿地压紧压实梨形粪球的外层，弄成一层比中心更均匀、更密实的保护性外皮。如果我把一个用这种方法制作的食品罐头捏碎，那层外皮通常会一下子脱落，露出中心的内核来。这让我联想到一只核桃的壳儿和仁儿来。圣甲虫妈妈在按压时只涉及几毫米的表

[13]对比分析，突出洞穴环境对幼虫的重要性——隔热，避免水分蒸发。

层,所以便出现了一个外壳。它并没往深处按压,这样中间的那个大内核也就分出来了。夏季最炎热的时候,为了让食物保鲜,家庭主妇会把面包放在密封的坛子里;而圣甲虫妈妈的做法有异曲同工⑥之妙。它通过按压,制成外壳,以保护里面的孩子们的食粮。

[14]过渡句。由上文制作外壳的说明过渡到下文制成梨形原因的说明。

圣甲虫的所作所为远胜于此:它变成了一位几何学家,能够解决最小值的难题[14]。在其他所有的条件完全相同的情况下,蒸发量的多少显然与蒸发面的大小成正比。因此,为了减少水分的流失,就必须让食物的面积尽量小;但又必须让这个最小的面积包含最大数量的营养物质,以便让幼虫吃饱吃好。那么,什么样的形状才能达到面积最小而体积又能达到要求呢?按几何学的回答,那就是球形。

圣甲虫因此便把幼虫的食粮加工成为球形,而梨颈暂时地忽略到一边;这种球形并非强加给圣甲虫一个必需的外形而在盲目的机械条件下造成的结果,也不是在地上滚动而突然获得的成果。我们已经看见了,为了更方便、更快捷地把收集到的食物弄到别处去食用,圣甲虫把食物加工成球形,但又没有挪动它的位置。总之,我们已经承认这个球形在滚动之前就做成了。

同样,我们马上也可以确定,为幼虫准备的梨形则是在洞底深处制作而成的。它没有滚动过,它甚至都没有挪过窝儿。圣甲虫完全按照所需要的外形对它进行了加工,犹如泥塑艺人用拇指捏泥人一样[15]。

[15]从这里更加看出圣甲虫对幼虫的关爱,深深的母爱之情不逊于人类。

圣甲虫利用自己配备的工具也能制作出曲线不如梨形柔和的其他一些形状出来。譬如,它能制作较粗糙的圆柱体,那是粪金龟通常制作的香肠面包;它也能草率从事,让没有固定形状的粪块原来是什么样就什么样。如果草率从事,活儿就干得更快,它也就有更多的闲暇尽享阳光下的欢乐了。但是不然,圣甲虫专门选择制作梨形粪球,而这种形状要做得精确是十分不容易的。它制作这种繁难的梨形粪球,就像是它深知蒸发的规律以及几何学的规律似的[16]

[16]圣甲虫梨形粪球竟然蕴含着几何学的原理,读到此处,不禁更加钦佩它的智慧。

现在剩下的是搞清楚梨颈的事了。它的功能、作用究竟是什么?答案很显然:有很大的作用。孵化室就在梨颈部位,卵就在其

⑥异曲同工:比喻不同的做法收到同样好的效果。

中。而所有的胚胎,无论是植物的还是动物的,都需要空气这个生命的原动力。为了让激发生机的空气这种助燃剂渗透进去,鸟的蛋壳上满是气孔。圣甲虫的梨形粪球就类似于鸡蛋。

为了避免过快干燥,梨形粪球的外壳被压实成一层很硬的外皮;它的营养核,也就是蛋黄、卵黄,是藏于外皮内的松软的球;它的透气室就是顶端的那个小屋,亦即梨颈上的那个小窝窝,里面的空气把胚胎团团围住。为了呼气吸气,有哪儿能比孵化室更好的?那儿位于尖角上,沐浴在空气中,气体可以透过薄薄的外壁自由地渗进渗出[17]。

空气和高温是最重要的条件,所以食粪虫中没有谁敢对其等闲视之。我们以后会有机会看到,食粪虫的食物块形状各异;除了梨形以外,根据制作者的种属不同,还有圆柱形、鸟蛋形、球形、尖顶形等。但是,虽说是形状各不相同,首要的一点却是永远不变的:卵待在紧靠表面的一间孵化室里,这是呼吸新鲜空气和吸热的最佳方法。在这种精巧艺术方面,圣甲虫制作的梨形粪球独占鳌(áo)头⑦。

我前面刚提到过,圣甲虫这位一流的揉制工在揉制粪球时所表现出的逻辑性可与我们人类相媲美。就我们现在所知,我所做的实验就证明了这一点。但还有更好的证明。我们把下面这个问题让我们的科学加以阐释吧。胚胎是被包围在一大块食物中的,而因为干燥,这大块食物会很快变得无法食用。如何加工这种食物块才好呢?为了容易地呼吸到新鲜空气和吸收热量,把卵产在哪儿好呢?

所提问题中的第一个问题已经回答过了。我们从所获知识中得知,蒸发量是与蒸发表面的面积大小成正比的,所以食物应做成球状,因为球状体包含的物质最多而表面面积又最小。至于虫卵,既然需要一个保护套加以保护,免得有任何伤害性的接触,就必须把它放置在一个薄的圆柱形套子里,再让套子立在球体上方。

这样,必须的条件就得以满足了:制作成球状的食物可以保持新鲜;由一个圆柱形薄套保护着的卵可以通畅地呼吸新鲜空气和吸收热量。这必须的条件虽然满足了,那形状却太难看。讲实用就顾

[17]说明制成梨形粪球并让胚胎位于梨颈的原因:胚胎可以很好地呼吸。

⑦独占鳌头:借指居首位或第一名。

不上美了。

一个艺术家把我们推理得来的粗糙作品进行了加工。它把圆柱形修改成半椭圆形，显得优美雅致得多；它又在这个球体上加工出一个精巧的曲面，与球体仍连接在一起，这就变成一个梨形，变成一个带颈的葫芦。这样一来，这就是一件艺术品了，非常漂亮[18]。

圣甲虫所做的正是美学要求我们做的。它是不是也有一种审美观？它知道自己制作的梨形很美吗？它肯定是看不出梨形之美的，它是在漆黑的地下制作的。但是它摸得出来。尽管它的触觉并不灵敏，而且身披粗糙的角质外壳，但无论如何，它对自己精心揉制出来的外形轮廓定是有感觉的！

[18]解释了圣甲虫梨形粪球的原因，圣甲虫为了幼虫更好地生存才制作梨形粪球，但是却暗含着人类独特的美学观点，不得不说自然真是巧妙啊！

西班牙蜣螂

　　为了虫卵，昆虫按本能所做的，正是人类通过经验和研究所得的理性会让昆虫去做的，这一点可不是微不足道的哲学道理所能阐明的。受到科学之严谨的启迪，我凡事都会谨慎对待。我这并不是要给科学一副令人憎恶的面孔，因为我相信人们能够不使用一些粗俗的词汇也可以讲出一些绝妙的事情来。清晰明白是要笔杆子的人的高明手段[1]。我要尽可能地做到这一点。因此，使我停笔思考的那种谨慎是属于另一个范畴的。

　　我在问自己，我这是不是受到了一种幻想的欺骗。我心中在想："圣甲虫和其他一些甲虫是粪球制作工匠。那是它们的行当，不知它们是从哪儿学的这门手艺，也许是机体结构导致的，特别是因为它们有长长的爪子，而且有的爪子还稍微弯曲。如果它们在为卵而忙碌的话，那它们在地下继续发挥自己那制作粪球的特长又有什么可大惊小怪的呢？"

　　如果先不谈那些很难讲细致、讲清楚的梨颈和蛋形粪球突出的一端的话，剩下的就是最大的食物团，也就是昆虫在洞外制作的食物球团；还剩下的是圣甲虫在太阳地里把玩的而并不做他用的小粪球。

　　那么，这种在夏季酷热中被认为是最有效地防止干燥的球形物是作什么用的呢？就物理学而言，粪球及其相似形状粪蛋的这种特性是毋庸置疑的，但是，这两种形状同已克服的困难只有一种偶然的联系。机体结构导致在田野里制作粪球的这种昆虫在地下仍在制作粪球。如果说幼虫直到最后都有软嫩的食物放在嘴边而悠然自得的话，那我们也别因此就对其母性本能大加赞扬。

　　为了最终说服自己，我得找一只仪表堂堂的食粪虫，它在日常生活中根本就不懂得粪球制作工艺，但产卵时刻到来时，它又会一反常态，把收集到的材料制作成粪球。我家附近有这样的食粪虫

[1]法布尔的意思是科普文章要用语简单，使人易于理解。

吗？有。它甚至是除圣甲虫之外最美、最大的一种，那就是西班牙蜣螂，它前胸截成一个陡坡，头上也长着一个怪角，极其引人注目[2]。

西班牙蜣螂身子矮胖，缩成一团，又圆又厚，行动迟缓，肯定对圣甲虫的体操技能一窍不通。它的爪子极短，稍有一点动静，爪子就缩回肚腹下面，与粪球制作工们的长腿简直无法相比。只要看看它那笨拙的五短身材，就很容易猜想得到它是根本不喜欢推着一个大粪球去长途跋涉的。

西班牙蜣螂确实是喜静不喜动。一旦找够了食物，夜间或者日暮黄昏时分，它就在粪堆下挖洞。挖的是个粗糙的洞，能放得下一只大苹果。然后，它三下两下地一扒拉，粪料便成了屋顶，或者至少挡在其门口；体积颇大的食物没有一个准形状地落入洞中，这也正是它贪吃的明证。只要宝贝食物没有吃完，西班牙蜣螂就不再回到地面，一门心思地大快朵颐。直到饭尽粮绝，这种隐居生活才会结束。于是，晚间，它就又开始寻觅、收获、挖洞，另建一个临时居所。

有了这种无需事先准备就可吞食垃圾的本领，很明显眼下西班牙蜣螂根本就不需要去了解揉捏粪球的技艺。再者，它爪子短小、笨拙，似乎根本干不了这种活儿。

五月里，最迟六月份，产卵期到了。西班牙蜣螂已习惯了用最肮脏的粪料填饱自己的肚子，这下要考虑自己的子女了，这就让它犯难了。如同圣甲虫一样，这时候它也必须弄到绵羊的软软的排泄物做成一个软面包。而且还得同圣甲虫一样，这个软面包必须营养丰富，就地整个儿地埋入地下，地面上不留任何残渣碎末，因为必须勤俭节约，一点也不能浪费[3]。

只见它没有远行，没有运送，没有任何的准备工作，那个软面包就被划拉到洞里去，就在它自己栖身之地。为了自己的孩子们，它在重复做着原先为自己所做的事情。至于地洞，足有一个鼹鼠洞大，是个宽大的洞穴，离地有二十厘米左右。我发现它比西班牙蜣螂大快朵颐时住的那种临时住宅要宽敞得多、精致得多。

不过，我们还是让西班牙蜣螂自由地干活儿吧。偶然发现的情况所提供的资料可能是不全面的，是片面的，内在关系也不明显。

[2]由提出问题引出主人公——西班牙蜣螂，使得叙述自然而然，也符合读者的阅读思路。

[3]用比喻手法，生动地把绵羊的排泄物——羊粪比作"软面包"，"地面上不留任何残渣碎末"；把蜣螂拟人化，说它"勤俭节约"，生动地描绘出蜣螂觅食的特点。

笼中的喂养就非常利于观察,而且蜣螂也十分配合。我们还是先看看它是怎么储存食物的吧。

在黄昏那朦胧的光线下,我看见它出现在洞门口。它是从地下深处爬上来收集食物的。它没花什么工夫就找到了:洞口附近就有很多的食物,是我放的,而且我还精心地经常更换。它天生胆小,一有动静就随时准备缩回去,所以它步子很缓慢、不灵活。它用头盔划拉、翻找,用前爪拖拽,很小的一抱食物就给弄出来了,但却被拖散开来,掉成碎末。蜣螂把食物倒退着拖着,消失在地下。不到两分钟的工夫,它又爬到地面上来了。它仍旧小心翼翼的,用展开的触角瓣探查周围,然后才跨出门槛[4]。

粪堆与它之间相隔两三寸。闯到粪堆那儿,对它来说可是一件了不得的大事。它宁愿食物正好位于其洞宅门旁,构成其住宅的屋顶。这样它就用不着出门,免得提心吊胆的。可我却另有打算。为了观察方便起见,我把食物放在门口,但离洞口并不远。慢慢地,胆小的蜣螂心里踏实了,来到露天地里,到了我的面前,但我还是尽可能地不让它发现。它又没完没了地在一趟一趟地搬运食物了,但它搬运的总是一些不成形的碎块、碎屑,就像是用小镊子夹住的那样。

我对它储存食物的方法已经颇有了解,所以任由它自己继续这么干了大半夜。天亮时,地面上什么都没有了,蜣螂也就没再出来。只一夜工夫,足够的宝藏便堆积起来了。我们先等上一段时间,让它有余暇把自己的收获随其心愿地整理存放好。在这个周末之前,我在笼子里翻挖,把我曾看见它存放一部分粮食的那个洞挖开来。

如同在野外的洞中一样,那是个屋顶不平的宽敞大厅,屋顶低矮,但地面几乎是平坦的。在大厅一角,有一个圆洞张开着,像是一个瓶口。那是太平门,通向一条地道,往上直达地面。这个新土上挖成的住宅四壁都精心压紧、压实,我挖掘时虽有震动,但却没有坍塌。看得出来,蜣螂为了未来,施展了全身本领,费尽了全部挖掘工的力气,建造了坚固耐用的住宅。如果说那个只是为了在其中填饱肚子的陋室是匆匆挖成的,既无样式又不坚固的话,那么,现在的这座房屋则是面积又大建筑又精美的地宫[5]。

我怀疑雌雄蜣螂同心协力地完成了这项浩大的工程;至少,我

[4]"步子很缓慢、不灵活""小心翼翼"形容西班牙蜣螂天生胆小。

[5]"陋室"和"地宫"形成鲜明的对比,突出"地宫"的"大"和"精美",同时也引起读者好奇,蜣螂为什么要建造如此规模的"地宫"呢?

经常看到一对蜣螂待在用于产卵的地洞里。这宽敞而豪华的屋子想必曾经是婚礼的彩厅；婚礼就是在这个大拱顶下举行的，而新郎想必帮着盖了这座大厅，以此来表达自己那不一般的爱情。我还猜想新郎也帮着新娘收集和存放粮食。在我看来，新郎是那么强壮，也一抱一抱地把粮食运往地宫。两人齐心协力，这份儿细致的活计就干得快了。但是，一旦屋内存粮已满，新郎就悄悄地退去，回返地面，去别处安家立命，让蜣螂妈妈独自去完成母亲的职责。雄蜣螂在这个家里的作用也就完成了。

在这个我们看见有那么多的小粒粮食运进来的地宫中能发现什么呢？一大堆乱七八糟的散乱颗粒吗？绝对不是的。我在里面发现的始终都是一个整块的大圆面包，占满了整个屋子，只在四周留下一条狭小的过道，只能容得下蜣螂妈妈来回走动。

这块巨大的蛋糕没有固定的形状。我见到过蛋形的，大小如火鸡的蛋；我也见到过扁平椭圆形的，状如一个普通的洋葱头；我还见到过几乎浑圆形的，如同荷兰奶酪一般；我也曾见到过朝上的一面圆圆的，微微鼓起，就像是普罗旺斯的乡村面包，或者更像是复活节时食用的蒙古包状的烤饼。不管是什么形状的，它们的表面都很光滑，曲线也很均匀[6]。

[6] 把自己见过的蛋形物体和眼前的"蛋糕"作对比，以引起读者好奇。

这下子我明白了：蜣螂妈妈把先后搬运进洞的无数散碎食物聚集起来，揉成一整块；然后，它把这一整块食物搅拌、混合、压实成为颗粒均匀的食物。我多次看到这位女面包师站在那个大面包上；与之相比，圣甲虫做的那个小粪球简直是小巫见大巫了。在这个有时有一厘米宽的粪球凸面上，西班牙蜣螂走动着，踱着步；它轻轻地拍打这个大面包，让它变得瓷实、均匀。我只能偷偷地瞥上一眼这个滑稽场景，因为一看见有人，女面包师便顺着弯曲的斜坡滑下来，藏于面包下面。

为了深入观察，研究细枝末节，就必须耍点花招。这可以说是并不困难。也许是因为我长期与圣甲虫打交道使我在研究方法上变得更加机灵了，也许是西班牙蜣螂心并不太细，更能忍受狭窄囚室的烦闷，所以我得以毫无阻碍、随心所欲地观察筑巢的各个阶段的情况。我使用了两种方法，每个方法都告诉了我某些特殊的东西。

在笼子里有了几个雌蜣螂做成的大面包之后，我便把蜣螂妈妈与这几个大面包一起搬出来，放到我的实验室里去。容器分两种，按我的愿望让它们或明或暗。如果我希望容器里面光亮，我就用大口玻璃瓶，直径差不多与蜣螂洞一般大小，也就是十二厘米左右。每只瓶子底部铺了一层薄薄的新沙子，薄得蜣螂无法钻进去，但却足以让它不致在玻璃地上滑来滑去，而且还让它以为是与我刚让它搬离的地方一样的沙地。我把蜣螂妈妈及其大面包放在这层沙子上。

无须指出，即使在光线极其微弱的状况下，蜣螂也会因惊吓而什么也不做。它需要完全无光亮，于是我便用一个硬纸板盒把大口瓶给罩起来了。我只要小心翼翼地稍稍掀起一点这个硬纸板盒，就可以在我认为合适的时间随时借着室内的弱光，偷窥女囚正在干什么，甚至能观察上好一段时间[7]。大家都看到了，这个方法比我当时想观察圣甲虫制作梨形粪球时所使用的方法简便得多。西班牙蜣螂性格更温驯一些，适合使用这种方法，换了圣甲虫可能就行不通了。因此，我在实验室的大桌子上放了一打这样的可明可暗的容器。谁要是见到这一溜瓶子，可能会误以为灰纸盒套下面盖着的是异邦的食品调料哩。

如果要全不透光的，我就用花盆，里面堆上新沙子。花盆下面弄成一个窝，用硬纸板搭个屋顶，挡住上面的沙子，蜣螂妈妈和它的大面包就放在窝里。或者干脆我就把它和它的大面包放在沙子上面。它会自己挖洞做窝，把面包藏进去，如同平常一样。无论采用哪种方法，都得用一块玻璃片盖住，免得让俘虏逃逸。我期待着这些不同的不透亮的容器能为我澄清一个棘手的问题，这个问题我以后会阐明的。

这些用不透亮的纸盒罩住的大口瓶能告诉我们一些什么呢？能告诉我们许多非常有趣的东西。它们让我们知道，这个大面包尽管形状多变，但它始终是规则的，它的曲线并非是因为滚动导致的。我们在检查天然洞穴时已经很清楚，这么大的一个圆球几乎占满了整个屋子，所以是无法滚动的。再者，蜣螂也没有足够的力气去推

[7]"小心翼翼""偷窥"是神态描写，形容自己观察蜣螂活动时的谨慎小心。把蜣螂妈妈比作"女囚"，形象地写出了蜣螂被放在用纸盒罩住的大口玻璃瓶里的状况。

动这么大的一个粪球。

不时地查看大口瓶都会得出同一个结论。我看见蜣螂妈妈立于面包上,这儿摸摸那儿敲敲,轻轻地拍打,抹平突出的地方,把粪球修整得臻于完善;我还从未见到过它试图把那个大家伙翻转过来。这就十分清楚了:圆面包并非滚动而成的。

蜣螂妈妈的勤奋与耐心细致让我想到我以前从未想到的一个问题:制作的时间之长。为什么要对这块大东西翻来覆去地修修补补?为什么在吃它之前要等待那么长的时间?确实,要经过一个星期甚至更多的时间之后,蜣螂在面包打磨,变得光鲜之后才决心享用它[8]。

当面包师把面团和好搅匀之后,就把它拢成一堆,放到和面槽的一个角落里。在体积大的块团内,面包发酵的温度调节得更好。蜣螂深谙面包制作的这一诀窍。它把收集到的食物堆在一起,精心揉制,做成粗坯,然后再让它有时间去进行内部发酵,让粪团味道变美,并让它有一定的硬度,以利日后的加工。只要这道化学程序没有完成,女面包师及其小伙计就会等待。对蜣螂来说,这个等待时间很长,至少得一个星期。

发酵成功了。小伙计会把大面团分成小面团。女面包师也在这么干。它用头盔上的大刀和前爪上的锯齿切开一个圆槽口,并切下一小块体积规则的面团来。这切割动作干净利落,一刀成形,无须再修修补补,完全符合要求。

现在就要加工这个小面团了。于是,蜣螂便使用它那似乎并不适于这种工作的短小的爪子尽量地抱住小面团,使用其唯一可以使用的挤压方法加以挤压。它非常认真执着地在尚未定型的粪球上移动着,上上下下,左转右绕,有板有眼地这儿多压几下那儿少压几下,然后又始终耐心细致地加以修饰。如此这般地干了二十四小时之后,凹凸不平的粪团就变成了有如梨子般大小的完美的球形面包了。在它那拥挤狭小的车间的一角,矮胖的艺术家几乎待在原地一动不动地完成了自己的杰作,而且一次也没挪动过那个面团[9]。经过耐心细致的长时间工作之后,它终于制作成了那个浑圆的球形,而这是它那笨拙的工具以及狭小的空间让人觉得根本不可能完成的事。

[8]连续提出问题,既是作者在观察中引发的思考,也起过渡作用,引出下文。

[9]"上上下下,左转右绕,有板有眼",形容蜣螂加工制作小面团时勤奋认真的样子,"二十四小时"指出制作时间之长;"如梨子般大小",描绘出这个"杰作"的形状和精致程度。

它还得花较长的时间去仔细完善、抹光那个球形，用爪子温情地翻来覆去地抹，直到把一点点突兀都给抹掉为止。看上去它那细心的涂抹永无止境似的。但是，将近第二天的傍晚时分，它认为这个圆球已经合适了。蜣螂妈妈爬上其建筑物的圆顶，一直在压挤，在上面压出一个不怎么深的火山口来。它把卵产在这个小盆里了。

然后，它用极其粗糙的工具，以极大的谨慎与惊人的细致，把火山口边缘聚拢，做成一个拱顶，盖在卵的上方。蜣螂妈妈慢慢地转动，把粪料一点点地耙拢，推向高处，把顶封上。这是各个工序中最棘手的活儿。稍稍压重一些，扒拉得不到位，都可能危及薄薄的天花板下的虫卵。封顶的工作不时地要停一停。蜣螂妈妈低着头，一动不动，似乎在屏息聆听，看看洞内有何异常。

看来安然无恙，于是，耐心的女工又开始干起来：从两侧一点点往屋顶耙粪料，屋顶逐渐变尖，变长。一个顶端很小的蛋形就这样代替了球形。在多少有点凹凸的蛋形下面的就是虫卵的孵化室。这项细致的活计还得花上二十四小时。加工粪球，在粪球上挖出个小盆，在盆内产卵，把圆盆封顶盖住虫卵，这些工序加在一起需要四十八小时，有时还要更长一些。

蜣螂妈妈又回到了那个切去一块的大面包旁。它又切下了一小块，用同样的操作法把它变成一个蛋形粪球，在又一个小盆中产下卵。余下的粪球面包还可以做第三个，甚至还常常可以做第四个蛋形粪球。蜣螂妈妈在洞穴只堆积了唯一的一个粪料堆，据我所见，顶多也就够做四个蛋形粪球的。

卵产下后，蜣螂妈妈便待在自己那小窝里，里面差不多满满当当地挤放着三四只摇篮，一个一个紧挨在一起，尖的一头冲上。它现在要干什么呢？想必是要出去转转，这么久没有进食，得恢复一下体力了吧？谁要是这么想那就大错特错了。它仍旧待在窝里，自从它下到洞中，它什么都没有吃过，绝对没有去碰那个大面包：大面包已经分成几等份，将是它的子女们的食粮。在疼爱子女方面，西班牙蜣螂克制自己的精神确实非常感人，宁可自己挨饿也绝不让子女缺吃少喝[10]。

它这么忍受饥饿还有第二个原因：守护在摇篮边上。自六月底

[10]为了给孩子们制作"梨形面包"，蜣螂妈妈一直都没有进食，因为她想的是为孩子们准备足够的食粮。可怜天下父母心，动物界也有这么感人的亲情故事。

开始,地洞就难以弄成了,因为雷雨大风以及行人的踩踏,洞都消失了。我所看到的几个洞穴里,蜣螂妈妈总是在一堆粪球边上打盹儿;每个粪球里都有一条已发育完全的胖嘟嘟的幼虫在大吃大喝着。

我的那些装满新沙子的花盆做的不透亮的容器里的情况证实了我从田野上所看到的情况。蜣螂妈妈们于五月上旬连同食物被埋进沙里,它们就再没有在玻璃罩下的地面上露过面。产完卵后,它们便在洞中隐居了;它们同它们的那些粪球一起度过闷热的伏天,毫无疑问,它们是在守护着那些摇篮,我把大口玻璃瓶盖子揭开看到的就是这种情况。

直到九月份头几场秋雨过后,它们才爬到外面来。而这时候,新的一代已经完全成形了。蜣螂妈妈在地下很高兴地看到子女们长大了,这在昆虫界是极其少有的天伦之乐。它听见自己的孩子们刮擦着茧子要破茧而出;它看见它如此精心地加工的保险箱被打破;如果地面的湿气没能让囚室变得软一些的话,它也许会走上前去帮自己的那些精疲力竭还出不来的孩子。妈妈和孩子们共同离开地洞,一起上来迎接秋高气爽。这时节,太阳暖洋洋的,路上绵羊的天赐美食比比皆是[11]。

[11]"天伦之乐",形容蜣螂妈妈开心地享受着和子女们在一起的快乐时光,这美好的结尾也是作者的美好祝愿。

米诺多蒂菲

专业分类学家在给本章要介绍的这个昆虫命名时,采用了两个吓人的名字:一个是米诺多,就是弥诺斯的那头在克里特岛地下迷宫中以人肉为食的公牛的名字;另一个是蒂菲,即巨人族中的一位,系大地之子,试图登天的那位的名字[1]。阿德尼安·忒修斯凭借弥诺斯之女阿里阿德涅给的一团线,捉住了米诺多,将它杀死,安全地走出地下迷宫,从而使得自己国家的百姓永远摆脱了被这半人半兽的怪物吞食的厄运。

[1]以"两个吓人的名字"开头,有趣又令人印象深刻。

蒂菲则在自己垒起的高山之巅遭到雷劈,跌进埃特拉火山口里。他依然在火山口中。他的气息化作了火山的烟雾。他如果一咳嗽,便会引起火山喷发出岩浆;他如果想换个肩膀扛着,让另一个肩膀歇上一歇,便会让西西里岛不得安宁:他会引发西西里岛的地震。

在昆虫的故事里找到一个对这类古老神话的回忆倒并不让人觉得扫兴。这些神话人物的名字听起来既响亮又悦耳,它们并不会引起与实况真情相悖的矛盾,而那些按照构词法硬造出来的名称反而总会名实不副。如果用一些朦胧近似的名字把神话与历史联系起来,这种名字才是最符合人意的[2]。米诺多蒂菲就是这种情况。

[2]这种昆虫名字来源于古希腊神话,充满神话色彩,以引起读者兴趣。

因此,人们称一种体形较大、与地下打洞的昆虫血缘极其相近的黑色鞘翅目昆虫为米诺多蒂菲。它是一种平和无害的昆虫,但它的角可比弥诺斯的公牛要厉害。在我们的那些披着甲胄的昆虫中,谁都没有它的武器那么咄咄逼人①。雄性米诺多蒂菲胸前有三根一束的平行前伸的锋利长矛。假如它体大如公牛的话,即使忒修斯本人在野外遇上了它,想必也不敢迎战它那支可怕的三叉戟。

---

　　①咄咄逼人:形容气势汹汹,盛气凌人。

寓言中的蒂菲野心勃勃，想通过把连根拔起的群山垒成一根立柱去洗劫诸神的仙境。博物学家们的蒂菲则不会登天，只会下地，能把地钻得很深很深。蒂菲用肩膀一扛，把一个省弄得震颤起来；我们的昆虫蒂菲则用脊背去拱，把泥土拱松动，让小土堆震颤不已，如同被埋在火山中的蒂菲一动，埃特拉火山就轰隆作响似的[3]。

我们将要描述的就是这种昆虫。

但是，讲这个故事有什么用处呢？这么深入细致地去研究又有什么意义呢？这我知道，这种研究不会让一粒胡椒身价百倍，不会让一堆烂白菜成为无价之宝，也不会造成装备一支舰队、让决心拼个你死我活的人们相互对峙的那样的一些严重后果。我们的这种昆虫并不期盼这么多的荣耀。它只是通过自己那些千变万化的表现来展示自己的生活；它能够帮助我们多少弄懂一点所有的书中最晦涩②的那本书——我们人类自身的书[4]。

它很容易弄到，饲养也不费钱，观察起来也挺有意思，所以它比其他的那些高级动物更能满足我们的好奇心。再说，与我们成为近邻的那些高级动物研究起来很单调乏味，而它则不然，它的本能、习性和身体构造都颇具特点，是我们闻所未闻③的，所以它能向我们揭示一个新的世界，仿佛我们是在与另一个星球的生物举行研讨会。这就是我高度评价这种昆虫并坚持不懈地与之建立联系的原因所在。

米诺多蒂菲喜爱露天沙土地，因为那里是羊群去牧场的必经地，一路上总要不停地拉下羊粪蛋的。那是它日常的美食。如果没有羊粪蛋，它也能退而求其次④，找点很容易收集的兔子的细小粪便来凑合。一般来说，兔子总是躲到百里香丛中去拉屎撒尿，因为它十分胆小，怕暴露目标，受到袭击。

大约在三月份的头几天，米诺多蒂菲夫妇就开始齐心协力，潜

[3] 以神话故事中的人物为小昆虫命名，充满趣味性，同时也凸现了昆虫活动时的特征。

[4] 科学能帮助人类创造物质财富，还能帮助人类了解自己。

②晦涩：(诗文、乐曲等的含意)隐晦不易懂。
③闻所未闻：听到从来没有听到过的，形容事物非常稀罕。
④退而求其次：得不到最好的，只有要相对好一些的了。

心修窝筑巢。此前一直分居于各自的浅洞穴中的雌雄米诺多蒂菲，现在开始要共同生活较长的一段时间。

夫妻双方在那么多的同类中间还能相互认出对方来吗？它俩之间存在着海誓山盟吗？如果说婚姻破裂的机会十分罕见的话，那么对于雌性来说甚至这种破裂的机会根本就不存在，因为做母亲的很久没离开其住处了。相反，对做父亲的来说，婚姻破裂的机会却很多，因为其职责所在，它必须经常外出。如同我们马上就会看到的那样，雄性一辈子都得为储备粮食奔忙，是天生的垃圾搬运工。它独自一人白天按时把妻子洞中挖出来的土运走；夜晚它又独自在自家宅子周围搜寻，寻找为自己的孩子们做大面包的小粪球。

有时候，各家住宅比邻而建。收集粮食的丈夫归来时会不会摸错了门，闯进他人家中去呢？在它外出寻食时，会不会在路上碰见一位待字闺中的散步女子，于是忘了前妻的恩爱，准备离婚呢？这个问题值得研究。我已尽力在用下面这个方法解决这一问题了[5]。

有两对夫妇正在挖土建巢时被我挖了出来。我用针尖在它们鞘翅下部边缘做了无法抹去的记号，所以我能把它们区分开来。我随手把这四位分别放在一块有两拃（zhǎ）深的沙土场地上。这样的土质一夜工夫就能挖出一口井来。在它们急需粮食的情况下，我就给它们弄一把羊粪放进去。我用一只瓦钵翻扣在场地上，既可防止它们逃逸又可遮阳，让它们安安静静地去沉思默想。

第二天，非常满意的答案出来了。场地上只有两个洞穴，两对夫妇如原先一样重新相聚在一起，都各自找到了自己的结发妻子。次日，我又做了第二次实验，然后又做了第三次实验，结果都一样：用针尖做了记号的一对在一个洞中，没做记号的另一对则在通道尽头的另一个洞穴里。

我又重复做了五次实验，它们每天都得重新开始组建家庭。现在，事情变糟了。有时，接受实验的四只中每只各居一屋，有时在同一个洞穴中住着两只雄性，或者两只雌性，有时一个雌性接待另一

[5] 雌雄米诺多蒂菲不同的生活方式，让作者对它们的婚姻产生了兴趣。

雌性或雄性,但组合方式与一开始完全不同。我过分地重复实验了,这以后就乱了套了。我每天这么折腾都把这些挖掘工弄烦了。一个摇摇欲坠⑤的宅子老是在重建,终于把合法夫妻给拆散了。既然房屋每天倒塌,正常的夫妻生活也就过不下去了。

不过这并无多大关系,反正一开始的那三次实验已足以证明,尽管那两对夫妇一次一次地受到惊吓,但似乎并没有破坏它们夫妇关系那微妙的纽带,夫妇关系仍有着一定的稳定性。夫妇双方在我精心制造的一系列混乱之中仍旧能够认出对方来。它们相互间信守着山盟海誓,这在朝三暮四⑥的昆虫界确实是一种难能可贵的高尚品质[6]。

[6]米诺多蒂菲对另一半的忠诚,让人十分钦佩。

我们人类是根据话语、音色、音调相互识别的,而它们则是哑巴,没有任何方法呼唤,剩下的只能是嗅觉了。米诺多蒂菲寻找自己妻子的情况让我想起了我家的爱犬汤姆。汤姆在发情期间,鼻子朝上,嗅闻由风送来的空气,然后跳过围墙,急忙奔向远方传来的具有魔力的召唤。我由此还想起了大孔雀蝶,它们从好几公里以外飞来向刚出茧的正值婚嫁的雌蝶表示敬意[7]。

[7]通过与狗和蝶能辨识雌性的气味作比较,表明米诺多蒂菲靠嗅觉来辨别事物。

但是,这种对比尚有许多不尽如人意之处。狗和大孔雀蝶在受到妙龄雌性召唤时尚不认识这位美人儿,而对长途跋涉前去朝圣一窍不通⑦的米诺多蒂菲则完全相反,它稍微转上一圈便径直奔向它常与之接触的女人了;它通过对方身体中散发出的与别人不同的气味,通过某种除了它这个情郎之外别人闻不出来的某些独特气味把它的女人辨别出来了。

这些带有气味的散发物是由什么成分构成的呢?米诺多蒂菲尚未告诉我。这很遗憾,它本会告诉一些有关其嗅觉之神功的有趣故事的。

那么,这对夫妻在家中是怎么分工的呢?要想知道这一点那可

⑤摇摇欲坠:形容非常危险,就要掉下来或垮下来。
⑥朝三暮四:形容反复无常。
⑦一窍不通:比喻一点儿也不懂。

不是容易的事,也不是用小刀尖挑出来看看就行了的事。谁要是想参观在洞中挖掘的这种昆虫的话,就得动用镐头,那可是很累的活儿。这种昆虫的宅子可不像圣甲虫、螳螂和其他一些昆虫的屋子,用小铲子轻轻一铲,毫不费力就挖开了;米诺多蒂菲住在一口深井中,只有用一把结实的铁铲,连续挖上好几个小时才能挖到底。只要太阳稍许毒一点,干完这个活儿你一定会累趴下的。

　　唉!我年岁大了,可怜的关节都生锈了!明知地下有个有趣的问题想探究一番,可就是力不从心,挖不动了!但是,我热情未减,仍旧如当年挖掘条蜂喜爱的海绵性山坡时一样热情似火。我对研究工作的喜爱并未减退,不过力气上差些[8]。幸好我有一个帮手。他就是我的儿子保尔,他身轻体健,臂膀有力,帮了我的大忙。我动脑,他动手。

　　家中的其他人,包括孩子们的妈妈,都非常积极,平常总帮我们一把。坑越挖越深,必须隔着老远仔细观察铲子挖上来的那些东西,查找点滴资料,这时候人多眼睛就亮。一个人没看见的,另一个人就会瞅见。双目失明的于贝尔依靠一个目光敏锐的忠实仆人对蜜蜂进行研究。我比这位伟大的瑞士博物学家条件可强得多了。我的眼睛虽然已经老花,但视力还是挺好的,何况我的家人的眼睛都很好,他们都在帮助我。如果说我还在继续进行研究的话,他们是功不可没的,我非常感激他们。

　　一大清早,我们就到了现场。我们找到了一个洞穴,还有一个挺大的土堆,土堆呈圆柱形,是一下子推上来的一整块土。挪开土块,便现出一口很深很深的井。我用途中捡拾的一根很长很直的灯芯草秆儿试探着往井下伸去,越伸越深。最后,在一米五左右的深处,那根灯芯草秆儿就不再往下去了。我们探到了,我们探到米诺多蒂菲的卧房了。

　　我们用小铲子小心翼翼地剥落卧房外面的土,于是便看到了屋里的主人,先挖出来的是雄性米诺多蒂菲,再稍许往下挖一点就挖到了雌性米诺多蒂菲。夫妻俩被取出来之后,露出一个颜色很深的

[8]洞穴深、太阳火辣、自己年岁大、力气小,突出观察实验的高难度和作者研究的高热情。

圆点：那是粮食柱的末端。现在小心又小心，轻轻地挖。我们沿着洞底边缘把中间的那块土与其周围的土切割开来，然后用小铲子兜底儿把那块土整个儿地铲起来，既要小心谨慎又得干净利落。铲起来了！我们弄到了米诺多蒂菲夫妇及其卧房了。我们挖了一个上午，累得精疲力竭，总算弄到了这笔财富。保尔背上直冒热气，可见他花了多大的力气。

一米五这个深度不是也不可能是一成不变的，许多因素都会使深度改变，比如昆虫钻过的地方的湿度和土质如何啦，根据或多或少地接近产卵期，昆虫干活的热情的大小和时间是否充裕啦。我看见过有一些洞穴还要稍许深一些，我也见到过另有一些洞穴还没达到一米深[9]。不管是什么情况，为了生儿育女，米诺多蒂菲都必须有一个很深很深的住所，而据我所知，没有任何一种昆虫挖掘工挖过这么深的。我们马上就会思考是什么样的迫切需要在逼使羊粪蛋的收集者居住在那么深的地方。

在离开现场之前，我们先记下一个事实，确证这一事实以后会很有价值的。雌性米诺多蒂菲是住在洞穴底部的，而其丈夫则待在其上方不远处，它俩都被吓得一动也不敢动，现在尚无法确知它俩在干什么。

这一细节在我翻挖的各个洞穴中都一再地被发现，它似乎说明这对伙伴各自有一个固定的位置。

更擅长养儿育女的米诺多蒂菲妈妈住在下层。它独自在挖掘，因为它精通垂直挖掘的技术，这种挖法事半功倍，可以挖得很深。它是个能工巧匠，始终不停地对着坑道工作面挖掘着。它的丈夫只是一名小工，待在它的身后，用它的角背篓随时清理浮土。这之后，能工巧匠变成了女面包师，把为孩子们准备的糕点揉制成圆柱形；而米诺多蒂菲爸爸则为它打下手，为妈妈从外面运进来面食原料。这如同在所有和睦家庭中一样，女主内男主外。这可能就是在管形宅子中它俩所居的住处始终不变的缘故。将来我们会知晓这种猜测是否与事实相符。

现在,让我们在家里从容地、舒服地观察我们好不容易挖掘出来的洞穴中间的那整块土。这块土中有一个呈香肠状的食品罐头,长短粗细几乎像拇指一般。里面装着的食品颜色很深,压得很瓷实,分好多层,可以辨别出其中有已压碎了的羊粪蛋。有时候,面包揉得很细,从头到尾都十分均匀;更多的时候这圆柱形面团像一种牛皮糖,里面有一些疙疙瘩瘩的东西[10]。根据女面包师的忙闲情况,它所揉制的面包看上去千差万别,有时间就做得讲究,没时间则敷衍了事⑧。

食品罐头紧紧地嵌在洞穴的那个死胡同里,那儿的墙壁比井里其他地方的更光滑、更平整。用小刀尖轻易地就可把它与周围土层剥离开来,就像剥树皮似的。我就这样弄到了不沾一点泥土的这个食品罐头。

这项工作已做完,我们现在来了解一下卵的情况,因为这只罐头肯定是为幼虫准备的。由于我从前了解到粪金龟是把自己的卵产在"香肠"底部食物中间的一个特别的窝窝儿里的,所以我期待着在"香肠"底部的一个密室里找到粪金龟的近亲米诺多蒂菲的卵。我判断错了。我要找的卵并不在我所猜想的地方,也不在"香肠"的上部,反正食品罐头里哪儿都没有。

我又在食品罐头外面寻找,终于找到了。卵就在罐头食品柱下面的沙土里,完全没有妈妈们精心安排的保护。那儿没有一间新生儿细嫩肌肤所要求的墙壁光滑的小房间,只有一个并非精心建造而是妈妈胡乱扒拉起来的粗糙的废墟堆。幼虫将在这个离食物有一段距离的硬床上孵化。为了吃到食物,幼虫必须扒拉沙土,穿过这个有几毫米厚的沙土天花板。

我既已挖出了那连带着食品罐头的整块土,又有我自制的器具,我就可以观察这段香肠是如何制成的了。

米诺多蒂菲爸爸爬出洞外,选好一个粪球,其长度大于井口直

[10]将羊粪球比作米诺多蒂菲的面包,将雌性米诺多蒂菲称作女面包师。比喻和拟人手法的运用,十分有趣。

⑧敷衍了事:做事不负责,只做表面上的应付。

径。它把粪球往井口挪去,要么倒退着用前爪拖拽,要么用头盔轻轻顶着一下一下地往前推。推到井口边时,它是不是猛一使劲儿,一下子把粪球推进洞里去呢?绝对不是,它有自己的计划,不让粪球重重地摔落下去。

它爬进井口,前足搂紧粪球,小心地把一头塞进井内。到了离井底一定距离的地方,它只需把粪球稍微倾斜一点,粪球就可以两头顶着井壁,因为其轴心很宽。这样就构成了一块临时的楼板,可以承重两三个粪球。这就是米诺多蒂菲爸爸的加工车间,它可以在此干活儿而又不影响在下面工作着的妻子[11]。这是一座磨坊,制作面包的粗面粉就要在这儿进行加工。

[11]雄米诺多蒂菲运输粪球的方式,更能突出它们安排的巧妙,工作效率高。

这个磨坊工爸爸装备精良。你瞧它的那支三叉戟。十分坚挺的前胸上戳着一束三根的锋利长矛,两边的两根长,而中间的那根短,三根的矛头全都直指前方。这件兵器有何用途呢?我起先以为只不过是雄性的一件饰物,如同粪金龟族中其他许多族类都佩戴着的一样,只是形状各异而已。可米诺多蒂菲的这个可不是饰物,而是它的一件劳动工具。

那三根矛尖并不整齐,形成了一个凹弧,里面可以装载一个粪球。在那块没铺得太好、摇来晃去的楼板上,米诺多蒂菲爸爸得用四只后爪支撑着井壁才能保持平衡。那它将如何把那个滑动的粪球固定住,并把它压碎呢?我们来看看它是怎么干的吧。

它稍稍弯下身子,把三叉戟插入粪球,这样一来粪球便卡在新月形的工具中固定不动了。米诺多蒂菲爸爸的前爪是空着的,因此它便可以用其前臂上的锯齿状臂铠去锯粪球,把它切成一小块一小块的,从楼板缝隙处掉下去,落在米诺多蒂菲妈妈的身旁[12]。

[12]描写雄米诺多蒂菲工作的场景,语言准确生动,也再次说明其处于上层的原因,与上文相照应,使说明更严谨。

从磨坊工那儿掉下去的是粗粉,没有过过筛子,里面还掺杂着没太磨细的碎块。尽管这面粉磨得不细,但仍给正在精心制作面包的女面包师帮了大忙,使它得以简化工序,一下子就可以把好粉次粉分离开来。当楼上的粪球,包括楼板全被磨碎之后,有角的磨坊工匠便回到了地面,寻找新的粪料,然后从容不迫地再次开始研磨。

作坊中的女面包师也没有闲着。它把自己身旁纷纷散落的面粉捡拾起来,进一步碾细,进行精加工,再进行分类,软一些的用作面包心,硬一些的用作面包皮。它转过来绕过去的,用自己那扁平的胳膊轻轻地拍打着原料;然后,它把原料一层层地摊开,再用脚踩瓷实,宛如葡萄酒酿制工在榨葡萄汁一般。踩瓷实之后的大面饼便于储存。经过将近十天的共同努力,夫妇二人终于制作成功了长圆柱形的大面包。丈夫供应面粉,妻子揉制加工。

现在应该概括一下米诺多蒂菲的种种品德了。当严冬过去之后,雄性米诺多蒂菲便开始寻觅配偶,找到之后便与之安居地下,从此,它便对自己的妻子忠贞不渝⑨,尽管它要经常外出,而且也会碰上可能让它移情别恋的女性,但它始终不忘发妻。它以一种没有什么可以使之减退的热情帮助自己的那位在孩子们独立之前绝不出门的挖掘女工。整整一个多月,它用它那叉口背篓把挖出的土运往洞外,始终任劳任怨,永不被那艰难的攀登所吓倒。它把轻松的耙土工作留给妻子做,自己则干着最重最累的活儿,把土从一条狭窄、高深、垂直的坑道往上推出洞外[13]。

[13]作者概括出雄米诺多蒂菲的美德:对妻子忠贞不渝,任劳任怨。

随后,这位运土小工又变成了粮食寻觅者,到处去收集粮食,为孩子们准备吃的东西。为了减轻妻子剥皮、分拣、装料的工作,它又当上了磨面工。在离洞底一定的距离处,它研碎被太阳晒干晒硬了的粮食,加工成粗粉、细粉;面粉不停地纷纷散落在女面包师的面包房内。最后,它精疲力竭地离开了家,在洞外露天地里凄然地死去。它英勇不屈地尽了自己作为父亲的职责;它为了自己的家人过得幸福而做出了无私的奉献[14]。

[14]作者以"人性照虫性",在此处得到了淋漓尽致的体现。

而米诺多蒂菲妈妈也一心扑在这个家上,从未出过大门。古人把这种贞洁女子称之为 domi mansit⑩。它把一个个面团揉成圆柱形,把一只只卵分别产于一个个面团里,从此便守护着自己的这些宝贝,直到孩子们能独立离去为止。当金风送爽的时节到来时,模

---

⑨忠贞不渝:忠诚坚定,永不改变。
⑩domi mansit:普罗旺斯方言俗语,意为"模范妈妈"。

范妈妈终于又回到地面上来,孩子们簇拥着它。孩子们自由自在地四散而去,到羊群常去吃草的地方去捡拾粪球,大快朵颐。这时候,一心为了孩子们的慈母已无事可做,溘(kè)然长逝⑪。

是的,在昆虫界父亲们对自己的孩子漠不关心的普遍情况中,米诺多蒂菲是个例外,它对自己的孩子们倾尽心血。它总是想到自己的家人,从未想到自己。它原可尽情享受美好的时光,原可与同伴们一起欢宴,原可与女邻居们调情玩笑,但它却并未这样,而是埋头于地下的劳作,拼死拼活地为自己的家人留下一份产业。当它足僵爪硬、奄奄一息⑫时,它可以无愧地告慰自己:"我尽了做父亲的责任。我为家人尽力了。"

⑪溘然长逝:去世。
⑫奄奄一息:形容气息微弱,临近死亡。

南美潘帕斯草原的食粪虫

　　跑遍全球,穿越五洲四海,从南极到北极,观察生命在各种气候条件下的无穷无尽的变化情况,对于善于考察研究的人来说这肯定是最美好的运气。鲁滨逊的漂流让我欢喜兴奋,我年轻的时候就怀着他那种美妙的幻想。然而,紧随着周游世界那美丽梦幻而来的却是郁闷和蛰居的现实。印度的热带丛林、巴西的原始森林、南美大兀鹰喜爱的安第斯山脉的高峰峻岭,全都缩作一块作为探察场的荒石园了。

　　但上苍保佑,让我并不为此而抱怨不已。思想上的收获并非一定要长途跋涉。让·雅克①在他那金丝雀生活的海绿树丛中采集植物;贝尔纳丹·德·圣皮埃尔②偶然地在其窗边长出来的一株草莓上发现了一个世界;萨维埃·德·梅斯特尔③把一张扶手椅当作马车在自己的房间里作了一次最著名的旅行[1]。

　　这种旅行方式是我力所能及的,只是没有马车,因为在荆棘丛中驾车太难了。我在荒石园周围上百次的一段一段地绕行;我在一家又一家人前驻足,耐心地询问,隔这么长一段时间,我就能获得零零星星的答案。

　　我对最小的昆虫小村镇都非常熟悉:我在这个小村镇里了解了螳螂栖息的各种细枝;我熟悉了苍白的意大利蟋蟀在宁静的夏夜轻轻鸣唱的所有荆棘丛;我认识了披着黄蜂这个棉花小袋编织工耙平的棉絮的所有小草;我踏遍了切叶蜂这个树叶的剪裁工出没的所有丁香矮树丛。

　　如果说荒石园的角角落落的踏勘还不够的话,我就跑得远一些,能获得更多的贡品。我绕过旁边的藩篱,在大约一百米的地方,我同埃及圣甲虫、天牛、粪金龟、蜣螂、螽斯、蟋蟀、绿蚱蜢等有了接

[1] 运用排比手法,证明"思想上的收获并非一定要长途跋涉",指出荒石园就是绝佳的探察场。

---

　　①让·雅克:即卢梭,法国 18 世纪著名作家,著有《忏悔录》《新爱罗绮丝》等。
　　②贝尔纳丹·德·圣皮埃尔:法国作家。
　　③萨维埃·德·梅斯特尔:法国作家,著有《在我屋内旅行》等。

触,总之我与一大群昆虫部落进行了接触,要想了解它们的进化史,那得耗尽一个人整整的一生。当然,我同自己的近邻接触就足够了,非常够了,用不着长途跋涉跑到很远很远的地方去[2]。

再说,跑遍世界,把注意力分散在那么多的研究对象上,这不是在观察研究。四处旅行的昆虫学家可以把自己所得的许许多多的标本钉在标本盒里,这是专业词汇分类学家和昆虫采集者的乐趣,但是收集详尽的资料则是另一码事。他们是科学上的流浪的犹太人,没有时间驻足停留。当他们为了研究这样那样的事实时,就可能要长时间地停在一地,然而,下一站又在催促着他们上路。我们就不要让他们在这种状况下去勉为其难了。就让他们在软木板上钉吧,就让他们用塔菲亚酒④的短颈大口瓶去浸泡吧,就让他们把耐心观察、需时费力的活儿留给深居简出的人吧。

这就是为什么除了专业分类词汇学家列出的枯燥乏味的昆虫体貌特征而外,昆虫的历史极其贫乏的原因所在。异国的昆虫数量繁多,无以计数,它们的习性我们几乎一无所知。但是我们可以把眼前所见到的情景与别处发生的情况加以比较,看一看同一种昆虫在不同的气候条件下,其基本本能是如何变化的,这会是非常有好处的。

这时候,无法远行的遗憾感又涌上心头,使我比以往任何时候都更加地感到无奈,除非我在《一千零一夜》的那张魔毯上找到一个座位,飞到我所想去的地方。啊!神奇的飞毯啊,你要比萨维埃·德·梅斯特尔的马车合适得多。但愿我能在你上面有一个角落可坐,怀揣着一张往返机票[3]!

我果然找到了这个角落。这个意想不到的好运是基督教会学校的修士、布宜诺斯艾利斯市萨尔中学的朱迪利安教友带给我的。他虚怀若谷,受其恩泽者理应对他表示的感激会让他很不高兴的。我在此只想说,按照我的要求,他的双眼代替了我的眼睛。他寻找、发现、观察,然后把他的笔记以及发现的材料寄来给我。我用通信的方式同他一起寻找、发现、观察。

我成功了,多亏了这么卓绝的合作者,我在那张魔毯上找到了座位。我现在到了阿根廷共和国的潘帕斯大草原,渴望着把塞里昂

---

④塔菲亚酒:西印度群岛的一种甘蔗酒。

的食粪虫的本领与其另一个半球的竞争者的本领作一番比较。

开端极好！萍水相逢竟然让我首先得到了法那斯米隆那漂亮的昆虫，全身黑中透蓝。雄性法那斯米隆前胸有个凹下的半月形，肩部有锋利的翼端，额上竖着一个可与西班牙蜣螂媲美的扁角，角的末端呈三叉形。雌性则以普通的褶皱代替了这漂亮的装饰。雄性与雌性的头罩前部都有一个双头尖，肯定是一个挖掘工具，也是用于切割的解剖刀。这种昆虫短粗、壮实、呈四角形，让人联想到蒙彼利埃周围非常罕见的一种昆虫——奥氏宽胸蜣螂。

如果形状相似则本领也必然相似的话，那我们就该毫不迟疑地把如同奥氏宽胸蜣螂制作的那件又粗又短的香肠面包归之于法那斯米隆。唉！每当牵涉本能的问题时，昆虫的体形结构就会造成误导。这种脊背正方、爪子短小的食粪虫在制作葫芦时技艺超群。连圣甲虫都制作不了这么像模像样，尤其是个头儿又这么大的葫芦[4]。

这种粗壮短小的昆虫制作的产品之精美让人拍案叫绝。这种葫芦制作得如此符合几何学标准，简直无可挑剔：葫芦颈并不细长，然而却把优雅与力量结合在一起。它似乎是以印第安人的某种葫芦作为模型制作的，特别是因为它的细颈半开，鼓凸部分刻有漂亮的格子纹饰，那是这种昆虫的跗骨的印迹。它好像是用藤柳条嵌护着的一只铁壶，大小可以达到甚至超过一只鸡蛋。

这真是一件极其奇特而稀有的珍品，尤其是这竟然是出自一个外形笨拙、粗短的工人之手。不，这再一次说明工具不能造就艺术家，人和虫都是这个道理。引导制作工匠完成杰作的有比工具更重要的东西：我说的是"头脑"——昆虫的才智。

法那斯米隆对困难嗤之以鼻。不仅如此，它还对我们的分类学不屑一顾。一说食粪虫，就解释为牛粪的狂热追慕者。可法那斯米隆重视牛粪既非为自己食用也不是为了自己的孩子们享用。我们常常会看见它待在家禽、狗、猫的尸骨架下，因为它需要尸体的脓血。我所绘出的那只葫芦就是立在一只猫头鹰的尸体下面的。

这种埋葬虫的胃口与圣甲虫的才能的结合谁愿意怎么看就怎么看吧。我么，我不想去解释这种现象，因为昆虫的一些癖好让我困惑不解，它们的这些癖好似乎谁也无法仅仅根据其外貌就能判断得出来。

我知道在我家附近就有一种食粪虫，也是尸体残余的唯一的享

[4]把法那斯米隆和圣甲虫作比较，突出法那斯米隆有着超群的制作技巧。

用者。它就是粪金龟，是经常光顾死鼹鼠和死兔子的常客。但是，这种侏儒殡葬工并不因此就鄙视粪便，它像其他的金龟子一样照旧大吃不误。也许它有着双重饮食标准：奶油球形蛋糕是供给成虫的，而略微发臭的腐肉这重口味的食料则是喂给幼虫的。

类似情况在别的昆虫的口味方面也同样存在。捕食性膜翅目昆虫汲取花冠底部的蜜，但它喂自己的孩子时却用的是野味的肉。同一个胃，先吃野味肉，后汲取糖汁。这种消化用的胃囊在发育过程中必须发生变化吗？不管怎么说，这种胃同我们人类的胃一样，年轻时喜食的东西到了晚年就鄙夷厌恶了[5]。

让我们更加深入地观察研究一下法那斯米隆的杰作。我弄到的那些葫芦全都干透了，硬得几乎跟石头一样，颜色也变成浅咖啡色了。我用放大镜仔细观察，里外都没有发现一丁点儿木质碎屑，这种木质碎屑是牧草的一个证明。这么说，这怪异的食粪虫没有利用牛屎饼，也没有利用任何类似的粪料。它是用其他材料制作自己的产品的。是什么材料呢？一开始挺难弄清楚。

我把葫芦放在耳边摇动，有轻微的响声，就像是一个干果壳里面有一个果仁在自由滚动时发出的声响一样。葫芦里是不是有一只因干燥而抽缩了的幼虫呀？我起先一直是这么认为的，但我弄错了。那里面有比这更好的东西，可让我长了见识了。

我小心翼翼地用刀尖挑破葫芦。在一个同质的均匀内壁——我的三个标本中最大的一个的内壁竟厚达两厘米——中，嵌着一个圆圆的核，满满当当地充填在内壁孔洞里，但却与内壁毫不黏连，所以可以自由地晃动，因此我摇动时就听见了响声。

就颜色与外形而言，内核与外壳并无差异。但是，把内核砸碎，仔细检查碎屑，我就从中发现一些碎骨、绒毛絮、皮肤片、细肉块，它们全都淹没在类似巧克力的土质糊状物中。

我把这种糊状物在放大镜下面进行了筛选，去除了尸体的残碎物之后，放在红红的木炭上烤，它立即变得黑黑的了，表层覆盖着一层鼓胀的光亮物，并散发出一股呛人的烟，很容易闻出那是烧焦的动物骨肉的气味。这个核全部浸透了腐尸的脓血。

我对外壳进行同样处理后，它也变黑了，但黑的程度没有核那么深，几乎不怎么冒烟。它的外层也没有覆盖一层乌黑发亮的鼓胀物。它一点也没含有与内核所含有的那些腐尸的碎片相同的东西。内核与外壳经烧烤之后，其残余物都变成一种细细的红黏土。

通过这粗略的观察分析，我们得知法那斯米隆是如何进行烹饪的。供给幼虫的食品是一种酥馅饼……肉馅是它头罩上的两把解剖刀和前爪的齿状大刀把尸体上能剔出来的所有东西全都剔出来做成的，有下脚毛、绒毛、捣碎的骨头、细条的肉和皮等。一开始，这种烤野味的作料拌稠的馅儿呈浸透腐尸肉汁的细黏土冻状，现在变得硬如砖头。最后，酥馅饼的糊状外表变成了黏土硬壳[6]。

[6]采用拟人化手法，把食粪虫制作食物的过程拟作"烹饪"，使得说明颇有趣味。

这位糕点师傅对其糕点进行了包装，用圆花饰、流苏、甜瓜筋囊加以美化。法那斯米隆对这种厨艺美学并非外行。它把酥馅饼的外壳做成葫芦状，并饰以指纹状的饰纹。

这种无法食用的外壳在肉汁中浸泡的时间太短，可想而知，并不受法那斯米隆的青睐。等幼虫的胃变得皮实了，可以消受粗糙的食物时，它会刮点内壁上的东西充饥，这一点倒是有可能的。但是，从整体来看，直到幼虫长大能出走之前，这个葫芦一直完好无损。它不仅开始时是让馅饼保持新鲜的保护神，而且始终都是隐居其间的幼虫的保险箱。

在糊状物的上面，紧挨着葫芦的颈部，修整成一个黏土内壁的小圆屋，这是整个内壁的延伸部分。一块用同样材料的厚实地板把它与粮食隔开。这就是孵化室，卵就产在那儿，我在那儿发现了卵，可惜已经干瘪了。幼虫在这个孵化室里孵化出来，事先得打开一扇隔在孵化室和粮食之间的活动门，才能爬到那个可食用的粪球处。

幼虫诞生在一个高出那块食物并与之并不相通的小保险匣里。新生幼虫必须及时地钻开那食品罐头盒盖。后来，当幼虫待在那罐头食品上面时，我的确发现地板上钻了一个刚好能让它钻过去的孔。

这块美味的牛肉片，裹着厚厚的一层陶质覆盖层，致使这份食物根据缓慢孵化的需要，长时间地保持新鲜。如何达到这一目的？我仍搞不清楚。卵在同样是黏土质的小屋里安全无虞地待着，完好无损；到这时为止，一切都尽善尽美。法那斯米隆深谙构筑防御工事的奥秘，深知食物过早干燥的危险。现在剩下的是胚胎呼吸的需求问题了。

为了解决这个呼吸问题，法那斯米隆也是匠心独运、智慧超群。葫芦颈部沿着轴线打通了一条顶多只能插入一根细麦管的通道。这个闸口在内部开在孵化室顶部最高处，在外部则开在葫芦柄的末端,呈喇叭形半张着。这就是通风管道,它极其狭窄而且又有灰尘阻而不塞,因此便防止了外来的入侵者。我敢说这是简单但绝妙的杰作。我说的有错吗?如果说这样的一个建筑是偶然的结果的话,那么必须承认盲目的偶然却具有一种非凡的远见卓识。

这种迟钝的昆虫是如何建好这项极其繁难的工程的呢?我在以一个旁观者的目光观察这南美潘帕斯草原的昆虫时,只有上述这个工程结构在指引着我。从这个工程结构可以不出大错地推断出这个建筑工所使用的方法。因此,我就这样进行了对它工作进行情况的设想。

它先是遇上了一具小昆虫尸体,尸体的渗液使下面的黏土变软。于是,它根据软黏土的大小或多或少地收集起来。收集的多少并没有明确的规定。如果这种软黏土非常之多,收集者就大加消费,粮仓也就更加牢固。这样一来,制成的葫芦就特别大,大得超过鸡蛋的体积,还有一个两厘米厚的外壳[7]。但是,这么一大堆的材料远远超出模型工的能力,所以加工得很不好,外观上看上去,一眼就看出是一项十分艰苦笨拙的劳动所创造出来的成果。如果软黏土很稀少,它便严格节省着使用,这样它动作也就自然得多,弄出来的葫芦反而匀称齐整。

那黏土可能先是通过前爪的按压和头罩的劳作变成球形,然后挖出一个很宽很厚的盆形。蜣螂和圣甲虫就是如此做的,它们在圆粪球的顶部挖出一个小盆,在对蛋形或梨形最后打磨之前,把卵产在小盆里。

在这第一项劳作中,法那斯米隆只是一个陶瓷工。不管尸体渗液浸润黏土有多么不充分,只要是具有可塑性,任何黏土对它来说都是可以加工运作的。

现在,它变成肉类加工者了。它用它那带锯齿的大刀从腐尸上切、锯下一些细碎小块来;它又撕又拽,把它认为最适合幼虫口味的部分弄下来。然后,它把这些碎片统统聚集起来,再把它们同脓血最多的黏土搅和在一块。这一切搅拌得非常均匀,就地制成了一只圆粪球,无须滚动,如同其他食粪虫制作自己的小粪球一样。补充说一句,这只粪球是按照幼虫的需要量制作的,它的体积几乎始终不变,无论最后那个葫芦有多大[8]。

现在酥馅饼做好了。它被放进大张开口的黏土盆里存好。它

[7]通过作比较、列数字等方法,指出"葫芦"的体积大小和外壳的厚度,让读者看得一清二楚。

[8]这一处补充并非画蛇添足,而是交代了粪球的体积"几乎始终不变",食粪虫的这一制作技艺堪称高明。

没挤没压，以后可以自由转动，不会与其外壳有一点黏连。这时候，陶瓷制作的活儿又开始了。

昆虫用力挤压黏土盆的厚厚的边缘，为肉食制好模套，最后使肉食的顶端被一层薄薄的内壁包裹住，而其他部分则由一层厚厚的内壁包住。顶端的内壁上，留有一个环形软垫；这儿的内壁的厚度与日后在顶端钻洞进粮仓的幼虫的弱小程度成正比。随后，这个环形软垫也进行压模，变成一个半圆形的窟窿，卵就产在其中。

通过挤压黏土盆的边缘，使之慢慢封口，变成孵化室，制作葫芦的工序就宣告结束。这道工序尤其需要高超的技艺。在做葫芦柄的同时，必须一边紧压粪料，一边沿着轴线留出通道作为通风口。

我觉得建造这个通风闸口极其困难，因为计算稍微有点偏差，这个狭窄的口子就会立刻被堵住了。我们最优秀的陶瓷工中最心灵手巧的工匠如果缺少一根针的帮助也是干不成这件活儿的，它把针先垫在里边，完工之后，再把这根针抽出来。这种昆虫是一种用关节连接着的机械木偶，在它自己都没有想到的情况之下，就挖出了一条穿过大葫芦柄的通道。如果它想到了，也许就挖不成了。

葫芦制作完成后，就得对它粉饰加工了。这是一件费时、费工的粉饰活儿，要使曲线完美流畅，并在软黏土上留下印记，如同史前的陶瓷工用拇指尖印在其大肚双耳坛上的印记一样[9]。

这件活计完工了。它将爬到另一具尸体下面重新开工，因为一个洞穴只有一个葫芦，多了不行，如同圣甲虫制作它的梨形小粪球一样。

[9]把法那斯米隆食粪虫加工"葫芦"的过程比作"史前的陶瓷工用拇指尖印在其大肚双耳坛上的印记"，形容这件工作虽费时、费工却很美妙。

金步甲的婚俗

众所周知,金步甲是毛虫的天敌,所以无愧于它那"园丁"的称号。它是菜园和花坛里警惕的田野卫士。如果说我的研究在这方面不能为它那久负盛名的美誉增添点什么的话,那至少我可以从下面的介绍中向大家展示这种昆虫尚未为人所知的一面。它是个凶狠的吞食者,是所有力不及它的昆虫的恶魔,但它也会惨遭灭顶之灾。是谁把它吃掉的呢?是它自己以及其他许多昆虫[1]。

有一天,我在我家门前的梧桐树下看见着一只金步甲着急慌忙地爬过。朝圣者是受人欢迎的;它将使笼中居民增强团结。我把它抓住后,发现它的鞘翅末端受到损伤。是争风吃醋留下的伤痕吗[2]?我看不出有任何这方面的迹象。要紧的是它可不能伤得很厉害。我仔细地查验一番,看不见什么伤残,可以大加利用,便把它放进玻璃屋中,与二十五只常住居民为伴。

第二天,我去查看这个新寄宿者。它死了。头天夜里,同室居民攻击了它,那残缺的鞘翅没能护好肚腹,被对方给掏空了。破腹手术干净利落,没有伤及一点肢体。爪子、脑袋、胸部,全部完好无损,只是肚子被大开了膛,内脏被掏个精光。我眼前所见的是一副金色壳架,由双鞘翅合拢护着。即使被掏空软体组织的牡蛎,也没有它这么干净。

这种结果颇令我惊诧,因为我一向很注意查看,不让笼子里缺少吃食。蜗牛、鳃角金龟、螳螂、蚯蚓、毛虫以及其他可口的菜肴,我是换着花样地放进笼中,菜量充足有余。我的那些金步甲把一个盔甲受损、容易攻击的同胞给吞吃掉,是无法以饥饿作为借口的。

它们中间是否约定俗成,伤者必须被结果,其要变质的内脏必须掏空?昆虫之间是没有什么怜悯可言的。面对一个绝望挣扎的受伤者,同类中没有谁会驻足不前,没有谁会试图前去帮它一把。在食肉者之间事情可能变得更加悲惨[3]。有时候,一些过往者会奔向伤残者。是为了安慰它吗?绝对不是,它们是为了去品尝它的味道,而且,如果它们觉得其味鲜美,则会把它吞吃掉,以彻底解除它的痛苦。

当时，有可能是那只鞘翅受损的金步甲暴露了它受伤的地方，同伴们受到了诱惑，视这个受伤的同胞为一只可以开膛破肚的猎物。但是，假如先前并没有谁受伤，那它们之间是否会相互尊重呢？从种种迹象来看，一开始，相互间的关系还是相安无事的。吃食时，金步甲们之间也从未开过战，顶多只不过是相互从嘴中夺食而已。在木板下躲着睡午觉，而且睡得很久，也没见有过打斗。我那二十五只金步甲把身子半埋在凉爽的土中，安静地在消食、打盹儿，彼此相距不远，各睡各的小坑。如果我把遮阴板拿掉，它们立刻惊醒，纷纷四下逃窜，不时地相互碰撞，但却并不干仗。

平静祥和的气氛很浓，似乎会永远这么持续下去，可是，六月，天刚开始热时，我查看时发现有一只金步甲死了。它没有被肢解，同金色贝壳一模一样，如同刚才被吞食的那只伤残者的样子，使人想到一只被掏干净的牡蛎。我仔细查看了残骸，除了腹部开了个大洞，其他地方完好无损。由此可见，当其他的金步甲在掏空它时，那只受伤的金步甲是处于正常的状态的。

不几天，又有一只金步甲被害，同先前死的一样，护甲全都完好无损。把死者腹部朝下放好，它似乎好好的；而让它背冲下的话，它便是一只空壳，壳内没有一点肉了。稍后不久，又发现一具残骸，然后是一只又一只，越来越多，以致笼中居民迅速减少。如果继续这么残杀下去的话，那我笼子里很快就什么也没有了。

我的金步甲们是因年老体衰，自然死亡，幸存者们是瓜分死者尸体呢，还是牺牲好端端的"人"以减少"人口"呢？想弄个水落石出并非易事，因为开膛破肚的事是在夜间进行的。但是，我因时刻警惕着，终于在大白天撞见过两次这种大开膛[4]。

将近六月中旬，我亲眼看见一只雌金步甲在折腾一只雄金步甲。后者体型稍小，一看便知是只雄的。手术开始了。雌性攻击者微微掀起雄金步甲的鞘翅末端，从背后咬住受害者的肚腹末端。它拼命地又拽又咬。受害者精力充沛，但却并不反抗，也不翻转身来。它只是尽力在往相反的方向挣扎，以摆脱攻击者那可怕的齿钩，只见它被攻击者拖得忽而进忽而退的，未见其他任何抵抗。搏斗持续了一刻钟。几只过路的金步甲突然而至，停下脚步，好像在想："马上该我上场了[5]。"最后，那只雄金步甲使出浑身力气挣脱开来，逃

[4]运用"是……还是……"的选择关系的复句来表达自己的一个疑问，金步甲会吞食同类，原因到底是什么呢？承上启下的过渡段，重点在引出下文。

[5]对金步甲的拟人，采用心理描写，生动有趣。

之夭夭。可以肯定，如果它没能挣脱掉的话，那它肯定就被那只凶残的雌金步甲开了膛了。

几天过后，我又看到一个相似的场面，但结局却是完满的。仍旧是一只雌性金步甲从背后咬一只雄性金步甲。被咬者没作什么抵抗，只是徒劳地在挣扎，以求摆脱。最后，皮开肉裂，伤口扩大，内脏被悍妇拽出吞食。那悍妇把头扎进其同伴的肚子里，把它掏成个空壳。可怜的受害者爪子一阵颤动，表明已小命休矣。刽子手并未因此心软，继续在尽可能地往腹部深深掏挖。死者剩下的只是合抱成小吊篮状的鞘翅和仍旧连在一起的上半身，其他一无所剩。被掏得干干净净的空壳便撒在原地。

金步甲们大概就是这样死去的，而且死的总是雄性，我在笼子里不时地看见它们的残骸。幸存者大概也是这般死法。从六月中旬到八月一日，开始时的二十五个居民骤减至五只雌性金步甲了。

二十只雄性全都被开膛破肚，掏个干干净净。被谁杀死的？看样子是雌金步甲所为[6]。

[6]"看样子是"表示作者的猜测，雄性金步甲是被雌性金步甲杀死的吗？尽管有两则观察现象是这样的，但没有充分的事实做论据，作者是不会妄下断论的，表明作者进行科学研究的严谨性。

首先，我有幸亲眼所见，可以为证。我两次在大白天看见雌金步甲把雄的在鞘翅下开膛后吃掉，或至少试图开膛而未遂。至于其他的残杀，如果说我没有亲眼所见的话，我却有一个非常有力的证据。大家刚才全都看见了：被抓住的雄金步甲没有反抗，没有进行自卫，而只是拼命地挣扎、逃跑。

如果这只是日常所见的对手之间的寻常打斗，那么被攻击者显然会转过身来的，因为它完全有可能这么做。它只要身子一转，便可回敬攻击者，以牙还牙。它身强力壮，可以搏斗，定能占到上风，可这傻瓜却任凭对手肆无忌惮地咬自己的屁股。似乎是一种难以压制的厌恶在阻止它转守为攻，也去咬一咬正在咬自己的雌金步甲。这种宽厚令人想起朗格多克蝎子，每当婚礼结束，雄蝎便任由其新娘吞食而不去动用自己的武器——那根能致伤其恶妇的毒螫针。

这种宽容也让我回想起那个雌螳螂的情人，即使有时被咬剩一截了，仍不遗余力地在继续自己那未竟之业，终于被一口一口地吃掉而未作任何的反抗。这就是婚俗使然，雄性对此不得有任何怨言。

我喂养在笼子里的金步甲中的雄性，一个一个地被开膛破肚，一个不剩，这也是在告诉我们那同样的习性。它们是已经对交尾感到满足的雌性伴侣的牺牲品。从四月至八月的四个月里，每天都有雌雄配对,有时是浅尝辄止,有的时候,而且比较经常的是有效的结合。对于这些火辣辣的性格来说,这绝对是没有终结的。

金步甲在情爱方面是快捷利索的。在众目睽睽之下,无须酝酿感情,一只路过的雄金步甲便向一眼见到的雌金步甲扑将上去。雌金步甲被紧紧搂住,微微昂起头,以示赞同,而在其上的雄金步甲便用触角尖端抽打对方的脖颈。迅即就交配完毕,双方立即分开,各自跑去吃蜗牛,然后又各自另觅新欢,重结良缘,只要有雄金步甲可资利用即可。对于金步甲来说,生活的真谛即在于此[7]。

在我养的金步甲园地里,男女比例失调,五只雌的对二十只雄的。但这并不要紧,没有什么争风吃醋的拼搏。雄性平和地占用、滥交遇上的雌性。有了这种忍让精神,早一天晚一天,机会多的是,经过多次相遇相试,每个雄性都能泄掉自己的欲火。

我本想让雌雄比例趋于合理的,但纯属偶然而非有意才造成这种比例失调的。初春时节,我在附近石头下捕捉遇上的所有的金步甲,不论公母,而且仅从外部特征去看也挺难辨出雌与雄来。后来,在笼子里喂养之后,我知道了,雌性明显地要比雄性大一些。所以说,我那金步甲园地里的雌雄比例严重失调实属偶然所致。可以相信,在自然条件下,不会是雄性比雌性多这么许多的[8]。

再说,在自由状态之中,不会见到这么多金步甲聚在一块石头下面的。金步甲几乎是孤独生活着的,很少看见两三只聚在同一个住所里。我的笼子里一下子聚着这么多实属例外,而且还没有导致纷争。玻璃屋中场地挺大,足够它们爬来爬去,自由自在,优哉游哉。谁想独处就可以独处,谁想找伴儿马上就能找到伴儿。

再说,囚禁生活似乎并不怎么让它们感觉厌烦,从它们不停地大吃大嚼,每日一再地寻欢交尾就可以看得出来。在野地里倒是自由,但却没这么受用,也许还不如在笼子里,因为野地里食物没有笼子里那么丰盛。在舒适方面,囚徒们也是身处正常状态,完全满足了它们的日常习俗[9]。

只不过在这里同类相遇的机会比在野地里多。这也许对雌性来说是个绝妙的机会,它们可以迫害它们不再想要的雄性,可以咬雄性的屁股,掏光它们的内脏。这种猎杀自己旧爱的情况因相互比邻而居而加剧了,但是肯定没有因此就花样翻新,因为这种习性并非是一时兴起所造就的。

交尾一完,在野外遇见一只雄性的雌金步甲便把对方当成猎物,将它嚼碎,以结束婚姻。我在野地里翻动过不少石头,可从未见

[7] 金步甲情爱迅速,并不像其他昆虫的从一而终,从中我能感受到自然界的丰富多彩。

[8] 这个自然段尽管只有五句话,但结构十分完整,作者使用"总分总"式结构,解释了自己园子中雌雄金步甲比例失调的原因。这种自然段中的结构安排,在写作中值得我们学习。

[9] 对比玻璃屋与自然界的生存情况,金步甲在玻璃屋中,显然生活得更加悠哉享受。

到过这种场景,但这并没有关系,我笼子里的情况就足以让我对此深信不疑了。金步甲的世界是多么残忍呀,一个悍妇一旦卵巢中有了孕无须情人时便把后者吃掉!生殖法规拿雄性当成什么,竟然如此这般地残害它们[10]?

这类相爱之后同类相食现象是不是很普遍?目前来说,我已经知晓有三类昆虫是这么一种情况:螳螂、朗格多克蝎子和金步甲。在飞蝗这个种族中,情况没有这么残忍,因为被吃掉的雄性是死了的而非活着的。白额雌螽斯很喜欢一点一点地嚼其已死的雄性的大腿。绿蚱蜢也是这种情况[11]。

在一定程度上,这里面有个饮食习惯的问题:白额螽斯和绿蚱蜢首先都是食肉的。遇见一个同类尸体,雌虫总是多少要吃上几口的,不管它是不是其昨夜情郎。猎物就是猎物,没有什么情郎不情郎的。

可是素食者又是怎么回事呢?接近产卵期时,雌性距螽竟冲着它那尚活蹦乱跳的雄性伴侣下手,剖开后者的肚子,大吃一通,直至吃饱为止。一向温情可爱的雌性蟋蟀性格会突然暴戾,会把刚刚还给它弹奏动情的小夜曲的雄性蟋蟀打翻在地,撕扯其翅膀,打碎它的小提琴,甚至还对小提琴手咬上几口。因此,很有可能这种雌性在交尾之后对雄性大开杀戒的情况是很常见的,特别是在食肉昆虫中间。这种残忍的习性到底是什么原因促成的呢?如果条件允许的话,我一定要把它弄个一清二楚。

[10]尽管作者没有在自然界看到雌性金步甲吃掉雄性的情况,但是玻璃屋中的实验,已经告诉了答案。这也许就是实验的价值和意义所在了。

[11]作者由雌性金步甲吞食雄性金步甲的现象进行总结归类,发现同类相食的现象只发生在三种昆虫之间;也对前文提到的相关内容进行了总结,使得文章前后照应。

朗格多克蝎子的住所

蝎子的性格沉默寡言，生活很神秘，一般人都不会注意它。正因如此，除了解剖方面的一些数据外，关于它的故事几乎没有。科学大师们的解剖刀向我们展示了它的生理结构，可是就我所知，没有任何一个观察者曾想过仔细考察它那些隐秘的习性。在酒精里浸泡之后被开了膛的蝎子早已为人们所熟悉，但是，对于它的习性，却几乎无人知晓。但在节肢动物中，没有任何一种能比它更值得我们详细研究并为之立传了[1]。一直以来，它都激发着人们的想象力，甚至还入选了黄道十二星座。卢克莱修①曾说，畏惧创造了诸神。蝎子正是因人们的恐惧而得到了神化，它在天空中作为一组星辰受到歌颂，在历法里作为十月的象征而得到赞美。现在，我们就试着让它开口说说自己的故事吧。

我第一次见到朗格多克②蝎子是在半个世纪以前，在罗纳河彼岸、阿维尼翁对面的维勒尼弗山丘上。每逢快乐的星期四，从早上到晚上，我都在那儿翻石头，为的是寻找我博士论文的主要研究对象——蜈蚣。有时，我在翻起的石头下遇见的，不是我想见到的老朋友——那个多足纲的蜈蚣，而是另一种不讨人喜欢的隐士。那就是朗格多克蝎子。它的尾巴卷在脊背上，螫针的顶端挂着一滴毒液，双钳展开伸出地洞口。妈呀，还是别管这可怕的动物吧[2]！于是翻起的石头又落回了原地。

我疲惫不堪地往家走，不仅满载着蜈蚣，而且还满载着幻想，这些幻想将未来染成了玫瑰色，特别是当一个人开始大嚼知识面包的时候。科学！啊，充满着诱惑力的字眼！我人在归途，心里非常高兴，我找到了不少蜈蚣。对于我这种平静而单纯的心态来说，还缺什么呢？我带回了蜈蚣，留下了蝎子，但心里却隐约藏着一种预感：

[1] 对于令人心生畏惧的蝎子，法布尔却要详细研究并为之立传，难能可贵。

[2] 连法布尔这样的生物学家，面对蝎子时也不寒而栗，突出蝎子的可怕，为后面对它近距离观察与研究作对比。

---

① 卢克莱修（约前 99 年—约前 55 年）：拉丁诗人和哲学家。
② 朗格多克：原法国南部一省。

总有一天，我会去关照蝎子的。

这一天在五十年后终于到来了[3]。我研究了身体结构与蝎子相近的蜘蛛，现在该是研究我的老相识、这一带蛛形纲动物的头目——蝎子的时候了。确切地说，我家附近有数量众多的朗格多克蝎子，它们出没在塞里尼亚山丘布满砂石的朝阳山坡上，那里也是野草莓和欧石楠偏爱的地方，我从未在其他地方看到过这么多的蝎子。在那里，这怕冷的昆虫不但能享受非洲般的温暖气候，还能找到易于挖掘的沙地。我想，这儿应该是蝎子最北面的栖息地了。

蝎子偏爱的地区植被稀少，在太阳的暴晒和恶劣天气的影响下，直立的页岩裸露出根部，最终倒塌在地，形成一片石堆。通常，人们会在这儿看到蝎子，它们的营地间隔较远，就像同一个家庭的成员移居到了四周，组成了部落。不过，蝎子们过的远远不是什么群居生活。它们对异己极端排斥，酷爱独居，总是独占自己的住所。我时常拜访它们，想在同一块石板下找到两只蝎子，可总是白费心机，更准确地说，如果同一块石板下有两只蝎子，那么必定是其中的一只正在吞食另一只。我们以后将会有机会看到这凶狠的隐士是如何以这种方式为它们的新婚庆典画上句号的。

蝎子的巢穴很简陋。如果我们翻起那些通常是扁平而且略大的石块，看到一个宽如粗口瓶颈、深几寸的窝，就说明这里有蝎子。只要低下身来，我们通常就会看到住宅的主人正待在自家门前，张开螯钳，翘起尾巴，做出防卫的姿势。有时，蝎子隐士会有一个更深一些的小房间，我们看不到它。要将它引到明处，必须用随身携带的小铲子帮忙。这家伙出现了，而且还举起了武器挥舞着。小心手指！

我用钳子夹住蝎尾，将蝎头朝前，放进一个用厚纸折成的圆锥形口袋里，将它与其他俘虏隔开。接着，我把所有采集到的令人害怕的虫子装在一个白铁盒子里。这样，蝎子运输和采集就都能在高度安全的条件下进行了。

在安置这些小动物之前，让我先简单介绍一下它们的体貌特征吧。普通黑蝎分布于南欧的大部分地区，为大家所熟知。它经常出没于人类住家附近的黑暗角落，在多雨的秋日里，它会进屋来拜访我们，甚至会出现在我们床上的被褥下。这令人讨厌的动物给人带来的多是惊吓，而不是危害。尽管我现在的住所常有黑蝎光顾，但

[3]研究蝎子的愿望经过了五十年后终于要实现了。这是法布尔一生献身于昆虫科学研究的有力写照。

它们的拜访从未引起任何严重的后果。关于这可怜的虫子的恶名有点言过其实，与其说它们危险，不如说令人讨厌[4]。

朗格多克蝎子更令人生畏，但人们对它却知之甚少，它们分布在地中海沿岸的那些省份。它们不但不寻访我们的住宅，反而远离人群，独居在荒僻的地方。与黑蝎相比，它体形巨大，长成之后可达八九厘米，身体呈干稻草的金黄色。

蝎尾，事实上是蝎子的腹部，由五节棱柱组成，它既像一只小桶（桶板拼接形成起伏的脊背），又像一串珍珠。螯钳的臂与前臂也覆盖着同样的细线，这些细线将它们分割为长长的平面。蝎子的背部也蜿蜒地爬满了线条，如同盔甲的接缝，而盔甲的每个组成部分则通过变幻莫测的细粒状轧花滚边相互拼接。这些粒状的突起使盔甲野性十足、坚固异常，并成了朗格多克蝎子的标志。它就好像是由木工削刀劈出的碎片拼接而成的。

蝎尾的最后一节——第六节是一个光滑的囊状尾器。蝎子的毒液就是在这个葫芦状的囊里产生并储存的，这种可怕的液体看上去就像是水一样。蝎尾的顶端长着一根弯曲、深色，而且特别尖锐的螯针。离针尖不远处，开着一个需要用放大镜才能看到的小孔。毒液就从这里注入被蜇的伤口。螯针十分坚硬和锐利，我用指尖捏着它，可以很轻而易举地刺穿一张硬纸板，就好像使用的是一根针。

由于螯针很弯，因此当蝎尾伸直时，针尖便是朝下的。如果蝎子要使用自己的武器，就必须将它举起，翻转过来，自下而上进行打击。其实，这是它一成不变的战术。蝎子将尾巴卷在脊背上面，并向前蜇咬被螯钳制住的对手。此外，蝎子几乎总是保持这种姿势，无论是行走还是休息，它总是将尾部翘在脊背上，极少将它伸直开来。

蝎子的螯钳，也就是长在口部两旁的手，让人想起螯虾的大钳子，它们不仅是战斗的武器，也是获取信息的工具[5]。蝎子前进时，会将它们向前伸展，并张开两个指节，探清遇到的事物。需要蜇刺对手时，螯钳会将其捉住，使其动弹不得，而这时螯针则会在脊背上面进攻。最后，当蝎子要长时间咀嚼一块食物时，螯钳可以充当双手，将食物抓在嘴边。不过，它们从来不被用于行走、保持平衡，或者进行挖掘工作。

负责上述行动的器官是蝎子的脚。蝎子的脚的末端似乎是被

[4]在作者看来，蝎子也没有那么可怕，只是不喜欢而已。

[5]总说蝎子的螯钳的两大功能。

突然切断的,上面长着一组弯曲灵活的小爪子,爪子的正对面竖着一根短而纤细的针,充当着类似于拇指的作用。在蝎子看似残废的脚上,长满了粗硬的纤毛。所有这些组成了一副绝妙的钩爪,这也是为什么蝎子虽然笨重拙劣,却能灵活地在钟形罩的纱网上来回爬行,或者长时间头朝下地停留,或者沿着一道墙垂直攀行。

紧靠着蝎脚下面的便是栉,这种奇怪的器官为蝎子所独有。它们的名字来自自身的结构,由一长排相互紧靠着的薄片构成,如同我们平时使用的梳子。解剖学家们推测栉的作用是保持一种相互契合的机制,使得雌雄蝎子在交配时能紧靠在一起。在我饲养的研究对象告诉我它们的秘密,使我得到更多的信息之前,我们权且就这样认为吧。

不过,我对栉的另一个功能却非常熟悉,当蝎子在我的钟形罩纱网上腹部朝天、四处走动时,这一功能便实在太显而易见了。蝎子休息时,它的两个栉便收起来,贴在靠近脚的腹部上。而当这昆虫开始行走时,两个栉就分别向左右伸出,与身体的轴线相垂直,如同尚未长出羽毛的雏鸟的双翅。它们慢慢地摇摆着,略微抬起一些,然后又放下,让人想起不熟练的走钢丝演员的平衡杆。当蝎子停步时,它们便立即收起,贴在肚子上一动不动,当蝎子重新开始行走时,它们就又马上展开,并重新开始轻微地摆动。看来,这昆虫至少是将它们当作平衡器来使用的[6]。

蝎子共有八只眼睛,分为三组。在那块既是头又是胸的奇怪部分的中央,紧挨着两只大而凸起的眼睛,闪闪发光,让人想起狼蛛那漂亮的眼睛,因为凸起得厉害,它们看上去就像是近视眼。一条弯弯曲曲的线状结节突起,形成眉毛,为眼睛添上了一分凶狠的神色。双眼的光轴方向近乎水平,差不多只能让它们看到两侧的事物。

另外两组各由三只眼睛组成,它们有着与第一组相同的特点。它们极小,位置更加靠前,几乎位于蝎嘴上方突然截断的突起边缘。左右两边各三个微小的凸眼珠排成一条很短的直线,光轴延伸向两侧。总之,蝎子小眼睛的位置与大眼睛一样,都不利于看清前面的景象。

既然蝎子的眼睛十分近视,又极端斜视,那么它是怎么前进的呢?它像盲人一样,是摸索着前进的;它将自己的双手——也就是螯钳展开,伸向前方,指节张开以探索四周[7]。看一看我养蝎场里

[6]介绍蝎子的栉的功能之一——平衡身体。作者用"走钢丝演员的平衡杆"作比,形象具体,通俗易懂。

[7]螯钳具有探路的功能。

的两只蝎子摸索着四处游荡的情景吧。它们的相遇并不愉快，有时甚至非常危险。后面的那只蝎子一直继续前进，似乎根本没有看到它的邻居，可一旦螯钳末端稍许触到前面的蝎子，它就会突然一哆嗦，看得出它又惊又怕，随即便后退，改道而行了。对蝎子来说，它必须触摸到身边暴躁的同类，才能认出它的存在。

现在让我们来安置俘虏。单靠在附近的山丘上翻石头，以及那些偶然的观察，是不足以向我提供关于蝎子的足够信息的，我必须求助于饲养的方法，这是让蝎子告诉我它隐秘的生活习性的唯一方法。采用哪一种饲养方式呢？我特别青睐一种方式，就是将蝎子放养在自然环境中，这样我就不用费心为它们提供食物，同时又能一年到头、每日每天随时去拜访它们。在我看来，这方法实在是妙极了，比其他的都高明许多，我甚至指望它能给我带来巨大的成功。

我的方法是：在家中露天圈出一块地方，为蝎子们建一个小镇，并开动脑筋为它们提供和它们的家同样舒适的环境[8]。年初的那几天，我院子深处建起了我的蝎子营地，这里非常安静，不但向阳，还有一丛浓密的迷迭香灌木挡风。地面由卵石和红色黏土混合组成，并不适合蝎子居住。不过，鉴于我这些昆虫深居简出的脾气，这个问题解决起来还是比较简单的。

我给营地里的每一个居民都挖了一个容量为几公升的浅坑，填进与它们老家相似的沙土。我把这些沙土略微夯实，好让它结实一点，不至于在蝎子挖掘的时候坍塌下来，接着，我在沙土里挖了一个短短的门厅，为蝎子以后自己挖掘合意的住所做好前期的准备。我用一块又大又扁的石块遮住这一切，还略大一些。在门厅的对面，我挖了个凹陷的缺口，这便是入口了[9]。

我将一只蝎子放在这个凹陷的缺口前面。这只蝎子刚从附近的山上运来，一出圆锥形纸袋，一望见一个与平日熟悉的住处相似的地方，便一头钻了进去，再也不出来了[10]。就这样，小镇便建设好了，里面住着二十余名居民，选的都是些成年蝎子。这些小屋建在用耙子筛过的地面上，排成一排，相互以合适的距离隔开，以避免邻居之间发生争执。一眼望去，即使在夜里，只用灯笼照明，我也能轻而易举地将这里发生的一切尽收眼底。至于食物，我不用费心。这片地里的野味与它们的老家同样丰富，我的客人们会自己觅到食物的。

[8]为了更好地研究蝎子，作者设身处地为蝎子着想，不仅为它们"建一个小镇"，还千方百计为它们提供舒适的环境，给它们以"家"的温暖。

[9]蝎子的住所完全根据蝎子的生活习性设计，表现作者对昆虫的关爱。

[10]法布尔为蝎子造的住所以假乱真，连蝎子自己也分辨不清。

不过,这块圈起的营地还不够。某些观察要求我们全神贯注,这与外界的干扰是格格不入的。于是我建起了第二个养蝎场,这一次是建在我工作室的大桌子上。围绕着这张桌子,我曾一边苦思冥想,一边走了不知多少千米,而且还将继续这样走下去。我拿出常用的器具——大罐子。每个罐子里都装满了筛过的沙土,再放进两块花盆碎片,这两大块碎片半没在土中,像拱顶一样,构成了石头底下蝎子的住所。整个养蝎场被一个钟形网纱圆顶罩罩着。

我尽可能辨别出雌雄,让不同性别的蝎子成双成对地同住在一起。就我所知,没有任何外部特征能帮助区分蝎子的性别。我把肚子大的当作雌蝎,最瘦小的当作雄蝎。不过,由于蝎子体形的丰满程度受年龄因素的影响,我犯一些错误是在所难免了,除非事先打开这些实验对象的肚子,不过这样的话,饲养实验也就提前告终了。既然没有其他办法,还是让我们以体形为标准将蝎子成双配对吧:一只体形大、体色深,另一只略微苗条、呈金黄色。由于配对数量很多,里面总会有真正的雌雄配对的。

这里,我想给那些希望今后重做类似研究的人再提供一些细节[11]。饲养动物是需要学习的,想获得成功,他人的经验也不无裨益,特别是当接触饲养对象可能会给您造成生命危险的时候。现在有一只蝎子囚犯逃出了笼子,躲在堆满桌面的各类器具中间,千万不可漫不经心地伸手去碰它。要想和这样的邻居为伴过上几年,以下事项需要特别注意。

圆顶网纱罩必须插入罐中,而且要一直碰到瓦罐底。网纱罩与瓦罐之间会有一段环形的空隙,我用黏土把它填满,并趁黏土还没有干的时候夯实。这样,钟形罩被嵌入土中之后,便再也不可撼动了,整个装置也不会散开,从而让蝎子逃出来。假如蝎子们在它们的领地边缘往下挖掘,它们碰上的要么是金属网纱,要么是瓦罐,而两者都是它们不可逾越的障碍。这么一来,在防止蝎子逃跑的问题上,我们就没有后顾之忧了。

不过,这还不够。观察者不但要关注自身的安全,也得考虑俘虏们的生活舒适与否。蝎子的这个住处干净卫生,便于移动,可以根据将来观察的需要,摆在阳光下或阴暗处。但是这里面没有食物,尽管蝎子的饮食十分简朴,但它们不能无限制地离开食物而存活。为了在喂食时不掀起钟形罩,我在纱网顶部钻了一个小洞,以

[11]为了更好地研究蝎子,作者将自己的研究成果和经验毫无保留地提供给志同道合者,令人敬佩。

便根据每天的需要,将捕到的活食放进去。喂食之后,我就用棉絮塞子将用于喂食的天窗堵上。

虽然在露天蝎子小镇上,我的小铲子已经在石片下为居民们开好了路,可钟形罩下的蝎子们刚住下不久,便让我更好地观察到了它们的挖掘工作。朗格多克蝎子拥有一种办法,知道如何挖小地洞供自己居住。为了让它们定居下来,我给每个俘虏提供了一块弧形花盆碎片,碎片半插入沙中,形成了洞窟的口子,这口子实际上是一条简单的弧形缝隙。接下来,蝎子便得靠自己在下面挖掘,让自己住上合意的房子。

挖掘者一点都不耽搁时间,特别是在太阳底下,受到阳光刺激的时候更是如此。蝎子用第四对脚做支点,用另外三对耙地,它优雅灵巧地翻着土,将土碾成松散的粉末,这让我想起狗刨土埋骨头的情景。蝎子放开腿脚轮番挖掘之后,便开始做清扫工作。它将尾巴平放在地上,完全放松,把土块向后推扫。这个动作就像我们用肘推开障碍物一样。假如这样废渣还扫得不够远,清道夫就会回来,重复将炮弹推进炮膛的动作,直到把活儿干完。

值得注意的是,蝎子的螯钳虽然有力,但从不参与挖掘工作,哪怕是采掘一粒沙子。螯钳专被用来进食、搏斗以及获取信息,一旦从事挖掘这种粗活,指节的高灵敏度便会丧失。

就这样,蝎子几次三番地轮流用脚挖掘,用尾巴将废渣扫出洞外。最后,挖掘者便消失在花盆碎片下了。一个小沙丘堵在洞口。有时,我们会看到沙丘有一部分在晃动,或者坍塌下来,这说明挖掘工作仍在继续,新的沙砾不断被清扫出来,直到住宅的大小合适为止。当隐士想出洞时,会毫不费力地将这个摇摇欲坠的路障推倒。

居住在人类房屋里的黑蝎没有这种为自己建造地下室的本事。它出没于堆积在墙脚下的灰浆里,或是受潮后开裂的木缝里,或是黑暗角落的废墟堆里,但它只能利用这些现成的避难所,而不能依靠自己的能力来对这些藏身之处进行改造。它不会挖土。黑蝎之所以缺乏这种能力,可能是因为它用作扫帚的尾巴又细又光滑,过于软弱,与朗格多克蝎子的尾巴大相径庭,后者不但强壮,还配备了粗糙的小圆齿。

与此同时,露天院子里的蝎子居民们也找到了我为它们粗加工过的住宅。在平石板下面的沙土里,我已经为它们建造了地洞的雏形，所有的居民立刻消失在里面，开始工作，以便完成整个工程，这一点我一看洞口前堆起的沙丘便知道了。让我们再等几天，然后把石板掀开。巢深达三四寸，蝎子只有在夜里才在那儿出没，不过如果白天天气不好，它也会经常光顾。有时，蝎子猛地一推，便能将小小的陋室变成宽敞的房间。石板下面的邸宅前端，便是门厅。

独居的蝎子喜欢在白天阳光最炙热的时候待在这儿，幸福地享受从石板上慢慢渗透下来的热量。这天堂般的蒸气浴一被打断，蝎子便翘起多节的尾巴，马上钻进洞里，躲开阳光与视线。如果我们把石头放回原位，一刻钟以后再回来，便又会看到蝎子重新出现在洞口：太阳慷慨地温暖着地洞的屋顶，门厅实在太温暖、太宜人了。

寒冷的季节就以这种单调的方式过去了。无论是在院子的小镇里还是在钟形罩下的养蝎场里，蝎子们无论昼夜都不外出，这一点我从堆积在巢穴入口处那保存完好的沙子壁垒就能看出来。它们是不是冻僵了呢？根本不是这么回事。我每次频繁地拜访它们时，总能看到它们翘起尾巴，气势汹汹，随时准备进攻。天气一凉，它们便退到地洞深处，天气好时，它们就回到洞口，贴着被太阳烤热的石头暖暖脊背。到目前为止，它们再没有其他的举动。隐士的生活就在这长久的冥想中度过，有时是在潮湿的洞穴里，有时是在沙丘壁垒后面的住宅屋檐下。

四月里，情况突然发生了巨变。在钟形罩下的蝎子们离开了花盆碎片下面的家。它们庄重地在竞技场周围绕圈，或者爬上纱网，在那儿待着，即使白天也不例外。有几只蝎子夜里在外留宿，再也不回自己的家，它们宁愿在外面消遣，也不愿回地下的凹室里昏睡。

在被圈起来的蝎子小镇里，情况更为严重。夜里，一些个子最小的居民离家在外游荡，而且从此下落不明。我本以为它们逛一圈便会回家，因为小镇里再也没有其他地方能找到适合它们的石板了。可是，一只蝎子也没有回来；离家出走了多少只，就有多少只永远失踪了。不久，大个儿的蝎子也开始表现出同样的游荡倾向，最后，小镇的外逃现象愈演愈烈，以至于不久露天营地里连一只蝎子也不剩了。永别了，我倾注了那么多心血的研究计划！我原本将最美好的希望建立在这露天蝎子小镇上，可它的人口急剧下降，居民们都逃离了小镇，去向不明。我四处搜寻，可连一个逃兵都没找回来[12]。

[12]作者因为没有完全了解蝎子的习性，导致蝎子纷纷"离家出走"，倾注了作者无数心血的研究计划也失败了，作者非常痛惜。

大病须用猛药医。我要建一道无法逾越的围墙，占地要大大高于钟形罩的面积，因为后者的空间对于嬉戏的蝎子们来说太狭窄了。我有一间冬天用于存放肉质植物的温室。它深入地下一米处。我使尽了泥水匠用镘刀和湿布所能用上的浑身解数，把墙面抹光，在地上铺了一层细沙，并在各处放置了一些大石板。准备就绪之后，我便把余下的蝎子和当天早晨刚捕捉来用于凑数的蝎子安顿到了温室里，一块石板下放一只。这一回，我能借助这道垂直屏障留住我的观察对象吗？我能看到梦萦魂牵的景象吗[13]？

可我后来什么也没有看到。第二天，所有俘虏，无论新老，全体失踪。总共二十余只蝎子，一只也没留下。其实只要略加思考，我就应该能料到这个结果。在秋天阴雨连绵的日子里，我曾多少次发现黑蝎子蜷缩在窗缝里！为了避开平时的隐蔽所——院子阴暗角落的潮湿，它顺着我家房子的正面墙壁一直爬到二楼。粗糙不平的泥灰足以让它的钩爪抓住并垂直向上攀登。

虽然朗格多克蝎子的体形较大，但它与黑蝎一样都是攀登好手。眼前这一切就是证明。尽管屏障高达一米，并且与普通砂浆涂面同样平滑，却连一只俘虏也没能阻挡住。一夜之间，所有蝎子都从温室里翻墙逃走了。

我得出结论：露天养殖，即使有围墙帮忙，仍然是行不通的，不守规矩的绵羊让牧人的种种机关都落了空。我只剩下了一个依靠，就是养殖在钟形罩的蝎群。于是，我就这样在工作间大桌子上那十几个瓦罐的陪伴下，度过了一年的时间。我不敢外出，要是夜间游荡的猫看到我的实验器具中有东西在动，一定会把它们弄得一团糟的。

此外，每个钟形罩下的蝎子数目都很有限，最多两到三只，这个数目远远不够。由于缺少邻居，同时也缺少它们原本在老家山丘上所享受的强烈日照，安顿在桌上的蝎子们似乎得了思乡病，根本就没有达到我的期望。它们或伏在花盆碎片下，或抓着纱网，常常是半梦半醒，幻想着自由的生活。从这些百无聊赖的观察对象身上获得的点滴收获，远不能满足我的期望，我要求得更多。这一年就在搜集琐碎细节和策划建设更好的实验室中过去了。

策划的结果是建一个玻璃围场，因为玻璃墙壁不会给蝎爪提供任何攀援的支点，这样蝎子们就无法攀登了[14]。木匠为我搭了一个

[13]设置悬念，激发读者的求知欲望。

[14]为了防止蝎子的"离家出走"，法布尔决定筹建玻璃围场。

木架子,余下的工作由玻璃匠完成,为了让立柱更加光滑,我亲自在木头支架上涂了柏油。玻璃围场看起来就像是四扇平放的窗户拼装而成的矩形。底部是一块铺着沙土的木板。围场上面有一个可以完全盖合的顶盖,能抵抗寒冷的天气,特别是防止雨水造成水灾,在这块没有排水设施的区域里,水灾引起的后果将是灾难性的。根据每一天的天气情况,顶盖的开合程度也有所不同。围场的空间足够容纳二十多个花盆碎片的小房间,每个房间只住一个客人。此外,宽敞的过道和十字路口可供蝎子们长时间地散步而不觉拥挤。

但是,正当我以为住所问题已经圆满解决时,却发现还是存在问题,这个玻璃园也无法长期留住它的居民。玻璃令所有的攀爬都变成幻想,蝎子们没有吸盘,也无法在这样光滑的表面上找到相应的支点[15]。它们面对玻璃奋力抓挠,用尾巴这一理想的杠杆支撑着直立起来,可是刚一离开地面,它们便重重地掉落下来。

但事情坏就坏在木制的立柱上。尽管它们的宽度已经小得不能再小了,而且还被精心地涂上了柏油,但顽固的攀登者们还是顺着这条光滑的通道一点一点向上爬,它们时而贴在这根通向胜利的木杆上休息一会儿,然后又鼓足勇气再进行那充满困难的攀爬。我曾偶然发现有几只已经爬到了顶端,就要逃走了。我用镊子将它们夹回了老家。出于通风的需要,玻璃围场的顶盖在白天大部分时间里都是打开的,要是我不进行监视,蝎子们全体大逃亡大概也不会远了。

我想到用一种油和肥皂的混合物涂在立柱上,使它变滑。但这种做法只是放慢了它们的逃跑步伐,并没有阻止它们继续逃跑。它们纤细的脚爪穿过涂层,插进木头的细孔中,再度开始攀爬。我们试着设置一个没有细孔的障碍吧。我在立柱上贴了玻璃纸。这一次,大腹便便的蝎子们便再也无计可施了,可对于其他一些身材较为灵便的蝎子,效果只是一般,它们试着向上爬,经常也能成功。最后,我依靠在玻璃纸条上涂羊脂,才成功地制服了它们。

此后,虽然仍有蝎子尝试逃跑,可一只也没有成功。自从启用了温室之后,蝎子们终于不再通过它们在光滑表面上的壮举,向我们展示其攀爬能力了,从它们肥大的体形上,我们根本无法预见这种能力有多强。朗格多克蝎子和常驻人类家里的同类黑蝎子一样,也是优秀的爬墙高手。

[15]"一波未平,一波又起",玻璃园解决了蝎子"离家出走"问题的同时,也给它们的生存带来了困难。

现在,我有了三个实验场——院子深处的露天蝎子小镇,工作室里的纱网钟形罩,最后还有玻璃园,它们各有利弊。我对它们逐一观察,尤其是玻璃园。在通过这些观察得到的资料基础上,我还加进了在蝎子老家翻石头获得的点滴收获。如今,这座华丽的玻璃宫殿——蝎子的卢浮宫,已经成了我家的一景,我把它放在花园的露天长凳上,离家门不到几步远。每当家里人经过时,没有不朝它看上一眼的。沉默寡言的昆虫们,你们什么时候能开口说话啊[16]?

[16]总结全文。作者花费了一年的时间为蝎子打造合适的生活环境,最终建成三个实验场,为以后的观察研究提供了便利条件。结尾一句幽默风趣,期待新的研究成果。

朗格多克蝎子的食物

首先我了解到,虽然朗格多克蝎子有着可怕的武器,好像习惯于掠夺和狼吞虎咽,可事实上它的饮食却十分简单、有规律[1]。当我到附近山丘上的乱石堆中窥探它的居所时,我仔细地在它的巢穴里搜寻,希望能找到饕餮巨妖盛宴后留下的残羹剩饭,但我只看到了隐士吃剩的点心渣。通常我甚至什么发现也没有。至多是几片椿象①的绿色鞘翅,成年蚁蛉的翅膀,或是孱弱的蝗虫被拆散的环节,仅此而已。

[1]开篇告诉读者朗格多克蝎子不为常人所知的饮食特点。

我继续用心地观察院子里的蝎子小镇,得到了更多的收获。蝎子就像一个孱弱的病人,它根据饮食规定进餐,而且有自己的用餐时间。从十月到四月的六七个月时间里,它虽然精力充沛,也随时做好用尾巴战斗的准备,可总是蜷缩在自己的洞穴里。如果我在这段时间里把一些食物放到它近前,它会不屑一顾地回绝,并用尾巴将食物扫出地洞,漠然视之。

将近三月底,它才慢慢有了食欲。我在这一时期拜访蝎子的陋室时,偶尔能看到一两只正在细嚼慢咽地吃着猎物——不起眼的普通蜈蚣、毒蜈蚣或石蜈蚣。此外,这些猎物也特别少,远不能指望依靠它们的数量来弥补其个头的不足,啃食了瘦小猎物的蝎子要过好长时间才会吃上第二顿。

我原本以为蝎子是一个能吃的家伙。我想,这样一个粗野的家伙,装备又如此精良,是绝对不会只满足于这么一丁点儿食物的。人们是不会为了打一只小鸟浪费许多烈性炸药的。同样,蝎子也不可能用它那凶猛的匕首去刺杀一头微不足道的小猎物。它捕食的猎物一定非常强壮。可我错了。蝎子虽然拥有如此可怕的武器,饭量却小得让我们不可置信。

此外,蝎子还是个胆小鬼。在路上即使遇到一只刚孵化出来的

---

①椿象:半翅目昆虫,俗称"臭大姐""放屁虫"等。

螳螂,也会把它吓一大跳,菜粉蝶只要用断翅拍拍地面,就能把它吓跑。一个丝毫没有战斗力的废物竟然也会让它害怕。看来只有在饥肠辘辘的情况下,它才会下决心进攻[2]。

随着四月的到来,蝎子的胃口也来了,该给它吃什么呢?它像蜘蛛一样,要吃活的猎物,喝尚未凝固的鲜血,它的食物必须还在扑腾,作临死前的挣扎。它从来不会对死尸下口。此外,猎物还得鲜嫩个小。我刚开始饲养蝎子时,总是挑最大个儿的蝗虫喂给它吃,以为它会欣然接受。可它顽固地全都拒绝了。蝗虫的肉太硬,又不容易捕获,因为它爱尥蹶子,常常会吓跑胆小鬼蝎子。

我试着喂它们田间的蟋蟀,蟋蟀肚皮溜圆,就像黄油入口即化。我放了六只到玻璃园里,还摆了些莴苣叶子,以缓解狮子窝里的恐怖气氛。蟋蟀歌手们似乎一点也不担心可怕的处境。它们唱起优美的小曲儿,嚼起菜叶来。要是有一只散步的蝎子突然出现,蟋蟀们就看看它,并把纤细的触须伸过去,除此之外,过路怪兽的到来没有激起它们任何的情绪波动。而蝎子呢,一望见蟋蟀便向后退去,唯恐受这些陌生家伙的连累。要是它的螯钳末梢碰上其中一只蟋蟀,它便会立刻惊恐万分,逃之夭夭[3]。六只蟋蟀在龙潭虎穴里住了一个月,可没有一只蝎子注意它们。它们太肥大、太丰满了。于是,这六只蟋蟀就如刚来时那样,毫发无损、精神饱满地重获了自由。

我又奉上蝎子老家石堆里的贱民,比如鼠妇、球马陆和赤马陆。我尝试了盗虻和沙潜,它们经常与蝎子出没于相同的场所,可能会是蝎子常吃的猎物。我还献上了从地洞附近的荆棘丛里抓来的锯角叶甲、从蝎子客人栖息地的沙土里捕来的虎甲。可是,没有一只被收下,似乎是它们的外壳让蝎子讨厌。

我该到哪里去找这种小巧、鲜嫩,而且美味的猎物呢?一次偶然的机会使我找到了它。五月里,一种长着柔软鞘翅、长约一指宽的昆虫——野樱朽木甲前来拜访。它们猛然成群结队地飞进我的院子,如同一团旋转的云,绕着开满黄色柔荑花的冬青树上下飞舞,停下来拼命吮吸它的甜汁,还疯狂地忙着自己的情事。这欢腾的生活大概持续了两个星期,接着它们便成群结队地消失了,不知去向。为了寄宿在我这里的蝎子们,我要向这些游民征收一点贡赋,它们

[2]作者经过观察发现,蝎子还有胆小鬼的一面,除非生计所迫,蝎子是不会主动进攻的。

[3]一个令人望而生畏的生物,却是这样胆小,真让人不可思议。

307

似乎是合适的食物。

我预测的是正确的。经过长而又长的等待,我终于看到了蝎子进餐的场面。野樱朽木甲在地上一动不动,蝎子阴险地朝它靠过去。这不是狩猎,而是采集食物。没有匆忙,没有搏斗,没有任何尾巴的动作,也没有使用带毒的武器。蝎子镇静自若地用它那长着两个手指的螯钳猛地抓住猎物,然后将两个螯钳同时收回,把食物放到嘴边,并保持着这样的姿势,直到进食结束[4]。被吃的昆虫还生气勃勃,在大颚间挣扎着,这可惹恼了我们的食客,因为它喜欢不紧不慢、细嚼慢咽地进食。

于是,螯针向嘴的前方弯去,对着昆虫轻轻地扎了又扎,让猎物安静下来。蝎子重新开始咀嚼,螯针则继续扎着猎物,仿佛食客在用叉子将食物一小块一小块地送进嘴里大嚼。

最后,猎物经过蝎子几个小时的耐心咀嚼,成了一团干枯无味、无法被胃所消化的小球,这团小球卡在喉咙的很深处,吃饱喝足的蝎子不总能把它直接吐出来。这就需要螯钳的帮助,将它从食道中拉出来。于是,贪吃鬼蝎子用一只螯钳的指端夹住小球,轻巧地将它从喉咙里拔出,扔在地上。这一顿吃完了,蝎子在很长一段时间里不会再吃第二顿。

黄昏时分,宽敞的玻璃围场格外热闹,在关于蝎子奇怪而简朴的饮食习惯方面,这里为我提供的信息比纱网钟形罩更加丰富。四五月份是集会和节日盛宴的绝佳时间,我为玻璃围场提供了丰富的野味。当时,我的丁香小径里飞舞着许多菜粉蝶和金凤蝶。我用网捉了大约十二只,将它们的翅膀折去一半,再放入玻璃围场里,由于残疾,它们是无法从那里逃走的[5]。

晚上八点左右,猛兽出洞了。它们先在瓦片房的门口停留了片刻,以了解外面的情况,接着,从四面赶来的蝎子们开始长途跋涉,尾巴有时翘起呈喇叭状,有时又平拖着,但顶端总是保持蜷曲。蝎子的姿势根据它的情绪和所遇到的对象而定。玻璃墙前挂着一盏灯笼,借助它所发出的不引人注目的光线,我观察到了事情的经过。

折了翅的蝴蝶们贴着地面一边打旋,一边短距离地飞着。蝎子们在这群杂乱而绝望的蝴蝶中间来来往往,不时将它们撞翻、踩踏,却并不对它们特别留意。混乱之中,偶尔会有一只残废的蝴蝶落到

[4]介绍了螯钳的功能——猎捕和进食。作者连用五个"没有……"构成排比句式,强调了螯钳之于蝎子的重要。

[5]为了研究蝎子的饮食习性,作者设计新的实验,让十二只蝶与蝎子共处一室。

巨怪的背上。蝎子对蝴蝶的放肆举动毫不介意,听之任之,还载着这奇特的骑手四处闲逛。有一些蝴蝶晕头转向地扑到正在散步的蝎子螯钳下,还有一些则正好碰到那可怕的嘴。可这一切都无济于事,蝎子根本就不碰这些食物。

只要粉蝶还在丁香花间流连,我就每晚重复同样的实验。可是我为蝎子的餐桌所花费的心血却收效甚微。不过,有时我还是观察到了捕猎的场景。某一只在地面上扭动的蝴蝶被散步的蝎子猛地捉住。蝎子快速将蝴蝶抓起,并不停步,接着前进,它仍然将螯钳伸向前方摸索着,如同乱舞的手臂。这一次,蝎子并没有用螯钳把食物放到嘴边,因为它们忙着摸索前方的道路,它只用大颚叼着战利品。蝴蝶活生生地被咬住,绝望地扇动着它的残翅,看起来仿佛是一块白色的羽饰在凶猛的胜利者的前额上飘扬。假如俘虏的挣扎让劫持者感到厌烦,它就会在一边前进一边咀嚼的同时,轻轻地用螯针让俘虏安静下来。最后,蝎子扔下猎物。它吃了些什么呢?仅仅是蝴蝶的头而已。

一些蝎子会急匆匆地将战利品拖回瓦片下的巢穴里,安安静静地享用美味,但这种情况更加少见。还有一些蝎子一捉住猎物,便退到围墙的一角,腹部埋在沙里,在室外就开始吃起来。

一个星期过去了,目睹了一些相同的场面之后,我对各个地点进行了考察,一个一个地拜访蝎子的洞穴,看看它们吃了多少蝴蝶。由于蝎子不吃蝴蝶的翅膀,因此它们的残余能为我提供这方面的线索。结果呢?只有极少数蝴蝶的尸体没有翅膀。几乎所有蝴蝶的尸体都完好无损,它们没有被吃过,便自行干枯了,其中有三四只没有头。这就是我仔细调查的全部结果。在这个生机勃勃的季节,整整一个星期,这些食头者只需吃上一小口就足够了。这里共有二十五只蝎子,二十五只都只吃一块碎屑便能填饱肚子[6]。

也许蝎子对蝴蝶这种食物并不熟悉。要说它有时能在乱石堆的迷宫里捕到这样的野味,实在让人怀疑,因为蝴蝶爱光顾花团锦簇的枝头,喜欢蜿蜒着飞舞。也许是因为蝎子不了解这种猎物,所以才对它们不屑一顾,它们之所以勉强吃了一点,只是因为实在没有合适的食物。那么,它们在被太阳烤焦的荒地里,又能找到什么猎物呢?

[6]作者仔细统计实验结果,实验证明了蝎子的食量的确很小。

看来是蝈蝈儿,这种蝗虫类昆虫,只要有一点儿草叶可以啃的地方,就少不了这种昆虫中的贱民。当捕捉粉蝶和其他普通蝴蝶的季节过去之后,蝗虫便成了我的首选。于是,玻璃围墙里满是蝗虫与飞蝗,它们都还小,只穿着短短的礼服。这正是我的蝎子们所需要的食物,它们喜爱鲜嫩的猎物。蝗虫中有灰的,也有绿的;有肚子溜圆的,也有略微瘦小的;有细长踩着高跷的,也有矮壮长着短腿的。在花样如此繁多的食物搭配里,食客们的选择可谓琳琅满目。

夜幕降临,我把捕来的蝗虫放进这块被柔和灯光照亮的地方,这些蝗虫在深夜里还比较安静。蝎子们毫不拖拉,出了家门。外面到处挤满了活生生的天赐美食。可是只要蝗虫轻轻一跳,在附近游走的蝎子们便会因为受到惊吓而逃开。这简直就是与蝴蝶共处的那几幕的重演。蝎子们不时遇见蝗虫,或从它们身上踩踏过去,但即使它们唾手可得、甚至已经碰到了蝎子,但却没有一只蝎子注意这些美食[7]。

我看到一只蝗虫正巧落进路过的蝎子的螯钳里,但宽厚的蝎子并没有合紧它的虎钳。其实只要稍一收紧,它便能捉到一只上好的猎物,可漫不经心的家伙却让它溜了。我还看到一只绿色的小蝗虫偶然爬上了正在散步的蝎子的背,这可怕的坐骑平和地载着它,根本没有一丝歹念。我曾经好几百次目睹蝎子和蝗虫正面相遇,看到蝎子后退给蝗虫让道,或者用蝎尾赶跑路上遇到的晕头转向的家伙,但从未发现它认真地捕捉猎物,更不用说追捕了。在日常观察中,我偶尔能看到这只或那只简朴的食客捉着一只蝗虫,但这种情况是越来越稀少了。

可是四五月份的交配季节一到,情况突然完全变了,饮食简朴的蝎子成了饕餮鬼,开始令人害怕地大吃大喝起来[8]。有许多次,我看到围场里的某一只蝎子在它的瓦片底下安然自得地吞吃着自己的同胞,如同正在啃食一只普通的猎物一般。它什么都吃,通常除了尾巴以外,尾巴还会在吃饱喝足的家伙的喉咙口悬上好几天,最后似乎很可惜地被吐出来。可以推断,尾巴之所以被丢弃,是因为蝎子的毒囊就长在这块食物的末梢。也许毒液的味道不合食客的口味。

除了这块残渣之外,被食的蝎子完全消失在贪吃者的肚子里,而那个肚子的容量看起来却并不比被吞下的食物大。要装下这么大一块，蝎子的胃必须非常乐意接受它。在食物被嚼碎和压实之前，它的体积是要超过胃的容积的。此外，这顿过于丰盛的宴席并不是寻常的进餐，而是蝎子婚礼后的一种仪式，关于这一点，我们以后会有机会再次提及。这种盛宴只在交配季节才会发生，而且被吞食的总是雄蝎。

因此，我并不把这些婚礼之后死去的受害者写入普通食物这一章。这些都是发情期的蝎子所干的荒唐事，这种婚礼后的大餐，与螳螂的婚礼悲剧不相上下。

我也不会把我用计谋挑起的聚餐记录在这里。当我满心想观看战斗时，就会让蝎子去面对一个强有力的对手，并对它们进行骚扰。被惹怒的蝎子便进行自卫，并用螯针蜇刺对手。接着，它会陶醉在胜利之中，尽自己所能将战败者吃掉。这是它欢庆胜利的方式。但假如没有我的介入，它是不会去攻击如此强大的对手的，也永远不会对如此庞大的猎物下口。

除了这些过于特殊、不能记录在册的珍馐以外，我只发现了一些简单的小吃。也许我的观察还不够。在夜深人静、没有旁观者的时候，也许蝎子们的进食会增多，因此，在给蝎子颁发饮食简朴奖之前，我做了以下实验，它将会给我们一个正式的答案。

初秋，四只中等体形的蝎子被分别放进四只瓦罐，罐里铺着一层细沙，放上了一块花盆碎片[9]。我用一片玻璃封住了罐子，以防止灵活的攀登者外逃，同时还可以让阳光照进来，活跃一下住宅的气氛。此外，这个封口并不阻碍空气的流通，还能防止衣蛾和蚊子等小猎物进入围场。四个罐子被存放在一个温室里，那里的气温在一天的大部分时间里都如同热带一般。至于食物，我没有提供一丁点儿，也没有一星半点儿来自外面的猎物，连一只游荡的蚂蚁也没有。在完全没有食物的情况下，囚徒们会怎样呢？

连食物碎屑都没有沾过的蝎子们仍然很活泼，它们钻到花盆碎片下面，开始挖掘，挖成了一个地洞，洞口由一道沙丘隔开。有时候，尤其是黄昏时分，它们会离开巢穴，做一番短短的散步，然后再回去。就算吃了食物，它们也不会有别的举动。

寒冬来临，虽然温室中没有霜冻，但囚犯们再也不离开自己的

[9]法布尔为了检验已有的观察结论，又做了一次实验，即在完全没有食物的情况下，观察蝎子的表现。

小屋了，为了抵御冬季，它们把洞穴挖得更深了一些。不过，它们的健康状况依旧良好。我经常在好奇心的驱使下前去拜访它们，总会看到它们仍然精力充沛，能迅速地将我弄乱的罐子恢复原状。

冬季过去了，没有一只蝎子死亡。这没有什么特别的，因为在寒冷的日子里，蝎子减少了行动，因此饮食也会相应减少、甚至被完全取消。可是随着炎热的日子再度来临，消耗食物的进食活动也该重新开始了。当玻璃园里的同胞们正在食用蝴蝶和蝗虫时，那些被禁食的蝎子们在做什么呢？它们是不是无精打采，贫血无力呢？完全不是。

它们与那些喂了食的蝎子们一样生气勃勃，翘起多节的尾巴，做出威胁的动作回应我的挑衅。要是我骚扰得过了头，它们便会沿着罐子的边缘赶快逃走。它们似乎并没有因饥荒而感到痛苦。但是，这种情况不会无限期地持续下去。到了六月中旬，三个囚犯死去了，第四只一直坚持到了七月。总共九个月的时间对它们完全禁食，才终止了它们的生命。

另一组实验的对象更加年幼，是大约两个月大的蝎子。它们的长度从额头到尾尖是三十多毫米。体色比成年蝎子更加鲜艳，尤其是螯钳，仿佛是用琥珀和珊瑚雕成的。在它们年幼的时候，这未来的可怕武器也有它美丽的一面。从十月份起，我便可以在石片底下找到它们。与成年蝎子一样，它们离群索居，在选好的避难所下面为自己挖掘了一个小洞，再用挖掘出的沙砾堆成一个隆起的沙堆，挡住洞口。只要从藏身处出来，它们便迅捷地跑着，还把尾巴翘在脊背上，摇晃着仍然很细弱的螯针。

十月起，我在四个喝水的玻璃杯里分别放进四只小蝎子，再在杯口蒙上一层薄纱，这样，外面无论多么细小的猎物，都无法进入杯中。杯子里有深度为一指之宽的细沙供囚徒们挖掘，还有一片弯曲的硬纸板作为藏身之所。结果，面对着禁食生活，这些小不点儿们几乎与成年蝎子一样勇敢地坚持了下来，它们仍然活蹦乱跳地迎来了五月和六月。

这两个实验向我们证明，朗格多克蝎子能在一年中四分之三的时间里不进食，而仍然保持活力。为此，它需要很长时间才能达到成年蝎子的庞大体形[10]。

[10] 两组实验证明：蝎子一年中四分之三的时间里不进食，仍保持活力，且成长很慢。

一条毛虫的寿命只有几天,它不停地进食是为了积累化为蝴蝶所需的养分,它那贪婪的食欲弥补了短暂的宴饮时间。而蝎子是怎样把相隔了很长时间吃下的碎屑积累成所需的营养的呢?它能够这样积累,一定是归功于它特别长寿。

要推测蝎子的寿命并不是一件非常困难的事情。只要在不同时期翻开石头看看,就能得到与户口档案资料同样齐全的信息。我根据石头下面蝎子的身材,将它们分为五类。最小的一类体长一厘米半,最大的则可达九厘米。在这两个极端之间,有三类大小区别明显的蝎子。

毫无疑问,每一类蝎子相互之间在年龄上都有一岁的差异,也许甚至更多,因为每一个生长阶段似乎都在延长,至少,那些在我的饲养场里生长的蝎子们一年之后身体的成长都不那么明显。因此,朗格多克蝎子有着得天独厚的优势,使它在老年时仍然精力充沛,它能活五年,甚至可能更长的时间。看得出来,它有空闲依靠点滴食物让自己长胖。

不过耗费营养的并不单单是长胖,还有活动。蝎子的确在反复吃少量的食物,但是每一次的食量都如此之少,并且间隔如此之长,我们不禁要问:进食对蝎子而言到底有什么作用。我那些被完全禁食的囚徒们,不管大小,都特别发人深省。每一次在好奇心的驱使下,我去打扰它们的隐蔽所时,总能看到它们活泼地动着,挥动着尾巴,挖掘着沙砾,然后将它们扫去、搬走。总之,用机械学的术语来说,它们是在挖土方,而且一挖就是八九个月。

要有足够的能量从事如此繁重的工作,蝎子们有什么物质可以消耗呢?什么也没有。自从被监禁起来之后,它们没有得到任何食物。于是,我想蝎子的能量可能来源于机体里储存的营养物质,或者积累的脂肪。为了使出足够的力气,蝎子大概只能消耗自己体内的储存。

对于那些体形肥胖的成年蝎子来说,这个解释在某种程度上还说得过去;但是,我同样还用中等年纪、体形较为细瘦的蝎子做过实验,也选择过刚出生不久的小蝎子。这些小家伙们的肚子里能有什么呢?它们有什么东西可以在生物氧化的作用下转变为动能呢?解剖刀没有发现,想象力也无法推测,蝎子工人所完成的工作量和它们的身材实在太不成比例了。假如整只蝎子是一块优质的燃料，并且燃烧到了最后一颗微粒，那么它所放出的热量总和远远不及最终达到的动能总和。人类的工厂是不可能用一小块煤作为燃料，让一台机器全速运转一年的。

而且，就是这一小块燃料，我的蝎子们似乎丝毫也没消耗过。在经过了漫长而严酷的禁食之后，它们仍然像实验开始时一样神采奕奕，体色鲜艳，浑身焕发出健康的光泽。

当蜗牛用钙质的盖子或羊皮纸般的薄膜封住开口，蜷缩在壳中一动不动时，我们能理解：它不进食了，可是它也不活动，它将生命活动减慢到最低限度，依靠储存的能量维持生命。而蝎子呢，虽然禁食的时间延长得过分，但它们却仍然在活动，我们真的无法理解。

首先是狼蛛的幼虫，其次是克罗多蛛，最后是朗格多克蝎子，这是我们不止一次地遇到这个问题。这些动物的身体构造与人类截然不同，没有由生物氧化而产生的固定体温，难道它们也服从于整个生物界不变规律的支配吗？它们用以支持身体活动的来源是不是也是通过消化食物来获得的呢？这些活动的能量（至少一部分）是不是来自周围环境的能量，如热能、电能、光能，或其他相同元素的不同表现形式呢？

这些能量是支持世界正常运转的关键，是推动物质世界运转的深奥莫测的旋风。如果我们在某些情况下将蝎子想象成一台极其完善的能量积累器，能收集周围的热能，然后在它的身体里转化为运动所必需的动能，然后使其以运动的形式出现，这种想法是不是会不合常理呢？如果真是这样，我们也许就能稍稍了解为什么蝎子可以在没有食物作为能量物质的情况下，仍然能够活动。

啊，在我们这个煤炭时代，蝎子这种生命的发明是多么了不起！不用进食便能活动，假如这一禀性能得到普及，其意义将无与伦比！一旦能摆脱饥饿的专制，多少苦难和暴行会随之消失啊！为什么这项伟大的实验没能继续下去，让更高级的动物参与到实验中来，首创者蝎子的榜样没能得到学习和发扬光大，这真是遗憾！否则，在今天，思想——这一人类活动最微妙、最高级的表现形式，就可能摆脱饮食的耻辱，仅靠一道阳光就能摆脱疲劳了[11]。

这远古流传下来的禀赋充满着希望，虽然还有很多尚未转

[11]法布尔由"蝎子进食简单有规律"这一特点引发想象和议论，希望自然界中的其他动物，包括人类也能减少因争夺食物而引发的苦难和暴行。

化为现实，但其中的一部分细节还是在整个动物界得到了推广。我们人类同样靠太阳的辐射而生存，我们从那里汲取了一部分能量。阿拉伯人以一把椰枣为食，可他们跟吃饱了肉、喝足了啤酒的北方人比起来，体力一点也不差；虽然他们不像北方人那样将胃填得满满的，但他们在太阳的宴席上却得到了更多的份额。

经过对诸多因素的考虑，我想蝎子也许就是从周围的热量中获得它大部分的能量补给的。至于对生长必不可少的有形食物，蝎子或早或晚会有所需要，具体时间就是在它们蜕皮的时候。背上坚硬的外皮会裂开一条缝，蝎子轻轻一滑，便从它那过于狭窄的旧衣服里脱身出来。这时，吃点东西这个问题就变得非常重要了，哪怕只是为了补足长出新皮所消耗的能量。从这一时刻起，假如禁食仍然继续下去，我的囚犯们，尤其是那些最小的蝎子，不久便会死去。

朗格多克蝎子的毒液

蝎子在捕猎一些小昆虫时,很少使用它的武器。它用两只螯钳捉住昆虫,将它一直放在嘴边,轻轻地细嚼慢咽。如果食物努力挣扎,扰乱了进食,它便弯起尾巴,反复地轻轻蜇刺,让食物动弹不得。总之,在捕食过程中,蝎子的螯针只是起一个辅助作用[1]。

螯针真正发挥作用,只是在蝎子面对敌人的生死存亡关头。我不知道究竟能有什么样的对手会让这令人生畏的虫子进行自卫。在出没于乱石堆的常客当中,有谁敢攻击蝎子呢?虽然说我不知道蝎子通常在什么情况下需要自卫,但要使用计谋、制造一些机会让它认真地打一仗,对我来说还是很容易的。为了测试蝎子的毒液到底有多厉害,我决定在昆虫世界的范围里,让它尽可能地面对各种强大的对手。

我在一只宽大的广口瓶底铺上一层沙子,预防玻璃瓶底打滑,然后放进朗格多克蝎子和纳博讷狼蛛。这两种昆虫同样配备了毒钩,谁更厉害并吃了对方呢?虽说狼蛛和蝎子比起来要柔弱一些,但却身手敏捷,能趁其不备地跳起攻击对手。受到攻击的蝎子反击速度很慢,不等它摆出搏斗的架势,狼蛛便会得手,并躲开对方举起的螯针。看来,形势似乎对灵活的蜘蛛更有利。

可是事实证明我想错了。狼蛛一看到对手,便立刻半直起身子,张开它那悬着一小滴毒液的毒牙,毫无畏惧地等待着。蝎子双钳前伸,慢慢移动过来。它用两个指头的螯钳抓住蜘蛛,让它动弹不得;蜘蛛受制在离对手一段距离的地方,只能绝望地抗争着,毒牙一张一合,却无法咬到蝎子。面对这样的敌人,狼蛛是不可能获胜的,因为蝎子配备有长长的钳子,能在远处制服对手,并且不让它靠近。

蝎子几乎没有费任何劲儿,它弯起尾巴,伸到额前,不紧不慢地将螯针往猎物的黑色胸膛里一扎。不过,蝎子不像胡蜂或其他长着四片翅膀的好斗剑客那样,在刹那间一蜇就结束战斗;它必须费一点工夫，才能让武器刺入。那条多节的尾巴一边摆动一边往前推，同时将螯针转来转去，就如同我们用手指把一个尖锐的东西扎进一个比较坚硬的地方一样。孔钻好之后，螯针还要在伤口里停留一会儿，这无疑是为了让毒液能有时间大量释放。毒液见效神速。强壮的狼蛛一旦被蜇，就立刻缩起腿脚，死了。

我用了六七只昆虫做实验，这些受害者让我目睹了令人震撼的场景。在以后的实验里，我在第一次实验中看到的情况不断重复着。蝎子一看到狼蛛，总是立刻发起攻击，而且它总是采用相同的钳子策略，将对手限制在远处，最后总是蜘蛛被螯刺刺中，当即死去。就算人一脚踩到狼蛛，它死得也不会更快。它简直就是被闪电给击垮的。

本来食用战败者就是一个惯例，更不用说多肉的蜘蛛是上等的野味，而且平时很少掉进蝎子的猎场。事不宜迟，蝎子当场就美餐起来，从头部开始吃，无论对什么猎物，这都是它通用的惯例。它一动不动，时而小口啃食，时而狼吞虎咽。除了几节啃不动的腿脚之外，整个狼蛛都一扫而光。这顿佳肴满席的盛宴整整持续了二十四小时。

宴席结束之后，我们不禁要问，猎物是怎么消失在那几乎和它一样大的肚子里的？这些食客们一定有着特殊的肠胃功能，它们可以忍受无尽的饥饿，可一旦时机到来，又可以胡吃海塞。

如果狼蛛不那么骄傲地直立身体、暴露胸膛，而是直接扑向敌人，或许还能有效地自卫。面对狼蛛，蝎子的态度是主动攻击；而在那些性情温良的圆网蛛面前，又会是怎样一种场景呢？所有的圆网蛛，甚至是那些最强壮的角蛛、彩带蛛和丝蛛，都遭到了蝎子凶猛的攻击，况且这些可怜的纺织工受到惊吓，毫无斗志，连绳网都没试着抛出去，否则，或许还能迅速制服侵犯者。圆网蛛在自己的网上，能喷出大量蛛丝，将凶猛的螳螂、令人生畏的大胡蜂和善于尥蹶子的蝗虫制服；然而当它们一旦离开自己的家，面对一个敌人而不是一头猎物时，便将那强有力的捆绑术忘得一干二净。被蝎子的螯针刺中后，所有的圆网蛛也如同遭了雷击，立即毙命。接下来，蝎子便可以美美地吃上一顿了。

在石堆下，爱吃蜘蛛的蝎子是不会遇见狼蛛和圆网蛛的，因为它们时常出没在其他区域；但蝎子时不时可以找到其他一些和自己一样喜欢栖息在岩石下的蜘蛛，尤其是腼腆的克罗多蛛。这类猎物对蝎子来说并不常见，但只要它胃口好，所有的大个儿蜘蛛都合它的意。

我猜想，蝎子面对捕捉螳螂的机会，是不会无动于衷的，因为螳螂也是上等的猎物。当然，蝎子不会到荆棘丛里去实施突袭，那里是这抢夺成性的螳螂住惯的地方；蝎子的攀援能力虽然特别适合于爬墙，却根本不能在抖动的草叶上行走。它必须选择夏末雌螳螂分娩的时候进行攻击[2]。事实上，我时常能在蝎子出没的石堆里，找到贴在石头底下的螳螂窝。

夜深人静，当螳螂产妇正在让盛满卵的小箱子里的黏液起泡时，觅食的强盗可能就会出现。这时发生的一切我从未见过，也许以后也看不到；要想一睹这种场景，那简直是对好运的奢求。那么，就让我们人为地创造机会，来弥补这个遗憾吧。

我挑选了大个儿的蝎子与螳螂，让它们在土罐竞技场里决斗。根据需要，我刺激它们，把它们推到一处。我已经知道，蝎子尾巴的攻击并非全部都是动真格的，有许多次只不过是扇个耳光罢了。蝎子吝啬毒液，不到紧急关头不屑蜇刺对方，它会猛地用尾巴一击，将讨厌鬼推开，但并不使用螫针[3]。在多次实验中，只有几次尾巴的攻击在对手身上留下流血的伤口，这表明螫针曾经扎入。

螳螂被蝎子的螫钳抓住后，马上摆出幽灵般的姿势，张开带有锯齿的前肢，并把翅膀展开呈盾形。这个吓人的动作不但不会给螳螂带来胜利，相反却有利于蝎子的攻击；螫针从螳螂的两条锯刀前肢之间扎入，一直没到根部，并在伤口里停留了片刻。拔出时，针尖上还渗着一滴毒液。

螳螂即刻收起腿脚，垂死地抽搐起来[4]。它的腹部搏动着，尾部的附属器官一阵一阵地摇摆，脚上的跗节也隐约在抖动。相反，锯刀前肢、触须以及口器却都一动不动。这种状态持续了不到一刻钟，螳螂就完全不动了。

蝎子对它的攻击行为并不做事先策划，只是随便攻击所有它触及得到的部位。这一次，它恰巧击中了螳螂一个极其脆弱的部位，因为这个部位靠近主要神经中枢；蝎子刺中的是螳螂锯刀前肢之间

[2]蝎子非常聪明，它在猎捕食物时，也会扬长避短。

[3]蝎子并不是像常人所误解的喜好攻击对方，不到紧急关头，它不会蜇刺对方。

[4]间接地表明蝎子的毒液毒性很强。

的胸口,这正是尖腹隐翅甲刺中猎物并使其瘫痪的地方。不过,刚才的攻击完全出于偶然,而非有意;蝎子这鲁莽的家伙对解剖学的了解可没有膜翅科昆虫那般精深。对手之所以死得如此之快,也有运气的成分。假如蝎子刺中的是其他并不致命的部位,结果会怎样呢?

我换了一只蝎子操刀手,以确保毒囊里有足够的毒液。在接下来的决斗中,我都注意这样做了,每一个新的受害者都会由一个新的祭司来执行,而长时间的休息则让这些祭司们的毒囊装得满满的。

这又是一只强壮的螳螂太太,它半直起身子,转动着脑袋,视线越过肩膀警觉地看着。它摆出幽灵般的姿势,翅膀相互摩擦,发出"扑扑"的声响。它的勇敢先让它占得了上风,它用带锯齿的臂铠成功地抓住了对手的尾巴[5]。只要它抓好,被解除了武装的蝎子就无力伤害它了。

[5]通过描写螳螂的勇猛无比,反衬蝎子的强大。

可是,疲劳向螳螂袭来,并由于恐慌而更加剧了。螳螂只是抓住那根在眼前挥舞不已的蝎尾,以为后者和蝎子身体的其他部分没什么区别,根本就没有意识到这一举动有多么巨大的威力。于是,这无知的可怜虫松开了它的捕兽夹。这下它完蛋了。蝎子刺中了它第三对足附近的腹部。顿时,螳螂的器官完全失调,就如同一个机械系统绷断了主要弹簧而陷入瘫痪一样。

我无法让蝎子根据我的意志去刺中这个或那个部位;它缺乏耐心,不能容忍任何试图操纵它的武器的放肆举动。我只能利用搏斗中所发生的各类偶然事件。其中有一些值得记录下来,因为这些被刺中的部位离神经中心较远。

有一次,螳螂被刺中了它两条锯刀前肢中的一条,具体部位是长着细嫩皮肤的腿节与胫节的相连处。被刺中的前肢立即瘫痪,紧接着另一条也动弹不得。其他腿脚也随之蜷缩起来。螳螂的腹部搏动着,不一会儿全身便完全不动了。死亡来临得如同闪电一般迅速。

另一只螳螂被刺中了中间一条腿的大小腿相连关节。它的四条后腿顿时弯曲起来,进攻时并没有展开的翅膀,此时却抽搐着展开了,摆出一副幽灵般的姿势,甚至一直保持到它死后也没有改变。

锯刀前肢胡乱地舞着,一会儿乱抓,一会儿打开,一会儿又合起;触角抖动着,触须颤抖着,腹部搏动着,尾部的附属器官摇摆着[6]。这种痛苦的挣扎又持续了一刻钟,此后一切归于平静,螳螂死了。

悲剧场面如此震撼,激起了我极大的好奇心,它驱使我做了各种实验,而每一次的情况都是如此。无论被刺中的部位如何,也无论它距神经中枢是近还是远,螳螂总是会死去,要么当即殒命,要么经过几分钟的抽搐之后死去。即使是响尾蛇、角蝰、洞蛇,以及其他最令人恐惧的毒蛇,也不能以更快的速度致受害者于死地。

我由此而得出的结论首先是:这种现象是生物精细构造的结果,一种生物越是具有良好的天赋,便越是敏感和脆弱。我常想,蜘蛛与螳螂都是造物中的精品,它们一受打击便即刻殒命;而面对同样的打击,另一种粗俗的生物或许就能忍受几个小时或者几天,甚至并无大碍。我们可以去找普罗旺斯园丁深恶痛绝的蝼蛄谈谈。其实,它是一种奇怪的动物,专门切断植物的根茎,并且强壮、粗俗、低级。即使被一把抓住,它也能让你松开手来,它的前肢就像鼹鼠的前爪,长着带有锯齿的耙子,能刨得你皮肤生疼。

蝎子和蝼蛄置身于狭窄的角斗场里,相对而视,似乎彼此认识。它们是否可能曾经相遇过呢?这看起来很令人怀疑。蝼蛄是花园和沃土里的住客,生长在那里的茂盛植物招来了它这地底的害虫;而蝎子却偏爱遍野焦土、勉强生长着枯草的斜坡。一个贫瘠,一个肥沃,要让这两种动物相遇几乎是不可能的。然而,尽管它们素不相识,但这两只昆虫却都立刻预见到了这次会面的致命危险。

不用我的挑拨,蝎子便径直冲向蝼蛄,而蝼蛄则摆出攻击的架势,那对大剪子随时准备开膛破肚。它背上的翅膀相互摩擦着,发出低沉的声响,仿佛在唱战歌[7]。但蝎子却不让蝼蛄唱完这一节,它用尾巴迅速地开始了攻击。蝼蛄的前胸披着拱起的坚实盔甲,裹住了它的脊背。在这坚不可摧的盔甲后面,长着一条深深的褶皱,上面盖着细嫩的皮肤。螯针就从这里刺入。顷刻之间,野兽就被打垮了,它仿佛被闪电击中,瘫倒下来。

接着,蝼蛄做出一连串杂乱的动作。善于挖掘的前爪瘫痪了;它的钳子也再抓不住我伸过去的稻草;其他腿脚则胡乱地舞动着,伸伸屈屈;那四片长着肉质绒球的触须合成一束,然后分散开来,又重新合在一起，轻轻地拍打着我放在它们附近的东西；触角无力地摇晃着；腹部猛烈地搏动起来。渐渐地，垂死的痉挛平息了下去。终于，两小时后，最后死亡的那一部分——跗（fū）节也停止了颤动。这粗俗的动物并不比狼蛛和螳螂死得好，但是它苟延残喘的时间却比它们长。

接下来要了解的是，对蝼蛄胸廓盔甲下面的攻击，是否因为位于神经中枢附近，因而特别具有威力。我用其他的蝼蛄受害者和蝎子执行者重复了同样的实验。有时，蝎子的螫针刺中了蝼蛄没有盔甲的部分，但更多的是刺中腹部的某一个部位。在后一种情况下，即使被刺中的是腹部的末端，其结果总是受害者立刻生命垂危。唯一被注意到的区别是：蝼蛄善于掘地的爪子还能像其他腿脚一样继续动弹一段时间，而不是突然瘫痪。无论被蝎子刺中哪个部位，蝼蛄总是没有好下场，这强壮的昆虫在痉挛中伸了几次腿脚，随后便死去了。

现在轮到蝗虫中最大最壮的灰蝗虫了。蝎子似乎因为身边有这样一个爱尥蹶子的好动家伙而感到担忧。而对于蝗虫来说，它巴不得立即离开。它高高跳起，撞在玻璃片上，这是我为了防止虫子们逃离竞技场而盖在上面的。有时，它会掉落在蝎子背上，后者则逃着避开这"蝗虫雨"。最终，逃跑者不耐烦了，便蜇了蝗虫的腹部[8]。

蝗虫受到的震撼一定猛烈异常，因为它一条粗大的后腿当即就脱落了，这是蝗虫类昆虫在绝境之中经常出现的关节自动截落现象。另一条腿也瘫痪了，它伸直并竖立起来，再也不能支撑在地面上。弹跳也就到此结束了。与此同时，前面的四条腿杂乱地舞动着，无法前进。不过要是将它侧着翻倒，它却仍然能翻转过来，恢复正常的姿势，只是那条粗大的后腿还是无力地竖着。

一刻钟过去了，蝗虫倒了下去，再也没有站起来。在相当长的时间里，它仍然痉挛着，伸展着腿脚，抖动着跗节，摇晃着触须。这种状况越来越严重，能一直持续到第二天；不过，有时候用不了一个小时，蝗虫就完全不动了。

蚱蜢是另一种强壮的蝗虫类昆虫，长着不符合比例的长腿和像圆锥形糖块一样的头；它死得和蝗虫一样，也苟延残喘了几个小时。

[8] 蝎子与蝗虫的对决极富有戏剧性，"爱尥蹶子""蝗虫雨""不耐烦了，便蜇了蝗虫的腹部"等词句生动形象。

我还曾经看到,佩刀的飞蝗类昆虫一个星期后才逐渐瘫痪,虽然在此之前不能说它已经丧命,但它也不能算是"活着"了。这回,我观察的对象是葡萄树上的距螽。

这大腹便便的虫子被刺中了腹部。受伤的那一刻,它发出一声铙钹般响亮的悲惨叫声,接着便掉落下来,侧身摔在地上,表现出马上就要死去的样子。可是,这个伤员仍然挺着。两天后,看到它虽然腿脚已经失调、丧失了行动的能力,却还在奋力尝试,我便产生了帮它一把、替它治疗的想法。我用稻草秆引了一些葡萄汁作补药给它服,它乐意地接受了。

这药水似乎起了作用,距螽看上去在逐渐恢复健康。可事实却根本不是这样!被刺的第七天,病人就死去了。蝎子的毒针对于任何一种昆虫——哪怕是最强壮的昆虫——都是残酷致命的。有的即刻丧命,有的则苟延几天,但最终都得死去。虽然那只距螽活了一个星期,但我谨慎地认为这并不是我给它服用葡萄汁药的功劳,它能坚持这么长时间,得归结于它自身的身体特点。

尤其应该考虑到,伤势的严重程度是随注入毒液的量的不同而变化的。我没有能力控制毒液的注入量,何况蝎子通过毒管分泌毒液时非常随心所欲,有时它很吝啬,有时却慷慨得近乎挥霍。此外,距螽提供的资料相差也很大。根据我的记录,有些实验对象在短时间内就死去了,然而其他大多数对象却都经过了长时间的垂死挣扎。

总体说来,飞蝗类昆虫的承受能力比其他蝗虫强。距螽证实了这一点;承受力在距螽之后的,是佩刀类昆虫的典范——白额螽斯。它长着有力大颚和象牙白的脑袋,被刺中了腹部上面的中央部位。起先这位伤员似乎伤得不重,还能信步闲逛,并试着跳一跳。可半小时以后,毒液便开始在它体内发挥作用。它的腹部开始痉挛,剧烈地弯曲呈弓形,腹部上的开口再也无法合起,在坚硬而粗糙的地面上划出一道道痕迹。这骄傲的虫子双腿瘫痪,成了可悲的残疾。六小时后,白额螽斯侧躺在地上。它想站起来,却怎么也办不到,只能在挣扎中消耗自己的体力。渐渐地,挣扎平息了下去。第二天,螽斯死了,彻彻底底地死了,身上再没有一个部位能动。

日暮时分,大蜻蜓穿着黄黑礼服,安静地沿着篱笆来来回回、笔直疾飞。它是一个海盗，在这片宁静的地方截取所有过往船只的钱财。它那激情的生命、那狂暴的行径，都反映出它的神经分布比蝗虫这种在草地上安详反刍的昆虫更加微妙。而事实上，当它被蝎子蜇咬以后，死得几乎与螳螂一样快。

另一个不惜精力的家伙——蝉，在酷热的夏季从早到晚不停地歌唱，还上下摇摆着腹部，为铙钹般洪亮的歌声打节奏。它死得也十分迅速。天赋是要付出代价的；当傻瓜蛋们还在坚持的时候，最有天赋的蝉却将一命归西。

鞘翅科昆虫体形庞大，装备着角质装甲，刀枪不入。蝎子的剑术蹩脚，只会随便出击，它是怎么也找不到鞘翅科昆虫胸甲间狭窄的接缝的。而要想刺穿它们坚硬外壳的某一个部位，则需要一段时间的用力；然而，在杂乱的自卫过程中，被攻击者是不会让蝎子有时间用力的。再说，蝎子这粗鲁的家伙也不懂得钻孔的战术，它只会给予对手猛地一击。

蝎子能用螯针一刺中的的部位只有一个：那就是鞘翅科昆虫的上腹，那里十分柔软，由鞘翅保护着。我用钳子将鞘翅和翅膀掀起，让这个部位暴露出来；或者用剪刀将它们事先除去。这种切除手术的后果并不严重，被切除鞘翅和翅膀的鞘翅科昆虫还能存活很久。我将这样的昆虫放到蝎子面前。而且，我专门选择个头儿最大的鞘翅科昆虫：比如有带角天牛、天牛、金龟子、步甲虫、金匠花金龟、腮角金龟、粪金龟，等等。

所有这些昆虫在蝎子的蜇咬下都无一幸免，但它们垂死的时间却长短不一。这里不妨举几个例子。圣金龟子在伸着足抽搐了一阵之后，便将腿脚高高升起，躬着背在原地踏步，可无法前进，这是它的行动机制缺乏协调的结果。它翻倒在地，再也站不起身来；它狂乱地蹬着腿。终于，几小时后，一切都归于平静：圣金龟子死了。

天牛，不管是住在橡树上的还是住在英国山楂树或桂樱树上的，它们的痛苦挣扎也是以类似于蜡屈症的发作开始，有时要过一段时间才能结束。有的一直要等到第二天才迎来死亡的降临，而有的却只能坚持三到四个小时。

金匠花金龟、普通腮角金龟，以及长着角的漂亮的松树腮角金龟，也遭遇了同样的结局。

金步甲被蝎子蜇伤之后的垂死场面实在惨不忍睹。它的腿脚痉挛着呈高跷状，却因掌握不了平衡而翻倒在地，它爬起来，倒下，再爬起来，再倒下。长着角质甲胄的肠子末端又突又鼓，似乎是要将它的内脏全都排出来；胃里还呕出一摊黑色的东西，把头都淹没了；金色的鞘翅掀起胸甲，裸露出可怜的光溜溜的腹部。第二天，它的跗节仍在颤抖，可是离死亡已经不远了[9]。金步甲的近亲黑步甲，它的垂死方式也同样悲惨，我们以后会提到。

大家是不是想看看相反的情况，看看一种坚忍的昆虫是如何体面地死去的呢？那就让蝎子去蜇被俗称为犀牛的葡萄根蛀犀金龟吧。要论体格，鞘翅科昆虫中没有谁能及得上它健壮。虽然它鼻子上长着一只角，但却性情温和，幼虫时一直居住在橄榄树的老根里。刚被蝎子蜇中时，它似乎什么也没感觉到，像平常一样严肃而平稳地四处走动着。

但是，凶猛的病毒突然开始在它身上发作了。它的腿脚不再像往常那样听从使唤。受伤者踉跄着仰天倒下，再也爬不起来。在三四天的时间里，它一直保持这个姿势，除了垂死的细微动作外，没有任何挣扎，它就这样平静地任生命流逝而去。

蝴蝶被蜇后会有什么举动呢？这些娇嫩的家伙一定对蜇刺特别敏感，在实验之前，我对此深信不疑。但是，本着观察者一丝不苟的态度，我们还是来做个实验吧。金凤蝶和海军蛱蝶刚被螯针刺中，便立即死亡了。我早就料到这个结果。大戟天蛾和条纹天蛾也没有坚持更长的时间，它们和蜻蜓、狼蛛以及螳螂一样，也是闪电般地死去了。

但是，令我大吃一惊的是，大孔雀蝶面对攻击似乎毫毛不损。的确，攻击大孔雀蝶困难很大。蝎子的螯针每次都在片片纷飞的柔软绒毛里偏离方向。虽然已经连刺数针，但我也不敢肯定螯针是否真的刺中了蝴蝶。于是，我将大孔雀蝶腹部上的毛脱去，让皮肤暴露出来。事先采取了这一措施后，我便清楚地看到蝎子的武器插入其中。现在可以肯定蝴蝶被刺中了，而此前它还挨了几针，尽管那几针是否刺中值得怀疑，不过即便如此，大孔雀蝶仍安然无恙。

我把它放进桌上的一只金属钟形罩里。它抓住网纱，一整天都待在那儿一动不动。它的翅膀大大展开，甚至没有半点颤抖。第二天,情况没有任何变化;被刺中的蝴蝶仍然用前腿跗节上的小钩将自己钩在网纱上。我把它捉下来,仰天放在桌子上。它巨大的身体微微颤抖着,逐渐剧烈地抖动起来。它的末日到了吗?

根本不是。看来垂死的蝴蝶又复苏了,它拍打着双翅,猛一用力,站了起来。它重新爬上网纱,又悬在了那里。下午,我再次将它仰天放在桌上。蝴蝶的双翅轻微地动着,近乎打哆嗦,借助这个动作,它躺在地上一边滑一边缓慢地行走,并再次爬上丝网,接着便停止了一切行动。

就让这可怜的动物安静一会儿吧,当它真正要死去时,会自己掉下来的。最后,蝴蝶只是在被蜇后的第四天才掉下来,要知道它可能挨了不止一针。它的生命枯竭了,死去的是一只雌蝶。母性的本能战胜了垂死的痛苦折磨,推迟了死亡来临的时间,而在死之前,这只蝴蝶产下了自己的卵。

如果说,我们很自然地把大孔雀蝶能够长时间抵抗蝎毒的原因归结于它那巨大强壮的身体,那么生活在我饲养场里的孱弱的桑蚕蛾,则告诫我们去别处探寻原因。这个小小的侏儒残疾只有抖抖翅膀的和围着雌蛾转的力气,对蝎毒的抵抗能力却与大孔雀蝶不相上下。它们对蝎毒之所以反应迟钝,也许是出自以下原因。

与其他蝴蝶(尤其是趁着暮色在花冠上热切采集花粉的天蛾,以及向鲜花教堂不懈朝圣的金凤蝶和蛱蝶)相比,大孔雀蝶与桑蚕蛾不能算是完整的生命。它们没有口器,不吃任何食物。由于没有食欲,它们只存活短短的几天,这些时间只够它们产卵繁殖。与如此短暂的生命相对应,它们的机体一定极其粗糙,因此也极不容易受损。

让我们在节肢类动物中降几级,考察一下粗俗的蜈蚣吧。蝎子对蜈蚣并不陌生。我曾在围墙里的蝎子小镇上目睹过蝎子尽情大嚼捕获的隐身蜈蚣和石蜈蚣。它们对于蝎子来说,是既无攻击能力、又无自卫能力的猎物。但今天我要让蝎子面对的,却是多足纲昆虫中最强壮的噬咬蜈蚣。

这条恶龙长着二十二对脚,它对蝎子来说可不陌生。有时我会在同一块石头下发现它们。蝎子是以此为家,而夜游神蜈蚣则只是在那里暂时栖身。这种同住生活并没有引起任何麻烦,但会一直这样下去吗？让我们拭目以待。

我把这两只可怕的家伙放在一个底部铺了沙的广口瓶里。蜈蚣沿着竞技场的墙壁兜着圈子。它像一条波浪起伏的带子，约一手指的横截面宽、十二厘米长，琥珀色的身体上套着暗绿色的环。它抖动着长长的触须，探测着四周，最后，那如同手指般灵敏的触须末端遇上了一动不动的蝎子。顿时，蜈蚣惊恐地往后缩去。可环形的瓶底又把它带到了敌人的面前。于是，它再次与之邂逅，也再次逃跑。

但是，这一回蝎子已有所戒备，它尾巴绷紧呈弓形，双钳张开。蜈蚣刚刚回到环形跑道上的那个危险地点，就立即被蝎子的双钳捉住，并被夹住了头部附近的部位。这脊椎灵活的长虫扭曲着、缠绕着，可都无济于事；对方镇定自若，将双钳夹得更紧；无论蜈蚣乱跳也好，缠绕也好，松开也好，都无法让蝎子松手。

与此同时，蝎子挥舞起螫针。它三次、四次扎进蜈蚣的侧肋，蜈蚣则张大毒牙，想尽力咬蝎子，却因为前半身被蝎子死死钳住而无功而返。只有它的后半身还在挣扎扭动，时而卷起，时而松开。不过这一切都是白费力气。它被蝎子的长钳固定在远处，根本用不上毒牙。我曾目睹过许多昆虫的战斗，可从未见过比这两怪搏杀更可怕的。它让人浑身起鸡皮疙瘩。

这场战争也有中场休息，借着这个机会，我将两个斗士分开，并分别将它们关起来。蜈蚣不断舔流血的伤口，几小时后便恢复了体力。蝎子没受到任何损害。第二天，它又发起新的进攻。蜈蚣一连三次被蝎子的利器重伤，鲜血直流。蝎子害怕遭受报复，往后退去，似乎被胜利给吓坏了。可伤者并没有反击，只是继续沿着环形路线逃跑。今天就到此为止吧。我用硬纸板将瓶子围住。四周一黑，两只昆虫会各自安静下来。

后来发生了什么，尤其是在夜里发生的事，我都无从知晓。它们很可能又再次开战，蝎子又扎了蜈蚣几针。总之，第三天蜈蚣衰弱了许多。第四天，它已经奄奄一息了。蝎子监视着它，却始终不敢再咬它。最终，当蜈蚣一动不动时，蝎子便开始对这个庞大的猎物下手了，先是头，接着是前两节身体，都被吞下了肚子。可这大餐太丰盛了，余下的部分将会变质发臭，纯粹被浪费掉。蝎子只吃新鲜的肉,因此再也不会去碰它了。

蜈蚣至少被刺中七次,但直到第四天才死去;而强壮的狼蛛只被蜇了一次,就死去了。几乎在同样短的时间里丧生的,还有螳螂、圣甲虫、蝼蛄和其他一些强壮的昆虫,它们即使被标本采集者钉在软木板上,也还能苟延残喘地动几个星期。可一被蝎尾蜇中,它们中的任何一个都即刻遭到灭顶之灾;转眼之间,最有活力的昆虫也会接连死去;而眼前的蜈蚣被刺中了七次,却存活了四天。也许,它的死因不仅是蝎毒,同时还有失血过多。

为什么会有这样的差别呢?原因似乎是它们的身体结构不同。生物随着等级的不同,其生命平衡的稳定性也不同。等级最高的生物最容易倒下,而等级最低的生物则生命力顽强。那些天性娇嫩的昆虫丧了命,而粗俗的蜈蚣却还能坚持一阵。事实真是这样吗?蝼蛄的例子却又让我们无法下此定论。这粗俗的虫子几乎与蝴蝶和螳螂这些精致的造物死得一样快。不,到目前为止,我们还没弄清蝎子的尾巴中究竟藏着怎样不可告人的秘密。

朗格多克蝎子爱的序曲

四月里，当燕子归来，布谷鸟唱出第一个音符时，原先如此平静的围场小镇里爆发了一场革命。夜幕降临后，许多蝎子都从它们的住所离开了，外出朝圣，再也没有回来。更为严重的是，同一块石头下经常有两只蝎子，其中的一只正在吞吃另一只。这难道是在初春的美好时节里，某些蝎子受流浪情怀的驱使，一不小心闯进邻居家，却因不敌强手而丢了小命的同类相残吗？看到入侵者在几天的时间里像普通猎物一样被安安静静地一口一口吃掉，我们几乎可以判定就是如此了。

可是，有些事实却引起我的注意：被吃的蝎子全部都是中等个头，它们体色更加金黄，腹部并不那么突起，这证明它们都是雄性，清一色的雄性。而其他更大、更胖、体色略浅的蝎子则不会如此悲惨地结束生命。如此看来，这里所发生的并不是邻居间的争斗，并不是蝎子们由于特别渴望独居而加害来访的客人，然后再将它们吃掉，以这种过激的方式杜绝这种冒失行为再次发生。这其实是蝎子的婚礼仪式，而为仪式作悲剧性收场的，就是交配后的肥胖雌蝎。但我要等到明年才能确认这种怀疑是否有根据，因为我现在的装备太简陋了。

第二年的春天来临了。这一次，我事先准备好了一只大玻璃笼子，里面住着二十五只蝎子，每一只都拥有自己的瓦片。从四月中旬起，每当夜幕降临，从七点到九点，玻璃宫殿里便会热闹非凡。白天似乎还冷冷清清，夜里却是一片欢乐的海洋。晚饭一吃完，我们全家都往那里奔去。借着悬挂在玻璃壁前的一盏灯笼，我们可以观察到笼里发生的事情。

这是我们一家人经过一天的忙乱后的消遣，是供我们欣赏的节目[1]。这天然剧场里的演出有趣极了，只要灯笼一点亮，我们一家大小就都会到花坛前安坐下来，真是全家出动，连家里的狗——汤姆也来了。这个货真价实的哲学家其实对蝎子的事并不感兴趣，它

[1] 对生物的观察研究不仅是法布尔工作和生活的重要内容，而且也成了他的家人的生活消遣。

只是躺在我们脚边打瞌睡,但只闭着一只眼,而另一只则总是睁着,守着它的朋友——孩子们。

让我试着向读者们介绍一下发生的事情。在靠近玻璃墙壁被微光照亮的地方,很快就聚起了好几群蝎子。而单独散步的蝎子这儿那儿地分散在其他地方,到处都是,它们受到灯光的吸引,离开暗处,朝着欢乐喜庆的光亮奔去。即使是夜蛾也不见得比它们更爱向灯光闪耀的亮处跑。刚到的蝎子们混进群中,那些玩倦了的,则回到阴暗中休息片刻,接着又满怀激情地重返前台。

这些可怕的虫子狂欢时的吵吵闹闹并非一点吸引力都没有。一些蝎子从远处赶来,它们庄重地从阴暗中走出,忽然迅速而轻柔地一跃,就像来了一个滑步,便进入了灯光下的蝎群之中。它们灵巧的样子让我想起小跑中的老鼠。它们互相搜寻,指尖一碰到对方便飞快地逃开,似乎相互烫着了一般。其他的蝎子呢,它们和同胞们滚作一团,狂乱地迅速逃走,等它们在阴暗中镇定下来之后,又再度回来。

有时,蝎群会特别混乱:它们腿脚乱窜乱动,螯钳互相抓打,尾巴弯曲着碰来撞去,在这混乱的场面里,也不知道它们是在相互威胁还是在相互爱抚。如果碰巧,可以在蝎群中看到几对发光闪烁的小点,仿佛是光彩夺目的深红色宝石。人们可能会把这当作蝎子的眼睛在放光;而事实上,这是位于蝎子头部前方的两个光滑如镜的小平面。蝎子们无论大小,都参与了斗殴;这看起来就如同一场殊死战斗,一场大屠杀,同时也像一场嬉闹,就好像小猫之间的互相嬉闹一样。不久,蝎群便解散了。它们各自逃开,不带任何伤痕,也没有任何扭伤。

这会儿,逃兵们又重新聚集到灯笼前。它们来来去去,离离回回,常常面对面地相互撞上。行色最为匆匆的蝎子爬到了另一只的背上,后者听之任之,除了动动臀部,没有其他怨言。现在可不是推推搡搡的时候,相遇的蝎子们最多只是相互扇个耳光,也就是用尾巴的弯钩敲打一下对方。在蝎子的世界里,这种不使用螯针的善意敲打,就如同人类用拳头轻捶对方一样普遍。

比混乱成一团的腿脚以及翘起的尾巴更为精彩的是,蝎子们有时还摆出极有创意的姿势。两名斗士头对着头,螯钳后收,只以前身为支撑，将身体后半部分直立起来，如同树一般地倒立着，以至于长在胸口的八片白色呼吸小袋都暴露无遗。这时，它们的尾巴伸直呈直线并垂直竖起，相互摩擦，一滑而过，而蝎尾的末端则弯成钩形，几次三番地轻轻缠绕，接着又松开。突然，友谊的金字塔轰然倒塌，两只蝎子各自匆匆离开，没有任何礼节客套。

这两位斗士摆出的独特姿态有什么用意吗？是两个对手间的肉搏吗？看起来不是，因为它们见面时显得十分平和。通过接下来的观察，我了解到这是蝎子们定情时的相互挑逗。为了表白心中熊熊的爱火，蝎子会倒立起来[2]。

以刚才开始的方式继续工作，用一张总体表格来介绍每天所收集到的数千条小资料，这种做法自有它的好处，叙述会因此而简明扼要[3]。然而，每一次观察到的细节都迥然不同，而且很难分类，而缺少了细节，叙述就会毫无趣味。因此，在介绍蝎子如此奇怪并鲜为人知的习俗时，我们不应当遗漏任何细节。即使有时会有一点重复，但我还是认为随着观察到的新情况，以时间先后为序，分段叙述更好。这样的话，可以在每晚观察到的无序现象中理出头绪，而这些现象能为我们提供蝎子的某一个特征，以证明和补充先前所归纳出的其他特征。于是，我便采用日志的形式继续做记录。

1904年4月25日。——天哪，这是怎么回事，以前可从来没有见到过！我随时密切关注着蝎子们，可还是第一次观察到这个情况。两只蝎子面对面，螯钳并在一起，相互握住对方的指节。这是友好的握手，而不是战斗的前奏，因为双方彼此之间表现得再温和不过了。它们是一对异性蝎子。那只体形较胖、体色较深的是雌蝎；另一只相对较瘦、体色较浅的是雄蝎。这一对蝎子将尾巴绕成漂亮的螺旋形，迈着整齐的步伐，沿着玻璃墙壁闲逛。雄蝎在前面，稳稳当当地倒退着，没有遭到任何反抗。雌蝎顺从地跟随着，它的指尖被捉住，面对着拖着它的雄蝎。

虽然闲逛过程中有一些停顿，可这都不影响它们手拉着手。闲逛时断时续，有时在这儿，有时在那儿，从围墙的一头到另一头。没有任何迹象说明它们闲逛的目的地在何处。它们游荡着，无所事事，互送秋波。在我住的村子里，星期天晚祷后，年轻人们就是这样沿着篱笆，和自己的心上人一起散步的。

[2]作者描写两只异性蝎子之间示爱的场景，令人捧腹大笑。

[3]记录、整理、加工收集的资料，是科学研究的基本功和好习惯，法布尔最终完成《昆虫记》这部令人称颂的巨著，得益于此。

两只蝎子经常掉头。决定要往哪个方向走的总是雄蝎。它并不松开握着的手，优雅地转过身来，就和它的女伴侧对侧地并排站着了。这时，它用平放着的尾巴抚摸雌蝎的脊背。而雌蝎则一动不动，神色泰然。

整整一个小时，我看着这对蝎子无止境地来来往往，一点都不感到厌倦。在这世人从未见过的奇特场景面前，我的一部分家人用他们的眼睛帮助着我，至少是那些有观察能力的眼睛。虽然时间已晚，让我们这些不习惯熬夜的人都很辛苦，但我们仍然共同集中精神，没有遗漏任何重要的细节。

终于，夜里十点左右，闲逛结束了。雄蝎爬上一块花盆碎片，似乎对这个隐蔽所很满意。它松开女伴的一只手，仅仅只是一只，但仍然握着另一只手；它用腿脚挖土，用尾部清扫。一个地洞就这样被打好了。它走进洞里，缓缓地、轻柔地将耐心等待的雌蝎拉了进去。不一会儿，它们都不见了。一道沙砾屏风堵住了洞口，这对情侣找到了自己的家。

打扰这一对儿是一种拙劣的行为。如果我立刻去看瓦片下面发生的事，那会为时过早，不合时宜。情事之前的准备工作也许就要占去大半夜的时间，而长时间的熬夜观察也开始让我这个八旬老翁感到了负担。我的双腿开始发软，眼睛开始发涩[4]，还是睡觉去吧。

我整整梦了一夜的蝎子。它们在我的被子里爬着，爬上了我的脸颊，对此我并不特别惊讶，因为我在想象中看到的奇异东西实在太多了[5]。第二天一清早，我便把石头翻开，只见到雌蝎独自一个。雄蝎踪影全无，既不在洞穴里，也不在附近。真是令人失望，以后还会有很多令人失望的事情等着我呢。

5月10日——晚上七点左右，天空乌云笼罩，预示不久将有一场阵雨。在玻璃笼子里的一块花盆碎片下，一对蝎子一动不动，面对面，相互捉着对方的指节。我小心翼翼地掀起碎片，露出下面的住户，以便更好地观察这次幽会的结果。夜幕降临，我觉得似乎没有什么能打破这间没有房顶的小屋里的宁静了。一场大雨让我不得不撤退。而那两只蝎子有笼盖遮挡，不用避雨。就这样，它们可以专注于它们的情事，可失去了床顶的华盖，它们会做些什么呢？

一个小时后,雨停了,我回去看我的那对蝎子。它们已经离开,选择了附近的一片瓦片作为自己的家。它们依旧手牵着手,雌蝎在洞外,雄蝎则在洞里整理房间。我觉得交配的时间逼近了,为了不错过它的准确时间,我们一家人轮流守候,每十分钟换一班[6]。可是我们的心血白费了,八点左右,当天色完全黑下来后,这对蝎子因为不满意这个地方,手牵着手,重新开始长途跋涉,到别处去寻找合适的居所去了。雄蝎倒退着,一边指引方向,一边根据自己的意愿选择住处。雌蝎顺从地跟随着,这与我4月25日看到的场景完全一致。

它们终于找到了一块满意的瓦片。雄蝎先钻了进去,但这次它一刻也没有松开它的女伴,紧紧地握着后者的双手。它用尾巴清扫了几下,洞房就收拾好了。雌蝎在雄蝎温柔的引导下被牵进了洞。

两小时后,我前去拜访它们,自以为已经给了它们充分的时间完成准备工作。我掀起瓦片。它们还是原来的姿势,面对面,手牵手。看来今天我观察的就只能是这些了。

第二天,仍然没有一点新情况。雄蝎老哥和雌蝎大姐面面相对,陷入沉思,它们的腿脚一动不动,相互握着指尖,继续着那没完没了的幽会。傍晚日落时分,经过二十四小时的牵手幽会,这一对情侣分开了。雄蝎离开了瓦片房,雌蝎还留着,事情一点进展也没有。

在这一幕中,有两件事情值得记录下来。在订婚散步之后,蝎子情侣需要一个神秘而安静的隐蔽所。洞房花烛是从来不会在露天、在万头攒动的蝎群中,或是在众目睽睽之下进行的。无论在白天还是在黑夜,无论你多么小心地将它们的房顶掀开,这对看起来完全沉浸在思绪中的情侣都会立即离开,去寻找另一个住所[7]。此外,它们在石头下停留的时间很长;我们刚才看到的那次长达二十四个小时,而且没有任何最终的结果。

5月12日——今晚的情景会告诉我们什么呢?天气平静而炎热,正适合恋人们的夜间嬉戏。一对蝎子成了情侣,可我没注意它们是怎么开始的。这一次,雄蝎在体形上比大腹便便的雌蝎大姐要小得多。可是,矮小瘦弱的它还是勇敢地履行了自己的职责。它按照惯例倒退着行走,尾巴卷成喇叭状,拉着胖胖的雌蝎绕着玻璃城墙散步。一圈又一圈,时而朝着一个方向,时而朝另一个方向。

它们经常会停下来。这时,两只蝎子的额头靠在一起,微微向左右倾斜,似乎在咬耳朵说悄悄话。细小的前足不停地扭动着,如同在狂热地爱抚,它们在相互倾诉什么呢?怎样才能用话语传达它们那无声的祝婚歌呢[8]?

全家人都赶来观看这奇怪地套在一起的两只蝎子,我们的在场并没有对这一姿势造成任何干扰。我们觉得它们这样很优雅,表达方式也不夸张。在灯笼的照耀下,这对蝎子半透明地闪着光,如同由一块琥珀雕琢而成。它们双臂前伸,尾巴卷起呈可爱的螺旋形,动作轻柔,看一步走一步地长途跋涉着。

它们没有受到任何打扰。假如有一只蝎子晚上出来乘凉,和它们一样沿着墙游荡,在半路上遇见它们,它会察觉到这对情侣之间正在进行的微妙事情,于是自动闪到一边,让出路来。最终,这对散步者在一块瓦片下找到了可以接纳它们的隐蔽所,不用说,雄蝎倒退着,先进了洞。这时是夜里九点。

晚上的田园爱情剧结束后,接下来便发生了深夜里令人发指的悲剧。第二天早晨,我在昨夜的瓦片下发现了雌蝎。瘦小的雄蝎在它身边,可是已经被杀,并被吃掉了一小部分。它的头、一只螯钳和一对腿脚都不见了。我将雄蝎的尸体放到洞口看得见的地方。整整一天,女隐士连碰也没有碰它一下。当夜幕再度降临之时,它才出门,路上碰见了死者,便将它拖到远处,以便为它举行体面的葬礼,也就是说继续将它吃完[9]。

这种同类相残的行为和我去年在露天小镇里看到的情况相吻合。那时,我经常会在石头下发现一只肚子滚圆的雌蝎,正安然自得地品尝着它前一夜的伴侣,这是仪式后的一餐。我当时推测,雄蝎在完成了使命后,假如不及时脱身,雌蝎夫人便会根据自己的胃口,将它全部吞下,或吃掉一部分。如今,我眼前证据确凿。昨夜,我看见这对蝎子完成了惯常的准备工作——散步,然后进了住所;今天早晨,当我前去拜访时,在同一片瓦片下,新娘正在吞噬它的伴侣。

可以相信,那个可怜的家伙已经完成了它的使命。如果还需要它传宗接代,雌蝎是不会把它吃掉的。这样看来,眼前这对蝎子动

[8]作者对昆虫饱含真挚的感情,在他心里蝎子情侣就是温情脉脉的恋人。

[9]爱情中的温柔与交配后的残忍形成巨大的反差。

作很快,我曾看到其他几对蝎子在长时间的缠绵静思之后,仍然没有做这最后一步,而时针则已经转了两圈多。也许是一些无法确定的环境因素(如大气状况、电压、气温、蝎子自身的热情等)在很大程度上加快或减慢了最后交配的完成。这对于观察者造成了很大的困难,他希望把握确切时机,了解蝎子的梳状栉所发挥的作用,而这种作用目前还不清楚。

5月14日,可以肯定的是,每天夜里让我的虫子们焦躁不安的并不是饥饿。它们出来夜巡时,寻找食物简直不费吹灰之力。我刚刚为忙碌的蝎群奉上了丰富的食物,它们都是从我认为最适合的食物中精挑细选出来的。有肉质鲜嫩的小蝗虫,有肉味比一般蝗虫类更加鲜美的小飞蝗,还有折去翅膀的尺蛾。再过一段时间,我又加进了蜻蜓,我知道这是蝎子非常喜欢的食物,因为我曾在蝎子的洞穴里发现过与蜻蜓相似的成年蚁蛉的残骸和翅膀。

面对如此丰盛的猎物,蝎子们视若无睹,没有一只去注意它们。在混杂的昆虫中,蝗虫轻跳着,蛾子用残翅拍打着地面,蜻蜓则瑟瑟地发着抖,而过路的蝎子们对它们却毫不理睬。它们被蝎子践踏、踢翻,或遭到蝎尾横扫而被推开。总之,蝎子不需要它们作食物,完全不需要,蝎子有其他事情要办。

几乎所有的蝎子都沿着玻璃墙走着。有些顽固的还试着向上爬,它们用尾巴将身体直起,可一打滑,就摔了下来,于是它们就换个地方再试。它们伸出拳头捶打着玻璃壁,它们不惜一切代价,想离开这里。可玻璃园已经很宽敞了,对所有蝎子来说都绰绰有余,园里的小径还可供它们作长距离的散步。可尽管如此,蝎子们就是要去远方流浪。要是在野外,它们肯定会四散而去的。去年同样的时候,围墙里的居民们就离开了小镇,从此我再也没见过它们。

春天,到了交尾的时节,它们必须远行。在此之前一直是离群索居的蝎子,现在都放弃了它们独居的斗室,去作爱情的长途朝圣了。它们对自己的饮食毫不关心,出发去寻找自己的伴侣。在蝎子领地的石头当中,一定有一些区域可供它们碰面或集会。要不是担心夜里在它们那乱石嶙峋的山丘上摔断腿,我更宁愿去观看蝎子在自由的欢乐气氛中举行的婚礼庆典。它们在光秃秃的山坡上会做什么呢?似乎应该与玻璃围墙里的蝎子做的事没什么不同。选中了女伴之后,雄蝎便会手牵手地带着它,长时间地漫步在薰衣草丛中。虽然在野外不能享受我那引人入胜的小灯笼光,但它们却拥有一只无与伦比的大灯笼——月亮。

5月20日,并不是每天晚上都能看到雄蝎是如何邀请雌蝎去散步的。到了这个时候,已经有许多成双成对的蝎子从它们的石头底下出来了。它们这样手牵着手,在石头下面度过了整整一个白天,面对面一动不动地沉思着。夜幕降临后,它们仍然一刻也不分离,又重新沿着玻璃壁继续昨夜甚至更早之前已经开始的散步路程。也不知道它们是在什么时间、以什么方式配对的。其他的蝎子在偏远的小径上相遇,要对这些地段进行观察相当困难。当我看到它们时,已经为时过晚,配成对子的蝎子已经上路了。

今天,幸运女神向我微笑了[10]。一对蝎子就在我眼前,在灯笼的照耀下,配成了对。一只雄蝎兴高采烈地快跑着穿过蝎群,突然发现自己正面对着一只令它心仪的过路雌蝎。后者没有回绝它的邀请,事情就这样迅速地发展下去了。

两只蝎子额头碰着额头,螯钳拉着螯钳;它们大幅度地摇摆着尾巴,竖起身子,尾巴末端相互勾着,缓慢而轻柔地相互摩擦抚摸[11];这两只昆虫就像前面描述的那样直立起来。不一会儿,它们双双倒地,手指相握,二话不说便上路了。这样看来,它们刚才摆出的那个金字塔的造型应该是交配的前奏。虽然这个姿势在同性蝎子相遇时也并不少见,但它并不够标准,尤其是不那么庄重。在同性之间,这样的动作是不耐烦的表示,而不是友爱的挑逗;而蝎子的尾巴则是在相互敲打,而不是相互爱抚。

让我们跟着这只雄蝎去看看吧,它很快地倒退着离开了,一副情场得意的样子。途中遇上了其他雌蝎,它们排成行,好奇地看着这对情侣,或许还带着一点嫉妒。其中一只扑向被牵引着的雌蝎,抱住它的腿脚,拼命阻止这对情侣前进。雄蝎受到这样大的阻力,累得筋疲力尽,它用力摇晃,使劲拉扯,但都无济于事,散步没法继续下去了。雄蝎毫无悔意地抛下了自己的女伴。它身边就有另一只雌蝎。这一次,雄蝎简短地说了几句,没有其他表白,就抓住雌蝎的手,邀请它去散步。后者抗争了一下,脱身逃走了。

雄蝎又向好奇的旁观者中的另一只雌蝎示好,举动仍然那么没

[10]功夫不负有心人,等待到期望的观察结果,法布尔满心喜悦。

[11]法布尔对每一只昆虫都赋予人的情感,充满着对昆虫的关爱。

有礼数。雌蝎接受了,但这并不意味着它半路上就不会离开这个勾引者。不过对于轻浮的雄蝎来说,这没有什么关系!走了一个,还有其他的。那么,它需要的到底是什么样的配偶呢?遇上的第一只就行。

它终于找到了这遇上的第一只雌蝎,因为现在它正牵着已被自己征服的女伴,来到被灯笼照亮的区域。假如雌蝎拒绝前进,雄蝎就全力摇晃,将它拉向自己;假如雌蝎非常顺从,雄蝎的举止便会很温柔。散步的过程时停时续,有时停留的时间还挺长。

这时,雄蝎做起奇怪的体操来。它先缩回螯钳——说得更确切一些,是它的胳膊,接着又将它们伸直,它还要求雌蝎也交替着做同样的动作。就这样,它们自行组成了一个四边形的活动横杆,交替地张开合拢。经过这种柔软活动之后,活动杠杆便紧绷起来,一动不动了。

现在,它们额头碰着额头,两张嘴满怀柔情地贴在一起。为了形容这种爱抚,"亲吻"和"拥抱"这两个词语首先跳进我的脑海中。但我不敢使用这些词,因为蝎子没有头,没有脸,没有嘴唇,也没有脸颊。它们的前端如同被大剪刀硬生生地截断了一样,连鼻尖也没有。我们以为长着脸的地方,其实不过是蝎子难看的下颌壁罢了。

可是对于雄蝎来说,那个部位真的很美!它用比其他腿脚更加灵敏、更加灵活的前腿轻轻地拍打着情人那张可怕的面具,在它眼里,这却是爱人一张精致的小脸蛋儿,它还满怀快感地用自己的下颌轻咬着、逗弄着对方同样极其丑陋的嘴。真是温柔而天真到了极点。传说接吻是鸽子发明的,可我找到了比鸽子还早的接吻者,那就是蝎子。

雄蝎的心上人被动地任其摆布,可心里还是有溜走的念头。那么应该如何溜走呢?简单极了。雌蝎用自己的尾巴当棍子,打在热情过头的男伴的手腕上,后者立刻就松了手。这意味着要暂时分开。可到了明天,雌蝎不再赌气,一切又将继续下去。

5 月 25 日,我们在初步的观察中看到顺从的雌蝎打了雄蝎一棍,这说明雌蝎也有它任性的地方,会断然拒绝对方,也会突然要求分手。我们举个例子吧。

这天晚上,雌雄两只蝎子亲亲热热地散着步。它们找到一块瓦片,看来还挺合它们的心意。为了行动方便些,雄蝎松开雌蝎的一只螯钳,仅仅是一只,用自己的腿脚和尾巴将入口打扫干净。然后,它钻了进去。随着洞穴逐渐挖成,雌蝎似乎也心甘情愿地跟了进去。

可没过多一会儿,大约是住宅与时机都不合这位美人的意,它又倒退着出现在门口,一半身子已经出了洞穴。它抗拒着拉住自己的雄蝎,而后者则使劲往里拽,只是还没露出身子来。争吵十分激烈,一只在屋里奋力拉,另一只则在外面使劲扯。它们时而前进,时而后退,不分胜负。最后,雌蝎猛一用力,将男伴拉出洞来。

但是这对蝎子并没有分手,它们又到了外面,继续开始散步。在漫长的一个小时里,它们沿着玻璃壁走着,一会儿朝这儿转,一会儿朝那儿转,接着又回到了刚才的那块瓦片前,我敢肯定就是同一块瓦片。道路已经开通,雄蝎迫不及待地钻了进去,发疯似的将雌蝎往里拖。雌蝎在外面奋力地反抗着。它伸直腿脚,在地上划出道道痕迹,并将尾巴用力靠在瓦片拱起的部位上,就是不愿意进去。它这么抵抗可不是让我这个观察者扫兴。没有这样的前奏来点缀,交尾又有什么意思呢?

石头下的劫持者也不懈怠,它施展计谋,终于使反抗的雌蝎顺从地进了洞穴。十点的钟声刚刚敲响。我下半夜必须坚持守候,等着看结果;我要在恰当的时候把瓦片翻过来,看看下面的情况。良机难逢,可得好好利用。我会看到什么呢?

什么也没有。刚刚过了半个小时,顽抗的雌蝎获得了自由,离开洞穴逃走了。雄蝎立即从洞穴深处跑了出来,停在门口四处张望。它的美人儿已经跑了。雄蝎灰溜溜地回了家。它受了骗,我也一样。

朗格多克蝎子的交尾

六月来了。此前我担心强烈的光线会对蝎子们造成干扰，便一直将灯笼悬挂在外面，和玻璃壁保持一定的距离。由于灯光很微弱，让我无法观察到成双成对散步的蝎子是如何连在一起的。它们是不是主动牵起对方的手呢？它们的手指是不是组成一个交替互动的齿轮？或者说只有其中的一只采取主动？如果是，主动的又是哪一只呢[1]？让我们去准确地了解一下，因为这细节很重要。

[1]一连串问题的提出，既是作者研究的内容，也是读者感兴趣的问题。

我把灯笼放到笼子里面正中央的地方。各个角落都被照亮了。蝎子们一点都不害怕这些光线，反而高兴地向那儿靠拢。它们聚拢到灯笼周围；有一些甚至试图爬上去，以便更加靠近光源。它们依靠玻璃周围的框架，爬到了那里。它们抓住白铁皮的边，坚持不懈，全然不担心会打滑，最终到达了高处。在那里，它们一动不动，身体一部分贴着玻璃，另一部分贴着金属支架，整晚如痴如醉地看着那盏小灯的光芒。它们让我想起以前的大孔雀蝶，也沉迷在这灯笼的光辉下。

在灯笼脚下的亮处，一对蝎子立即行动，摆出了直立的造型。它们优雅地用尾巴相互拍打，接着便开始走动。只有雄蝎是主动的[2]。它用每只螯钳的两个指节紧紧抓住雌蝎螯钳相应的两个指节。只有雄蝎在用力握着，只有它能随时决定解除这相互套在一起的姿势，为此它只要张开双钳即可。而雌蝎却不能：它只是一个俘虏，劫持者给它戴上了拇指铐。

[2]巧妙地回答了开篇提出的问题。

在十分幸运的时候，我们还能看到更多。我撞见过雄蝎拉着它的美人的前臂向前走；也看到过它捉住美人儿的一条腿和尾巴往前拖。雌蝎曾经伸直双手，试图反抗着不走，但粗鲁的雄蝎性子太急了，把雌蝎推得侧翻在地，然后胡乱地抓住它。狐狸尾巴终于露出来了，这完完全全是诱拐，是暴力绑架，就像洛摩洛斯①的手下抢走

①洛摩洛斯：传说中古罗马帝国的缔造者。

萨宾②女人一样。

一想到这事迟早要以悲剧收场,我们会觉得这粗暴的劫持者对它的行为的执着似乎有点异常。按照惯例,婚礼之后雄蝎将被吃掉。多么奇怪的世界啊,受害者竟然会强行把杀它的祭司引上祭坛!

经过几夜的观察,我发现养殖场里体形最胖的雌蝎基本上不参加这成双成对的嬉戏。那些热衷于散步的雄蝎几乎总是去找年轻、肚子较小的雌蝎。它们要的是年轻姑娘。有时,它们也和其他雌蝎打个照面,碰碰尾巴,试着牵它们的手,不过这只是短促的逢场作戏,从不会得到这些雌蝎的好感。受到邀请的胖雌蝎刚被捉住手指,便用尾巴一打,提醒雄蝎们行为规矩,不得放肆。雄蝎被拒绝后也不坚持,放开雌蝎,两者就此分道扬镳[3]。

[3]作者把蝎子情侣描写得俨然是情窦初开的少男少女。不得不佩服作者的文学功底。

那些大腹便便的都是些上了年纪的胖雌蝎,对激情如火的交尾已不再关心。去年的这个时候,甚至可能更早一些,它们也有过自己的好时光,此后,它们感到足够了,再也不需要了。因为,雌蝎的妊娠期特别长,即便在更高等的动物中也很少有和它相类似的。它需要超过一年的时间才能让胚胎发育成熟。

我们再回头说说刚才看到的在灯笼下组成的那一对蝎子。我第二天早晨六点前去拜访。它们在瓦片下,保持着散步时的姿势组合,也就是说面对着面,手指捉着手指。在我观察它们的时候,又有两只蝎子结成了一对,并且开始长途旅行。它们这么早就开始远行,这让我非常惊讶;我从未见过蝎子在大白天干这种事,恐怕以后也很少看到。按照惯例,这种成双成对的散步都是在夜幕降临时才开始的。它们今天怎么会这么着急呢?

我想我看出了原因。今天是雷雨天气。整个下午雷打个不停,震耳欲聋。昨天刚庆祝了圣梅达尔节,他就打开了天上的水闸,于是整整一夜大雨倾盆。强大的电压和臭氧的气息让昏昏欲睡的蝎子隐士们兴奋了起来[4],它们的神经受到了刺激,大部分都来到自己的斗室门口,将螯钳伸出洞穴,探察外面的情况。有两只蝎子更加兴奋,它们出了洞,对雷雨的迷醉挑起了它们交尾的狂热,它们的

[4]法布尔通过观察发现,恶劣天气会对蝎子的交尾产生影响。

②萨宾:古代意大利部落,传说这个部落的女人都很漂亮。

身心完全被这种狂热占据了。它们情投意合,于是便在隆隆的雷声中迈着庄严的步伐开始散步了。

它们经过一些敞着门的小屋,想进去。可宅子的主人不同意。它出现在门口,挥舞着拳头,那架势仿佛是说:"滚到别处去,这里已经有主了。"于是它们只好走。在其他门口,它们遭到了主人同样的拒绝、同样的威胁。最后,由于没有更好的办法,它们只能钻进第一对蝎子昨夜就已入住的那块瓦片下面。

同住一室并没有引起纷争,新老住户肩并着肩,相安无事,它们各自陷入沉思之中,一动不动,不过手指仍然相互牵着。这种状况持续了一整天。晚上五点左右,两对蝎子分开了。雄蝎们似乎想同往常一样,去享受黄昏的欢愉时光,便离开了小屋。相反,雌蝎们却留在了瓦片底下。据我所知,尽管欢乐的雷声刺激着它们,但在这漫长的单独会谈中什么也没发生[5]。

[5]作者对自己的判断很有信心。

这种四只蝎子共处一室的例子并非独一无二。玻璃笼子里时常会有一些蝎子群,不分性别地聚在花盆碎片下面。我曾经说过:在它们的栖息地老家,我从未见过两只蝎子生活在同一块石头下。但我们不能因此就得出结论,认为它们残暴的习性会阻止邻里之间的任何往来,玻璃围墙里发生的情况说明,要是我们那样想,那就错了。围墙里的房间绰绰有余,每只蝎子都能选择一个住处,并且做独占欲极强的屋主。但这样的情况却根本没有发生。当热闹的夜晚来临时,这里就没有了他人不得侵犯的、只属于某一只蝎子自己的家。所有的房子都是大家的。只要愿意,任何一只蝎子都可以钻进它所遇到的第一块瓦片下面,原先的住户绝不会抱怨。就这样,蝎子们出门去,散散步,接着便随意钻进遇见的小房子里。黄昏的游戏结束时,它们会三只或四只一组,有时会更多,不区分性别,挤在一间狭窄的斗室里,共度夜晚余下的时光以及第二天的整个白天。此外,这里只不过是一个临时居所,第二天夜里,散步的蝎子们会随着自己的性子再换一个。固定居所只是在冬季使用。这群漂泊流浪的游民完全相安无事。即使一间屋子里有五只或六只蝎子,它们之间也从未发生过严重的纷争[6]。

[6]观察表明,朗格多克蝎子也喜欢群居,也可以和谐相处。

不过,这种相互容忍的情况只存在于成年蝎子之间,也许是它们有点儿害怕被报复吧。除了上述原因之外,这种和睦关系还有另外一个更加重要的动机,那就是:为了今后的相遇并共同筹划未来,蝎子之间的和平共处是必需的。因此,它们的性格变得温和了,但并没有完全改变,雌蝎们临产前的食欲总是旺盛得有点反常。

它们对刚孵出的孩子越是宽厚,对已经稍大但还不能生育的孩子就越发憎恨。就像童话故事中的巨妖一样,对它们来说,路上遇到的孩子也只是一块嫩肉罢了,仅此而已。

我对以下这可怕的场景总是记忆犹新。一只傻头傻脑的小蝎,身体还没有成年蝎子的三分之一或四分之一大,毫无歹意地经过一间小屋的门前。肥胖的蝎子太太从屋里出来,朝可怜的小家伙走去,用螯钳将它捉住,一针把它制服,然后安然地吃了起来。

少男少女们或迟或早都以同样的方式死在了玻璃笼子里。我踌躇着是否要替换掉那些被杀的小蝎子,因为这样做等于是在为屠戮提供新的牺牲品。原来我还有十二只小蝎子,没几天后就一只也不剩了。雌蝎根本不能用饥饿作借口,因为食物不但定时供应,而且非常丰富,可它们还是将小蝎子全都吞进了肚子。年轻固然美好,但在这个巨妖的世界里,却会带来可怕的弊端。

我很自然地将这种屠杀行径归结于妊娠期内产妇经常出现的怪癖。临产的雌蝎疑心重,气量小,对它来说,谁都是敌人,只要它有足够的力气,就要把这些敌人吃掉,以摆脱它们。而事实上,孩子们降生后,八月中旬就会很快离开母亲的监护独立生活,到那时,养殖场里就会呈现出一派祥和的景象。无论我怎样密切监视,也没看到一例以前频繁出现的同类相残事件。

此外,雄蝎们对保卫家庭漠不关心,也不会做出这些悲剧性的疯狂举动。它们性格温顺,尽管行事粗鲁,可也不至于将同胞们开膛剖肚。它们也不会为了争夺自己追求的姑娘而发生争斗。即使两名情敌为此发生争执,也不会殊死搏斗,匕首相见。虽然这种事不会平静地解决,但至少也不会诉诸以殴打的方式。

如果两名追求者遇到同一只雌蝎,其中的哪只能邀请它、带它去散步呢?这将取决于谁的手腕更有力。

两只雄蝎都用一只螯钳的指尖抓住美人儿靠近自己一侧的手。一只雄蝎在右,另一只在左,使尽全力向不同的方向拉。它们的腿脚用力向后撑着,作为杠杆,臀部轻轻颤动,尾巴摇摆着,为自己增添冲力。加油！它们又摇又晃，猛地向后退，拉扯着雌蝎，看起来就像要把雌蝎撕裂，各分一块带走一样。求爱的表白成了将雌蝎撕裂的威胁。

此外，它们之间没有任何身体的直接推搡，甚至没有用尾巴背面相互拍打。只有被撕扯的雌蝎在受虐待，而且十分粗暴。看着这两个狂热的家伙相互争夺的样子，我真担心雌蝎的胳膊会被扯断。不过什么都没有被拉脱臼。

两名对手的争斗没有结果，却都已精疲力竭，最后它们两只空着的手相互握在一起。这样，三只蝎子组成一个圈，又开始了更加激烈的撕扯争夺。每一只都动个不停，时而进，时而退，全力拉扯，直至气力用尽。突然，最疲惫的那只蝎子松了手，它逃走了，把自己全力争夺的温柔对象拱手让给了对手。胜利者立即用空闲的那只螯钳捉住雌蝎，和它配成对子，开始散步。而战败者呢，别为它担心，它很快就会在蝎群中遇到足以弥补自己窘境的雌蝎[7]。

再来看一个情敌之间和平竞争的例子。一对蝎子四处走动。雄蝎身材瘦小，却十分热衷于散步游戏。当它的女伴不愿意前进时，它便摇晃着拉拉扯扯，震得脊背一阵阵地颤抖。这时，突然出现了另一只更加壮实的雄蝎。它对雌蝎大姐一见钟情，便想占为己有。它会不会滥用蛮力，扑向瘦小的蝎子，将其痛打一顿，甚至刺上一刀呢？根本没有。在蝎子们之间，这种微妙的事情是不靠动武决定的。

壮汉没有为难小矮个儿。它直奔自己追求的姑娘，一把抓住雌蝎的尾巴。现在就看谁的力气大了，一只雄蝎在前拉，另一只在后扯。短暂的争斗之后，两只雄蝎各自拉住了雌蝎的一只螯钳。接着，一只雄蝎在左，另一只在右，疯狂地用力拉着，仿佛它们要把雌蝎大姐肢解了一样。最终，瘦小的雄蝎自认战败，松开手逃走了。大个子握住雌蝎那只被松开的螯钳，没有再发生意外，新的一对儿开始散步了。

就这样，从四月末直到九月初，在四个月的时间里，蝎子的交配序曲每天夜里都毫不厌倦地重复着。炎热的酷暑非但没有让这些狂热的蝎子安静下来，反而为它们注入了新的热情。春天里，我要隔一段较长的时间，才能撞见一对对长途跋涉的蝎子，而在七月份，我一天夜里能同时看到三四对。

我想借此机会了解散步的蝎子情侣们藏在瓦片下到底干了些什么，可收获不大。我希望从头到尾地看到那温情长谈的细节。但翻转花盆碎片的方法行不通，哪怕是在静谧的夜里。我尝试了好几次，全以失败告终。只要房顶一被掀去，蝎子伴侣就会重新开始跋涉，去另一个隐蔽所，在那里继续我无法持续观察到的事情。要完成这一棘手的任务，必须营造一些特殊的、用不着我们插手的环境。

现在，这种特殊的环境出现了。7月3日早晨近七点，一对情侣吸引了我的注意，我前一夜刚看到它们配成对子，四处散步并找地方住了下来。雄蝎在瓦片下，除了螯钳末端，整个身体都看不见。小屋太狭窄，挤不下它俩。雄蝎进了屋，而肚子溜圆的雌蝎却留在屋外，手指仍被男伴牵着。

它的尾巴弯成一个大拱形，懒懒地侧斜着，螯针的针尖放在地上。四平八稳的八条腿摆出后退的姿势，表明它有意逃走。而全身则纹丝不动。这天我总共探访了二十次这只胖雌蝎，我没有看到任何臀部的动作和姿势的改变，也没有看到尾巴任何的弯曲变化。就算它变成了石头，也不会像这样纹丝不动。

至于雄蝎，也没有更多的动作。虽说我看不到它，但至少能见到它的指节，它们能告诉我它是否换了姿势。两只蝎子已经这样一动不动地度过了夜里大部分时间，白天仍是如此，一直持续到晚上近八点。它们两两相对有什么感受呢？它们静止不动，手牵着手在做什么呢？假如允许的话，我会说它们在沉思。这是唯一能描绘那些表象的词。可是没有一种人类的语言能用恰当的词汇来形容相互牵着手指的蝎子们那幸福与沉醉的样子。对那些不可能理解的事情，我们还是保持缄默吧[8]。

八点左右，小屋外面已是热闹非凡，这时雌蝎突然一动，焦躁地用力挣脱了雄蝎。它收回一只螯钳，拖着另一只螯钳，逃之夭夭了。为了挣脱这条迷人的锁链，它用力太猛，以至于一边肩膀都脱臼了。它一边脱逃，一边用那只没有脱臼的螯钳探着路。雄蝎也离开了。今天夜里一切就都结束了。

这种成双成对的散步在整整一季的夜里一直进行着，它显然预示着更加重要的事件。在走到最后一步之前，散步者相互交流，展

[8] 两只蝎子和谐相处，其乐融融的样子用语言难以表达。

现自己的优雅之处,夸耀自己的优点。那么最终的时刻究竟什么时候才会来呢?在无尽的守候中,我的耐心慢慢地消耗着;我延长熬夜的时间,翻起花盆的碎片,满心希望能最终看到梳状栉的确切用途,可一切都是枉费心机:我没有得到任何一个满意的结果。

直到夜深人静之时,婚礼才会进入尾声,对于这一点我毫不怀疑。假如真能有幸在合适的时刻到场,我一定会克服睡意,直到黎明,只要是为了了解新的东西,我这对老眼皮还是能够坚持的[9]。可是我的不懈努力能有什么结果,这简直太渺茫了!

[9]法布尔为了观察研究昆虫,通宵达旦,乐此不疲。

这样的场面我是见过很多次的,甚至对此已经厌烦,我很清楚地知道:如果没有什么特殊情况发生,第二天早晨,我会发现瓦片下的那对蝎子仍然保持着前一夜的牵手姿势。要想成功观察到交配的场景,改变自己的生活习惯,连续三到四个月熬夜守候[10]。这样的计划实在是我不能承受的。我放弃了。

[10]"连续三到四个月熬夜守候",充分说明了科学研究的困难与艰辛。

只有一次,我隐约看见了这道令我朝思暮想的难题的答案。当我翻起石块时,雄蝎正翻转着身体,但仍然握着雌蝎的手;它肚子朝天,慢慢地后退着滑到它女伴的身下。当雄蟋蟀的恳求终于被雌蟋蟀接受之后,它也是这样行事的。蝎子夫妇只需一动不动地保持这种姿势,就可以完成交尾了;也许它们就是通过梳状栉的相互咬合来达到固定不动的目的的。但是,由于我这个不速之客的打扰,叠在一起的两只蝎子受到惊吓,马上就分开了。就我看到的这一点点情况,可以认为蝎子们交尾时所采用的姿势与蟋蟀差不多。除此之外,它们还手牵着手,梳状栉相互交错着。

对于后来发生在房里的事情,我了解得更彻底一些。让我们在供情侣们夜间散步后藏身的瓦片上做一个记号。第二天我们会在那儿看到什么呢?通常就是前一天夜里的那一对蝎子,它们面对着面,手牵着手。

有时候瓦片下只有雌蝎,雄蝎完了事之后想法脱身离开了。它之所以中止了洞房里的欢爱,是有重要原因的。事实上,尤其在五月,当这种爱情游戏进行得如火如荼之时,我常常能看到雌蝎将丈夫杀死,然后有滋有味地慢慢品尝。

谁是谋杀犯呢?毫无疑问是雌蝎。这种残忍的习性像螳螂,假如情人不能及时逃跑,便会被刺死并吃掉。依靠灵敏的身手和决断力,雄蝎有时候能够脱身,但并不是总能成功。它可以选择松开双手,因为是它主动握着对方的手。它只要抬起拇指,就能解除这种束缚。但还有梳状栉这个魔鬼机械,原先享乐的用具此时变成了圈套。它的两侧都长着长长的锯齿,它们啮合在一起,紧紧地咬着,也许还在痉挛,这样雄蝎要快速离开是不现实的。可怜的家伙完了。

雄蝎与威胁自己生命的雌蝎一样,拥有一根小毒针,它能,或者说它会,正当防卫吗?看来不会,因为受害的总是雄蝎。可能脊背朝下的仰卧姿势妨碍了它对尾巴的运用,因为蝎子的尾巴在使用时必须朝背部弯曲。此外,也许还有一种不可战胜的天性不允许它对未来的母亲拔刀相向。它任凭自己被可怕的新娘刺中,毫无反抗地死去。

纵欲的寡妇立刻开始吃死去的丈夫。它和蜘蛛的生活习性相似,不过蜘蛛没有蝎子那样的致命武器,因此只要雄蛛决策果敢,至少还有机会逃跑。

尽管雌蝎经常享用自己丈夫的尸体,但却没有严格的规定,吃多吃少得由它的胃口决定。我看到一些雌蝎对婚礼后的食物不屑一顾,只是简单地吃了死者的头,接着便把尸体扔到路上,连看都不看它一眼。我还曾看到这样的悍妇,在众目睽睽之下,伸直胳膊举着死去的雄蝎,在众人面前行走,仿佛举着一件战利品;接着,它再也不举行任何仪式,便把尸体完好无损地放下来,抛给了急不可耐的肉食者——蚂蚁。

朗格多克蝎子的家庭

有关生命问题的书本知识少而又少,这时候,与其去馆藏丰富的图书馆,还不如坚持不懈地观察事实[1]。在许多情况下,无知反倒不是一件坏事,因为这样思想便能自由地去探索,而不会为现有的书本知识所束缚。对此,我刚刚再度亲身体验了一番。

有一篇解剖学论文(出自一位大师之手)告诉我,朗格多克蝎子在九月份开始有家庭的负担。啊,要是我没有读过这篇论文该有多好!因为据我观察,朗格多克蝎子繁殖的时间是在九月份之前的,至

少在我们这儿的气候环境下如此,同时,由于我对蝎子的饲养观察时间很短,要是真的等到九月份,我可就什么都见不到了[2]。那样的话,为了最终能看到我想看到的场景,我就不得不进入第三个枯燥乏味的年头,继续观察和等待。要不是发生了特殊情况,我便会让稍纵即逝的机会溜走,耽误一年的光景,甚至还可能放弃这项研究。

的确,无知不全都是坏事,人迹罕至之处常常会有一些奇迹发生。这话是一位最最杰出的大师从前告诉我的,他对这条经验深信不疑。有一天,巴斯德①——就是那位不久之后便大名鼎鼎的巴斯德,突然敲响了我家的门。我知道他的名字。我曾经读过这位学者关于酒石酸分子不对称性的卓越论文。我也饶有兴趣地关注着他关于纤毛虫纲繁殖的研究进程。

在不同时代都有各自的科学奇想。当今是进化论的时代,过去则是自然发生论的时代。巴斯德用他的无菌圆烧瓶或故意造成有菌环境的圆烧瓶,通过严格、简单而高明的实验,一举推翻了所谓腐败物质的化学反应产生生命的无妄之语。

我知道巴斯德非常成功地澄清了这场纷争,便非常热情地欢迎这位名声显赫的访客[3]。这位学者是第一个来我这里探讨某些问

---

①巴斯德:法国微生物学家,化学家。

题的人。我把这一殊荣归功于自己被看作是物理界和化学界的同僚。啊,一个微不足道、默默无闻的同僚!

巴斯德是为了养蚕的事到阿维尼翁②地区来巡访的。几年来,养蚕场受到了莫名灾难的侵袭,陷入了困境。那些蚕儿不知什么原因都腐臭衰败了,变成了像石膏一样僵硬的杏仁糖。惊呆了的农民眼睁睁地看着自己的主要收入消失在眼前,不得不把自己为之耗费了大量心血与钱财的蚕儿一批批地丢进粪堆里。

我们简短地谈论了肆虐的灾情之后,便直截了当地进入了正题:

"我想看看蚕茧,"客人说,"我从来没有见过,只是知道名称而已。您能帮我弄到一些吗?"

"这太容易了。我的房东就是做蚕茧生意的,我们两家紧挨着。请您稍等一会儿,我这就去拿您要的东西回来。"

我几步奔进邻居家,往口袋里塞满了蚕茧。回来后,我把蚕茧给学者看。他拿起一个,在指间转来转去,好奇地观察着,就好像在看来自世界另一端的稀罕玩意儿。他把茧放在耳边摇了摇。

"有响声,"他十分惊讶地说,"里面有东西吗?"

"是的。"

"是什么呢?"

"是蛹。"

"什么,蛹?"

"就是变成蝴蝶之前,像木乃伊一样的毛虫。"

"所有的蚕茧里都有一个这样的玩意儿吗?"

"当然,蚕儿正是为了保护蛹才吐丝结茧的。"

"啊!"

接着,学者没再多说什么,把那些蚕茧装进了口袋,他肯定会在闲暇之余好好研究蛹这个新鲜玩意儿的。巴斯德强烈的自信令我惊讶。他连蚕、茧、蛹以及化蝶的过程都一无所知,却来这里拯救蚕儿。古代的斗士赤裸着上场格斗。同样,这位天才斗士也是赤裸上

---

②阿维尼翁:法国东南部城市。

347

阵,要与蚕场的灾难斗争。换句话说,他对自己要解救的昆虫,连最简单的概念都不了解。我感到震惊,甚至惊叹[4]。

可我对接下来发生的事情就不那么惊讶了。巴斯德又在考虑另一个问题,就是用加热的方法改良葡萄酒。他话题突然一转:

"让我看看您的酒窖吧。"他说。

让他看我的酒窖,那属于我的、寒酸的酒窖!过去,我这个穷教师微薄的收入不允许我在喝葡萄酒上花一点点钱,我只好在罐里加一把粗红糖和一些捣烂的苹果,任其发酵,酿出一种酸酸的劣等酒供自己饮用!我的酒窖!让他看我的酒窖!他怎么不让我给他看我的酒桶,我那些沾满灰尘、贴着葡萄年份和产区标签的陈年酒瓶呢!我的酒窖[5]!

我局促不安地想逃避学者的请求,试图转换话题。可他却坚持道:

"请让我看看您的酒窖吧。"

他这样坚持,我没有办法拒绝。我用手指了指厨房角落里一把没有草垫的椅子,椅子上摆着一个容积为十二升的缸。

"这就是我的酒窖,先生。"

"您的酒窖,就是这个?"

"我再有没别的了。"

"就这个?"

"哎,是的,就这个。"

"啊!"

学者不再多说,也再没有其他要求。看得出来,巴斯德完全不了解一贫如洗的辛酸苦辣。虽然我的酒窖、我的旧椅子,以及那空空如也的酒罐,在回答使用加热方法促进发酵的问题时哑口无言,但它在讲述另一些事实时却十分雄辩,而这些事实,我这位显赫的访问者似乎并不了解。他不知道有一种微生物,而且还是一种最为可怕的微生物,那就是扼杀善意的厄运。

虽然经历了那段不合时宜的关于酒窖的插曲,我还是对巴斯德的镇定自信惊讶不已。他对昆虫的演化一无所知。他第一次看到蚕茧,也是第一次听说蚕茧里有东西,而且这东西是未来蝴蝶的雏形,连我们南方乡下最不起眼的小学生都知道这事情,他却不懂。也就是这个新手,提出的问题如此天真,让我意外不已,却要对蚕儿的卫生状况进行改革,并且后来还在普通医学和卫生领域引起了一场革命。

他的武器就是思想,他不拘泥于细枝末节,而是在整体上把握全局。对他来说,化蝶、幼虫、若虫、蚕茧、蛹壳、蛹,还有成千上万的昆虫学小秘密又有什么重要!就他眼前的问题而言,这些细节也许最好一概不知。这样一来,思想便能更好地保持独立,大胆飞跃,只有冲破了一切已知的束缚,他的活动才会更加自由[6]。

巴斯德万分惊讶地听到蚕茧里发出声响,这个绝妙的例子鼓舞了我,我为自己制定了一条策略,就是采取无知的方法对昆虫的本能进行研究。我很少阅读。我不看书,这种方法太昂贵,我无法承受,也不向别人请教,而是顽固地与我的研究对象单独相处,直到它开口说话。我一无所知。这样更好,我只会更加自由地提问,根据获得的线索,今天朝一个方向去思考,明天则换一个截然相反的方向。假如我偶然翻开一本书,我会在自己的思想中保留一大块疑问的空间,就像在经过我开垦的土地上也会长着荒草和荆棘一样[7]。

因为先前对此没有留意,我差点儿浪费一年的时间。我太相信读过的书籍,没有预料到朗格多克蝎子会在九月之前繁殖,只是偶然地在七月份观察到这一现象。我认为蝎子繁殖的实际日期与预计日期之间的差异,是由于气候的不同造成的:我的观察地点在普罗旺斯,而为我提供信息的莱昂·杜福尔则是在西班牙观察。尽管这位大师十分权威,我本来还是应该多加小心。但我没有这样做,要不是那只普通黑蝎告诉我,我就要错过机会了。啊,巴斯德不认识蚕蛹,这是多么明智啊!

普通黑蝎体形较小,也不如朗格多克蝎子好动。为了用它们与后者进行对比,我把它们饲养在我工作间桌上的小广口玻璃瓶里。这些简单的瓶子不占地方,又易于观察,我每天都对它们进行观察。早晨,当我在记录本上用散文涂鸦之前,总忘不了掀起那块为住客们遮风挡雨的硬纸板,看看昨夜发生了什么。这样的例行拜访在大玻璃笼子里不太容易实现,那里的小屋太多,拜访时要将它们逐个

[6]巴斯德和法布尔两个科学家研究的领域不同,因此面对同一个研究对象,他们的关注点也是不同的。

[7]法布尔受到巴斯德的影响,采用新的观察策略研究昆虫。

翻转过来,然后再有条不紊地一一摆放整齐。而去检阅装着黑蝎子的瓶子只不过是一小会儿的事。

幸好我的眼皮底下一直有这个对照观察物。7月22日早晨六时许,我掀开硬纸板做成的顶棚,发现下面有一只雌蝎,背上聚满了它的孩子,就像披上了白色短斗篷一般。此刻,我突然感到既温馨又满足,这种越来越不常见的感觉是对观察者的补偿。我第一次看到雌蝎身上爬满幼虫的美妙景象。它分娩刚刚结束,一定是在夜间完成的,因为前一天这只雌蝎背部还是裸着的。

此外,还有其他的成功在等着我:第二天,又有一只雌蝎因身上爬满了小宝贝而变白;第三天,另外又有两只也发生了同样的情况。这样总共就有四只。超出了我原来的奢望[8]。看着四个蝎子家庭,过上几天安静的日子,人就能感受到生活的惬意。

[8]法布尔对来之不易的观察结果感到非常满意,也使他感受到生活的惬意。

更何况幸运女神对我分外垂青。自从我第一次在广口瓶里有了意外发现之后,便想到玻璃大笼子,我在想朗格多克蝎子是不是也会像黑蝎子一样早育。赶快去了解一下吧。

我把那里的二十五块瓦片全都翻转过来。真是大获成功!我感觉自己年迈的血管中似乎涌动奔流着二十岁时才有的热血与激情[9]。在其中的三块瓦片下,我发现了拖儿带女的雌蝎。有一只雌蝎生出的小蝎已经长大了一点,根据我后来的观察推断,它们的年龄大约有一个星期;另外两只雌蝎前一天夜里刚刚分娩,这一点可以从它们小心翼翼地保留在腹部下方的残留物中看出。我们不久将会知道这些残留物是什么。

[9]法布尔在收获到成功后焕发了青春,激动不已。

七月份结束了,八月与九月也过去了,我收集的蝎子中再没有任何添丁的迹象。因此,无论是黑蝎子还是朗格多克蝎子,它们繁殖的时间都是在七月的下半月。在此以后,一切便都结束了。但是,在玻璃笼子里的客人当中,还有一些雌蝎,它们的肚子和为我生出小蝎的那些雌蝎们一样大。我原来还指望它们能添丁加口,而且所有的迹象都让我满怀希望。然而,冬季来了,它们中没有一只满足了我的期待。看似就在眼前的分娩被推迟到了下一年:这又一次证明蝎子们的怀孕期很长,这在低等动物中是非常特别的。

我将每一只雌蝎妈妈连同它们的孩子分别装进容积较小的容

器里,以便对它们进行细致的观察。我早晨去拜访它们时,夜里分娩的雌蝎们的腹下仍有一部分小蝎。我用一根稻草将蝎子母亲支开,在那些还没有爬到母亲背上的小蝎堆里发现了一些东西,这些东西足以从根本上推翻书本在这个问题上给予我的那些少得可怜的知识[10]。书上说,蝎子是胎生的。这个学术词汇并不精确,小蝎子并非一出生就有着我们所熟知的身体形态。而且情理上也应如此。您想想,那伸直的螯钳,展开的腿脚和翘起的尾巴怎么可能进得了产道呢?如此笨重的小昆虫是无论如何也不可能穿过那狭窄的通道的。它出生的时候必定是被包裹着,占据的空间极少。

事实上,在蝎子妈妈身下找到的残留物中,我看到了卵,真正的卵,几乎与通过解剖从怀孕后期的卵巢中提取的卵相差无几[11]。小蝎子非常节省空间地被浓缩成米粒大小,尾巴贴腹部,螯钳压在胸口,腿脚紧缩在两侧,这样一来,小小的卵状颗粒表面便没有丝毫突起,能够轻柔地滑动。前额上的几个深黑色小点是眼睛。小昆虫漂浮在一滴玻璃般透明的体液中,这体液由一层极其细腻精致的卵膜包着,这暂时就是它的世界,它的环境。

这些东西确确实实就是卵。起初,朗格多克蝎子一次能产三十至四十枚卵,黑蝎则略少一些。由于耽误了对夜间分娩的观察,我只看到了尾声。可剩下的短暂片断却足以让我确信不疑。蝎子其实是卵生动物,只不过它的卵孵化十分迅速,幼蝎在卵产下的片刻之后,便能获得自由。

不过,幼蝎是怎么从卵中获得自由的呢?我极为有幸地看到了这一过程。只见蝎子妈妈用大颚尖轻轻叼住卵膜,将其撕开、剥下并吞进肚去。它小心翼翼地将新生儿剥离出来,温柔得就像母山羊和母猫吃胎膜的时候一样。虽然使用的工具很粗糙,可它对小蝎刚刚形成的肌肉没有造成丝毫的损害,也没有丝毫扭伤。

惊讶之余,我难以相信:蝎子为动物们首创了与我们人类非常相似的分娩行为。在遥远的石炭纪,当第一只蝎子出现时,这种温柔的分娩方式已在酝酿之中了。卵相当于长时间沉睡的植物种子,为当时的爬行类和鱼类所拥有,此后又为鸟类及几乎所有的昆虫所拥有,它与无比精致的生物机体同时存在,谱写了高等动物胎生行

[10]作者经过实践推翻了书本上的错误知识。事实雄辩地证明:实践出真知。

[11]用亲眼观察到的事实推翻了所谓的蝎子属于胎生的结论。

为的序曲。在胎生行为中,卵的孵化已不在体外、在事物冲突的威胁中进行,而是在母亲的腹中完成。

生命的发展并不遵循由平庸到更好、由更好到完美的渐进过程;它跳跃着变化,某些情况下前进,某些情况下倒退。海洋有涨潮和退潮。生命是另一种海洋,它比江河汇成的海洋更加深不可测,它同样也会有涨潮和退潮。它还会有其他发展方式吗?谁能断言有?谁又能断言没有呢[12]?

假如母羊不用嘴唇将胎膜剥开吃掉,羊羔将无法从襁褓中解脱出来。同样,小蝎也需要母亲的帮助。我看到过一些陷在黏液中的小蝎,只能在半扯开的卵膜中隐隐挣扎,无法解脱。它必须依靠母亲用牙一咬,才能获得自由。我们甚至怀疑在挣破卵膜的过程中,小蝎是否出了力。它太弱小,面对这个薄如洋葱瓣膜的生育袋膜,也无能为力。

雏鸟的喙末长着一只临时老茧,可供它凿开并打碎蛋壳。而小蝎子被压缩成了米粒大小以节省空间,只能一动不动地等待外界的救助。蝎子妈妈必须包办一切。它做得好极了,连分娩时产生的附属物都没有了,甚至连少数随同其他东西排出的不孕卵也不见了。现在,一丝一毫无用的碎片残渣都没留下,所有东西都进了蝎子妈妈的胃里,产卵的地方被打扫得一干二净。

就这样,幼蝎们被细心地剥去卵膜,干干净净,自由自在。它们通体洁白。朗格多克蝎子的幼仔从额头至尾尖体长九毫米,黑蝎的幼仔则为四毫米。剥离卵膜的清洁工作结束后,幼蝎们便一只一只不紧不慢地沿着蝎子妈妈平放在地面上的螯钳,爬上了母亲的脊背,后者之所以将螯钳这样放着,就是为了方便幼蝎的攀登。它们一只紧挨着一只,胡乱聚集成群,在母亲的背上形成绵延的一片。它们借助自己的小爪子,安安稳稳地待在那儿。假如在用刷子刷的时候不用一点力,要把这些柔弱的小生命扫下来还真不容易。蝎子妈妈充当的坐骑和它背上载着的幼蝎都保持这种状态,一动不动。实验的时候到了。

雌蝎身披由幼仔组成的白色薄纱短斗篷,这是值得注意的场面[13]。它一动不动,尾巴高高翘起。假如我拿一根稻草秆接近那

[12] 充满哲理,耐人寻味。人类的认识是没有止境的,任何真理都有相对性,不能故步自封。

[13] 用比喻描写出了众多幼蝎伏在雌蝎背上的形象,富有画面感。

群孩子,它便会即刻举起一双螯钳,一副被激怒的样子,这种态度即使是在它自卫时也很少有。它直起双拳,摆出拳击的架势,两只钳子张得大大的,做好了反击的准备。但它的尾巴极少挥动,也许是因为尾巴突然放松会牵动脊背,从而将背负着的一部分孩子抖落下来。有双拳的威慑足矣,它们勇猛、迅速、威风凛凛。

好奇心使然,我并不把这威胁放在心上。我刷落一只小蝎子,并把它放在母亲面前一指宽的地方。雌蝎看来并不操心这起意外事故;它原来静止不动,现在还是静止不动。为什么要为掉下来的孩子操心呢?它不一会儿就会自己脱离困境。幼蝎活动着腿脚,摆动着,接着就够到了母亲的一只螯钳,它敏捷地爬了上去,回到了兄弟姐妹的行列中。幼蝎重新坐上了鞍子,但并没有展现出小狼蛛的机灵劲儿,比起小狼蛛这个精通马上杂技的骑手来,幼蝎可差远了。

实验又以更大的规模重新开始。这一次,我让雌蝎脊背上的一部分幼仔掉了下来。小蝎子们四散落下,但距离母亲并不远。这一回雌蝎迟疑了相当长的时间。当这群孩子漫无目的地四处乱跑时,母亲终于为此着急起来。它将双臂——我用这个词来称呼蝎子带钳的前肢,围成半圆,一边耙地,一边掠过沙砾,将迷途的孩子们拨回身边。它的动作既笨拙又粗鲁,一点儿都没有考虑到会压伤孩子。母鸡用温柔的召唤让走远的小鸡回到自己的怀抱,雌蝎却用耙子将自己的孩子聚集起来。不过大家都平安无恙。小蝎子们只要一碰到母亲,就攀上去,重新聚集到它的背上[14]。

在这群幼蝎中,除了蝎子妈妈的亲生孩子以外,有一些陌生人的孩子也被很好地接纳了下来。假如我用刷子将一只雌蝎背上的孩子全部或部分地扫下来,并把它们放在另一只背着自己孩子的雌蝎附近,这只雌蝎也会像对待自己的孩子一样,用双臂将这些幼仔拢起,同时心甘情愿地让新来者爬上自己的脊背,就像它收养了它们一样——假如"收养"这个词不太浮夸的话。其实,蝎子妈妈并没有收养那些幼蝎。雌蝎和狼蛛一样愚蠢,分不清自己的孩子和别人的孩子,于是便把在自己腿边爬动的幼蝎都接进了自己的怀抱。

我原以为蝎子会像狼蛛一样散步,我们经常可以看到狼蛛背着一堆孩子,在灌木丛生的荒地上穿行。然而,雌蝎并没有这样的娱

[14]法布尔用两次实验证明,雌蝎对幼蝎有强烈的保护意识,这就是母爱的伟大。

乐消遣。一旦做了母亲,它便有相当长一段时间足不出户,即使在夜里,当其他蝎子嬉耍的时刻。它闭门守在自己的小房间里,不问吃喝,专注于喂养孩子。

事实上,这些柔弱的小生命必须接受一场棘手的考验,可以说它们必须再获新生。幼蝎们在一动不动的状态中准备着,身体内部也经历着一场类似于幼虫转化为成虫的变化。虽然它们已经初步具备蝎子的外形,但它们的轮廓仍然比较模糊,就好像穿过雾气看到的一样。可以推测,它们此时还穿着一件童装,只有脱去这件童装,才能变得细长轻巧,获得清晰的轮廓[15]。

[15]形象地表现了蝎子由幼虫到成虫的转化过程。

要完成这一工作,幼蝎必须在母亲背上一动不动地待上一个星期。此后会有一次表皮脱落,我有些顾虑是否可以将其称为蜕皮,因为它与此后屡次发生的真正蜕皮大相径庭。蝎子真正蜕皮的时候,前胸的表皮会裂开,蝎子就沿着这条唯一的裂缝脱身而出,蜕下一层干枯的外皮,外皮的形状和蝎子一模一样。空模子精确地保留着蝎子的轮廓。

而眼下发生的却是另一回事。我将几只表皮正在脱落的幼蝎放在一块玻璃片上。它们一动不动,似乎正在遭受磨难,几乎支持不住了。幼蝎的外皮并不是沿着一条特殊的裂缝裂开,而是前、后、两侧同时裂开,它们的腿脚从护腿套中脱出来,螯钳离开了护手甲,尾巴也脱了鞘。全身上下的外皮同时像褴褛的衣衫一样脱落。没有顺序,而且脱下的外皮全都是碎片。脱了皮之后,小蝎子便获得了正常蝎子的外形,此外,活动也更加灵活了。虽然它们还和原来一样体色苍白,但却很机敏,迫不及待地下到地面,在母亲身边奔跑玩耍。最惊人的变化是,它们猛然间长大了。朗格多克蝎子的幼虫身长九毫米,现在却已经达到了十四毫米。而黑蝎的身长则由幼虫时的四毫米变成了现在的六七毫米。身长增加了一半,而个头几乎是原来的三倍[16]。

[16]精确的数字说明,得益于法布尔日复一日的细致观察。

在对如此突飞猛进的成长惊讶之余,我们不禁要问其中的原因何在,因为这些小家伙们根本没有进食。它们的体重非但没有增加,反而因为脱了一层皮而减少了。个头增大了,但重量并没有增加。因此,发生在幼蝎身上的膨胀,在一定程度上就如同无机物受热膨胀一样。它们的体内发生了一种变化,将活分子组合成了更大的群体,这样,蝎子就可以在不增加材料的情况下增大个头儿。我想,假如有人有足够的耐心,配备有合适的器材,并对蝎子这种结构的快速变化进行跟踪,那么他一定会有所作为。鉴于我既无耐心又无器材,所以只好把这个问题拱手让给他人去解决。

脱落下的表皮呈白色条状,像一块块光滑的缎子,它们根本没有落到地上,而是粘在雌蝎的背上,尤其是靠近腿脚根部的地方;它们混杂地堆积在那里,形成一层松软的地毯,地毯上则是刚脱了皮的小蝎子。现在,充当坐骑的雌蝎背上多了一层鞍褥,更便于好动的幼蝎骑手安坐其上。小蝎子们无论是爬上还是爬下,这层破烂的衣衫成了稳固的鞍辔,为它们的快速行动提供了支点。

当我轻轻用夹子把小蝎子们掀翻时,我欣喜地看到,这些落马的小家伙非常敏捷地重新回到马鞍上面。它们抓住鞍褥的流苏边缘,用尾巴作杠杆,向上一跃,便回到了骑手的位置。这张奇怪的地毯真像是便于攀登的舷索,能保留一个星期左右而不解体,也就是说能一直持续到小蝎子离开母亲独立。这时,这层表皮就会整块整块或一片一片地自动脱落,当小家伙们全部四散到周围去以后,这层表皮便什么也不剩了。

与此同时,小蝎子们的体色开始显现:腹部与尾巴呈现出曙光的金黄色,螯钳则泛着琥珀那半透明的柔和光芒。年轻让一切都变得如此美丽[17]。这些朗格多克幼蝎,它们真的美极了。假如它们一直这样下去,假如它们没有一个不久就会造成威胁的毒囊,这些优雅美丽的造物一定会成为人们乐意饲养的宠物。不久,幼蝎们便会产生一丝朦胧的自由念头,它们很乐意地从母亲背上下来,在附近开心地嬉闹一番。假如它们跑得太远,母亲会警告它们,并用手臂当耙子,把它们从沙砾上拢回来。

雌蝎和孩子们在一起的场景几乎可以与母鸡和雏鸡们休息的温馨景象相媲美。小蝎子们大部分都在地面上,拥在母亲怀里;另外一些则停在白色的鞍褥上,这垫子很舒服。有几只沿着母亲的尾巴向上爬,停在尾巴的螺旋顶上,似乎很开心地从这个制高点居高临下地看着蝎群。突然来了一些新的杂技演员,它们将前者赶走并

[17]多么富有诗意的语言!

取而代之。看来,每个小家伙都想亲自体验一下在山顶平台上的新奇感觉。

大部分孩子依偎着雌蝎,小蝎子们一直不安分地动着,隐蔽在母亲的腹部下方,蜷缩着,只露出额头,黑色的眼珠一闪一闪。最好动的更喜欢母亲的腿,它对它们来说就好像是体操器械,它们在那儿荡起秋千来。接着,这群小蝎子不慌不忙地重新爬上了母亲的脊背,找到一个地方安坐下来,接着,母亲和小家伙们就都一动不动了。

小蝎子等待成熟以及准备离开母亲独立的时间持续一个星期,也就是在这段时间里,它们完成了不进食便将个头儿长大了三倍的奇特工作。孩子们总共在母亲背上待两个星期左右的时间。狼蛛背着孩子们要度过六至七个月,这些幼虫虽然不进食,但仍然灵活好动。而雌蝎的孩子们,至少在完成蜕皮、获得了敏捷的身手和新的生命之后,吃些什么东西呢? 母亲是不是会邀请它们一同进餐,并为它们留下其中最鲜嫩的食物呢? 不,它不邀请任何人,也不保留任何食物。

我喂给雌蝎一只蝗虫,这是我从小猎物中挑选出来的,我觉得它最适合那些娇弱的孩子。雌蝎慢慢地小口地嚼着食物,对周围的孩子视而不见。这时,有一只小蝎子从脊背上跑下来,爬上额头,俯下身子,也许它想看一看眼下正在发生的事。它的一只脚触到了母亲的下颚,便立即害怕地向后退去。它离开了那儿,这是明智的。那张正在嚼食的嘴巴非但不会赏它一口吃的,反而有可能将它突然捉住,在不经意间吞下肚去。

另一只小蝎子吊在蝗虫的尾巴上,而它的母亲正在津津有味地啃这只蝗虫的上半身。小蝎子试探性地咬着,撕扯着,想吃一小块。可尽管它坚持不懈地努力着,却没能吃成:肉太硬了。

这种场景我见怪不怪:幼蝎的胃口开了。假如雌蝎真的能想到喂它们一些食物,特别是那些适合蝎子宝宝娇嫩的胃的食物,幼蝎肯定会非常乐意地接受的,但雌蝎只管自己进食,是不会关心孩子的饥饱的。

啊,给我带来快乐时光的漂亮小蝎子们,你们究竟想干什么呢?

你们想离开这里,到远处去寻找食物,寻找适合你们的小小的猎物。我从你们那焦躁不安的游走中看出来了。你们逃离了母亲,而它也已经不再认识你们。你们已经够强壮了,分道扬镳的时刻到来了。

假如我真的有适合你们的微小猎物,假如我有足够的时间能为你们找到需要的食物,我愿意继续养育你们,但不是让你们住在出生的玻璃笼子的瓦片下,也不是让你们和那些老蝎子生活在一起。我知道它们心肠不是那么善良的。那些巨妖会吃掉你们的,我的小家伙们,连你们的母亲也不会放过你们。在它们眼里,从今往后你们就是陌生人了。而明年的婚礼时节,生性嫉妒的它们可能会吃了你们。所以为了你们考虑,你们必须离开这里。

你们住在哪里,又将吃些什么呢?我们最好就此分手吧,尽管我心中带着几分不舍。有那么一天,我会带你们去你们的栖息地——那骄阳似火的乱石坡,将你们放回大自然中。在那里,你们会找到伙伴,它们和你们差不多,才刚刚长大一点,独自居住在小石头下,有的小石头还没有指甲盖大,在那里,你们能比在我这里更好地学会如何为生存而战[18]。

[18]由于多种原因,法布尔有把蝎子放回大自然的打算。因为对蝎子已经产生了深深的感情,此刻,法布尔心中愁肠百结,既有不舍,又有对它的未来生存安危的担心。

萤火虫

在我们这个地区，像萤火虫这样众所周知的昆虫是不多的。这种稀奇的小动物在肚子的顶端点亮一盏灯，用来表达它对生活的美好祝愿。有谁不认识它呢，哪怕只是知道它的名字？炎炎夏夜，有谁没见过它在草丛里飞来飞去，犹如从满月里落下的银辉？古希腊人把它称为"朗比里斯"，意思是"尾部挂着灯笼的人"。它的学名也是来源于这个意思：提灯笼者被称为"Lampyris noctiluca"，即夜里发光的尾部挂着灯笼的人[1]。一经这样翻译，萤火虫的学名就显得既生动又准确，使它的法语俗称——"发光的蠕虫"相形见绌。

其实，萤火虫无论如何也不是蠕虫。哪怕就从外表上也能看出，它也不能算作蠕虫。它有三对运用自如的短腿，用于碎步爬行。到了成虫阶段，雄虫就会像真正的鞘翅科昆虫一样，披上合体的鞘翅。雌虫似乎没有得到上天的宠爱，无法享受飞翔的乐趣，它一生都保留着幼虫阶段的形态，雄虫在成熟和交配之前也是这样的，都是发育不全的[2]。但即使是在这个初始阶段，蠕虫这个名称也是不科学的。法语中有句俗语："像蠕虫一样一丝不挂"，用来形容身上没有任何起保护作用的遮蔽物。而萤火虫却是穿着衣服的，外皮就是它的衣服，它用自己的外皮来保护自己。此外，它的色彩也比较丰富，身体是棕栗色，但是胸部，尤其是内侧则是柔和的粉红色。每一节后部的边缘还分别点缀着鲜艳的棕红色小斑点。像这种色彩丰富的衣服，蠕虫才不会穿呢。

让我们暂且撇下这蹩(bié)脚的名称，来看看萤火虫的食物吧。有一位美食大师叫布里亚·萨瓦兰，他曾说："告诉我你吃什么，我就能说出你是什么样的人。"同样的问题，我们也可以对昆虫提出，因为对于动物而言，无论个头大小，吃饭都是头等大事。从动物的饮食习惯中所获得的信息，是它们生活习性中最重要的资料。好

[1] 介绍"萤火虫"名字来源于古希腊人形象的比喻，使读者对萤火虫心生喜爱。

[2] 介绍萤火虫成虫的雄性、雌性两种形态，激发读者阅读兴趣。

吧,虽然萤火虫看起来是那么天真温顺,实际上却是一种食肉动物,一个打猎时手段毒辣得罕见的猎手,它的主要猎物是蜗牛[3]。

这些细节昆虫学家们早就已经了解。但根据我的阅读,他们仍然知之甚少,或者说一无所知的,是萤火虫那独一无二的捕食方式。这种捕食方式,我至今也没有发现能与之媲(pì)美的。

萤火虫在享用猎物之前,先将它麻醉,使它失去知觉,就如人类奇妙的外科手术,在动手术之前先将病人麻醉,让他感觉不到痛楚一样[4]。通常,萤火虫捕捉的都是一些中等大小的蜗牛,还没有樱桃那么大。比如变形蜗牛,它们会在夏天成群结队地聚集在路边的稻草或是其他植物细长的枯秆上,一动不动地沉思着,直到酷暑消散。我就是在这些地方多次目睹萤火虫享用大餐的,而猎物则刚刚被它运用外科技术,麻醉在颤动的枯秆上。

不过萤火虫对其他捕猎场所也很熟悉。它常常光顾沟渠边,那里土地阴湿,植物丛生,是软体动物们的乐园。萤火虫就在地上捕猎。在这样的条件下,我可以比较轻松地饲养萤火虫,并细致地观察这位外科大夫的技艺。让我试着向读者展示这奇妙的场面吧。

我在一个广口玻璃大瓶中放入一些草、几只萤火虫和一些供它们猎食的蜗牛,蜗牛的个头儿适中,既不太大也不太小,主要是变形蜗牛。现在,让我们耐心等待吧。观察时要特别专注,因为我们等待的场面总是突然出现,而且稍纵即逝。

终于,这场面出现了。萤火虫先在猎物的身上探索了一番,蜗牛的身体通常都缩在壳里,只露出外套膜的一点赘(zhuì)肉。于是,萤火虫打开它的麻醉工具,这工具很简单,但十分细小,必须借助放大镜才能看得见。它由两片弯曲成獠牙的大颚构成,非常锋利,细小得如同头发末梢。在显微镜下,我们可以看到整个獠牙上有一条细沟。这就是它的工具。

萤火虫用它的工具屡次轻击蜗牛的外套膜。它的一举一动都很温柔,看起来不像是叮咬,而是毫无恶意的亲吻[5]。小伙伴之间嬉闹扭打的时候,会经常用手指尖轻捏对方,我们以前称此为"拧",这只是挠痒,而不是真正的攻击。就让我们也用这个字来形容萤火

[3]将萤火虫的美丽外表、天真温顺与凶残的食肉本性相对比,令读者印象深刻。

[4]作者以"外科手术"比喻萤火虫捕猎时对猎物的麻醉行为,形象生动。

[5]萤火虫在捕猎时讲究技巧,麻痹猎物,使其丧失防范意识,任凭萤火虫的进攻。

虫的举动吧。在同动物谈话时,使用一些孩子的语言是没有关系的,这是天真朴实的人相互了解的真正办法。

萤火虫"拧"得很有分寸,也很有章法,不紧不慢,每拧一下就停一会儿,似乎要观察每一下所产生的效果。拧的次数并不是很多,最多只需五六次,就能把猎物制服,并让它一动不动[6]。可能在进食的时候,萤火虫还会用獠牙再拧蜗牛几下,但我无法描述,因为此后发生的事情我并不是很清楚。但是,起初拧的那几下虽然次数不多,却足以让那软体动物一动不动、失去知觉,因为这种麻醉方法实在是太迅速了,几乎像闪电一般;无疑,萤火虫用它那带有沟槽的獠牙,将某种病毒注入了蜗牛体内。这种注射看起来没什么害处,但见效奇快,证据如下:

当萤火虫刚刚在一只蜗牛外套膜的赘肉上刺了四五下的时候,我就把这只蜗牛拿出来,并用一根细针刺它身体的前部,也就是这只蜷缩在壳里的软体动物露出的部分。被刺的肌肉连一点颤抖的迹象都没有,对针的刺激毫无反应。真正的尸体也不过如此了。

还有更加有力的证据。有时,我会碰巧看到正在前进中的蜗牛遭到萤火虫的袭击。这些蜗牛的脚微微蠕动,触角鼓起,身体完全展开。突然,软体动物做了几个异样的动作,看得出它受到了短暂的刺激。接下来,它就完全静止不动了,它的脚再也不能前进,身体的上半部分也没有了原先天鹅颈般优雅的弧线;触角松弛下来,在自身重量的作用下摇晃着,弯曲成了折断的棒子。这种状态可以持续很长时间。

这只蜗牛真的就死了吗?完全不是这么回事,我能轻而易举地让它从假死状态中苏醒过来[7]。这种不生不死的奇特状态持续了两三天后,我把病人隔离开,还对它进行了一次淋浴,这是健康蜗牛非常喜欢的,虽然它并不一定就能让病人复苏。

两天之后,这个刚被萤火虫的诡计暗算的隔离病人恢复了正常。它逐渐复苏了,慢慢恢复了活动能力和知觉。它对针刺有了反应,四处爬动,晃动触角,就像什么大事也没有发生过一样。那种麻木得类似于大醉的状态完全消失了。原来被认为已死的蜗牛又复

[6]运用拟人手法,描写萤火虫制服猎物时的技巧。

[7]萤火虫有独特的捕食方式,即先用毒液将蜗牛麻醉至"假死"状态。

生了。这种暂时消除猎物行动能力和痛苦的方式应该叫作什么呢？我看除了麻醉，没有更贴切的叫法了。

许多肉食性膜翅科昆虫的幼虫以遭到麻醉但尚未死去的猎物为食，通过它们的种种壮举，我们认识了这类昆虫麻醉者的高超技术，它们利用毒液麻痹猎物的运动神经中枢。眼前就有一只不起眼的小动物在事先麻醉它的猎物。麻醉——这现代医学外科的奇迹之一，实际上并不是由人类发明的。早在多少世纪之前，萤火虫和其他昆虫显然就早已掌握了这门技术。动物的这种技术领先了我们许多，只是操作的方法有所不同。我们的外科医生在手术前让病人吸入以太或其他麻醉剂的气体，而这昆虫则用它上颚的獠牙向猎物注射一种极小剂量的特殊病毒[8]。人类有一天能从中得到启示吗？假如我们更深入地了解这种小动物的秘密，未来必定会有超凡的发现在等着我们。

蜗牛这个对手天性不会伤人，而且特别温和，绝对不会主动挑起争斗，那么萤火虫为什么还要利用麻醉的方法来对付它呢？我想我大约发现了其中的原因。阿尔及利亚有一种昆虫叫毛里塔尼亚德里尔虫，不会发光，但构造，特别是习性与萤火虫很相似。它也以地上的软体动物为食。它的猎物是一种圆口螺，螺旋形的外壳线条优雅，由一片石质的螺盖封得严严实实，而螺盖则由一块强壮的肌肉连在这小动物的身上。螺盖像一扇活动门，只要住户往壳里一缩，门就会迅速地关上；开的时候也很简单，只要里面的隐居者一出来，门就开了。封得这样严实的外壳是不可能打破的，这一点德里尔虫也知道。

它用吸附器（等一会儿萤火虫会向我们展示同样的器官）吸附在螺壳表面，伺机等待，哪怕等上几天几夜。最终，由于需要空气和食物，被围困在壳里的猎物不得不出现了。至少，门微微打开了一些，这已经足够了。德里尔虫立刻上前，发起进攻，门再也关不上了。从此，进攻者成了这堡垒的主人。人们起先可能会认为有一把锋利的剪刀迅速剪断了连着螺壳的那块肌肉。这种想法是错误的。德里尔虫的下颌并不具备这种工具，能如此迅速地侵蚀一大块肌肉

[8]将萤火虫的毒液和外科手术时的麻醉剂相比较，使读者更容易理解。

组织。攻击必须在第一次接触的时刻就马上成功,否则,仍然充满活力的猎物将缩回壳内,围困就将重新开始,而且将更加困难,昆虫忍饥挨饿的日子也将无限期地拖延下去。虽然我所在的地区没有毛里塔尼亚德里尔虫,我也从来没有见过它们,但我还是认为它的攻击手法极有可能和萤火虫的相同。这种生活在阿尔及利亚的昆虫,和吃蜗牛的萤火虫一样,并不将猎物剁碎,而是趁螺壳盖打开的瞬间,轻松地拧几下,将猎物麻醉,让它动弹不得。对它来说这就足够了。围困者这时就可以安然自得地钻进螺壳里,享用肌肉完全失去反应的猎物。这就是我仅以逻辑为根据而推测出的结果[9]。

[9]作者列举毛里塔尼亚德里尔虫捕获蜗牛的实例,科学地推测萤火虫攻击、食用蜗牛的方法。

让我们再回到萤火虫的话题上来。如果蜗牛在地面上,无论它是在爬动还是缩在壳里,攻击都是易如反掌的。蜗牛壳没有盖,因此隐居者上身的大部分都是暴露的。这个部位(由于害怕死亡而缩紧的外套膜的边缘)是软体动物最脆弱的地方,完全无法保护自己。但是,蜗牛也经常待在高处,吸附在禾本科植物的茎秆上,或是一块石头光滑的表面上。这些支撑物充当了它的临时壳盖,挡住了所有不怀好意想伤害壳内住户的侵略者。不过这需要一个条件:与蜗牛壳圆形开口接触的地方不能有一点点缝隙。相反,如果像经常发生的情况那样,蜗牛壳的开口和支撑物表面不完全贴合,在某一点上就会有缝隙,无论这缝隙多么小,萤火虫那纤细的獠牙都能叮到里面的软体动物,并让它立刻陷入动弹不得的状态,接下来萤火虫就可以安心地享用猎物了。

事实上,萤火虫的这些行动都是很审慎的。作为攻击者,它对猎物下手必须很轻,不能让后者缩回壳里,因为这样会让它脱离支撑物,至少会让这惬意地打着盹儿的家伙从高高的枝秆上掉下去。对萤火虫来说,让猎物掉到地上等于是失去了猎物,因为它对搜索捕猎并没有很高的热情;它只是利用幸运之神送到面前的猎物,而不想苦心搜寻。因此,在进攻时,最好不要破坏猎物的平衡,因为后者把自己高高地挂在枝秆上,只用极少的黏液固定自己;猎手必须审慎行事,不让猎物感到痛苦,因为痛觉会引发肌肉反应,使猎物掉下去,这样到手的大餐也就飞了。如此看来,绝妙的办法就是突然将猎物麻醉，并让它陷入沉睡，萤火虫也就可以达到目的，安安稳稳地享用大餐了。

它是怎么享用蜗牛的呢？是真的吃吗？也就是说将猎物切割，分成小块，然后用咀嚼器官将其磨碎吗？我看似乎不是这样。我从来没有在我那些萤火虫俘虏的嘴边发现一丁点固体食物的痕迹。严格地说，萤火虫并不在"吃"，而是在吸；它采取类似于蛆虫那样的方法，将猎物转化成稀薄的流质，然后再吸食。它像蛆虫这双翅类昆虫的肉食性幼虫一样，知道如何在食用之前先把猎物消化，也就是说在食用之前先将猎物液化。具体过程是这样的：

萤火虫刚将一只蜗牛麻醉。即使有时猎物的体形很大，比如那种普通的散大蜗牛，萤火虫也几乎总是独自完成对它的麻醉。可此后不久，客人们就陆陆续续地来了，两只、三只，甚至更多，它们并没有与猎物真正的主人发生争执，而是大吃大喝起来[10]。让它们这样在猎物上操作两三天，然后再把蜗牛壳翻过来，开口朝下，这时壳里的液体就会流出来，像大锅里的肉汤被打翻了一样。当这些食客们喝饱了肉汤离开时，壳里就只剩下零星的残羹冷炙了。

很明显，蜗牛身上不断被咬出细小的伤口，这一过程就像我们先前看到的"拧"的动作一样。此后，软体动物的身体就化成了肉汤，客人们不分彼此，一同享用，每一位都用一种特殊的胃蛋白酶对肉汤进一步地液化，再将其瓜分。根据这种事先将食物液化的方法，我们可以推测：萤火虫的嘴里除了那两颗獠牙——这是用来给猎物注射麻醉病毒，或许还用来分解猎物肌肉的体液之外，没有什么有力的工具。不过，这两颗细小得要用放大镜才看得到的工具，似乎还有其他用途。它们是中空的，类似于蚁蛉的工具，后者不需要将猎物肢解，就可以吮吸并抽干它的体液。但是两者之间有一个巨大的区别：蚁蛉吮吸完之后会剩下许多残骸，并将其丢到自己在沙地里挖的漏斗状陷阱外面；然而萤火虫却是将猎物液化的专家，它会把猎物吸得精光，或者说几乎一点不剩。虽然这两种昆虫使用相似的工具，但前者只是吮吸猎物的血液，而后者却事先将猎物液化，然后再把它吃得干干净净。

[10]萤火虫对自己的劳动成果毫不吝啬，慷慨地与"食客"共享。

363

而且萤火虫的这一切做得都非常精确，虽然有时蜗牛的平衡极不稳定。那些饲养虫子的广口玻璃瓶为我提供了很好的例子。关在瓶子里的蜗牛在玻璃上爬行，经常来到接近瓶口的地方，那里有一块玻璃片封着，蜗牛用一种黏性不强的黏液吸附在那里。这软体动物吝啬于使用黏液，只会在那儿作暂时的停留，只要有一点轻微的撞击，蜗牛就会脱离玻璃表面，掉到瓶底。

至于萤火虫，它也经常能爬到那里，它可以依靠一种上升的器官，来弥补腿脚的不足。萤火虫先选择好猎物，仔细地观察一番，寻找可以下手的缝隙，接着就那么轻轻一咬，使猎物失去知觉，然后便立刻开始制造肉粥，供自己今后几天食用。

食客离开时，蜗牛壳已经空空如也了，但是，仅靠着微弱的黏着力而吸附在玻璃上的壳并没有掉下来，甚至连位置都没有移动过，即使有移动，也是细微得根本看不出，蜗牛隐士没有任何反抗，就在遭到第一次攻击的地方被化作了肉酱，然后被吸干。这些细节告诉我们，萤火虫的咬伤有多么迅速的麻醉力，也表明它吸食蜗牛的手法是多么高明，它没有将蜗牛从光滑垂直的支撑物上碰落，蜗牛壳仅靠一条黏性很差的黏液吸附于玻璃上，甚至连动都不动。

在这样的平衡状态下，萤火虫那既短又不灵活的腿脚显然是不够的，它还需要一种特殊的器官，来对付光滑的表面，抓住难以攀附的东西。萤火虫确实拥有这种器官。它的尾部有一个白点，在放大镜下看去，是十二根短小的肉刺，它们时而合拢成团，时而张开呈蔷薇花状。这就是萤火虫的吸附和运动器官。如果它想让自己吸附在某个地方，即使是非常光滑的表面，比如草秆上，它就会让蔷薇花绽放开来，并将它们完全摊开在支撑物上，这样，蔷薇花就可以利用自身的黏着力附在支撑物上了。同时，这个器官一上一下，一张一合，大大方便了萤火虫的行走。总之，萤火虫是一种另类的双脚残疾者，尾巴上长着一朵可爱的白玫瑰，那是一只长着十二根指头的手，这些指头没有关节，能向四面八方伸展活动，它们呈管状，不能攀抓，却可以黏附在支撑物上[11]。

这个器官还有另一种用途，那就是充当清洁身体用的海绵和

[11]运用比喻，形象通俗地解释了萤火虫吸附和运动器官的作用。

刷子。在餐后休息的时间，萤火虫就用这把刷子一次又一次地清洁自己的头、背、腰两侧和尾部，它的脊背非常灵活，所以能完成这项工作。它从一个部位刷到另一个部位，从身体的一端扫到另一端，既细心又耐心，看得出它对这项清洁工作很重视。这样细心地清洁自己的身体，将它擦亮，扫去灰尘，是为了什么呢？看起来是为了扫去几粒灰尘，或者是为了擦去由于捕捉蜗牛而留下的黏液。从蜗牛的肉缸里重新爬上来，这一点清洁工作不算太多。

如果萤火虫只会用亲吻般的"拧"将猎物麻醉，而没有其他才能，那么它只能是默默无闻；但是，它还会亮起一盏信号灯，让自己闪闪发光，这为成名提供了绝好的条件。让我们特别来看一看雌萤火虫，它们成年之后还保持着幼虫的形态，在夏日的酷暑中发出灿烂的光芒。

雌虫的发光器长在虫体的后三节。在前两节的腹部这一面，有一大块带状的发光器，几乎遮住了整个拱状的腹部，在第三节上，发光部位小得多，只是两个新月形，或者说两个点状的亮点，光从背部透射出来，从萤火虫的背部或腹部都可看见。带状和点状的发光器发出一种美丽光亮，白中透着微蓝。

因此，萤火虫的全部发光器可分为两组：一组位于身体最后一节之前的两节上，是一大块带状发光器；另一组在身体的最后一节上，是两个光点。那两块带状发光器是成年雌虫独有的特征，也是亮光最强的部分。为了欢庆自己的婚礼，未来的母亲换上最华丽的装束，点亮两条灿烂的光带。但从出生时到这之前，它还只有尾部那不起眼的昏暗的烛灯。对雌萤火虫来说，这灿烂的光芒是它蜕变和发育结束的标志，而对普通昆虫来说，这一标志是长出翅膀、能够飞翔。同时，当雌虫发光时，也预示着交尾期已经临近。雌虫没有翅膀，也不会飞翔。它一直保留着幼虫朴实的外形，但却亮起了夺目的灯光[12]。

至于雄萤火虫，它完全地发育了，外形改变，长出了翅膀与鞘翅。它像雌虫一样，从孵化的时候起，只拥有尾部最后一节的微弱灯光。无论雌雄，不管季节，这种尾部发光的特性是整个萤火虫家

[12]《昆虫记》的文学色彩浓厚，通俗易懂。以上两段在介绍萤火虫发光器的构成时，描写具体细致、生动活泼。

族所共有的,从刚出生的幼虫开始,一直贯穿它们的一生,没有任何改变。此外,这种亮光在萤火虫的背部和腹部都可以看见,而雌虫所特有的两条光带却只在腹部发光。

过去我曾有可靠的双手和敏捷的视力,如今却已所剩无几,不过我还是依靠这些仅存的能力,对萤火虫进行解剖,以分析它们的发光器的结构[13]。我还算利索地把一条发光带的大部分从表皮碎片上剥离下来,放在显微镜下观察。我发现上面附着一层白色涂料,由一种特别细腻的颗粒状物质构成。这肯定就是发光物质。然而,我的双眼已经过于疲惫,不可能再对这层白色物质做进一步的观察。紧靠着这块发光带,有一条奇特的导管,主干短小而特别粗壮,一下分成许多的细小分支,就像是茂密的灌木。这些分支延伸到发光层的表面,甚至深入其中。这就是萤火虫的发光器。

发光器的运作要依靠呼吸器官,这是一个氧化的过程。白色涂层提供可氧化的物质,那根分成许多灌木状细小分支的导管向这物质输送气流;现在需要弄清的是这涂层是由什么物质构成的。

根据化学的解释,我最初想到的是磷。有人把萤火虫进行焚烧,通过激烈的化学反应来检测其中的化学单质。据我所知,没有人利用这种方法找到令人满意的答案。在这里,磷并不是发光的原因,尽管我们有时称萤火虫的光为磷光。答案在别处,在一个未知的地方。

我们对另一个问题了解得更多一些。萤火虫是不是能随心所欲地散发它的光芒呢?它能不能自如地点亮、减弱、熄灭它的光呢?又是怎样做到这一点的?它是不是有一个不透明的屏风朝着光源,将它或多或少地遮住,或者它总是将光源暴露在外?其实这种机制没什么用处。萤火虫有更好的办法,来操纵自己闪光的灯塔[14]。

伸向发光层的粗大导管中空气流量越大,萤火虫的亮度也越大,导管随着萤火虫的意志,减慢甚至暂停空气的输送,光也随之减弱甚至熄灭。总的说来,这是灯光随着到达灯芯的空气量而变化的机制[15]。

外界的刺激会导致空气导管运作,进而对发光产生影响。这里要区分两种情况,一种是成年雌虫才拥有的装饰——灿烂的光带;另一种是任何年龄、任何性别的萤火虫都有的、长在身体最后一节上的不起眼的小灯笼。在后一种情况下,当虫儿受到外界刺激时,光会突然完全熄灭,或几乎完全熄灭。我在夜间搜索体长大约为五毫米的小萤火虫时,能清楚地看到草茎上发光的小灯笼,但只要动作稍有闪失,晃动了几根附近的树枝,灯光马上就会熄灭,我所觊觎①(jìyú)的小动物也随之消失了。至于那些大个儿雌虫的光带,即使受到强烈的刺激,也只有细微的变化,甚至经常没有变化。

我在饲养着一群雌萤火虫的露天钟形金属罩边放了一枪。枪声一点效应也没有,灯光依然如旧,明亮而且宁静。我用一个喷雾器在这群虫子身上洒了一场细细的冷雨,没有一盏灯因此而熄灭,最多也只是一部分萤火虫闪光的时候稍有迟疑。我向罩子里喷了一口烟,这一回迟疑更加明显,甚至有些灯光熄灭了,但时间很短。虫儿们很快恢复了平静,灯光重新亮起,而且比以前更亮。我用手指捉住几只雌虫,翻来翻去地招惹它们,灯光继续亮着,只要我不用拇指使劲挤压,光亮丝毫不会减弱。在这即将到来的交尾期里,雌虫对自己的光芒充满了极大的热情,只有很严重的原因才会使它完全熄灭自己的信号灯。

认真考虑了所有这些因素之后,我们知道,萤火虫无疑能自己控制灯光,随心所欲地将它点燃或熄灭。但是有一种情况,萤火虫的意识控制不起作用。我从表皮上取下一块附着发光层的碎片,将它放进玻璃试管中,并用湿棉花球堵住管口,以防水分蒸发得过快。这块死皮仍然光亮如故,不过亮度不及原来在活虫身上时。

这说明,发光层并不一定需要附在活虫身上才能放出光来。氧化物质,也就是发光层,是直接和周围空气接触的,并不一定需要由导管输送氧气,光亮可以自由产生,就像真正的化学元素磷直接接触空气而发光一样。另外,在含有空气的水中,光就像在空气中一样明亮,但在煮沸后失去了空气的水中,它就熄灭了。这一事实再

①觊觎:渴望得到不该得到的东西。(多为贬义)

充分不过地证明了前面我所说的观点，即萤火虫的灯光是一种缓慢的氧化过程。

这种光芒是白色的，宁静而不刺眼，让人想起圆月上落下的银辉。它虽然很亮，但照明能力却很低。将一只萤火虫贴在印刷出来的一行字上移动，我们完全可以在漆黑中逐个地读出每一个字母，甚至不太长的整个词，但一旦超出那狭窄的范围，就什么都看不见了。这样的灯是会很快让看书人失去耐性的。

假设一群萤火虫聚集在一起，几乎能碰到对方。每一只虫放光时，似乎应该能通过反射照亮它旁边的虫子，这样我们就可以看清其中的每一只。然而事实并非如此。这些光只是混乱地聚在一起，即使从不远的距离看去，我们也看不清萤火虫的清晰形状。所有的光芒将发光的萤火虫都模糊地混在一起了。

照相术为此提供了一个明显的证据。我在露天的钟形金属网罩下饲养着二十来只雌萤火虫，它们都闪耀着最为灿烂的光芒。网罩中央有一小丛百里香充当小树林。夜幕降临后，虫儿们爬上这座小阁楼，使出浑身解数，朝各个方向展示它们发光的服饰。于是，这些光沿着小树枝，组成了一串串精美的图案，我期望这些图案能在照相板和相纸上留下美妙的效果，但希望落空了。我得到的只是些形状飘忽的白点，只不过根据虫儿们数量的多少，某些地方白点密一些，某些地方则疏一些。萤火虫本身完全不见踪影，更不要说那一丛百里香了。由于没有恰当的照明，那美轮美奂的灯彩成了黑底上模模糊糊的一些白点。

雌萤火虫的灯光显然是对伴侣的召唤，邀请雄萤火虫前来交配。但我们注意到，这些灯光都位于腹部的内侧，朝着地面，而被召唤的雄萤火虫却是在上面的天空中任意飞舞的，有时距离很远。从正常的位置来看，寻找伴侣的雄萤火虫是看不见这诱惑的灯光的，成年雌虫尾部不透光的部分将它遮住了。这灯光本应在背上闪耀，而不是在腹部，否则它的光芒就会被遮住。

然而，这种不正常的状态却巧妙地得到了纠正，因为每一种雌性动物都有它招引雄性的小花招。每天晚上，当夜幕降临的时候，钟形罩下的囚犯们都会爬上我用来装饰牢笼的那丛百里香,来到高处枝条的顶梢最显眼的地方。在那里,它们不像刚才在灌木丛下时那么安静,而是开始做一种激烈的体操,它们扭动灵活的尾部,以断断续续的动作,朝各个方向旋转,一会儿朝这边,一会儿又朝那边。这样,所有寻找配偶的雄萤火虫经过附近时,无论它是在地面还是在空中,总能看到那时不时闪现着召唤它们的尾灯。

这与利用旋转的镜子捕捉云雀的原理一样。当镜子静止不动时,鸟儿对它无动于衷;然而当它转动起来,快速反射出细碎的光芒时,鸟儿就会着迷。

如果说雌萤火虫有它吸引伴侣的绝招,那么雄萤火虫也有一种光学器官,能从很远的地方捕捉到最微弱的信号灯光。它的前胸胀大呈盾形,大大超出头的范围,就像一个帽檐或灯罩一样,其目的似乎是为了使视野的范围缩小,集中目光,以辨别发光点。帽檐下面是两只相对巨大的眼睛,它们明显地突起,呈球冠形,相互连在一起,中间只留下一条细细的沟槽,里面插着触须。萤火虫的整张面孔几乎都被这对眼睛占据了,它藏在那个由前胸的大灯罩形成的洞穴底部,简直就像希腊神话里独眼巨人的大眼。

萤火虫交尾时,灯光会暗下去许多,几乎就要熄灭,只剩下尾部最后一节的小灯还亮着。当大群迟迟没有找到心上人的夜游虫们在附近低声吟诵一番祝婚歌词时,一盏不引人注目的小长明灯就足以照亮新婚之夜了。交尾后紧接着就是产卵。它们可以随时随地产卵,有的时候产在冰凉的地面上,有的时候产在一片草叶上。这些发光的虫子对于整个家族的感情是完全不存在的。

很奇特的是,萤火虫的卵是发光的,甚至当它们还在母亲腹部的两侧时也是如此。要是我不小心捏扁一只大腹便便的待产雌虫,手指上就会留下一道发光的痕迹,就好像我弄破了一个装满了磷光液体的小瓶子似的。放大镜告诉我,我搞错了。这种光其实来自从卵巢中用力挤出来的卵串。此外,萤火虫快要产卵的时候,即使还不是大腹便便,卵巢的磷光也就早已显露出来了。腹部的外皮下,映射出柔和的乳白色光芒。

卵产出后不久就开始孵化。萤火虫的幼虫，无论雌雄，在身体最末尾的一节都有它们家族的标志——两盏小灯。在严寒即将到来之际，它们钻进土里，但钻得并不深。我饲养虫子的广口玻璃瓶里装着细腻松散的泥土，它们最多只钻到三四寸深的地方。在最严寒的天气里，我挖出几只幼虫来，发现它们的尾部依然亮着微弱的灯光。快四月时，它们爬上地面，继续发育，直到成熟。

[16]作者在文章的结尾告诉读者，科学的奥妙是无穷的，人类对科学奥妙的探索也是永无止境的！

从生到死，萤火虫总是放着亮光的。卵是发光的，幼虫也是如此。成年的雌虫是绚烂的明灯，成年的雄虫则保留着幼虫时就有的发光的尾部。雌虫的灯光所起的作用是很明显的，但其余的照明技术到底又有什么作用呢？非常遗憾，我对此一无所知。动物身体的奥妙，远比人类的书籍要深远，这秘密无论是现在，还是在很久的将来，都不会改变，或许，它还将永远存在下去[16]。